机电设备装配安装与维修

主　编　徐建亮　祝惠一

副主编　饶楚楚　张晨恺　徐文俊

张新星　兰叶深

主　审　巫少龙

北京理工大学出版社

BEIJING INSTITUTE OF TECHNOLOGY PRESS

内 容 简 介

本书根据机电一体化专业从业人员典型岗位工作任务，对完成该典型岗位工作任务按照所需知识、能力、技能、素质等要素进行科学合理的序化后，采用项目化的结构，构建 11 个项目，包括项目 1 固定连接的装配安装与维修，项目 2 典型传动机构的装配安装与维修，项目 3 轴承的装配安装与维修，项目 4 常用电工用具与电工材料，项目 5 常用低压电器，项目 6 电器元件的选择和电动机的保护，项目 7 电气控制线路的基本环节，项目 8 电动机检修，项目 9 电气控制线路故障诊断与维修，项目 10 变频器的使用与维修，项目 11 设备管理。

本书在内容上贯彻理论与实践相结合的原则，在每个项目都对其中的载体进行了基本原理及其装配、维修方法的介绍。本书结构合理、少理论、多图片、多技能，在内容上符合生产实践的需求，在形式上符合高等职业教育的特点。本书既可作为高等职业院校和中等职业学校机电一体化等相关专业教材，也可作为企业中、高级机电设备维修工的技术参考书。

图书在版编目（CIP）数据

机电设备装配安装与维修 / 徐建亮，祝惠一主编.
-- 北京 ：北京理工大学出版社，2019.4（2024.3 重印）
ISBN 978-7-5682-6974-2

Ⅰ. ①机… Ⅱ. ①徐… ②祝… Ⅲ. ①机电设备-设备安装②机电设备-维修 Ⅳ. ①TH17②TM07

中国版本图书馆 CIP 数据核字（2019）第 078382 号

责任编辑：封　雪　　　文案编辑：封　雪
责任校对：周瑞红　　　责任印制：李志强

出版发行 / 北京理工大学出版社有限责任公司
社　　址 / 北京市丰台区四合庄路 6 号
邮　　编 / 100070
电　　话 /（010）68914026（教材售后服务热线）
（010）68944437（课件资源服务热线）
网　　址 / http://www.bitpress.com.cn

版 印 次 / 2024 年 3 月第 1 版第 3 次印刷
印　　刷 / 廊坊市印艺阁数字科技有限公司
开　　本 / 787 mm × 1092 mm　1/16
印　　张 / 19.5
字　　数 / 458 千字
定　　价 / 57.00 元

前　言

本书以技能训练为核心，将“机械零部件的装配与安装”“电机学原理”“电气控制”和“变频器”等课程进行有机整合，全面系统地介绍螺纹连接装配、键连接装配、销连接装配、齿轮传动装配、蜗轮蜗杆传动装配、带传动装配、链传动装配、丝杆螺母传动装配、轴承装配、交直流电动机的维修、电气线路基本控制、电气线路的布线、电气设备故障的检修、变频器操作与认识、变频器基本功能训练、变频器维护与维修等，在讲解基础知识的同时，细化具体实训内容和要求，突出强化专业技能的培养，注重综合应用能力和分析能力的训练。

本书共分 11 个项目，内容包括：固定连接的装配安装与维修、典型传动机构的装配安装与维修、轴承的装配安装与维修、常用电工用具与电工材料、常用低压电器、电器元件的选择和电动机的保护、电气控制线路的基本环节、电动机检修、电气控制线路故障诊断与维修、变频器的使用与维修、设备管理。

本书的特点为：将机械与电气知识有机融合于一体，包含机械与电气设备装配安装与维修的基础知识与基本技能，强调理论联系实际。本书在编写的过程中力求让枯燥的理论知识融入鲜活的技能训练中，做到图文并茂、简洁明了、理实一体，实用性较强。

由于时间仓促以及编者水平有限，书中不足之处在所难免，敬请读者批评指正。

编　者

2019 年 3 月

目 录

项目 1　固定连接的装配安装与维修

机械设备或产品的制造过程要经过设计—零件制造—装配三个制造过程。装配是机械设备（产品）制造过程中的最后一个阶段，在这一阶段，要进行装配、调整、检验和试验等工作，因此装配在机械产品制造过程中占有非常重要的地位，装配工作的好坏，对产品质量起着决定性作用。装配工作是一项非常重要的工作，必须认真按照产品装配图的要求，制定出合理的装配工艺规程以及采用新的装配工艺，以提高装配精度，达到优质、高效、低耗的目的。

固定连接是装配中最基本的一种装配方法，常见的固定连接有螺纹连接、键连接、销连接、过盈连接等。根据拆卸后零件是否被破坏，固定连接又分为可拆卸的固定连接和不可拆卸的固定连接两类。

任务 1.1　设备装配安装工艺

1.1.1　装配安装的概念

任何机械设备或产品都是由若干零件和部件组成的。零件是构成机器（或产品）的最小单元。两个或两个以上零件结合成机器的一部分称为部件。按规定的技术要求，将若干零件结合成部件或若干个零件和部件结合成机械设备或产品的过程称为装配；前者称为部件装配，后者称为总装配。最先进入装配的零件或部件称为装配基准件。直接进入组件装配的部件称为分组件。可以独立进行装配的部件（组件、分组件）称为装配单元，图 1–1 所示为发动机构造剖视图。

1.1.2　装配安装方法

零件的连接方式可分为固定连接和活动连接，见表 1–1。固定连接能保证装配好后的相配零件间相互位置不变；活动连接能保证装配好后的相配零件间有一定的相对运动。在固定连接和活动连接中，又根据它们能否拆卸分为可拆卸连接和不可拆卸连接两种。可拆卸连接是指这类连接不损坏任何零件，拆卸后还能重新装在一起。

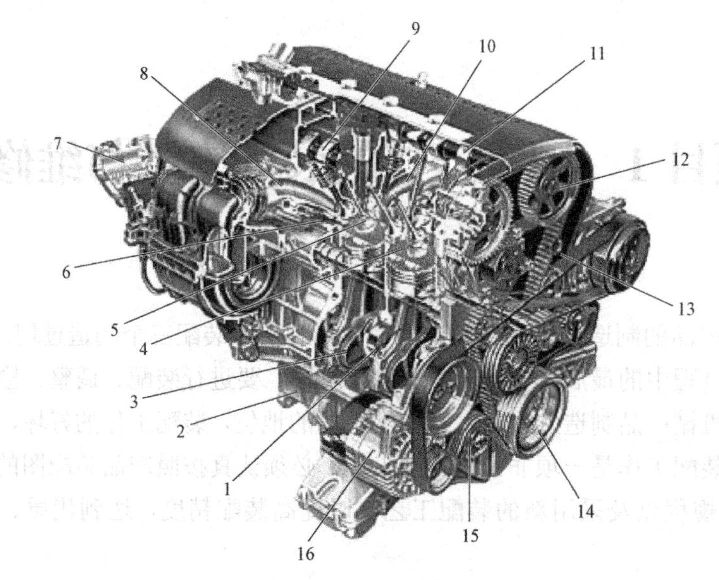

图 1－1　发动机构造剖视图

1—连杆；2—油底壳；3—曲轴；4—活塞；5—进气门；6—火花塞；7—节气门；
8—进气歧管；9—进气凸轮轴；10—排气歧管；11—排气凸轮轴；12—排气凸轮轴链轮；
13—正时链条；14—曲轴带轮；15—张紧轮；16—发电机

表 1–1　连接的种类

固定连接		活动连接	
可拆卸连接	不可拆卸连接	可拆卸连接	不可拆卸连接
螺纹、销、键、楔等连接，过渡配合	焊接、铆接、过盈配合、黏合、压合、胶合、热压等	柱塞与套筒、轴与滑动轴承，圆柱面、圆锥面、球面和螺纹面等的间隙配合	滚动轴承、活动连接的铆合头等

为了保证机器的工作性能和精度，在装配中必须达到零部件相互配合的规定要求。根据产品的结构、生产条件和生产批量的不同，保证装配精度的方法有互换法、选配法、修配法和调整法四大类。

1. 互换法

零件按一定公差加工后，装配时不经任何修配和调整即能达到装配精度要求的装配方法称为互换法。按其互换程度，互换法可分为完全互换法和不完全互换法。

2. 选配法

相互配合的零件按经济精度进行加工，把尺寸链中组成环的制造公差放大到经济许可的程度，然后选取合适的零件进行装配，以保证封闭环的精度达到规定的装配要求。这种方法称为选配法。选配法又可分为直接选配法和分组选配法两种。

3. 修配法

在单件小批量生产时，当装配精度要求高而且组成环较多时，互换法、选配法均不能采用。此时可将零件按经济精度加工，而在装配时通过修配方法改变尺寸链中某一预先规定的组成环尺寸，使其满足装配精度要求。这个装配方法称为修配法。这个被规定的组成环称为修配环。

4. 调整法

调整法的实质与修配法相似，只是具体办法有所不同而已。在调整法中，一种是用一个可调节的零件来调整它在装配中的位置以达到装配精度，另一种是增加一个定尺寸零件（如垫片、垫圈、套筒）以达到装配精度。前者称为移动装配法，图 1－2（a）所示为利用套筒调整，图 1－2（b）所示为利用具有螺纹的端盖调整；后者称为固定装配法，如图 1－3 所示。

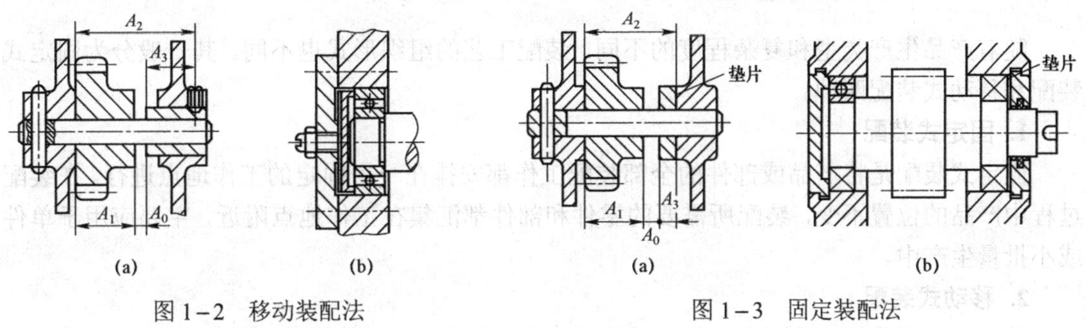

图 1－2　移动装配法　　　　图 1－3　固定装配法

1.1.3　装配安装工艺过程

产品的装配工艺过程包括以下四个部分。

1. 装配前的准备工作

（1）研究和熟悉产品装配图、工艺文件和技术要求，了解产品的结构、功能、各主要零件的作用以及相互之间的连接关系，并对与装配零部件相配套的品种及其数量进行检查。

（2）确定装配方法和顺序，准备所需要的工具。

（3）对装配的零件进行清理和清洗，去除零件上的毛刺、铁锈、切屑、油污及其他脏物，以获得所需的清洁度。

（4）检查零件加工质量，对某些零件进行必要的平衡试验、渗漏试验和气密性试验等。

2. 装配工作

结构复杂的产品，其装配工作通常分为部件装配和总装配。

（1）部件装配。部件装配是产品在进入总装以前的装配工作。凡是将两个以上的零件组合在一起或将零件与几个组件结合在一起，成为一个单元的装配工作，称为部件装配。

（2）总装配。将零件和部件结合成一台整机的装配工作，称为总装配。

3. 调整、精度检验和试车

（1）调整。调节零件或机构的相互位置、配合间隙、结合面松紧程度等，目的是使机构或机器工作协调，如轴承间隙、镶条位置、蜗轮轴向位置的调整等。

（2）精度检验。精度检验指几何精度检验和工作精度检验等。几何精度通常是指形位精度，如车床总装后要检验主轴中心线和床身导轨的平行度、中拖板导轨和主轴中心线的垂直度以及前后两顶尖的等高程度。工作精度一般指切削试验，如车床进行车外圆或车端面试验。

（3）试车。试验机构或机器运转的灵活性、密封性、振动、工作温度、噪声、转速、功率等性能参数是否符合要求。

4. 喷漆、涂油、装箱

喷漆是为了防止不加工面的锈蚀和使机器外表美观；涂油是使工作表面及零件已加工表面不生锈；装箱是为了便于运输。它们也都需结合装配工序进行。

1.1.4 装配安装工艺的组织形式

随着产品生产类型和复杂程度的不同，装配工艺的组织形式也不同。其一般分为固定式装配和移动式装配两种。

1. 固定式装配

固定式装配是将产品或部件的全部装配工作都安排在一个固定的工作地点进行。在装配过程中产品的位置不变，装配所需要的零件和部件都汇集在工作地点附近，主要应用于单件或小批量生产中。

2. 移动式装配

移动式装配是指工作对象（部件或组件）在装配过程中，有顺序地由一个工人转移到另一个工人，即所谓流水装配法。移动装配时，每个工作地点重复地完成固定的工作内容，并且广泛地使用专用设备和专用工具，因此装配质量好、生产效率高，是一种先进的装配组织形式，适用于大量生产，如汽车装配等。

1.1.5 装配工艺规程

1. 装配工艺规程及作用

装配工艺规程是规定装配全部部件和整个产品的工艺过程，以及所使用的设备和工夹量具等的技术文件。一般来说，工艺规程是生产实践和科学实验的总结，是符合“优质、高效、低耗”的原则，是提高产品质量和劳动生产率的有效措施，也是组织生产的重要依据。

2. 装配工艺规程的制定

（1）对产品进行分析。认真研究产品装配图、装配技术要求及相关资料，了解产品的结构特点和工作性能，根据企业的生产设备、规模等具体情况决定装配的组织形式和保证装配精度的装配方法。

（2）对产品进行分解。划分装配单元，确定装配顺序。通过对产品进行工艺性分析，将产品分解成若干可独立装配的组件和分组件，即装配单元。

确定产品和各装配单元装配顺序时，应首先确定装配基准件。部件装配应从基准零件开始，总装配应从基准部件开始，然后根据装配结构的具体情况，按照先下后上、先内后外、先难后易、先精密后一般、先重大后轻小的规律去确定其他零件或装配单元的装配顺序。

（3）绘制装配单元系统图。表示产品装配单元的划分及其装配顺序的示意图称为装配单元系统图。当产品结构较复杂时，为了使装配系统图不过分复杂，可分别绘制产品总装及各级部装的装配单元系统图。图 1–4 所示为某锥齿轮轴组件装配图，经分解其装配顺序可按

图1-5所示进行。

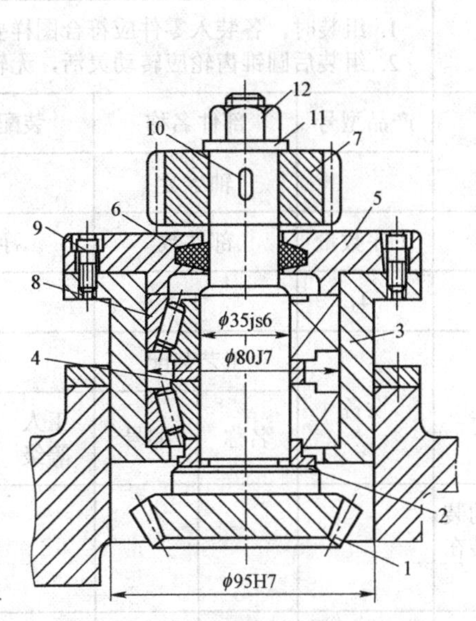

图1-4 某锥齿轮轴组件装配图

1—锥齿轮轴；2—衬垫；3—轴承套；4—隔圈；5—轴承盖；6—毛毡圈；7—圆柱齿轮；8—轴承；9—螺母；10—键；11—垫圈；12—螺母

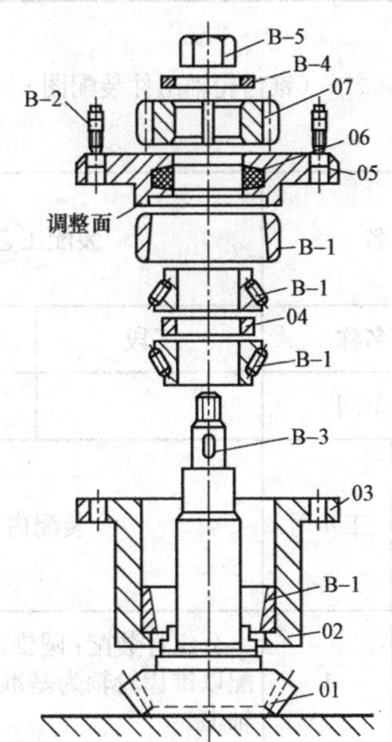

图1-5 锥齿轮轴组件装配顺序图

装配单元系统图的绘制方法如下：

① 先画一条横线，在横线左端画出代表该基准件的小长方格，在横线右端画出代表产品的小长方格。

② 按装配顺序从左向右将能直接装到产品上的零件或组件的小长方格从横线引出，零件画在横线上面，组件画在横线下面，长方格内注明零件或组件名称、编号和件数。

③ 用同样方法把每一组件及分组件的系统图展开画出。

④ 划分装配工序及装配工步。根据装配单元系统图，将机器或部件的装配工作划分成装配工序和装配工步。

装配工序：由一个工人或一组工人在不更换设备或工作地点的情况下完成的装配工作。

装配工步：由一个工人或一组工人在固定的位置，利用同一工具，不改变工作方法的情况下完成的装配工作。

部件装配和总装配都是由若干个装配工序组成，一个装配工序可以包括一个或几个装配工步。由装配单元系统图可以清楚地看出产品的装配过程，装配所需零件的名称、编号和数量，并可以根据它划分装配工序，指导和组织装配工艺。

⑤ 制定装配工艺卡片。单件小批量生产，不需制定工艺卡，工人按装配图和装配单元系统图进行装配。成批生产应根据装配单元系统图分别制定总装和部装的装配工艺卡片。表1-2所示为锥齿轮轴组件装配工艺卡片，它表明了每一工序的工作内容、所需设备、工夹量具、工人技术等级和时间定额等。大批量生产则需一序一卡。

表 1-2　锥齿轮轴组件装配工艺卡片

<table>
<tr><td colspan="6" rowspan="2">（锥齿轮轴组件装配图）</td><td colspan="5">装配技术要求</td></tr>
<tr><td colspan="5">1. 组装时，各装入零件应符合图样要求
2. 组装后圆锥齿轮应转动灵活，无轴向窜动</td></tr>
<tr><td colspan="2" rowspan="2">厂名</td><td colspan="4" rowspan="2">装配工艺卡</td><td>产品型号</td><td colspan="2">部件名称</td><td colspan="2">装配图号</td></tr>
<tr><td></td><td colspan="2">轴承套</td><td colspan="2"></td></tr>
<tr><td colspan="2">车间名称</td><td colspan="2">工段</td><td colspan="2">班组</td><td>工序数量</td><td colspan="2">部件数</td><td colspan="2">净重</td></tr>
<tr><td colspan="2">装配车间</td><td colspan="2"></td><td colspan="2"></td><td>4</td><td colspan="2">1</td><td colspan="2"></td></tr>
<tr><td rowspan="2">工序号</td><td rowspan="2">工步号</td><td colspan="4" rowspan="2">装配内容</td><td rowspan="2">设备</td><td colspan="3">工艺装配</td><td></td></tr>
<tr><td>名称</td><td>编号</td><td>工人等级</td><td>工序时间</td></tr>
<tr><td>Ⅰ</td><td>1</td><td colspan="4">分组件装配：圆锥齿轮与衬垫的装配以锥齿轮轴为基准，将衬垫套装在轴上</td><td></td><td></td><td></td><td></td><td></td></tr>
<tr><td>Ⅱ</td><td>1</td><td colspan="4">分组件装配：轴承盖与毛毡的装配
将已剪好的毛毡塞入轴承盖槽内</td><td>压力机</td><td></td><td></td><td></td><td></td></tr>
<tr><td>Ⅲ</td><td>1
2
3</td><td colspan="4">分组件装配：轴承盖与轴承外圈的装配
用专用量具分别检查轴承套孔及轴承外圈尺寸
在配合面上涂上机油；以轴承套为基准，将轴承外圈压入孔内底面</td><td></td><td>塞规
卡板</td><td></td><td></td><td></td></tr>
<tr><td>Ⅳ</td><td>1
2
3
4
5
6
7</td><td colspan="4">锥齿轮轴组件装配：
以锥齿轮轴组件为基准，将轴承套分组件套装在轴上
在配合面上加油，将轴承内圈压装在轴上并紧贴衬垫
套上隔圈，将另一轴承内圈压装在轴上，直至与隔圈接触
将另一轴承外圈涂上油，轻压至轴承套内
装入轴承盖分组件，调整端面的高度，使轴承间隙符合要求后，拧紧4个螺钉
安装平键，套装齿轮、垫圈，拧紧螺母，注意配合面加油
检查锥齿轮轴转动的灵活性及轴向窜动量</td><td>压力机</td><td></td><td></td><td></td><td></td></tr>
<tr><td></td><td></td><td></td><td></td><td></td><td></td><td></td><td colspan="2"></td><td></td><td>共　张</td></tr>
<tr><td>编号</td><td>日期</td><td>签章</td><td>编号</td><td>日期</td><td>签章</td><td>编制</td><td colspan="2">移交</td><td>批准</td><td>第　张</td></tr>
</table>

任务 1.2 装配安装前的准备

1.2.1 装配安装零件的清理和清洗

在装配过程中，零件的清理和清洗工作对提高装配质量、延长产品使用寿命具有重要作用，特别是对轴承、精密配合件、液压元件、密封件及有特殊要求的零件更为重要。如装配主轴部件时，清理和清洗工作不严格，将会造成轴承发热和过早丧失精度，也会因为污物和毛刺划伤配合表面而加速磨损，甚至会发生咬合等严重事故。

1. 零件的清理

（1）清除零件上残存的型砂、铁锈、切屑、研磨剂、油污等，特别是要仔细清理孔、沟槽等易存污垢的部位。

（2）将所有待装的零部件按零部件图号分别进行清点和放置。

（3）在装配后，必须清除装配中因配做钻孔、攻丝等补充加工所产生的切屑。

（4）试车后，必须清洗因摩擦而产生的金属微粒和污物。

2. 零件的清洗

（1）清洗方法。单件或小批量生产，常将零件置于清洗槽内手工清洗或冲洗；成批大量生产常在洗涤机中清洗零件。清洗时，可以根据具体情况采用气体清洗、浸酯清洗、喷淋清洗、超声波清洗等。

清洗零部件时，可以采用汽油、煤油、柴油和化学清洗液。其性能及用途如下：

① 工业汽油，适用于清洗较精密的零部件，主要用于清洗油脂，污垢和一般黏附的机械杂质，航空汽油则用于清洗质量要求高的零件。汽油易燃，使用时要注意防火。

② 煤油和柴油的用途与汽油类似，清洗能力不及汽油，清洗后干燥较慢，但比汽油安全。

③ 化学清洗液，又称乳化剂清洗液，对油脂、水溶性污垢具有良好的清洗能力。这种清洗液配制简单，具有较好的稳定性、缓蚀性，无毒，不易燃，使用安全，以水代油，节约能源，成本低。常用的有 6501、6503 和 105 清洗剂等，可用于冲洗钢件上以机油为主的油垢和机械杂质。

（2）清洗时的注意事项：

① 对于密封圈等橡胶制品，严禁用汽油清洗，以防发胀变形，而应用酒精或清洗剂代替。

② 清洗零件时，可根据不同精度要求的零件，选用棉纱或泡沫塑料擦除。滚动轴承不能使用棉纱清洗，防止棉纱头进入轴承内，影响轴承装配质量。

③ 清洗后的零件应等零件上的油滴干后再进行装配，以防污油影响装配质量。同时清洗后暂不装配的零件应妥善保管，防止脏物和灰尘再次污染零件。

④ 零件的清洗工作可分为一次性清洗和二次性清洗。零件在第一次清洗后，应检查配合表面有无碰损和划伤。对于有损伤的零件在修整时可用油石、刮刀、砂布、细锉进行去刺修光，但应注意不要损伤零件。经过检查修整后的零件，应再进行二次清洗。

3. 清洁度的检测

清洁度是指经过清理和清洗后的零部件以至装配完成后的整机含有杂质的程度。杂质包括金属粉屑、铁锈、棉纱头、污垢等。对主要零件的孔、槽、内外表面及一般零件的工作面，以及机械传动、液压、电气系统等都要进行检测。

1.2.2 旋转件的平衡

能够旋转的零部件统称为转子。如带轮、齿轮、飞轮、叶轮、砂轮等都是转子。由于这些零件的材料密度不均、本身形状对旋转中心不对称、加工或装配产生误差等原因，会造成重心与旋转中心发生偏移，工作时因有不平衡量而产生离心力引起机械振动，从而使机器工作精度降低、零件寿命缩短、噪声增大，甚至发生破坏性事故。旋转件不平衡的形式可分为静不平衡和动不平衡两类。

1. 静不平衡

旋转件在径向各截面上有不平衡量，由此所产生的离心力的合力通过旋转件的重心，这种不平衡称为静不平衡。静不平衡的零件只有当它的偏重在铅垂线下方时才能静止不动。在旋转时，由于离心力而使轴产生向偏重方向的弯曲，并使机器产生振动，如图 1－6 所示。

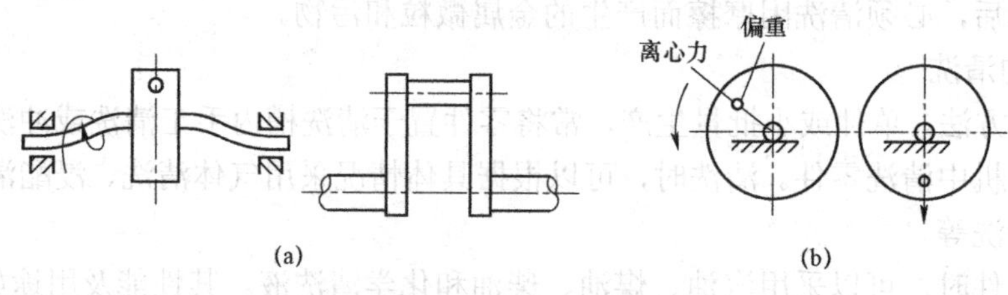

图 1－6　静不平衡

（a）静不平衡形式；（b）静不平衡状态

（1）静平衡法。消除旋转件静不平衡的方法称为静平衡法。静平衡法只能平衡旋转重心的不平衡，而无法消除不平衡转矩。静平衡是在圆柱形、菱形等平衡支架或静平衡机上进行的，如图 1－7 所示。

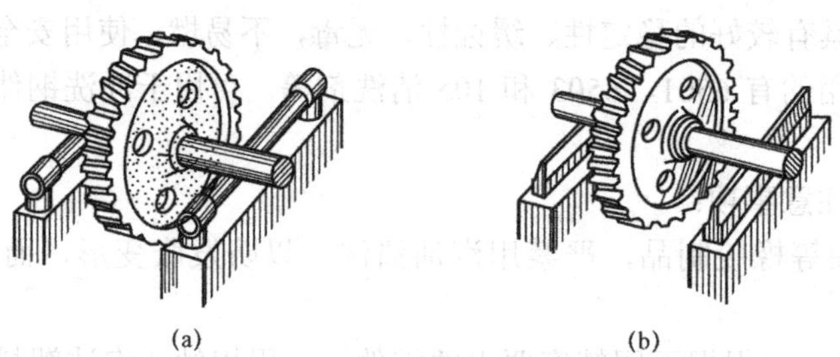

图 1－7　静平衡支架

（a）圆柱形平衡支架；（b）菱形平衡支架

静平衡的方法是首先确定旋转件上不平衡量的大小和位置，然后去除或抵消不平衡量对旋转的不良影响。静平衡的具体步骤如下：

① 将待平衡的旋转件装在心轴上，将其放在平衡支架上。静平衡支架的支承面必须坚硬、光滑和具有良好的直线度、平行度要求。两个支承面必须调至水平以使旋转件在其上滚

动时具有较高的灵敏度，以保证静平衡能达到较高的精度。

② 用手轻推旋转体使其缓慢转动，待其自动静止后，在旋转件正下方做标记，重复转动若干次，确认所做记号位置不变，则此方向为不平衡量的方向。

③ 在与记号相对的部位，粘贴一质量为 m 的橡皮泥，使 m 对旋转中心产生力矩，恰好等于不平衡量 G 对旋转中心产生的力矩，即 $mr=Gl$，如图 1－8 所示。这样，旋转件便可获得静平衡。

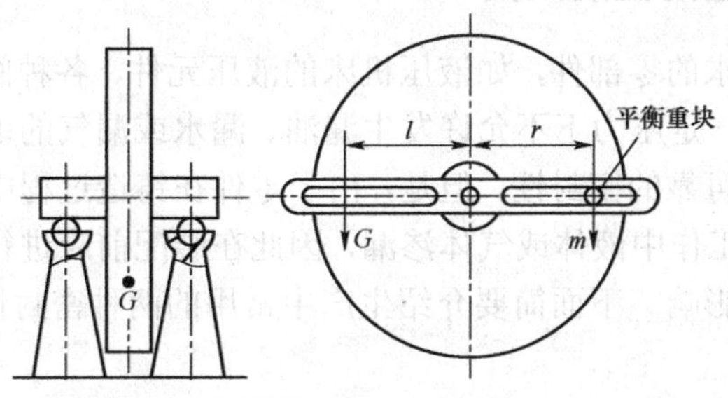

图 1－8 静平衡法

④ 去掉橡皮泥，在不平衡量处（与 m 相对直径上 l 处）去除一定质量 G 或在其所在部位附加相当于质量 m 的重块。待旋转件可在任意角度位置均能在支架上停留时，即能达到静平衡。

校正静平衡的方法有增重法和减重法，见表 1－3。

表 1－3 校正静平衡的方法

增重法	减重法
焊接，铆接，胶结，喷渡，旋螺钉，加装垫圈、铅块和铁块等	刨削、铣削、钻孔、打磨、抛光、激光熔化金属等

（2）静平衡的应用。由于在做静平衡试验时存在各种摩擦阻力的影响，不可能平衡掉微小的不平衡质量，因此平衡精度受到一定限制。静平衡只能平衡旋转件重心的不平衡，无法消除不平衡力矩，因此，静平衡只适用于“长径比”较小（一般长径比小于 0.2）或长径比虽较大，但转速不太高的旋转件。

2. 动不平衡

旋转件在径向截面上有不平衡量且由此产生的离心力形成不平衡力矩，所以旋转件在旋转时不仅会产生垂直于轴线的振动，而且还会使旋转轴线产生沿轴线倾斜的力矩，这种不平衡称为动不平衡，如图 1－9 所示。

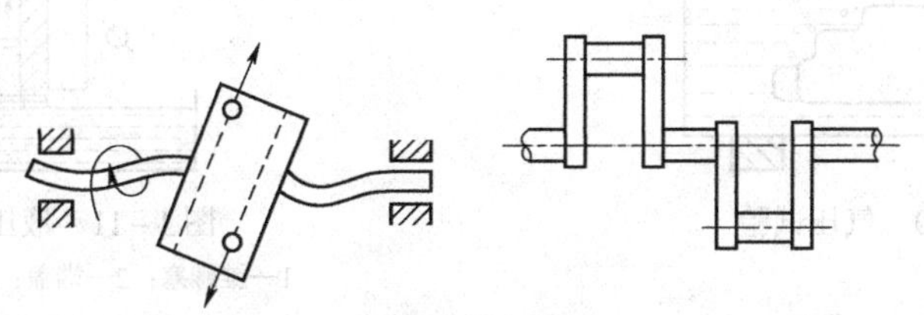

图 1－9 动不平衡

消除动不平衡的方法称为动平衡法。动平衡一般是在动平衡机上进行的。对于长径比比较大或转速较高的转子，通常都要进行动平衡试验。动平衡不仅可以平衡掉不平衡质量所产生的离心力，而且可以平衡离心力所产生的转矩，因此动平衡也包括静平衡。在动平衡试验之前应该先要进行静平衡试验，以去除较显著的不平衡质量，防止发生因振动过大而损坏机件。

1.2.3 零部件的密封性能试验

对于某些有密封要求的零部件，如液压机床的液压元件、各种阀类、液压缸、泵体、气缸套和气阀等，要求在一定压力下不允许发生漏油、漏水或漏气的现象，也就是要求这些零件在一定的压力下具有可靠的密封性。但是，由于零件在铸造过程中容易出现砂眼、气孔及组织疏松等缺陷，致使工作中液体或气体渗漏，因此在装配前应进行密封性试验，否则会对机器的质量产生很大的影响。下面简要介绍生产中常用的两种密封性试验法。

1. 气密性试验

气密性试验是在规定的压力下，测定产品或零部件气密程度的试验，如图 1－10 所示。这种试验适用于承受工作压力较小的零部件。试验前，首先将零部件的各孔全部封闭，然后浸入水箱中并向试件内部通空气。此时，密封的零部件在水箱中应没有气泡。当有泄漏时，可根据气泡的密度来判定是否符合技术要求。

2. 渗漏试验

渗漏试验是在规定压力下，检验产品或零部件对试验液体的渗漏情况，如图 1－11 所示。这种试验适用于承受工作压力较大的零部件。试验前，除将试件接头与液压泵相连接外，还应将其他各孔全部封闭。通过液压泵将液体注入试件内部，并使液体达到一定压力后，观察试件接口或焊缝等各部分是否有渗透、泄漏等现象，依次来判断试件的密封性能。对于容积较小零部件的渗漏试验采用手动油泵注油；对于容积较大的零部件采用机动油泵注油。

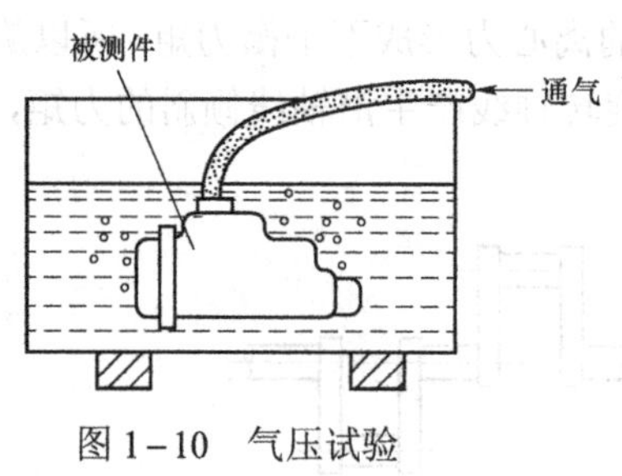

图 1－10 气压试验

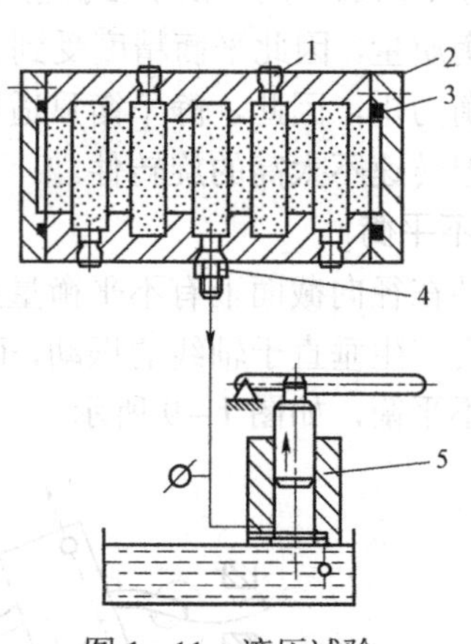

图 1－11 液压试验

1—锥螺塞；2—端盖；3—密封圈；4—接头；5—手动油泵

任务1.3 螺纹连接

1.3.1 螺纹连接的类型

螺纹连接可分为普通螺纹连接和特殊螺纹连接两大类。普通螺纹连接有螺栓连接、双头螺柱连接、螺钉连接、紧定螺钉连接等；除此以外的由带螺纹的零件构成的螺纹连接，称为特殊螺纹连接。

1. 螺栓连接

螺栓连接的被连接件上的通孔和螺栓杆间留有间隙，通孔的加工精度要求低，结构简单，装拆方便，使用时不受被连接件材料的限制。主要用于连接件不太厚，并能从两边进行装配的场合。螺栓连接如图1－12（a）所示。

2. 双头螺柱连接

双头螺柱连接拆卸时只需旋下螺母，螺柱仍留在机体的螺纹孔内，故螺纹孔不易损坏。用于连接件之一较厚、材料又比较软且需经常拆卸的场合。双头螺柱连接如图1－12（b）所示。

3. 螺钉连接

螺钉连接主要用于连接件较厚或结构上受到限制，不能采用螺栓或双头螺柱连接，且不需经常装拆或受力较小的场合。螺钉连接如图1－12（c）所示。

4. 紧定螺钉连接

紧定螺钉的末端拧入螺纹孔中顶住另一零件的表面或顶入相应的凹坑中，以固定两个零件的相对位置，并可传递不大的力或转矩。螺钉除起联结和紧定作用外，还可用于调整零件位置。紧定螺钉连接如图1－12（d）所示。

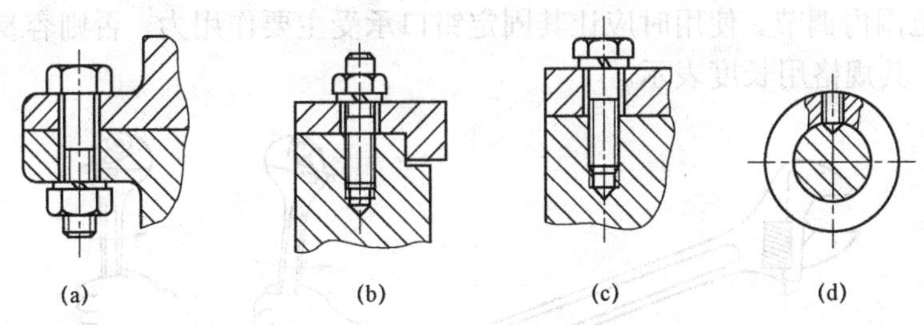

图1－12 螺纹连接的类型

（a）螺栓连接；（b）双头螺柱连接；（c）螺钉连接；（d）紧定螺钉连接

1.3.2 螺纹连接装拆工具

由于螺纹连接中螺栓、螺钉、螺母等紧固件的种类较多，形状各异，因而装拆工具也有各种不同的形式。装配时应根据具体情况合理选用。

1. 螺钉旋具

螺钉旋具用于拧紧或松开头部带沟槽的螺钉。它的工作部分用碳素工具钢制成，并经淬火处理。常用的螺钉旋具有一字槽螺钉旋具和其他螺钉旋具。

（1）一字槽螺钉旋具。这种螺钉旋具由木柄、刀体和刀口三部分组成，如图 1－13 所示。它的规格以刀体部分的长度来表示，常用的有 100 mm、150 mm、200 mm、300 mm 及 400 mm 等几种。使用时，应根据螺钉沟槽的宽度来选用。

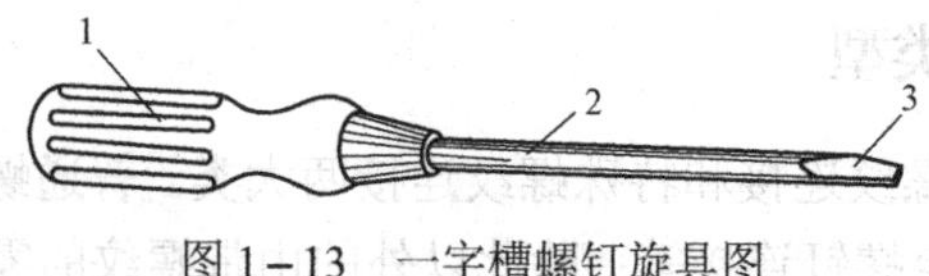

图 1－13　一字槽螺钉旋具图

1—木柄；2—刀体；3—刀口

（2）其他螺钉旋具。弯头螺钉旋具如图 1－14（a）所示，其两头各有一个刃口，互成垂直位置，用于螺钉头顶部空间受到限制的场合；十字槽螺钉旋具如图 1－14（b）所示，用于拧紧头部带十字槽的螺钉，即使旋具在较大的拧紧力下，旋具也不易从槽中滑出；快速螺钉旋具如图 1－14（c）所示，工作时推压手柄，使螺旋杆通过来复孔而转动，可以快速拧紧或松开小螺钉，从而加快装拆速度。

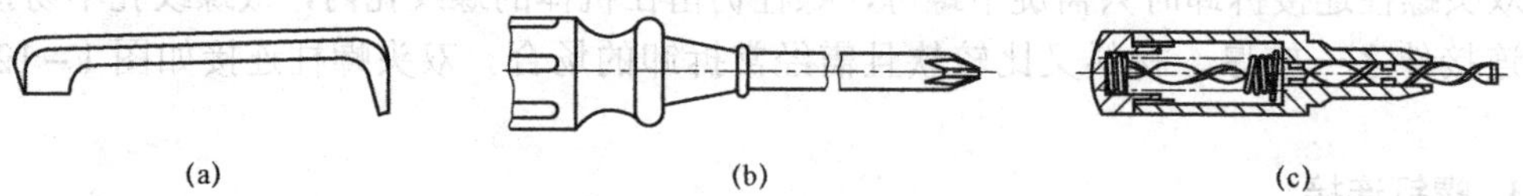

图 1－14　螺钉旋具图

（a）弯头螺钉旋具；（b）十字槽螺钉旋具；（c）快速螺钉旋具

2. 扳手

扳手是用来装拆六角形、正方形螺钉及各种螺母的。常用的扳手类型分为通用扳手、专用扳手和特种扳手。

（1）通用扳手（活动扳手）。它是由扳手体、固定钳口、活动钳口和蜗杆组成的。开口尺寸可在一定范围内调节。使用时应让其固定钳口承受主要作用力，否则容易损坏扳手，如图 1－15 所示。其规格用长度表示。

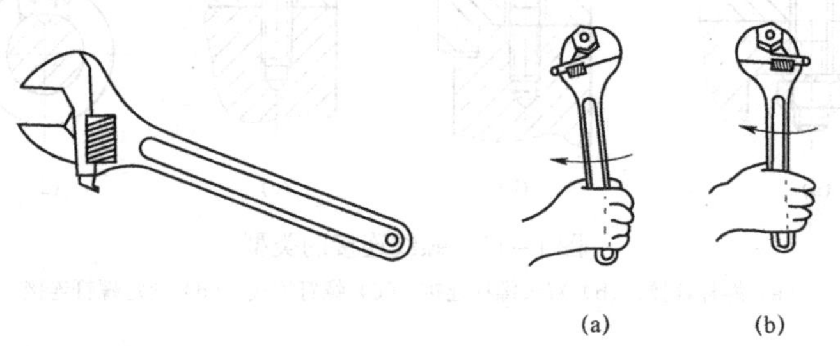

图 1－15　活动扳手

（a）正确；（b）错误

（2）专用扳手。

① 开口扳手，用于装拆六角形或方头的螺母或螺钉，有单头和双头之分，如图 1－16（a）所示。其开口尺寸与螺母或螺钉对边间距的尺寸相适应，并根据标准尺寸做成一套。

② 整体扳手，分为正方形、六角形、十二角形（梅花扳手）等，如图 1-16（b）所示。整体扳手只要转过 30°，就可以改换方向再扳，适用于工作空间狭小，不能容纳普通扳手的场合，应用较广泛。

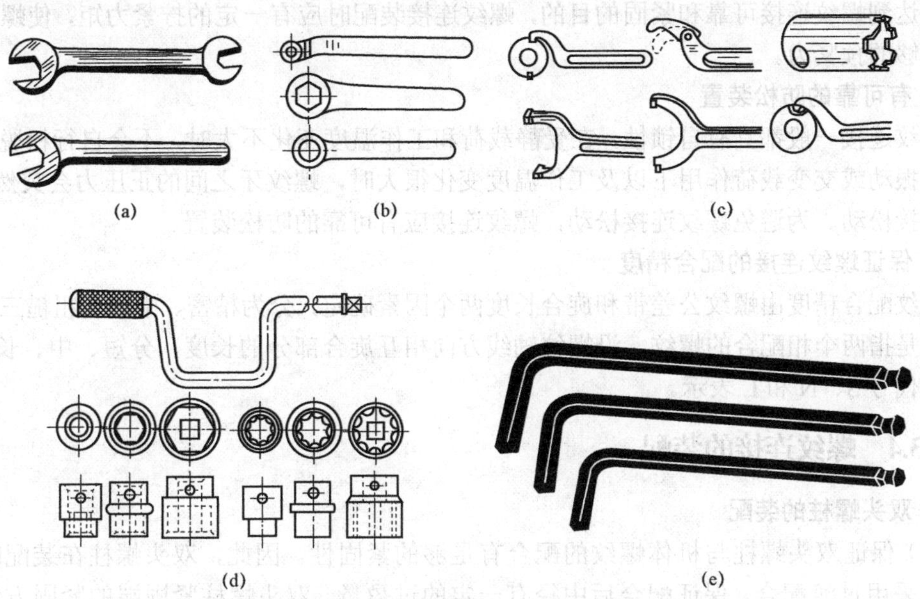

图 1-16 专用扳手的种类

（a）开口扳手；（b）整体扳手；（c）钳形扳手；（d）套筒扳手；（e）内六角扳手

③ 钳形扳手，专门用来锁紧各种结构的圆螺母，如图 1-16（c）所示。

④ 套筒扳手，由一套尺寸不等的梅花套筒组成，如图 1-16（d）所示。在受结构限制其他扳手无法装拆或节省装拆时间时采用，因弓形手柄能连续转动，使用方便，工作效率较高。

⑤ 内六角扳手，用于装拆内六角螺钉，如图 1-16（e）所示。成套的内六角扳手，可供装拆 M4～M30 的内六角螺钉。

（3）特种扳手。棘轮扳手（图 1-17）是特种扳手的一种，它通过反复摆动手柄即可逐渐拧紧螺母或螺钉，使用方便，效率较高。

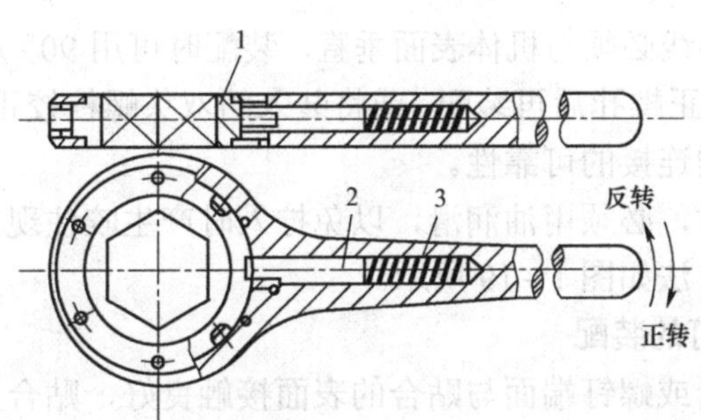

图 1-17 棘轮扳手

1—内六角套筒；2—棘爪；3—弹簧

1.3.3 螺纹连接装配的技术要求

1. 保证一定的拧紧力矩

为达到螺纹连接可靠和紧固的目的，螺纹连接装配时应有一定的拧紧力矩，使螺纹牙间产生足够的预紧力。

2. 有可靠的防松装置

螺纹连接一般都具有自锁性，在受静载荷和工作温度变化不大时，不会自行松脱，但在冲击、振动或交变载荷作用下以及工作温度变化很大时，螺纹牙之间的正压力会突然减小，螺纹连接松动。为避免螺纹连接松动，螺纹连接应有可靠的防松装置。

3. 保证螺纹连接的配合精度

螺纹配合精度由螺纹公差带和旋合长度两个因素确定，分为精密、中等和粗糙三种。旋合长度是指两个相配合的螺纹，沿螺纹轴线方向相互旋合部分的长度，分短、中、长三组，分别用代号 S、N 和 L 表示。

1.3.4 螺纹连接的装配

1. 双头螺柱的装配

（1）保证双头螺柱与机体螺纹的配合有足够的紧固性。因此，双头螺柱在装配时其紧固端应采用过渡配合，保证配合后中径有一定的过盈量。双头螺柱紧固端的紧固方法如图 1－18 所示。

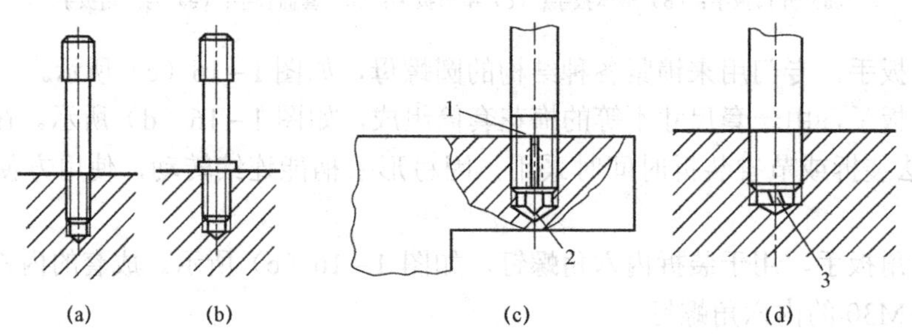

图 1－18 双头螺柱的紧固形式

（a）具有过盈的配合；（b）带有台肩的紧固；（c）推销紧固；（d）弹簧垫圈紧固

1—锯槽；2—锥销；3—弹簧垫圈

（2）双头螺柱的轴心线必须与机体表面垂直，装配时可用 90° 角尺进行检验。当发现较小的偏斜时，可用丝锥校正螺孔后再装配，或将装入的双头螺柱校正至垂直；当偏斜较大时，不得强行校正，以免影响连接的可靠性。

（3）装入双头螺柱时，必须用油润滑，以免拧入时产生咬住现象，同时便于以后拆卸。常用的拧紧双头螺柱的方法如图 1－19 所示。

2. 螺栓、螺母和螺钉的装配

（1）应使螺栓、螺母或螺钉端面与贴合的表面接触良好，贴合处的表面应当经过加工，否则容易使连接件松动或使螺钉弯曲。

（2）螺孔内的脏物应当清理干净。被连接件应互相贴合，受力均匀连接牢固。

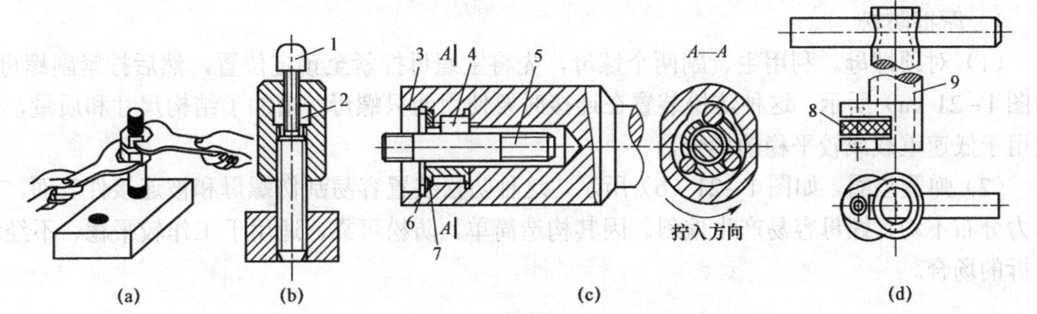

图1－19 双头螺柱拧紧的方法

（a）双螺母拧紧；（b）长螺母拧紧；（c）、（d）专用工具拧紧

1—止动螺钉；2—长螺母；3—工具体；4—滚珠；5—双头螺柱；6—挡圈；7—限位套筒；8—偏心盘；9—套筒

（3）拧紧成组多点螺纹连接时，应按一定顺序逐次拧紧（一般分三次拧紧），否则会使零件或螺杆松紧不一致，甚至变形。在拧紧长方形布置的成组螺母时应从中间开始，逐渐向两边对称扩展，如图1－20（a）、（b）所示，在拧紧方形或圆形布置的成组螺母时必须对称进行，应按图中标注的序号逐次拧紧，如图1－20（c）、（d）所示。

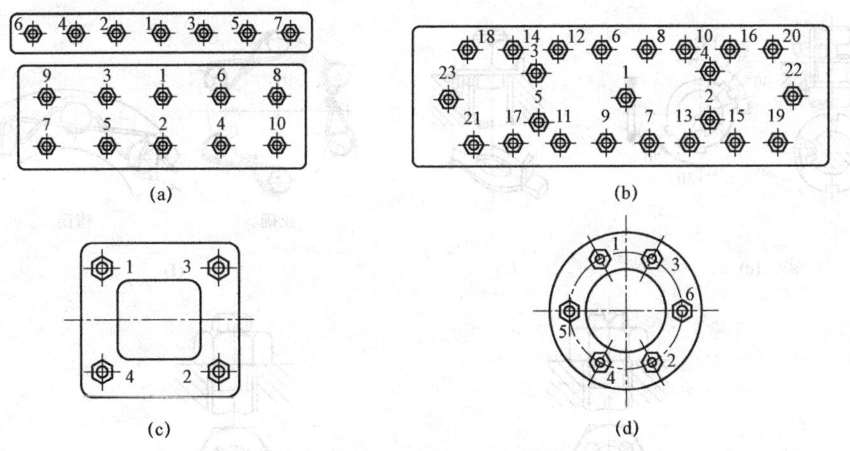

图1－20 成组螺母的拧紧顺序

（4）装配在同一位置的螺栓或螺钉，应保证受压均匀。主要部位的螺钉，必须保证拧紧力矩。

1.3.5 螺纹连接的预紧与防松

1. 螺纹连接的预紧

一般的螺纹连接可用普通扳手、电动扳手或风动扳手拧紧，而有规定预紧力的螺纹连接，则常用控制扭矩法、控制扭角法和控制螺栓伸长法等方法来保证准确的预紧力。

2. 螺纹连接的防松

螺纹连接工作在有振动或冲击的场合时会发生松动，为防止螺钉或螺母松动，必须有可靠的防松装置。防松的种类分为摩擦防松、机械防松和破坏螺纹副运动关系的防松三种。

1）摩擦防松

（1）对顶螺母。利用主、副两个螺母，先将主螺母拧紧至预定位置，然后拧紧副螺母，如图 1－21（a）所示。这种防松装置在连接时要使用两只螺母，增加了结构尺寸和质量，一般用于低速重载或较平稳的场合。

（2）弹簧垫圈。如图 1－21（b）所示，这种防松装置容易刮伤螺母和被连接件表面，且弹力分布不均，螺母容易产生偏斜。因其构造简单、防松可靠，适用于工作较平稳、不经常装拆的场合。

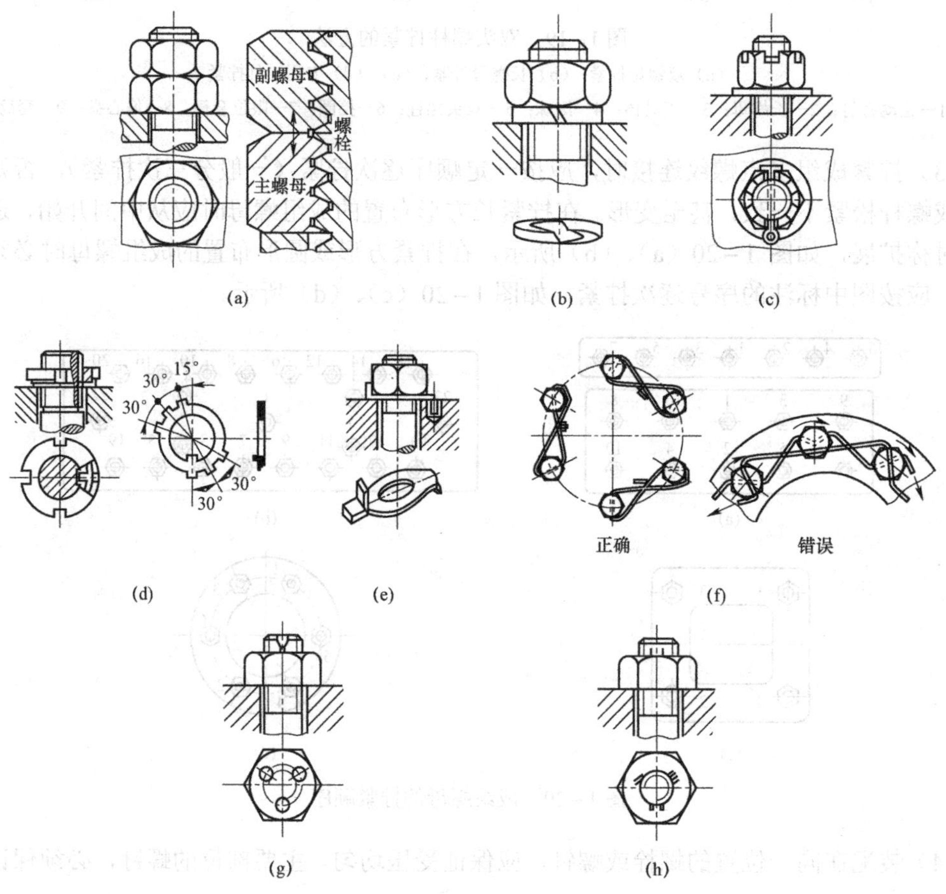

图 1－21　螺纹连接的防松装置

（a）对顶螺母防松；（b）弹簧垫圈防松；（c）开口销与槽形螺母防松；（d）圆螺母止动垫圈防松；（e）六角螺母止动垫圈防松；（f）串联钢丝防松；（g），（h）冲点和点焊防松

2）机械防松

（1）开口销与槽形螺母。用开口销把螺母直接锁在螺栓上，如图 1－21（c）所示。其防松可靠，但螺杆上销孔位置不易与螺母最佳锁紧位置的槽口吻合。适用于交变载荷和振动的场合。

（2）圆螺母止动垫圈。如图 1－21（d）所示，装配时，先把垫圈的内翅插入螺杆槽中，然后拧紧螺母，再把外翅弯入螺母的外缺口内，用于受力不大时螺母的防松。

（3）六角螺母止动垫圈。垫圈耳部分别与连接件和六角螺钉或螺母紧贴防止回松，如

图1－21（e）所示。这种方法防松可靠，但只能用于连接部分可容纳弯耳的场合。

（4）串联钢丝。用钢丝连续穿过各螺钉或螺母头部的径向小孔，利用钢丝的牵制作用来防止回松，如图1－21（f）所示。装配时应注意钢丝的穿绕方向。适用于布置较紧凑的成组螺纹连接。

3）破坏螺纹副运动关系的防松

（1）冲点和点焊。将螺钉或螺母拧紧后，在螺纹旋合处冲点或点焊，如图1－21（g）所示。防松效果很好，用于不再拆卸的场合。

（2）粘接。在螺纹旋合表面涂黏结剂，拧紧后，黏结剂固化，防松效果较好，且具有密封作用，但不便拆卸。

1.3.6 螺纹连接的损坏形式及修复

（1）螺栓头拧断，若螺栓断处在孔外，可在螺栓上锯槽、锉方或焊上一个螺母后再拧出。若断处在孔内，可用比螺纹小径小一点的钻头将螺柱钻出，再用丝锥修整内螺纹。

（2）螺钉、螺柱的螺纹损坏，一般更换新的螺钉、螺柱。

（3）螺孔损坏使配合过松，可将螺孔钻大，攻制大直径的新螺纹，配换新螺钉。当螺孔螺纹只损坏端部几扣时，可将螺孔加深，配换稍长的螺栓。

（4）螺纹、螺柱因锈蚀难以拆卸，可将煤油加在锈蚀处，待煤油渗入螺纹部分后即可拆卸；也可用锤子敲打螺钉或螺母，使铁锈受振动脱落，然后再拧出螺钉或螺母。

任务1.4 键 连 接

1.4.1 松键

松键连接是靠键的侧面来传递扭矩，只对轴上零件做周向固定，不能承受轴向力。松键连接有普通平键连接、导向平键连接及滑键连接等，如图1－22所示。

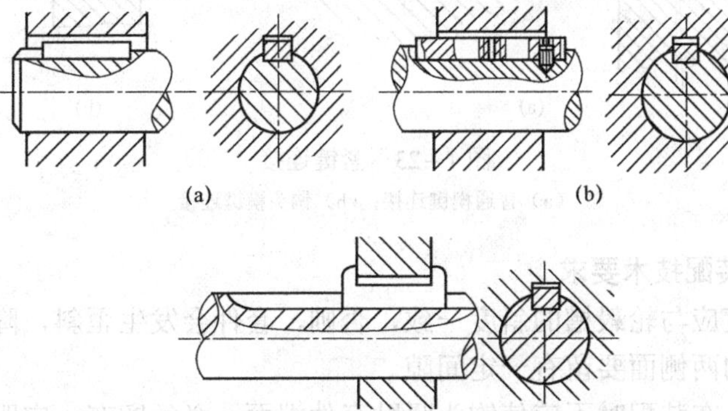

图1－22 松键连接

（a）普通平键连接；（b）导向平键连接；（c）滑键连接

1. 松键连接的装配技术要求

（1）保证键与键槽的配合要求。由于键是标准件，所以键与键槽各种不同配合性质是靠改变轴槽、轮毂槽的极限尺寸来得到的。

（2）键与键槽应具有较小的表面粗糙度。

（3）键装入轴槽中应与槽底贴紧，键长方向与轴槽长应有 0.1 mm 的间隙，键的顶面与轮毂槽之间有 0.3～0.5 mm 的间隙。

2. 松键连接的装配要点

（1）清理键及键槽上的毛刺。

（2）对于重要的键连接，装配前应检查键的直线度误差、键槽轴心线的对称度及平行度误差等。

（3）普通平键和导向平键，应用键的头部与轴槽试配，应能使键较紧地嵌在轴槽中，达到装配要求。

（4）在配合面上加机油，用铜棒或台虎钳将键压入轴槽中，使键与槽底接触良好。

（5）试配时，键与键槽的非配合面应留有间隙，以便轴与套件达到同轴度要求；装配后的套件在轴上不能周向摆动，否则容易引起机器在工作中的冲击和振动。

1.4.2 紧键

紧键连接又称普通楔键连接。楔键分普通楔键和钩头楔键两种，如图 1－23 所示。楔键的上下两面是工作面，键的上表面和轮毂槽的底面均有 1:100 的斜度，键的两侧与键槽间有一定的间隙。装配时，将键打入而构成紧键连接，靠过盈来传递转矩和承受单方向轴向力，但易使轴上零件与轴的配合产生偏心和歪斜，对中性较差，多用于对中性要求不高、转速较低的场合。

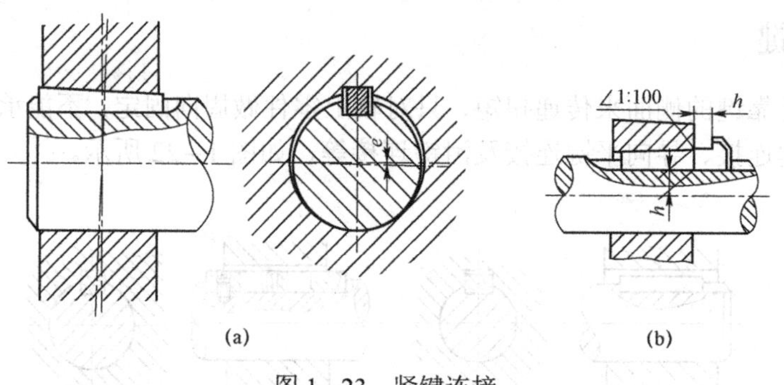

图 1－23 紧键连接

（a）普通楔键连接；（b）钩头楔键连接

1. 楔键连接的装配技术要求

（1）楔键的斜度应与轮毂槽的斜度一致，否则，套件会发生歪斜，降低连接强度。

（2）楔键与槽的两侧面要留有一定间隙。

（3）钩头楔键，在装配时不应使钩头紧贴套件端面，必须留有一定距离，以便拆卸。

2. 楔键连接装配要点

装配楔键时，要用涂色法检查楔键上下表面与轴槽及轮毂槽的接触情况，接触率应大于

65%。若接触不良，应修整键槽。符合标准后，在配合面加涂润滑油，将其轻敲入键槽，直至套件的周向、轴向都固定可靠时为止。

1.4.3 花键

花键连接是由外花键和内花键组成的。由图 1－24（a）、（b）可知，花键连接是平键连接在数目上的发展。但是，由于结构形式和制造工艺的不同，与平键连接相比，花键连接在强度、工艺和使用方面具有下述特点：齿数较多，总接触面积较大，因而可承受较大的载荷；因槽较浅，齿根处应力较小，轴与毂的强度削弱较小，承载能力高，能传递较大转矩；轴上零件与轴的对中性及导向性好；制造成本高，适用于载荷大和同轴度要求较高的连接。

花键连接按工作方式分为静连接和动连接两种；按齿形的不同，又可分为矩形花键、渐开线花键和三角形花键三种。其中矩形花键的齿廓是直线，故制造容易，目前采用较多，如图 1－24（c）所示。按受载情况有两个系列：轻系列（用于静连接或轻载连接）和中系列（用于中等载荷）。

花键配合的定心方式有大径定心、小径定心和键侧定心三种方式，如图 1－25 所示。矩形花键为小径定心方式。

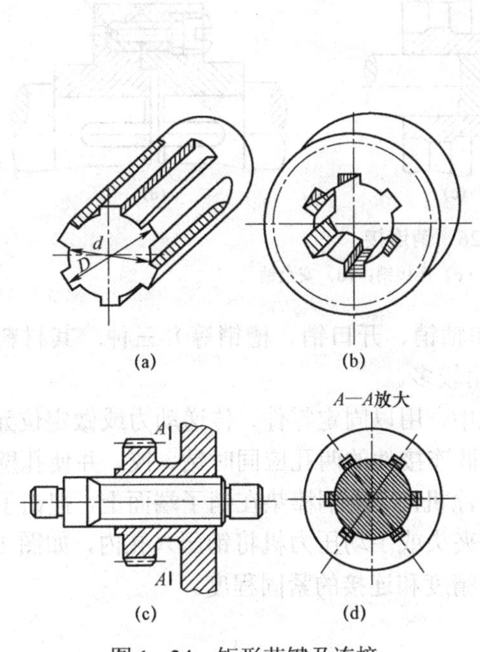

图 1－24 矩形花键及连接

（a）外花键；（b）内花键；（c）矩形花键

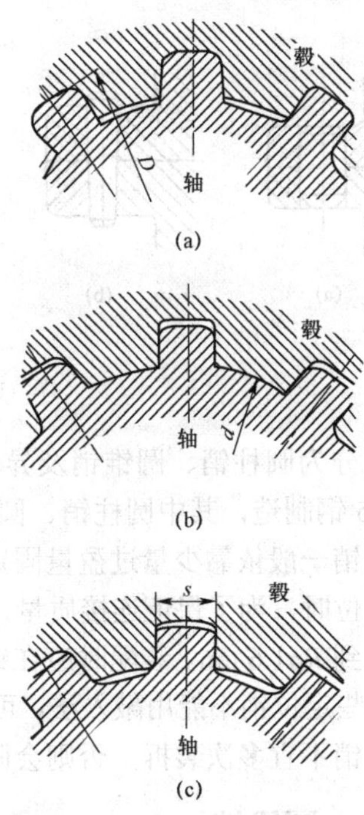

图 1－25 花键配合的定心方式

（a）大径定心；（b）小径定心；（c）键侧定心

1. 静连接花键装配

套件应在花键轴上固定，应有少量过盈。在装配时，当过盈量较小时可用铜棒轻轻敲入，但不得过紧，以防划伤配合表面；过盈量较大时，可将套件加热至 80～120 ℃后进行热装。

2. 动连接花键装配

应保证精确的间隙配合。总装前应进行试装，套件与花键轴的间隙应适当，应能自由滑动，没有阻滞现象，用手摆动套件时，没有明显的周向移动。

任务1.5 销 连 接

1.5.1 圆柱销

销是一种标准件，其形状和尺寸均已标准化、系列化。销连接具有结构简单、装拆方便等优点，在固定连接中应用很广，但只能传递不大的载荷。在机械连接中，销连接主要起定位、连接和安全保护的作用。

定位销主要用来固定两个（或两个以上）零件之间的相对位置，如图 1－26（a）、（b）所示；连接销用于连接零件，如图 1－26（c）所示；安全销可作为安全装置中的过载剪断元件，如图 1－26（d）所示。

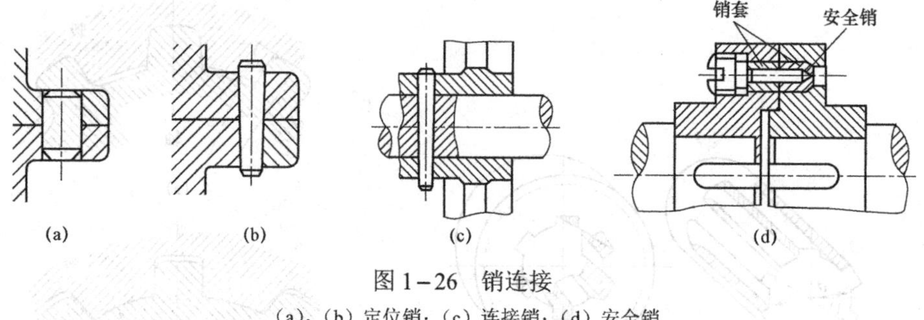

图 1－26 销连接

（a），（b）定位销；（c）连接销；（d）安全销

销可分为圆柱销、圆锥销及异形销（如轴销、开口销、槽销等）三种。其材料多采用 35 钢、45 钢制造，其中圆柱销、圆锥销应用较多。

圆柱销一般依靠少量过盈量固定在销孔中，用以固定零件、传递动力或做定位元件。用圆柱销定位时，为了保证连接质量，装配前被连接件的两孔应同时钻、铰，并使孔壁表面粗糙度值达到 *Ra*1.6 μm。装配时应在销子表面涂机油，用铜棒垫在销子端面上，把销子打入孔中。当某些定位销不能用敲入法，可用 C 形夹头或手动压力机将销压入孔内，如图 1－27 所示。圆柱销不宜多次装拆，否则会降低定位精度和连接的紧固程度。

1.5.2 圆锥销

圆锥销具有 1:50 的锥度，定位准确，可多次拆装而不影响定位精度。在横向力作用下可保证自锁，一般多用作定位，常用于要求多次装拆的场合。

圆锥销以小端直径和长度代表其规格。钻孔时按小端直径选用钻头。装配时，被连接的两孔也应同时钻铰，用试装法控制孔径，孔径大小以圆锥销自由的插入全长的 80%～85%为宜；装配时用手锤敲入，销钉头部应与被连接件表面齐平或露出不超过倒角值。应当注意，无论是圆柱销还是圆锥销，往盲孔中装配时，销上都必须钻一通气小孔或在侧面开一道微小的通气小槽，供放气时使用。

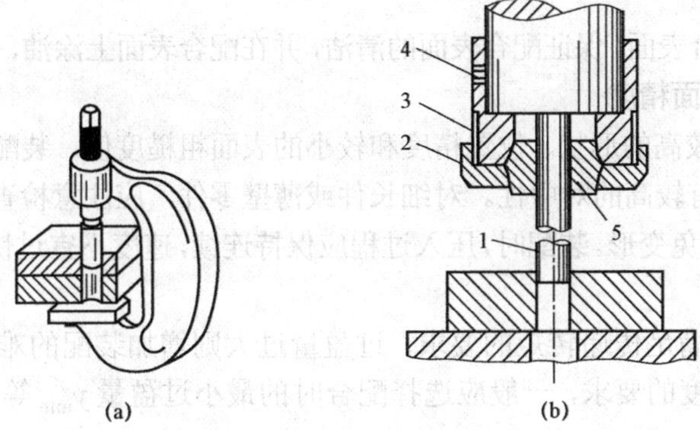

图1-27　圆柱销装配

（a）C形夹头压入圆柱销；（b）手动压力机压入圆柱销

1—圆柱销；2—端盖；3—套筒；4—螺钉；5—筒夹

拆卸圆锥销时，可从小头向外敲击。对于带有外螺纹的圆锥销可用螺母旋出，如图1-28（a）所示；如图1-28（b）所示，在拆卸带内螺纹的圆锥销时，可用拔销器拔出，如图1-28（c）所示。

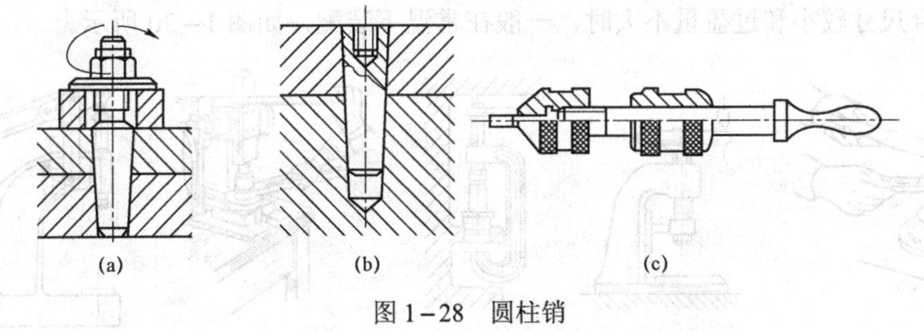

图1-28　圆柱销

（a）带外螺纹圆锥销；（b）带内螺纹圆锥销；（c）拔销器

任务1.6　过 盈 连 接

1.6.1　过盈连接的装配安装技术要求

过盈连接是利用材料的弹性变形，把具有一定过盈量的轴和毂孔套装起来，以此达到紧固连接的目的。装配后，轴的直径被压缩，孔的直径被扩大，包容件和被包容件因变形而使配合表面产生压力，如图1-29所示，工作时依靠此压力所产生的摩擦力来传递转矩和轴向力。

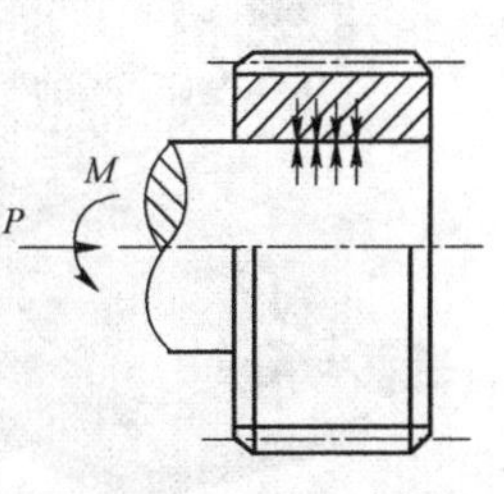

图1-29　过盈连接

过盈连接具有结构简单、同轴度高、对中性好、承载能力强，并能承受冲击和振动载荷，还可避免配合零件由于切削键槽而削弱被连接零件的强度。缺点是过盈连接配合表面的加工精度要求高，装拆较困难。多用于承受重载而无须经常装拆的场合。过盈连接的配合表面有圆柱、圆锥等形式。

1. 清洗配合表面

装配前应清洗配合表面，保证配合表面的清洁，并在配合表面上涂油，以免装配时擦伤表面。

2. 较高的配合表面精度

配合表面应具有较高的形状、位置精度和较小的表面粗糙度值。装配时，注意保持轴孔的同轴度要求，以保证有较高的对中性。对细长件或薄壁零件，应注意检查过盈量和形位偏差。装配时应垂直压入，以免变形。装配时，压入过程应保持连续，速度不宜过快，通常为 2～4 mm/s。

3. 适当的过盈量

过盈量太小不能满足传递转矩的要求，过盈量过大则增加装配的难度，因此若要达到配合后被连接件紧固程度的要求，一般应选择配合时的最小过盈量 y_{min} 等于或稍大于连接所需的最小过盈量。

1.6.2 过盈连接的装配安装方法

1. 圆柱面过盈连接的装配安装

圆柱面过盈连接依靠轴、孔尺寸差获得过盈。根据过盈量大小不同，在装配时采用的装配方法也不同。

1）压入法

当配合尺寸较小和过盈量不大时，一般在常温下装配，如图 1－30 所示。

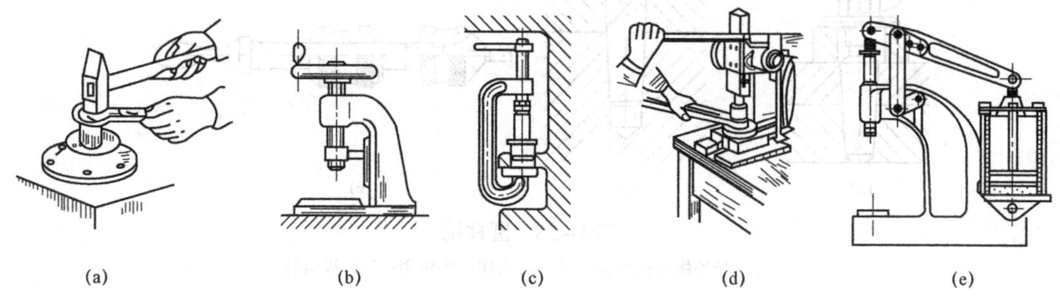

图 1－30 压入法

（a）手锤加电块；（b）螺旋压力机；（c）C 形夹头；（d）齿条压力机；（e）气动杠杆压力机

2）热胀法

热胀法又称红套法，它是利用金属材料热胀冷缩的物理特性进行装配的。装配前先将孔加热，使之胀大，然后将其套装在轴上，待孔冷却后，轴与孔之间就形成了过盈。热胀配合的加热方法应根据过盈量及套件尺寸的大小而定。对于中小型零件的装配，可在燃气炉或电炉中进行，有时也可浸在油中加热，其加热温度一般为 80～120 ℃。大型零件则采用感应加热器加热，如图 1－31 所示。

图 1－31 感应加热器

2. 圆锥面过盈连接装配安装

圆锥面过盈连接是利用轴和孔之间产生相对轴向位移互相压紧而获得过盈量，主要用于轴端连接。它的特点是压合距离短、装拆方便，装拆时配合面不易擦伤，可用于多次装拆的场合，但其配合表面的加工较困难。常用的装配方法有螺母压紧圆锥面的过盈连接和液压装拆圆锥面的过盈连接两种形式。

1）螺母压紧圆锥面的过盈连接

这种连接拧紧螺母可使配合面压紧形成过盈连接，配合面的锥度通常可取 1:30～1:8，如图 1－32 所示。

2）液压装拆圆锥面的过盈连接

这种连接方法如图 1－33 所示有两种结构。装配时用高压油泵由包容件（或被包容件）上的油孔和油槽压入配合面，使包容件内径胀大，被包容件外径缩小。与此同时，施加一定轴向力，使孔轴互相压紧。当压紧至预定的轴向位置后，排出高压油，即可形成过盈连接。同样，也可利用高压油来进行拆卸，不过施加的轴向力方向应与压紧时相反。这种方法多用于承载较大且需多次装拆的场合，尤其适用于大型零件。

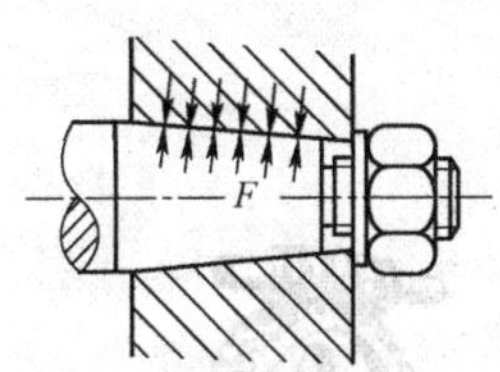

图 1－32　螺母压紧圆锥面的过盈连接

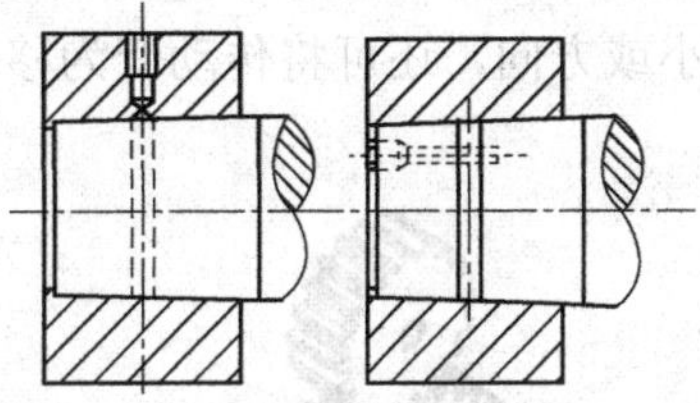

图 1－33　液压装拆圆锥面的过盈连接

项目 2　典型传动机构的装配安装与维修

任务 2.1　齿轮传动机构

2.1.1　齿轮传动机构概述

齿轮传动（图 2－1）是各种机械中最常用的传动方式之一，可用来传递运动和动力，改变速度的大小或方向，还可将传动变为移动。

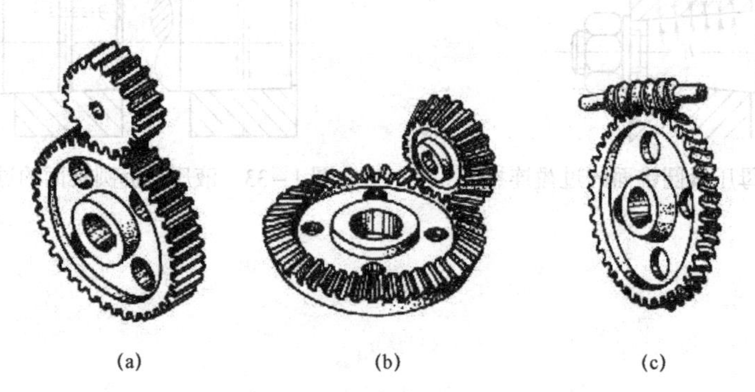

(a)　　(b)　　(c)

图 2－1　常见齿轮传动形式

（a）圆柱齿轮；（b）圆锥齿轮；（c）蜗轮蜗杆

齿轮传动在机床、汽车、拖拉机和其他机械中应用很广泛，因其具有以下特点：能保证一定的瞬时传动比，传动准确可靠，传递的功率和速度变化范围大，传动效率高，使用寿命长以及结构紧凑，体积小等，但也有一定缺点，如噪声大，传动不如带传动平稳，齿轮装配和制造要求高等。

齿轮传动装置由齿轮副、轴、轴承和箱体等主要零件组成，齿轮传动质量的好坏，与齿轮的制造和装配精度有着密切关系。

1. 传递运动的精确性

由齿轮啮合原理可知，在一对理论的渐开线齿轮传动过程中，两齿轮之间的传动比是确定的，这时传递运动是准确的。但由于不可避免地存在齿轮的加工误差和齿轮副的装配误差，两轮的传动比发生变化，从而影响了传递运动的准确性。其具体情况是，在从动轮转动 360°的过程中，两轮之间的传动比成周期性变化，其转角往往不同于理论转角，即发生了转角误差，而导致传动运动不准确，这种转角误差会影响产品的使用性能，必须加以限制。

2. 传动的平稳性

齿轮传动过程中发生的冲击、噪声和振动等现象，影响齿轮传动的平稳性，关系到机器的工作性能、能量消耗和使用寿命以及工作环境等，因此，根据机器不同的使用情况，提出相应的齿轮传动平稳性要求。齿轮传动不平稳主要是传动过程中传动比发生高频瞬时突变的结果。

在从动齿轮转一转的过程中，引起传递不准确的传动比变化只有一个周期，而引起传动不平稳的传动比变化有许多周期，两者是不同的，实际上在齿轮传动过程中，上述两种传动比的变化同时存在。

3. 载荷分布的均匀性

两齿轮相互啮合的齿面，在传动过程中接触情况如何，将影响到被传递的载荷是否能均匀地分布在齿面上，这关系齿轮的承载能力，也影响齿面的磨损情况和使用寿命。

4. 传动侧隙的合理性

传动侧隙是指齿轮传递过程中，一对齿轮在非工作齿面间所形成的齿侧间隙。不同用途的齿轮，对传动侧隙的要求不同，因此，应合理地确定其数值，一般传递动力和传递速度的齿轮副，其侧隙应稍大，其作用是提供正常的润滑所必需的储油间隙，以及补偿传动时产生的弹性变形和热变形，对于需要经常正转或者反转的传动齿轮副，其传动侧隙应小些，以免在变换转向时产生空程和冲击。

当齿轮传动的用途和工作条件不同时，对上述四个方面的要求也不同，现概述如下：

在高速大功率机械传动中用的齿轮（如汽轮机减速器中的齿轮），对传动平稳性和载荷分布均匀性的要求特别高，至于影响传递运动准确性的传动比变化，虽然每转只有一个周期，但当转速高时，也会影响传动的平稳性，因此，对传递运动的准确性的要求也要高。

对于承受重载，低速传动齿轮（如轧钢机、矿山机械和起重机械中的齿轮），由于模数大，齿面宽且受力大，因此对载荷分布的均匀性要求也较高，另外为了补偿受力后齿轮发生的弹性变形，也要求有较大的传动侧间隙，至于传动平稳性和传递运动的准确性两个方面，因为转速低且不要求严格的转角精度，所以要求不高。

对于分度机构和读数装置及精密仪表，由于需要精确传递动力小，模数小，齿的宽度也小，因此对载荷分布均匀性的要求不高，如需正、反向传动，还应尽量较小传动侧隙。

2.1.2 渐开线圆柱齿轮精度

图2－2所示为渐开线标准直齿圆柱齿轮的一部分，其基本参数和几何尺寸分述如下：

1. 精度等级

标准对齿轮副规定12个精度等级，按精度的高低依次分为1、2、3、4、5、……12级，其中1、2级是为远景规划的，目前加工工艺很难达到1、2级精度水平，7级精度为基本级，所谓基本级，就是在实际使用（或设计）中普遍应用的精度等级，是在一般条件下，应用普通滚、插、剃三种加工工艺所获得的齿轮精度等级。按齿轮公差控制的各项误差对传动的主要影响，将齿轮的各项公差分成三个组，即第一公差组精度等级，包括齿轮切向，径向综合误差等，取决于对传动准确性的影响。第二公差组的精度等级，包括切向、径向综合误差等，取决于对传动的平稳性（如振动、噪声等）的影响。第三公差组的精度级，包括齿轮齿面误差、轴向齿轮偏差等，取决于对载荷分布均匀性的影响。

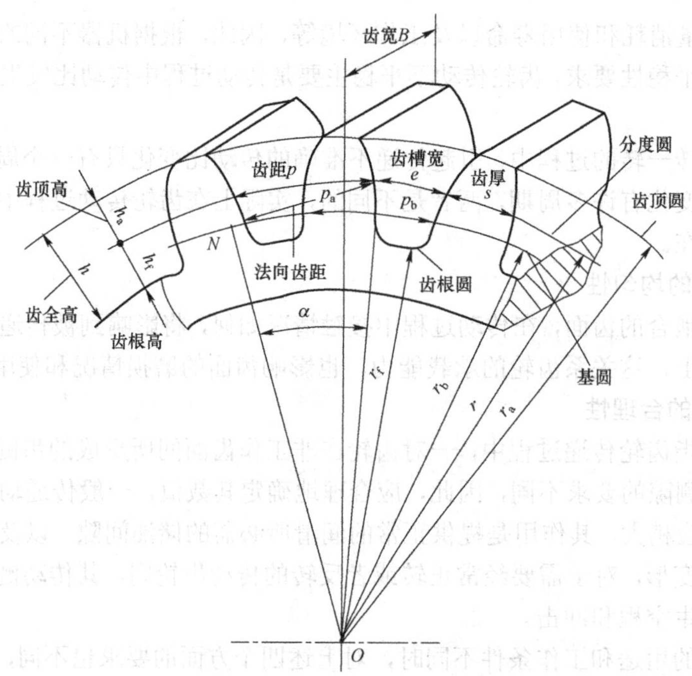

图 2-2 外齿轮各部分的名称和符号

精度等级的选择，应考虑传动的用途、运转条件以及其他技术要求，如表 2-1 所示。具体地说，如机床分度链，仪表读数系统，计算系统及减速机构的齿轮，应选第一公差组的较高精度等级。一般机械则选较低的精度等级。如圆周速度越大，振动的频率越高，应选第二公差组较高的精度等级；反之，可选较低的精度等级。如载荷较大，可选第三公差组较高的精度等级；反之，可选较低的精度等级。

表 2-1 精度等级

齿轮用途	精度等级	齿轮用途	精度等级
测量用齿轮	3～5	一般用途减速箱	6～9
金属切割机床	3～8	拖拉机轧钢机	6～10
航空发动机	4～7	起重机	7～10
轻型汽车	5～8	矿用绞车	8～10
载重汽车	6～9	农业机械	6～11

2. 齿轮副侧隙的选择

对齿轮副侧隙的要求，应根据齿轮的工作条件和使用要求，规定圆周最大极限侧隙 j_{emin}（或法向最小极限侧隙 j_{nmin}）。对于高速高温重载下工作的齿轮，应选取较大的齿侧间隙。对于一般的齿轮传动，选取中等大小的齿侧间隙，以减小回程误差。

为了保证所需的齿侧间隙，必须控制中心距极限偏差和齿厚极限偏差。标准规定中心距极限偏差采用完全对称偏差，依靠齿厚的极限偏差来得到不同的齿侧间隙。

规定的 14 钟齿厚极限偏差，代号分别是 C、D、E、F、G、H、J、K、L、M、N、O、P、R、S，从 D 起，其偏差值依次递增，每种代号表示的齿厚偏差值以周节极限偏差 f_{pt} 的倍数表示。

齿厚上、下偏差分别用两种偏差代号表示，上偏差为 E_{ss}，下偏差为 E_{si}（齿厚偏差为 ΔE_s，公差为 T_s）。如 $E_{ss}=-4f_{pt}$，$E_{si}=-16f_{pt}$，则齿厚公差 $T_s=E_{ss}-E_{si}=-4f_{pt}-(-16f_{pt})=12f_{pt}$。若选用的齿厚极限偏差超出标准规定时，允许自行确定。

3. 检查组的选用

当齿轮的三个公差精度等级和齿轮副侧隙选定后，就要根据齿轮传动的用途和工作条件选用相应的检验组，作为鉴定和验收的依据，在选择检验组时，主要考虑以下几点：

（1）齿轮精度等级高低。对于精密齿轮，应选用最能确切反映齿轮质量的综合指标；对于低精度齿轮，可选择单向指标组成的检验组。

（2）测量的目的。测量的目的可分为终结测量和工艺测量两种。终结测量的目的是评定齿轮的质量是否符合图纸要求，测量的项目包括第 1、2、3 公差组和齿轮副侧隙四个方面。为了充分保证使用质量，应优先选用综合性指标所组成的检验组。如果因条件所限，缺少综合测量仪器时，则按标准规定的检验组选用单向指标的组合。如果因条件所限，缺少综合测量仪器时，则按标准规定的检验组选用单向指标的组合。工艺测量的目的是查明误差产生的原因，做调整机床、刀具的依据，所选择的测量项目是能充分反映该项误差的单向指标。

（3）齿轮齿廓尺寸的大小。对于直径在 400 mm 以下的齿轮，在固定仪表上进行测量，则易实现综合测量。对于大尺寸的齿轮，在测量时，一般是将仪器和量具放在被测齿轮上，因此若采用需要安装在仪器上才能测量的一些指标，则不易实现。

（4）生产规模及工厂的具体条件。选择检验项目必须考虑生产批量的大小及厂现有计量器具的具体情况。一般条件下，小批量生产则采用单项测量指标，大批量生产则采用综合测量指标。

常用圆柱齿轮的检验项目可参考表 2－2。

表 2－2 常用圆柱齿轮检验项目

精度等级	5.6	7.8	9	10
第一公差组	F_1 或 F_D（F_{DK}）	F_P（F_{Pk}）或 F_r（F_i）和 F_w	F_r 和 F_w	F_r
第二公差组	f_i 或 f_{pb} 和 f_f；f_{pt}　f_f	f_i'' 或 f_{pb} 和 f_f 或 f_{pt} 和 f_{pb} 或 f_f 和 f_{pt}		f_{pr}
第三公差组	f_B 或 f_b 或 f_{ws} 和 F_b			
第四公差组	E_{ss} 和 E_{sl} 或 E_{ws} 和 E_{wl}			

4. 齿轮公差的标注

在齿轮工作图上应标注齿轮的精度等级和齿厚偏差的字母代号。

（1）齿轮三个公差组精度同为 7 级，其齿厚上偏差为 F，下偏差为 L。

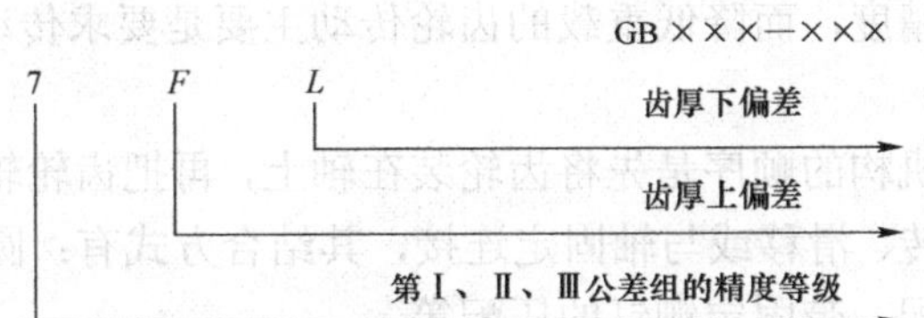

（2）齿轮第Ⅰ公差组精度为 7 级，第Ⅱ公差组精度为 6 级，第Ⅲ公差组精度为 6 级，其齿厚上偏差为 −270 μm，下偏差为 −400 μm。

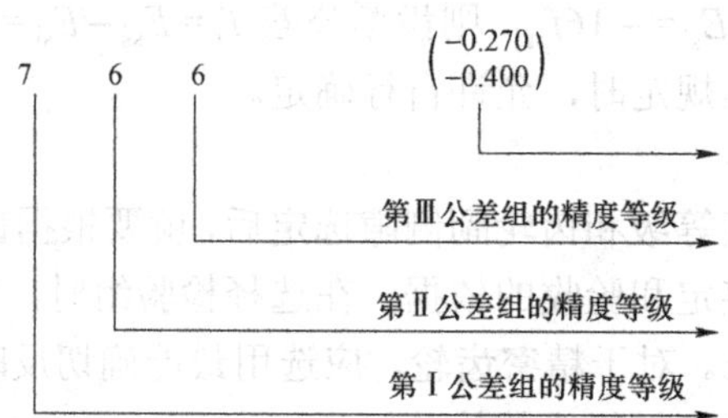

2.1.3 齿轮传动机构的装配

1. 装配技术要求

（1）齿轮孔与轴的配合，不得有偏心和歪斜。

（2）保证齿轮有准确的中心距和适当的齿侧间隙。侧隙太小，齿轮传动不灵活，甚至卡齿，会加剧齿面磨损；间隙太大，换向空程大，且会产生冲击，中心距和齿侧间隙如图 2−3 所示，两者之间尺寸变化量的计算关系是：

$$\Delta C_n = 2\Delta A\sin 20^\circ = 0.648\Delta A$$

式中 ΔC_n——齿侧间隙的变化量，mm；

ΔA——齿轮中心的变化量，mm；

α——齿轮压力角，20°。

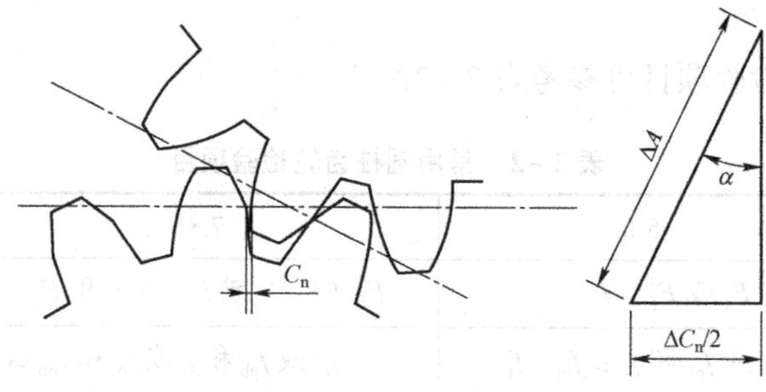

图 2−3 中心距和齿侧间隙

（3）保证齿轮工作面有一定的接触面和正确的接触部位。两者是相互联系的，如果接触部位不正确，则同时还反映两啮合齿轮的相互位置误差。

（4）滑移齿轮不应有卡住或阻滞现象。变换机构应保证有正确的错位量，定位准确。

（5）对高速的大齿轮，装配在轴上后还应做平衡检查，避免过大的振动。具体要求主要取决于传动装置的用途和精度，并不是对所有齿轮传动机构都要求一样，如分度机构中的齿轮传动主要是保证运动精度，而降低重载的齿轮传动主要是要求传动平稳。

2. 装配工艺过程

装配圆柱齿轮传动机构的顺序是先将齿轮装在轴上，再把齿轮轴部件装在箱体中，而齿轮装到轴上后，可以空转、滑移或与轴固定连接，其结合方式有：圆柱轴颈与半圆键、圆锥轴颈与半圆键、花键滑配、带固定铆钉的压配等。

在轴上空转滑移的齿轮，齿轮孔与轴为间隙配合，装配后精度取决于零件本身的加工精度，装配后，齿轮在轴上不得有晃动现象。

在轴上固定的齿轮通常是齿轮孔与轴有少量的过盈配合，多数为过渡配合，装配时需要加一定的外力，当过盈量较大时，一般用压力机压入，对于大型齿轮装配可用液压套合法套合，无论压入或套合，均要防止齿轮歪斜或发生某种变形。

齿轮装在轴上后，常见的误差有齿轮与轴偏心、歪斜和端面未贴紧轴肩（即为定位）。

精度要求高的齿轮传动机构，在齿轮压紧后需要检查齿轮的径向圆跳动量和端面跳动量，当齿轮孔与轴颈为锥面结合时，装配前则用涂色法检查内外锥面的接触情况，如贴合不良，可用三角刮刀对内锥面进行修刮，装配后，轴肩端面与齿轮端面应有一定的间距。

将齿轮部件装入箱体是一个极为重要的工序。装配的方法应根据轴在箱体中的结构特点而定，为了保证装配质量，装配前应对箱体的重要部件进行检查，检查的主要内容有：孔和平面尺寸精度及几何形状精度，孔和平面的表面粗糙度。孔和平面的相互位置精度，前两项检查比较简单，现只介绍箱体孔和平面的相互位置精度的检查内容和方法。

（1）同轴线孔的同轴度误差检验。在成批生产中，用专用检验芯棒检验，若芯棒能自由地推入孔中，说明几个孔的同轴度误差在规定的范围内。

当几个孔直径不等时，对于精度要求不高的，可用几种不同外径的检验套与检验芯棒配合检验，如图2－4所示。

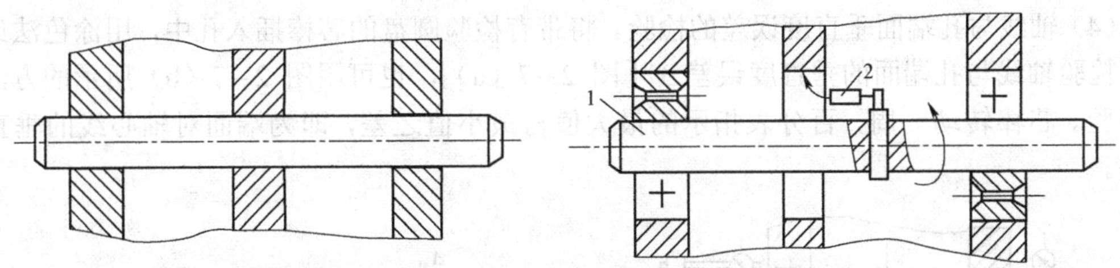

图2－4 用芯棒和百分表检验同轴孔的同轴度误差

1—检验芯棒；2—百分表

（2）孔距精度和孔系相互位置精度的检验。

① 孔距的检验。常用游标卡尺测得 L_1 或 L_2、d_1 及 d_2 的实际尺寸，再计算出实际的孔距尺寸（图2－5）。

$$\text{中心距}\ a = L_1 + \left(\frac{d_1}{2} + \frac{d_2}{2}\right)\ \text{或}\ a = L_2 - \left(\frac{d_1}{2} + \frac{d_2}{2}\right)$$

也可用图2－5（a）的方法检验，中心距 $a = \frac{L_1 + L_2}{2} - \frac{d_1 + d_2}{2}$

同时也可以测得 $L_1 - L_2$（或 $L_2 - L_1$）之差值，检验平行度误差。

② 孔系（轴系）平行度误差的检验。如图2－5（b）所示，用外径千分尺分别测量芯棒两端的尺寸 L_1 和 L_2，其差值（$L_1 - L_2$）就是两轴孔轴线在所测长度内的平行度误差。

（3）轴线与基面的尺寸精度和平行度误差的检验。箱体基面用等高垫块支承在平板上，将芯棒插入孔中（图2－6）。用高度游标卡尺测量（或在平板上用量块和百分表相对测量）芯棒两端尺寸 h_1 和 h_2，则轴线与基面的距离 h 为

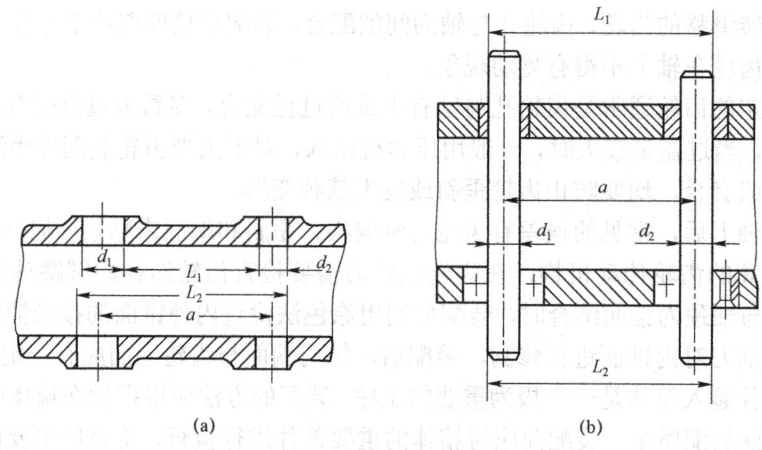

图 2-5　孔距精度检验

（a）用游标卡尺测量孔距；（b）用游标卡尺和芯棒测量孔距

$$h=\frac{h_1+h_2}{2}-\frac{d}{2}-a。$$

平行度误差为

$$\Delta=h_1-h_2$$

（4）轴线与孔端面垂直度误差的检验。将带有检验圆盘的芯棒插入孔中，用涂色法或塞尺可检验轴线与孔端面的垂直度误差 Δ ［图 2-7（a）］，也可用图 2-7（b）所示的方法进行检验。芯棒转动一周，百分表指示的最大值与最小值之差，即为端面对轴心线的垂直度误差。

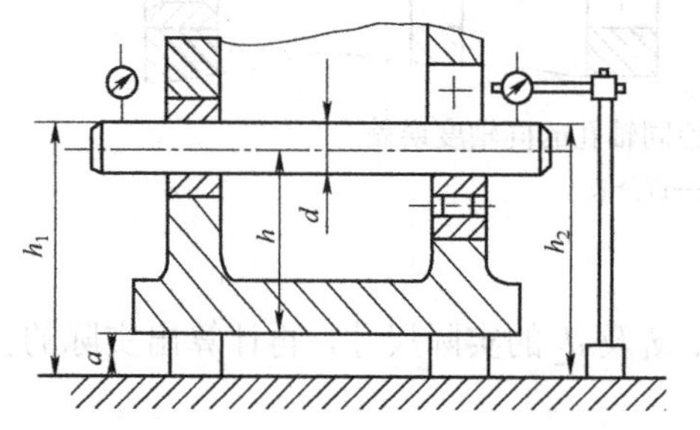

图 2-6　轴线与基面的尺寸精度和平行度误差检验

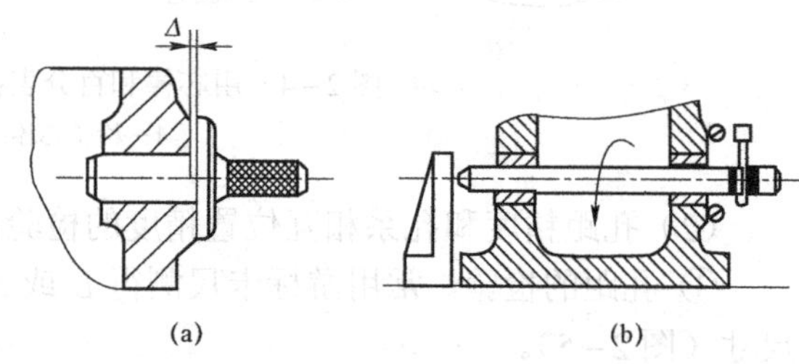

图 2-7　轴线与孔端面垂直度误差的检验

（5）齿轮啮合质量的检查。齿轮轴部件装入箱体轴承孔后，齿轮轮齿必须有良好的啮合质量。齿轮的啮合质量，包括适当的齿侧间隙和一定的接触面积，测量齿侧隙的方法如下：

① 用压铅线检验，在齿面沿齿宽两端平面放置两根铅线，宽齿放置 3～4 根，铅线直径一般不超过最小侧隙的 4 倍。转动齿轮铅丝被挤压后最薄处的尺寸，即为侧隙。

② 用百分表检验，再将接触百分表测头的齿轮从一侧啮合转到另一侧啮合，百分表上的读数差，即为齿侧间隙。

③ 接触面积检验，通过相互啮合两齿轮的接触斑点，用涂色法进行检验。检验时，转动主动轮应轻微制动，对双向工作的齿轮转动正反转都要检验。

齿轮轮齿上接触印痕的分布面积，在齿轮的高度方向接触斑点应不少于 30%～50%，在轮齿的宽度方向应不少于 40%～70%，通过涂色法检验，还可以判断产生误差的原因，如图 2－8 所示。

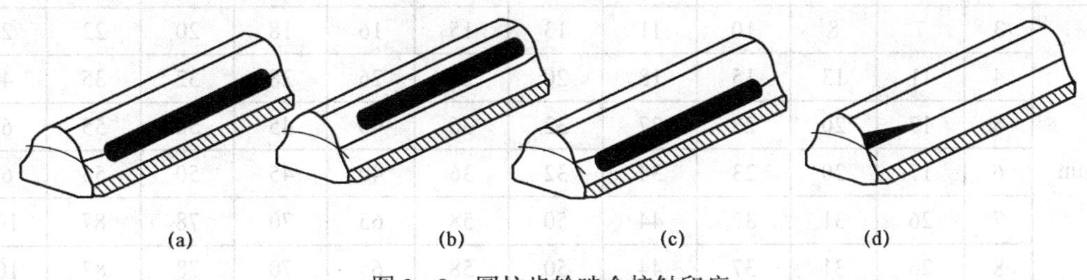

图 2－8 圆柱齿轮啮合接触印痕

（a）正确；（b）中心距太大；（c）中心距太小；（d）中心距斜歪

产生接触斑点不良现象的主要原因和调整方法如下：

第一种，两齿轮轮齿同向偏接触：因为两齿轮轴线不平行；异向偏接触，因为两齿轮轴线歪斜。调整方法是在中心距允差范围内，刮研轴瓦或调整轴承。

第二种，单向偏接触：两齿轮轴线不平行同时斜歪。调整方法同上。

第三种，游离接触：在整个齿圈上接触区，由一边逐渐移至另一边，齿轮轮齿端面与回转中心线不垂直。调整方法为检查并校正齿轮端面与回转中心线的垂直度误差。

装配圆锥齿轮传动机构，工艺过程和检验方法与装配圆柱齿轮传动机构大致相同。

任务 2.2 蜗杆传动机构

2.2.1 对蜗轮蜗杆传动的技术要求

蜗杆传动机构，是用来传递空间相互垂直交叉轴之间的运动和动力。一般蜗杆是主动件，其轴线与蜗轮轴线在空间交叉 90°，蜗杆传动机构的特点是：结构紧凑，传动比大，工作稳定，噪声小，自锁性好。缺点是传动效率低，工作发热量大，需要有良好润滑。图 2－9 所示为蜗杆传动。

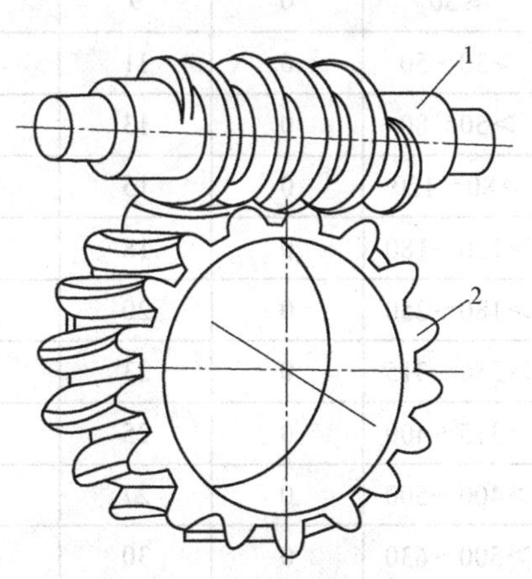

图 2－9 蜗杆传动

1—蜗杆；2—蜗轮

技术要求：

（1）蜗杆中心线与蜗轮中心线相互垂直。

（2）蜗杆轴线应在蜗轮轮齿的对称中心面内。

（3）蜗杆与蜗轮间的中心距要准确。

蜗轮蜗杆传动中心距极限偏差和传动中间平面极限偏差见表 2－3。蜗杆传动的最小法向侧隙值见表 2－4。

表 2－3　蜗轮蜗杆传动中心距极限偏差 f_a 和传动中间平面极限偏差 f_x

项目	精度等级	传动中心距 a/mm										
		＜30	30～50	50～80	80～120	120～180	180～250	250～15	315～400	400～500	500～630	630～800
f_a/μm	3	7	8	10	11	13	15	16	18	20	22	25
	4	11	13	15	18	20	23	26	28	32	35	40
	5	17	20	23	27	32	36	40	45	50	55	62
	6	17	20	23	34	32	36	40	45	50	55	62
	7	26	31	37	44	50	58	65	70	78	87	100
	8	26	31	37	44	50	58	65	70	78	87	100
	9	42	50	60	70	80	92	105	115	125	140	160
f_x/μm	3	5.6	6.5	8	9	10.5	12	13	14.5	16	18	20
	4											
	5											
	6	14	16	18.5	22	27	29	32	36	40	44	50
	7											
	8											
	9	34	40	48	56	64	74	85	92	100	112	130

（4）有适当的齿侧间隙。

表 2－4　蜗杆传动的最小法向侧隙值（j_{nmin}）

中心距 a/mm	侧隙种类							
	h	g	f	e	d	c	b	a
≤30	0	9	13	21	33	52	84	130
＞30～50	0	11	16	25	39	62	100	160
＞50～80	0	13	19	30	46	74	120	190
＞80～120	0	15	22	35	54	87	140	220
＞120～180	0	18	25	40	63	100	160	250
＞180～250	0	20	29	46	72	115	185	290
＞250～315	0	23	32	52	81	130	210	320
＞315～400	0	25	36	57	89	140	230	360
＞400～500	0	27	40	63	97	155	250	400
＞500～630	0	30	44	70	110	175	280	440
＞630～800	0	35	50	80	125	200	320	500
＞800～1 000	0	40	56	90	140	230	360	560

在蜗杆传动的装配图上，应标注出配对的蜗杆、蜗轮的精度等级，侧隙种类代号和国标代号。

例：蜗杆传动的第 1 公差组的精度为 5 级，第 2、第 3 公差组的精度为 6 级，侧隙种类为 f，标注为

$$\text{传动 } 5-6-6\text{f GB 10089—88}$$

若传动的侧隙为非标准化，如：$j_{tmin}=0.03\ \text{mm}, j_{tmax}=0.06\ \text{mm}$

则标注为

$$\text{传动 } 5-6-6\begin{pmatrix}0.03\\0.06\end{pmatrix}\text{GB 10089—88}$$

（5）有正确的接触斑点。

蜗杆副的接触斑点要符合表 2－5 的规定。

表 2－5　蜗杆副的接触斑点

精度等级	接触面积/%		接触形状	接触位置
	沿齿高≥	沿齿长≥		
1 和 2	75	70	痕迹在齿高方向无断缺，不允许成带状条纹	痕迹分布位置趋近于齿面中部，允许略偏于啮合端，不允许在齿顶和啮入、啮出端的棱边处接触。
3 和 4	70	65		
5 和 6	65	60		
7 和 8	55	50	不作要求	痕迹应偏于啮合端，但不允许在齿顶和啮入、啮出端棱边接触。

其工作性能应使传动灵活，蜗轮在任何位置时，旋转蜗杆所需要的扭矩大小不变，并无卡住现象。

2.2.2　蜗杆传动机构装配工艺过程

1. 对蜗杆箱体的检验

为确保蜗杆传动机构装配要求，在蜗杆副装配前，先要对蜗杆孔轴线轮孔轴线的中心距误差和垂直度误差进行检验。检验箱体孔中心距时，可按图 2－10 所示的方法进行测量。测量时，分别将检验芯棒 1 和芯棒 2 插入箱孔中。箱体用 3 个千斤顶支承在平板上，调整千斤顶，分别使两芯棒与平板平行，用百分表在每根芯棒端最高点上检验，再用两组量块以相对测量法，分别测量两芯棒至平板的高度，即可算出中心距 a。

测量箱体孔轴线间的垂直度误差，可采用图 2－11 所示的检验工具。检验时将芯棒 1 和芯棒 2 分别插入箱体孔中，在芯棒 2 的一端套一百分表摆杆，用螺钉固定，旋转芯棒 2，百分表上的读数差即是轴线的垂直度误差。

2. 装配工艺

蜗杆传动机构的装配工艺，按其结构特点的不同，有的应先装蜗轮，后装蜗杆；有的则相反。一般情况下，装配工作是从装配蜗轮开始的，其步骤如下：

（1）将蜗轮齿圈压装在轮毂上，并用螺钉加以紧固。

（2）将蜗轮装在轴上，安装和检验方法与圆柱齿轮相同。

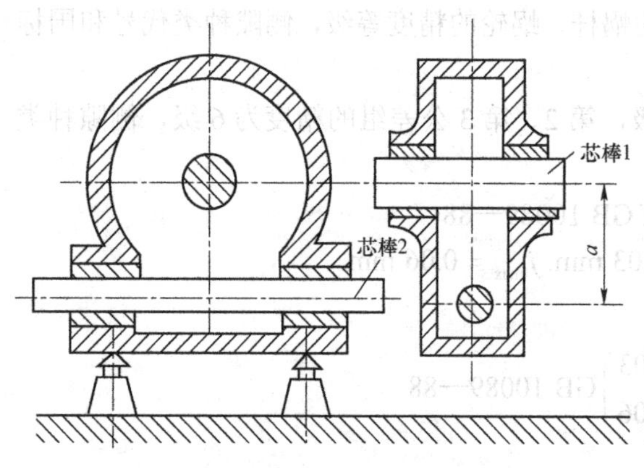

图 2-10　检验蜗杆箱体孔的中心距

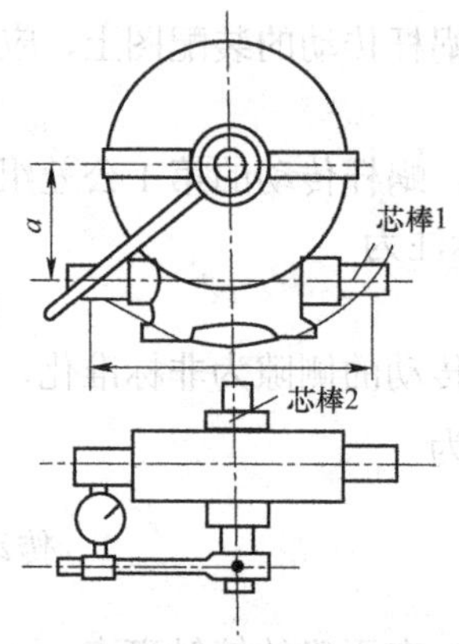

图 2-11　检验蜗杆箱体孔轴线间的垂直度误差

（3）把蜗轮轴装入箱体，然后再装蜗杆。一般蜗杆轴心线的位置，是由箱体安装孔所确定的，因此蜗轮的轴向位置可通过改变调整垫圈厚度或其他方式进行校正（图 2-12）。

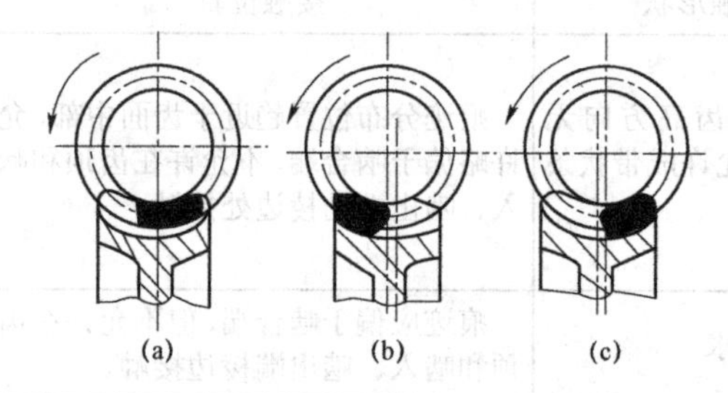

图 2-12　蜗轮齿面上的接触斑点

（a）正确；（b）蜗杆偏左；（c）蜗杆偏右

（4）将蜗轮、蜗杆装入蜗杆箱体后，首先要用涂色法来检验蜗杆与蜗轮的相互位置及啮合的接触斑点。将红丹粉涂在蜗杆螺旋面上，给蜗轮以轻微阻尼，转动蜗杆。根据蜗轮轮齿上的痕迹判断啮合质量。正确的接触斑点位置应在中部稍偏蜗杆旋出方向［图 2-12（a）］。对于图 2-12（b）、（c）所示的情况，则应调整蜗轮的轴向位置（如改变垫片厚度等）。

（5）蜗杆传动侧隙的检查。由于蜗杆传动的结构特点，其侧隙（图 2-13）用塞尺或压铅片的方法测量是有困难的。对不太重要的蜗杆传动机构，有经验的钳工是用手转动蜗杆，根据蜗杆的空程量判断侧隙大小。对要求较高的传动机构，一般要用百分表进行测量。

如图 2-14（a）所示，在蜗杆轴上固定一带量角器的刻度盘，用百分表测量头顶在蜗轮齿面上，手转蜗杆，在百分表指针不动的条件下，用刻度盘相对于固定指针的最大空程角来判断侧隙大小。如用百分表直接与蜗轮齿面接触有困难，可在蜗轮轴上装一测量杆，如图 2-14（b）所示。

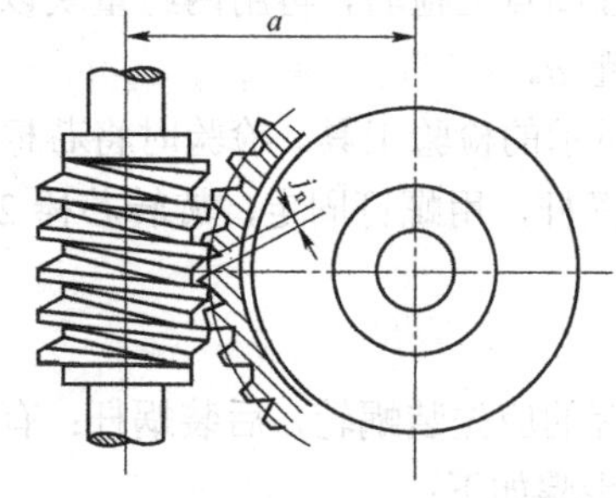

图 2-13　蜗杆传动的齿侧间隙

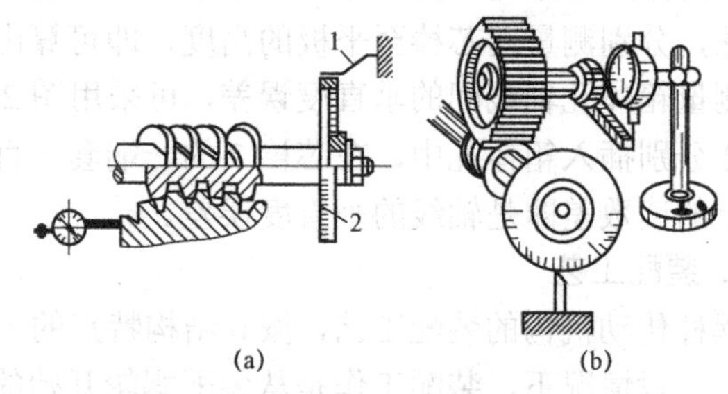

图 2-14　蜗杆传动侧隙的检查

（a）直接测量法；（b）用测量杆测量法

1—固定指针；2—刻度盘

任务2.3 带传动机构

2.3.1 带传动机构的技术要求

带传动是常用的一种机械传动，它是依靠张紧在带轮上的带（或称传动带）与带轮之间的摩擦力（或啮合）来传递运动和动力的。与齿轮传动相比，带传动具有工作平稳、噪声小、结构简单、不需要润滑、缓冲吸震、制造容易以及能过载保护，并能适应两轴中心距较大的传动等优点，因此得到了广泛应用。但其缺点是传动比不准确、传动效率低、带的寿命短。

常用的带传动有平带传动［图2－15（a）］及V带传动［图2－15（b）］。V带安装在相应轮槽内，以其两侧面与轮槽接触，而不与槽底接触。在同样初拉力的作用下，其摩擦力是平带传动的3倍左右。因此V带传动的应用比平带传动广泛。图2－15（c）所示为圆带传动，图2－15（d）所示为同步带传动，其特点是传动能力强，不打滑，能保证同步运转，但成本较高。本节主要介绍V带传动的装配工艺。

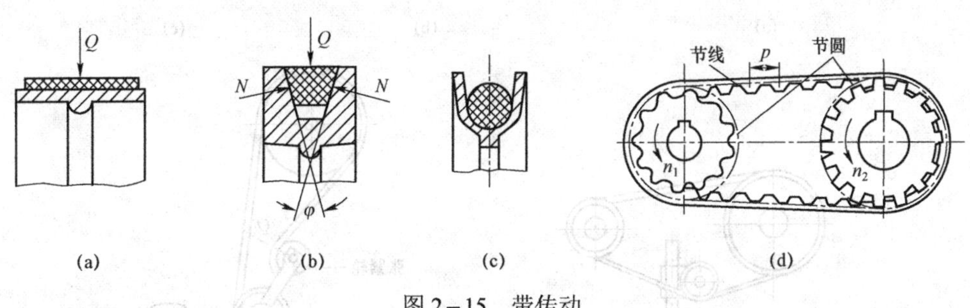

图2－15 带传动

（a）平带传动；（b）V带传动；（c）圆带传动；（d）同步带传动

技术要求：

（1）表面粗糙度。带轮轮槽工作面的表面粗糙度要适当，过细易使传动带打滑，过粗则传动带工作时易发热而加剧磨损。其表面粗糙度值一般取 Ra3.2 μm，轮槽的棱边要倒圆或倒钝。

（2）安装精度。带轮在轴上的安装精度，通常不得低于下述规定：带轮的径向圆跳动公差和端面圆跳动公差为0.2～0.4 mm。安装后两轮槽的中间平面与带轮轴线垂直度误差为±30′，两带轮轴线应相互平行，相应轮槽的中间平面应重合，其误差不超过±20′。

（3）包角。带在带轮上的包角不能太小。因为当张紧力一定时，包角越大，摩擦力也越大。对V带来说，其小带轮包角不能小于120°，否则也容易打滑。

（4）张紧力。带的张紧力对其传动能力、寿命和轴向压力都有很大影响。张紧力不足，则传递载荷的能力降低，效率也低，且会使小带轮急剧发热，加快带的磨损；张紧力过大，则也会使带的寿命缩短，轴和轴承上的载荷增大，轴承发热与加速磨损。因此，适当的张紧力是保证带传动正常工作的重要因素。

在带传动机构中，都有调整张紧力的拉紧装置。拉紧装置的形式很多，如图2－16所示。

图 2－16（a）用于水平或接近水平的传动。放松固定螺栓，旋转调节螺钉，可使电机沿导轨移动，调节带的张紧力，当带轮调到合适位置时，即可拧紧固定螺栓。

图 2－16（b）用调节轴的位置张紧，定期张紧，用于垂直或接近垂直的传动。旋转调整螺母，使机座绕转轴转动，将带轮调到合适位置，使带获得需要的张紧力，然后固定机座位置。

图 2－16（c）自动张紧，用于小功率传动。利用自重自动张紧传动带。

图 2－16（d）用张紧轮张紧，用于固定中心距传动。张紧轮安装在带的松边，为了不使小带轮的包角减少过多，应将张紧轮尽量靠近大带轮。

图 2－16（e）用张紧轮张紧用于中心距小、传动比大的场合，但寿命短。适宜平带传动。张紧轮可以装在平型带松边的外侧，并尽量靠近小带轮处，这样可以增加小带轮上的包角。

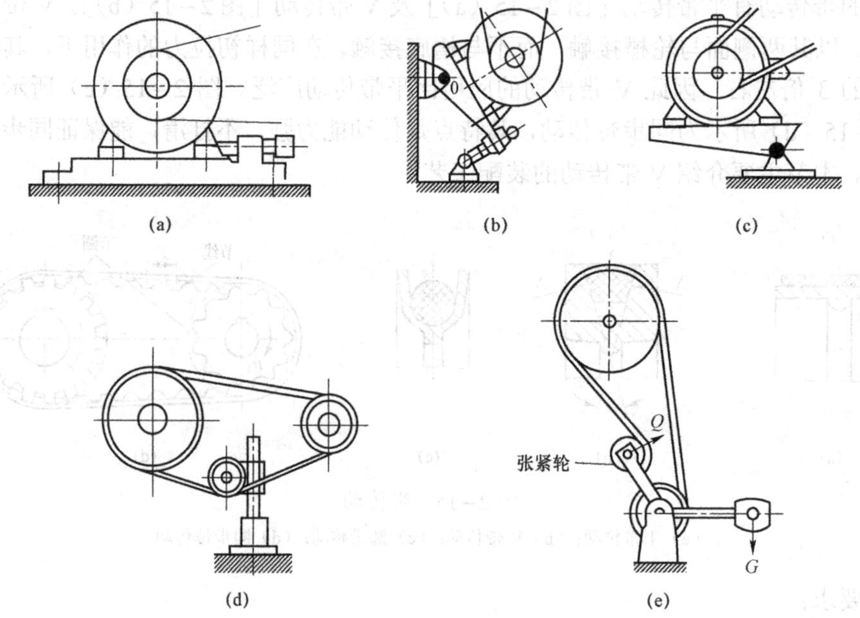

图 2－16 带传动的张紧

（a）螺栓张紧；（b）调节轴张紧；（c）自动张紧；（d）内侧张紧轮张紧；（e）外侧张紧轮张紧

2.3.2 带轮的装配工艺

带轮孔和轴的连接，一般采用过渡配合（H7/k6），这种配合有少量过盈，对同轴度要求较高。为了传递较大的转矩，需用键和紧固件等进行周向固定和轴向固定。图 2－17 所示为带轮与轴的几种安装方式。

安装带轮前，必须按轴和轮毂孔的键槽来修配键，然后清理安装面并涂上润滑油。将带轮装在轴上时，通常采用木槌锤击，用螺旋压力机或油压机压装。由于带轮通常用铸铁（脆性材料）制造，故当用锤击法装配时，应避免锤击轮缘，锤击点尽量靠近轴心。带轮的装拆也可用图 2－18（a）所示的双爪或三爪顶拔器。对于在轴上空转的带轮，应在压力机上将轴套或向心轴承先压在轮毂孔中，然后再将带轮装到轴上［图 2－18（b）］。

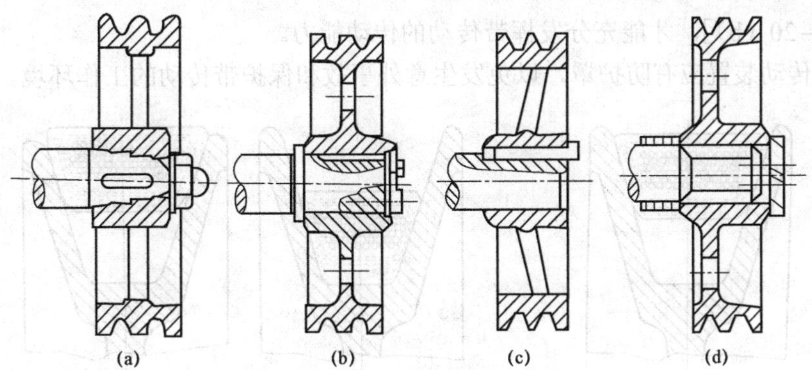

图2－17　带轮与轴的几种安装方式

(a) 圆锥轴径，螺母固定；(b)，(c)，(d) 圆柱轴颈，同轴肩隔套和挡圈固定

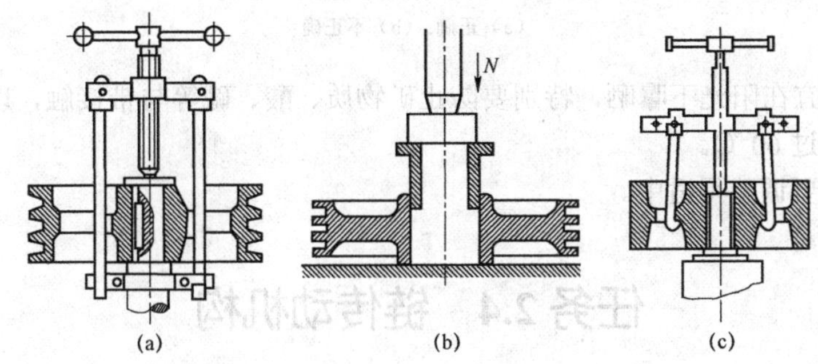

图2－18　用压紧法装配带轮

(a) 用顶拔器压入带轮；(b) 将轴套压入带轮轮毂孔内；(c) 从轴上用顶拔器拆卸皮带轮

2.3.3　V带的装配和调整

V带有Y、Z、A、B、C、D、E这7种型号，7种V带的截面尺寸各不相同，相对应的带轮轮槽截面也各不相同。

普通V带的标记如A2000 GB/T 11544—1997，其含义为：A型普通V带，基准长度L_d=2 000 mm，标准号为GB/T 11544—1997。

选择好V带型号和规格后，首先将两带轮的中心距调小，然后将V带先套在小带轮上，再将V带旋进大带轮(不要用带有锋利刃口的金属工具硬性将带拔入轮槽，以免损伤带)。

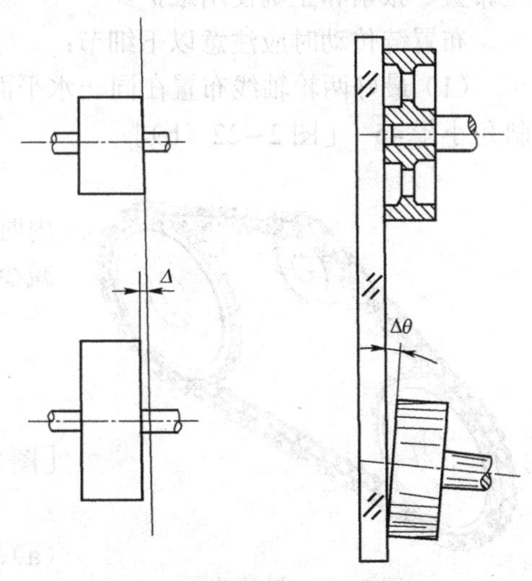

图2－19　带轮相互位置正确性的检查

安装时还要注意以下事项：

(1) 由于带轮的拆卸比装入难些，故在装配过程中，要经常用平尺或拉线法测量两带轮相互位置的正确性(图2－19)，以免返工。

(2) 传动带在带轮轮槽中有正确的位置，应如图2－20(a)所示，而不是陷没到槽底或凸在轮

槽外 [图 2-20 (b)]，才能充分发挥带传动的传动能力。

(3) 带传动装置应有防护罩，以免发生意外事故和保护带传动的工作环境。

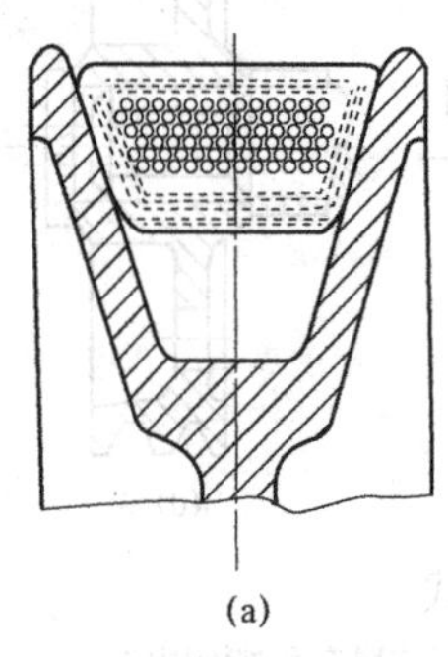
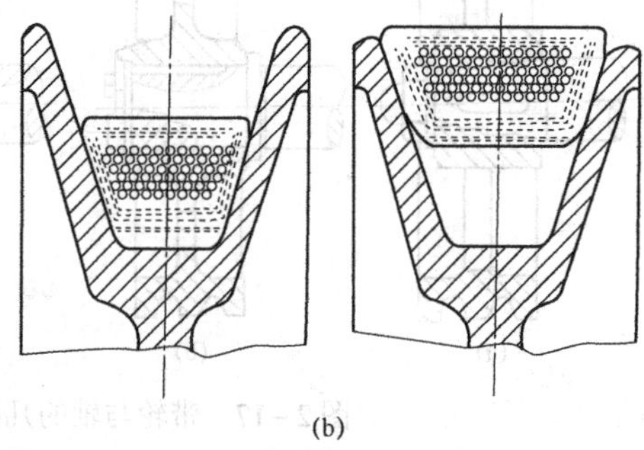

图 2-20　V 带在槽中的位置

(a) 正确；(b) 不正确

(4) V 带不宜在阳光下曝晒，特别要防止矿物质、酸、碱等与带接触，以免变质，并且工作温度不宜超过 60 ℃。

(5) 张紧力要调整得适中。

任务 2.4　链传动机构

2.4.1　链传动的布置

链传动由主动链轮、从动链轮和绕在链轮上的链条等组成（图 2-21），靠链条与链轮轮齿的啮合来传递平行轴间的运动和动力。

为了保证链传动能正常可靠地工作，除了应满足承载能力要求外，还应对链传动进行合理布置、张紧和正确使用维护。

布置链传动时应注意以下细节：

(1) 最好两轮轴线布置在同一水平面内 [图 2-22 (a)]，或两轮中心连线与水平面的倾斜角小于 45° [图 2-22 (b)]。

(2) 应尽量避免垂直传动。两轮轴线在同一铅垂面内时，链条因磨损而垂度增大，使与下链轮啮合的齿数减少或松脱。若必须采用垂直传动时，可采用如下措施：

① 中心距可调。

② 设张紧装置。

③ 上下两轮错开，使两轮轴线不在同一铅垂面内 [图 2-22 (c)]。

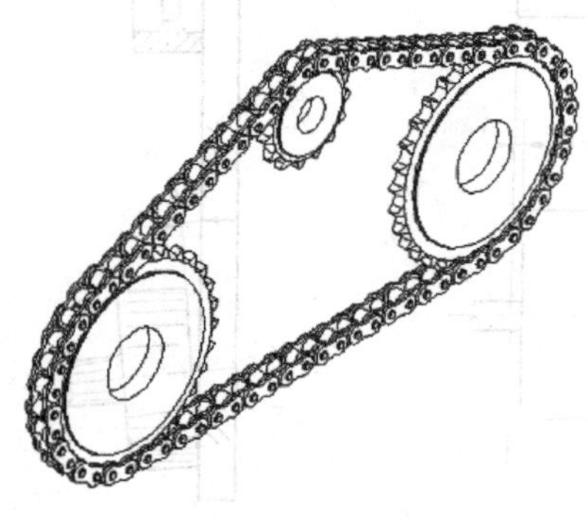

图 2-21　链传动

(3) 主动链轮的转向应使传动的紧边在上 [图 2-22 (a)、(b)]。若松边在上方，会由于垂度增大，链条与链轮齿相干扰，破坏正常啮合，或者引起松边与紧边相碰。

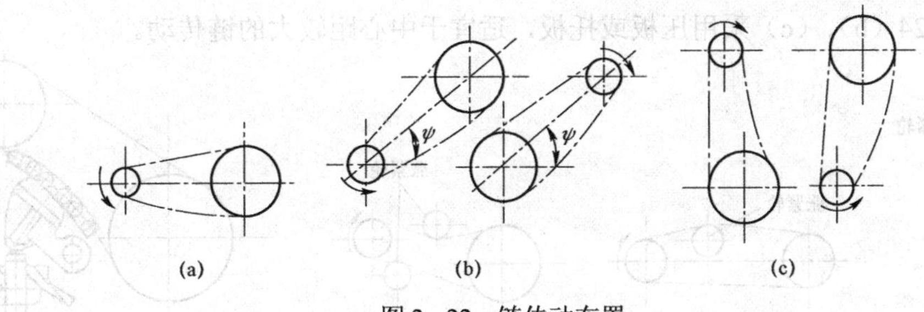

图 2-22　链传动布置

2.4.2　链传动的安装

两链轮的轴线应平行。安装时应使两轮轮宽中心平面的轴向位置误差 $\Delta e \leqslant 0.000\,2a$（$a$ 为中心距），两轮的旋转平面间的夹角 $\Delta\theta \leqslant 0.000\,2$ rad（图 2-23）。若误差过大，易脱链和增加磨损。

（1）套筒滚子链传动两轴的平行度偏差和水平度偏差均不应超过 0.5/1 000。当中心距大于 500 mm 时，两链轮轴向偏移允差为 2 mm。套筒滚子大、小链轮的径向允差为 0.25～1.20 mm，端面跳动允差为 0.30～1.50 mm。水平传动链条的下垂度为两链轮中心距的 0.02 倍。

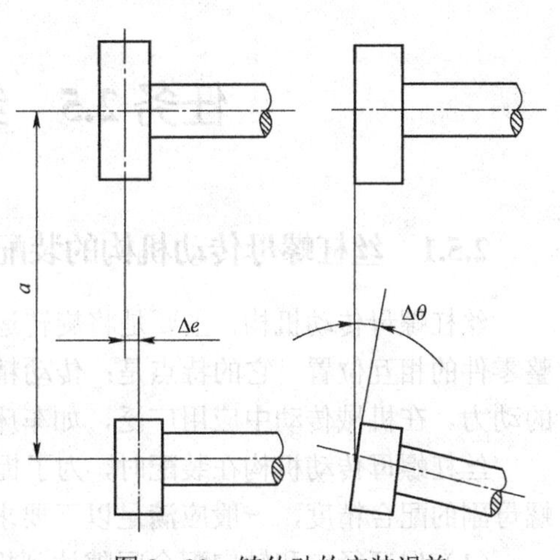

图 2-23　链传动的安装误差

（2）板式链传动滑道表面应平滑，不得有毛刺和局部凸起现象，凹型槽沿不得变形扭斜，其直线度偏差在全长范围内不得超过 5 mm。被动端同轴链轮应在同一直线上，其偏差不超过 3 mm。链板不得扭曲，其非工作表面的下垂度以能顺利通过支架为宜。链条托辊的上母线应在同一平面内，其高低偏差不大于 1 mm。

2.4.3　链传动的张紧

1. 链传动的垂度

链传动松边的垂度可近似认为是两轮公切线与松边最远点的距离。合适的松边垂度推荐 $f=(0.01\sim0.02)a$，a 为中心距。对于重载、经常制动、起动、反转的链传动，以及接近垂直的链传动，松边垂度应适当减少。

2. 链传动的张紧

张紧的目的主要是避免链条在垂度过大时产生啮合不良和链条的振动，同时也可增大包角。链传动的张紧采用下列方法：

（1）调整中心距，增大中心距使链张紧。对于滚子链传动，中心距的可调整量可取为 $2p$，p 为链条节距。

（2）缩短链长。对于因磨损而变长的链条，可去掉 1～2 个链节，使链缩短而张紧。

（3）采用张紧装置。图 2-24（a）中采用张紧轮。张紧轮一般置于松边靠近小链轮处的外侧。图 2-24（b）、（c）采用压板或托板，适宜于中心距较大的链传动。

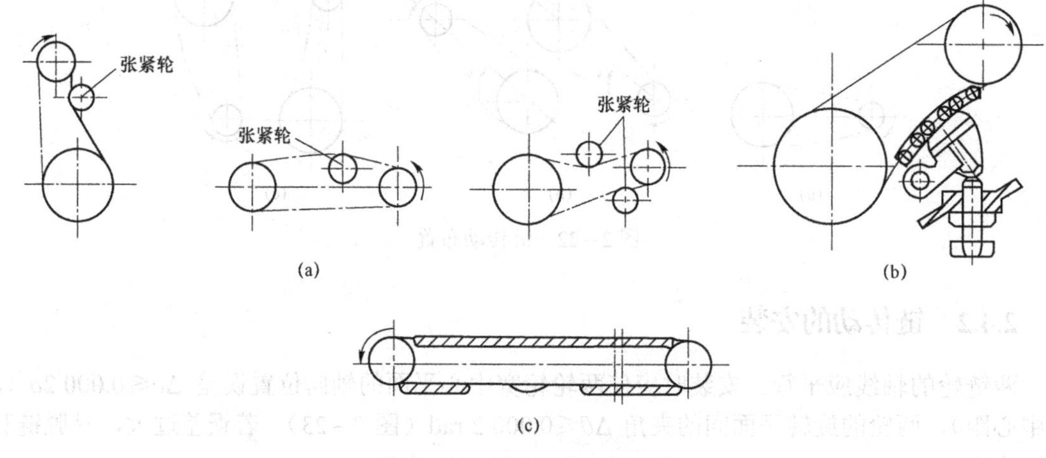

图 2-24　链传动的张紧装置

任务 2.5　丝杠螺母传动机构

2.5.1　丝杠螺母传动机构的装配技术要求

丝杠螺母传动机构，主要是将旋转运动变成直线运动，同时进行能量和力的传递，或调整零件的相互位置。它的特点是：传动精度高、工作平稳、无噪声、易于自锁、能传递较大的动力。在机械传动中应用广泛，如车床的纵、横向进给机构，钳工的台虎钳等。

丝杠螺母传动机构在装配时，为了提高丝杠的传动精度和定位精度，必须认真调整丝杠螺母副的配合精度，一般应满足以下要求：

（1）保证径向和轴向配合间隙达到规定要求。

（2）丝杠与螺母同轴度及丝杠轴线与基准面的平行度应符合规定要求。

（3）丝杠与螺母相互转动应灵活，在旋转过程中无时松时紧和阻滞现象。

（4）丝杠的回转精度应在规定范围内。

2.5.2　丝杠螺母传动机构的装配工艺

1. 丝杠直线度误差的检查与校直

将丝杠擦净，放在大型平板或机床工作台上（如龙门刨床工作台），把行灯放在对面并沿丝杠轴向移动，目测其底母线与工作台面的缝隙是否均匀。然后将丝杠转过一个角度，继续重复上述检查。若丝杠存在弯曲（如由于热处理或保存不当造成内应力而使其变形等），则校直其弯曲部分，但不能损伤其精度。为此，在做上述检查过程中，应用粉笔记下弯曲点及弯曲方向。

一般说来，需要校直的丝杠，其弯曲度都不是很大，甚至用肉眼几乎看不出来。校直时将丝杠的弯曲点置于两 V 形架的中间，然后在螺旋压力机上沿弯曲点和弯曲方向的反向施力就可使弯曲部分产生塑性变形而达到校直目的［图 2-25（a）］。两支承用的 V 形架间的距离只与丝杠的直径 d 有关，可参考下式确定：

$$a=(7\sim10)d$$

在校直丝杠时，丝杠被反向压弯［图2－25（b）］，把最低点与底面的距离 C 测量出来，并记录下来。然后去掉外力 F，用百分表（最好用圆片式测头）测量其弯曲度（图2－26）。如果丝杠还未被校直，可加大施力，并参考上次的 C 值来决定本次 C 值的大小。

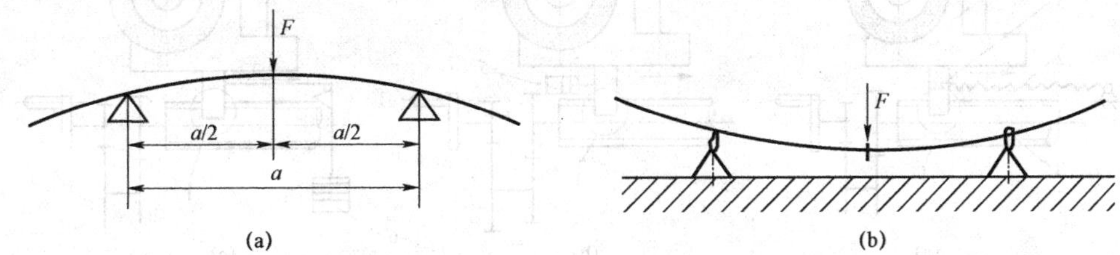

图2－25　丝杠的校直

（a）支承点和施力点的位置；（b）校直时的测量

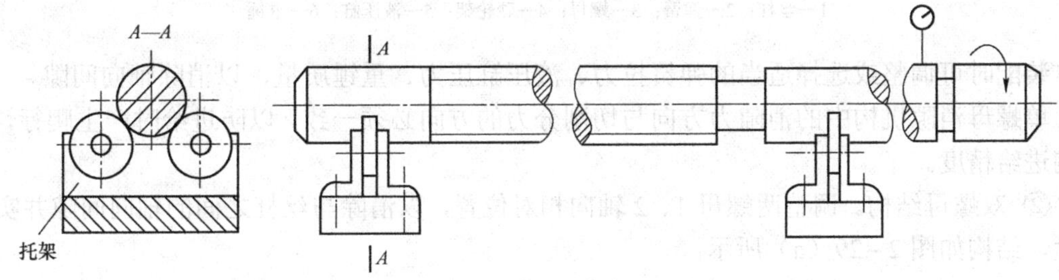

图2－26　丝杠挠度的检测

丝杠校直完毕后，要重新测量直线度误差，当符合技术要求后，将其悬挂起来备用。

2. 丝杠螺母副配合间隙的测量及调整

配合间隙包括径向和轴向两种。轴向间隙直接影响丝杠螺母副的传动精度，因此需采用消隙机构予以调整。但测量时径向间隙比轴向间隙更易准确反映丝杠螺母副的配合精度，所以配合间隙常用径向间隙表示。

（1）径向间隙的测量（图2－27）。将螺母旋在丝杠上的适当位置，为避免丝杠产生弹性变形，螺母离丝杠一端约（3～5）P（P 为螺距），把百分表测量头触及螺母上部，然后用稍大于螺母重量的力提起和压下螺母，此时百分表读数的代数差即为径向间隙。

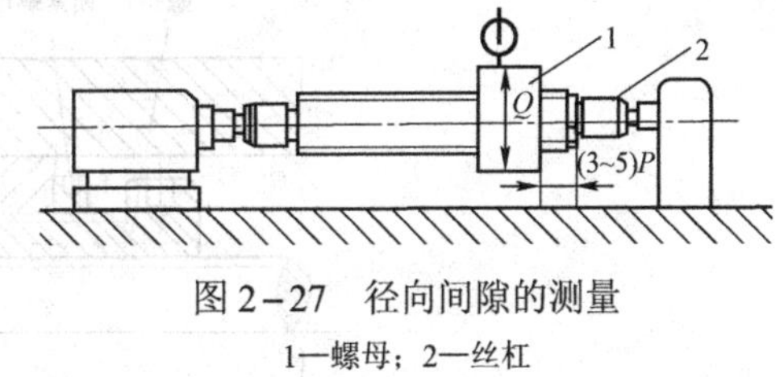

图2－27　径向间隙的测量

1—螺母；2—丝杠

（2）轴向间隙的调整。无消隙机构的丝杠螺母副，用单配或选配的方法来决定合适的配合间隙：有消隙机构的丝杠螺母副根据单螺母或双螺母结构采用下列方法调整间隙：

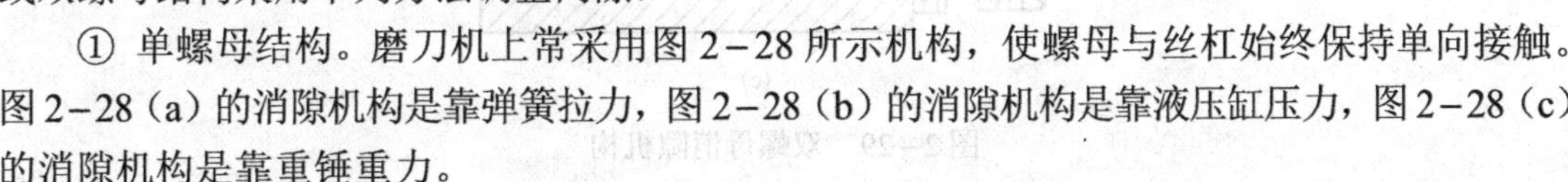

① 单螺母结构。磨刀机上常采用图2－28所示机构，使螺母与丝杠始终保持单向接触。图2－28（a）的消隙机构是靠弹簧拉力，图2－28（b）的消隙机构是靠液压缸压力，图2－28（c）的消隙机构是靠重锤重力。

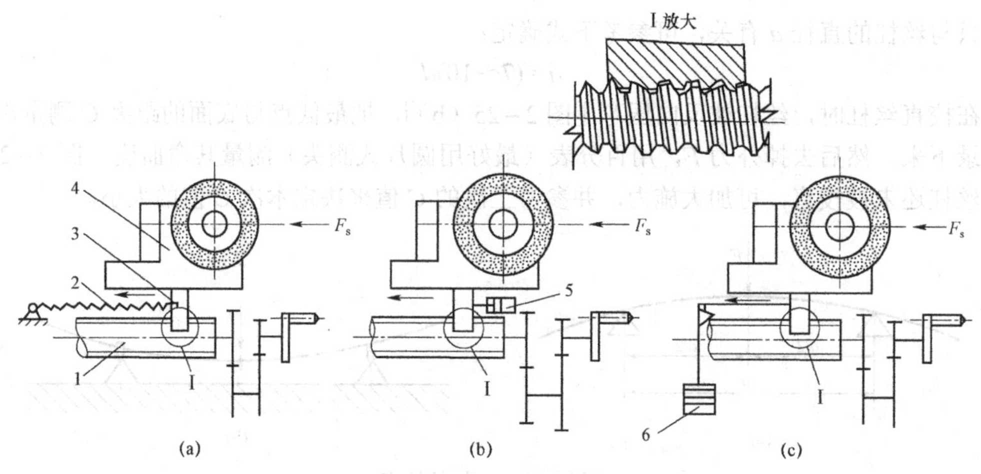

图2-28　单螺母消隙机构

（a）弹簧拉力消隙机构；（b）液压缸压力消隙机构；（c）重锤重力消隙机构

1—丝杠；2—弹簧；3—螺母；4—砂轮架；5—液压缸；6—重锤

装配时可调整或选择适当的弹簧拉力、液压缸压力、重锤质量，以消除轴向间隙。

单螺母消隙机构中的消隙力方向与切削分力的方向必须一致，以防进给时产生爬行，而影响进给精度。

② 双螺母结构。调整两螺母 1、2 轴向相对位置，以消除与丝杠之间的轴向间隙并实现预紧，结构如图 2-29（a）所示。

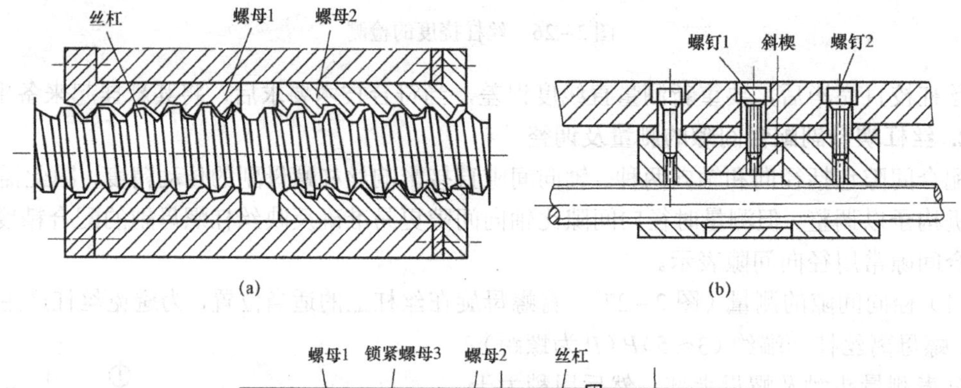

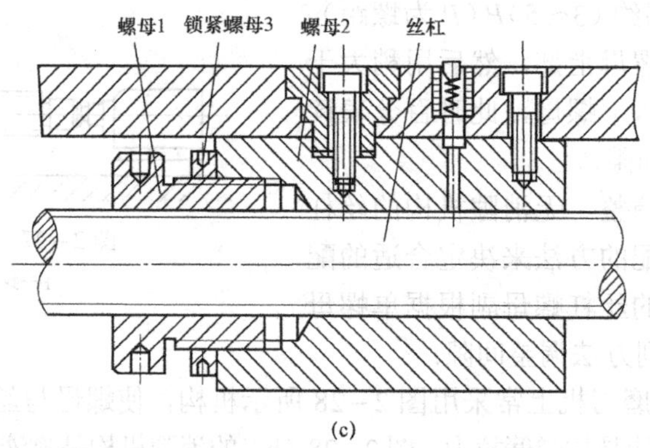

图2-29　双螺母消隙机构

（a），（c）双螺母消隙机构；（b）斜面消隙机构

图 2－29（b）为斜面消隙机构，其调整方法是：拧松螺钉 2，再拧动螺钉 1，使斜楔向上移动，以推动带斜面的螺母右移，从而消除轴向间隙。调好后再用螺钉 2 和锁紧螺母锁紧。

图 2－29（c）是另一种双螺母消隙机构。调整时先松开螺钉，再拧动调整螺母 1，消除螺母 2 与丝杠间隙后，旋紧螺钉。

任务 2.6　液压传动装置

液压传动以具有一定压力的油液作为工作介质来传递运动和动力，目前广泛用于实现各种机械的复杂运动和控制，已成为许多机械设备的一个重要组成部分（图 2－30），在许多金属切削机床，如磨床、刨床及冶金化工企业的自动化中都应用较广泛。

液压传动装置通常由油泵、油缸、阀类和管道等组成，现概括地介绍其特点和典型液压元件的安装工艺。

2.6.1　液压传动装置的特点

液压传动与机械传动及电器传动相比较具有下列优点：体积小，重量轻，传动平稳，可频繁换向，调速范围大，寿命长，易实现自动化、标准化和系列化等。但其也存在一些缺点。

（1）不可避免地产生漏油现象，因而不能实现严格的定比传动。

（2）液压系统中混入空气后会产生“爬行”、噪声等故障。

（3）油液受污染后，常会堵塞小孔、键缝等通道，影响动作的可靠性。

（4）当油温和载荷变化时，运动速度随之变化，不易保持稳定性。

（5）液压传动的能量损失转化为热量，影响机床的工作精度。

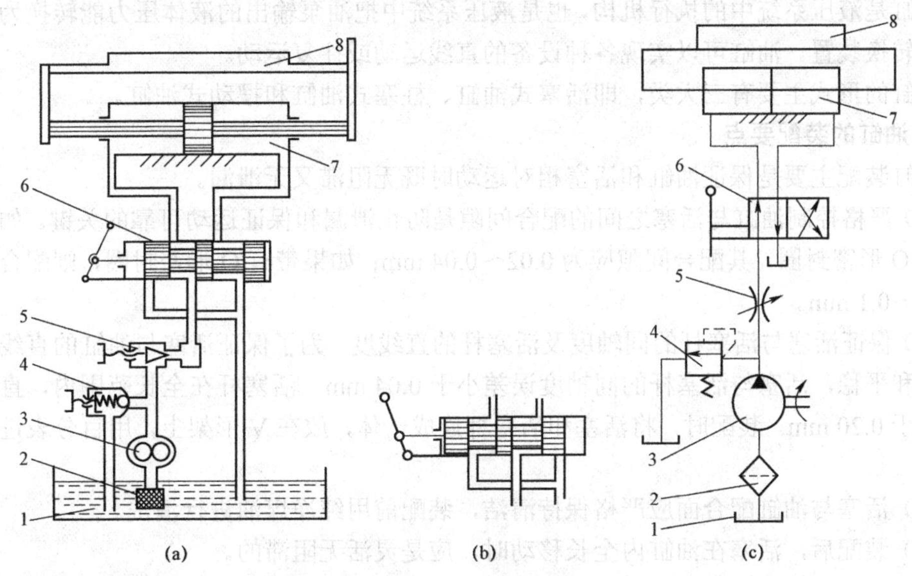

图 2－30　机床工作台液压传动系统

1—油箱；2—过滤器；3—液压泵；4—液压阀；5—节流阀；6—换向阀；7—液压缸；8—工作台

(6) 一般难以检查和确定已出故障的原因。

(7) 液压元件制造精度要求较高，工艺性不够好。

2.6.2 油泵的安装

油泵是将机械能转化为液压能的能量转换装置。常用的油泵有齿轮泵、叶片泵和柱塞泵等，一般由专业液压件厂生产。

1. 油泵的性能试验

油泵安装前要检查其性能是否满足要求，需做出必要的性能试验。

(1) 用手转动主动轴（齿轮泵）或转子轴（叶片泵），要求灵活无阻滞现象。

(2) 在额定压力下工作时，能达到规定的输油量。

(3) 压力从零逐渐升高到额定的压力值，各结合面不准有漏油和异常杂音。

(4)在额定压力下工作时，其压力波动值不准超过规定值，CB 型齿轮泵为$\pm 1.5\times 10^5$ Pa，YB 型叶片泵为$\pm 2\times 10^5$ Pa。

2. 油泵的安装要点

(1) 油泵一般不得由 V 带带动，最好由电机直接传动。

(2) 油泵与泵动机之间应有较高的同轴度，一般应保证同轴度误差不大于 0.1 mm。

(3) 倾斜角不大于 1°。

(4) 油泵的入口、出口和旋转方向，一般在铭牌中标明，应按规定连接管路和电路，不得反转。

(5) 安装油泵与泵动机之间的联轴器。

2.6.3 油缸的安装

油缸是液压系统中的执行机构，也是液压系统中把油泵输出的液体压力能转换为机械能的能量转换装置。油缸可以实现各种设备的直线运动或往复运动。

油缸的形式主要有三大类，即活塞式油缸、柱塞式油缸和摆动式油缸。

1. 油缸的装配要点

油缸装配主要是保证油缸和活塞相对运动时既无阻滞又无泄漏。

(1) 严格控制油缸与活塞之间的配合间隙是防止泄漏和保证运动可靠的关键。如果活塞上没有 O 形密封圈，其配合间隙应为 0.02～0.04 mm；如果带有 O 形密封圈，则配合间隙应为 0.05～0.1 mm。

(2) 保证活塞与活塞杆的同轴度及活塞杆的直线度。为了保证活塞与油缸的直线度运动的准确和平稳，活塞与活塞杆的同轴度误差小于 0.04 mm。活塞杆在全长范围内，直线度误差不大于 0.20 mm。装配时，将活塞和活塞杆连成一体，放在 V 形架上，用百分表进行检验校正。

(3) 活塞与油缸配合面应严格保持清洁，装配前用纯净煤油进行清洗。

(4) 装配后，活塞在油缸内全长移动时，应是灵活无阻滞的。

(5) 油缸两端盖装上后，应均匀拧紧螺栓，使活塞杆在全长范围内移动无阻滞和轻重不一的现象。

2. 油缸的性能试验

（1）在规定的压力下，观察活塞与油缸端盖，端盖与油缸的结合处是否有渗漏。

（2）油缸装置是否过紧，致使活塞或油缸移动时不顺畅。

（3）测定活塞或油缸移动速度是否均匀。

3. 油缸的安装

固定式油缸安装要与工作件有一定的垂直度或直线度。

2.6.4 压力阀的装配

用于液压传动的阀类较多，按用途分为压力阀、流量阀和方向阀等，按连接方式可分为板式连接和管式连接。就其装配要点而言，则大同小异，现以压力阀为例简述如下。

压力阀是用来控制液压系统中压力的阀类，有溢流阀（图2-31）、减压阀（图2-32）等。

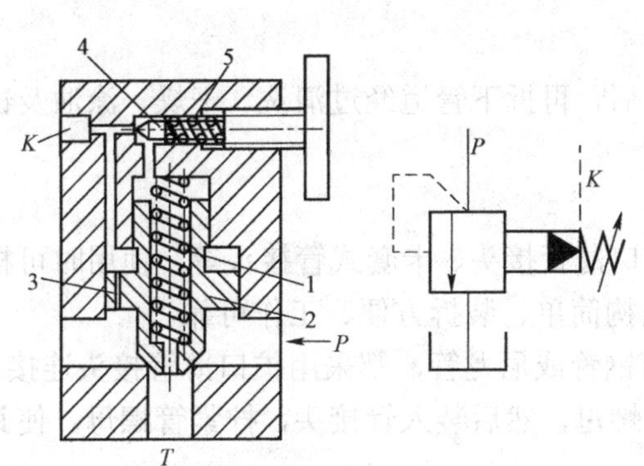

图2-31 先导式溢流阀工作原理图

1—主阀弹簧；2—阀芯；3—阻尼孔；4—导阀；5—弹簧

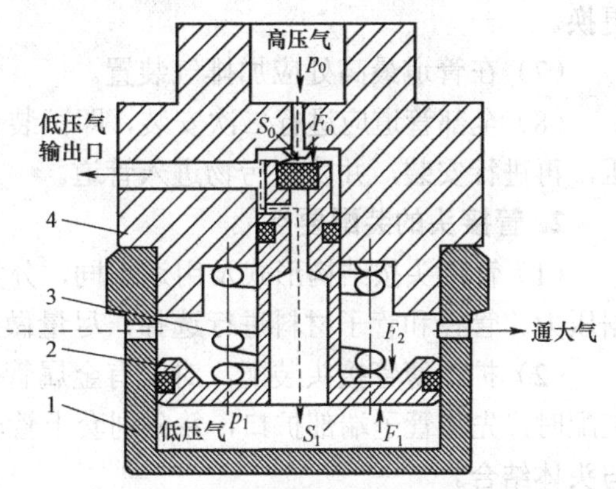

图2-32 减压阀工作原理图

1—下壳体；2—阀芯；3—弹簧；4—上壳体

1. 压力阀的装配要点

（1）压力阀在装配前，应将零件清洗干净，特别是阻尼孔道，需要用压缩空气清除污物。

（2）阀芯与阀体的密封性应良好，并用汽油试漏。

（3）阀体结合面应加耐油纸垫，确保密封。

（4）阀芯与阀体的配合间隙应符合要求，在全行程上移动应灵活自如。

2. 压力阀的性能试验

（1）试验时，调整压力调整螺钉，从最低数据逐渐升高到系统所需工作压力，要求压力平稳地改变，工作正常，压力波动不超过±1.5×10^5 Pa。

（2）当压力阀门在机床中做循环试验时，应观察其运动部位换向时工作的平稳性，并无显著的冲击和噪声。

（3）在最大压力下工作时，不允许结合处有漏油现象。

（4）溢流阀在卸荷状态时，其压力不超过 1.5×10^5～2×10^5 Pa。

2.6.5 管道连接的装配

把液压元件组合成液压传动系统，是通过传输油压的管道实现的，管道是由管子、管接头、法兰盖、衬垫等组成的。管道属于液压系统的辅助装置，用以保证油液的循环和传递能力。如果管道连接不当，不仅使油压系统失灵，而且会造成液压元件损坏，以致发生设备与人身事故。

1. 管道连接的技术要求

（1）油管必须根据压力和使用场所进行选择。应具有足够的强度，而且要求内壁光滑、清洁，无锈蚀、氧化和砂眼缺陷。

（2）对有锈蚀的管子应进行酸洗、中和、干燥、涂油、试压等工作，直到合格才能使用。

（3）切断管子时，断面应与轴线垂直。管子弯曲时，防止把管子弯扁。

（4）较长管道各段应有支撑件，并用管夹固定牢固。

（5）在管道安装时，应保证最小的压力损失，整个管道应尽量短，拐弯次数少，并要保留管道受温度影响产生变形的余地。

（6）液压系统中任何一段管道元件都应能单独拆卸，不影响其他元件，以便于修理或更换。

（7）在管道最高处应加排气装置。

（8）全部管道应进行二次安装，即试装调好后，再拆下管道经过清洗、干燥、涂油及试压，再进行安装，并防止污物进入管道。

2. 管接头的装配要点

（1）管接头按结构形式及用途不同，分为扩口薄管接头、卡套式管接头等，使用时可根据压力、管径和管子材料进行选择，尽量做到结构简单、装拆方便、工作可靠。

（2）扩口薄管接头装配，对于有金属管、薄钢管或尼龙管，都采用扩口薄管接头连接。装配时，先将管子端部扩口，并分别套上管套管螺母，然后装入管接头，拧紧管螺母，使其与头体结合。

（3）球形管接头装配时，分别把球形接头体和管接头体与管子焊接，再把连接螺母套在球形接头上，然后拧紧螺母。当压力较大时，结合球面应当研配，进行涂色检查，接触面宽度应不小于 1 mm。

（4）高压胶管接头装配时，将胶管剥去一定长度的外胶层，剥离处倒角 15° 左右，装入外套内，胶管端部与外套螺纹部分应留有 1 mm 的距离，然后把接头芯拧入接头管及胶管中，于是胶管便被挤入接头外套和接头芯的螺纹中，与接头芯及外套紧密地连接起来。

项目 3　轴承的装配安装与维修

任务 3.1　滚 动 轴 承

3.1.1　常见滚动轴承的类型特点和应用

轴承是用来支承轴的部件，常见的轴承主要分为滑动轴承和滚动轴承两大类。

滚动轴承是标准件，由专门工厂成批生产。一般来说，滚动轴承通常由外圈 1、内圈 2、滚动体 3 和保持架 4（为减少滚动体间的摩擦，起隔开分离作用）四个部分组成（图 3－1）。内圈的外面和外圈的里面都有供滚动体滚动的滚道 5。内圈是和轴颈配合，外圈和轴承座或机座配合。通常是内圈随轴颈旋转，外圈不转（如机床主轴），也可以是外圈旋转而内圈不转（如车轮）。滚动轴承具有摩擦阻力小、效率高、轴向尺寸小、装拆方便等优点，是机器中的重要部件之一。

滚动体按形状分有球形滚子、短圆柱滚子、滚针、圆锥滚子和球面滚子等，如图 3－2 所示。

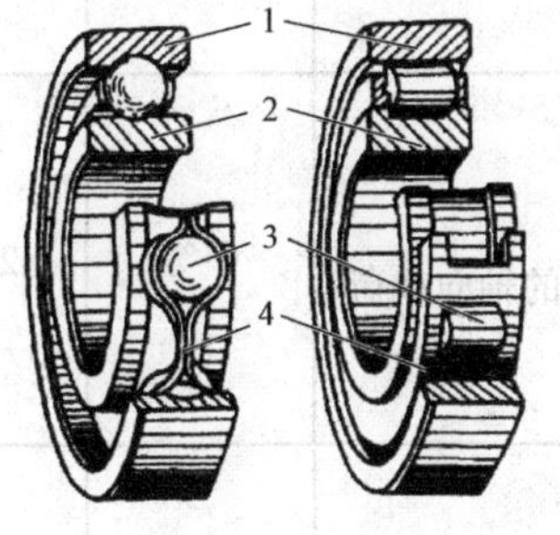

图 3－1　滚动轴承

1—外圈；2—内圈；3—滚动体；4—保持架

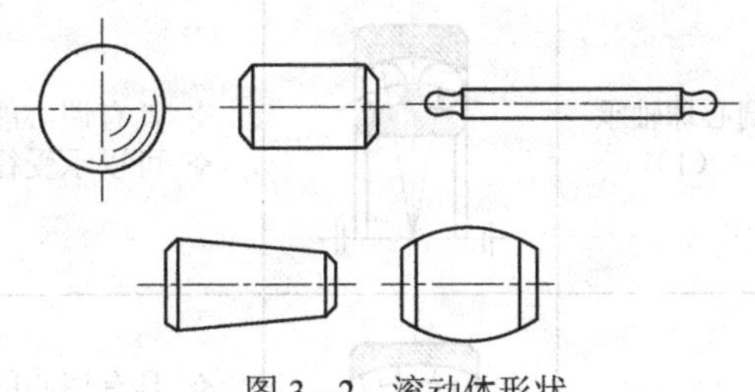

图 3－2　滚动体形状

常用滚动轴承的类型及特点见表 3－1。

表 3－1　常用滚动轴承的类型及特点

类型及代号	结构简图	特　　点	极限转速	允许偏移角
深沟球轴承（6）		✧ 最典型的滚动轴承，用途广 ✧ 可以承受径向及两个方向的轴向载荷 ✧ 摩擦阻力小，适用于高速和有低噪声、低振动的场合	高	2′～10′

续表

类型及代号	结构简图	特　　点	极限转速	允许偏移角
角接触球轴承 （7）		✧ 可以承受径向及单方向的轴向载荷 ✧ 一般将两个轴承面对面安装，用于承受两个方向的轴向载荷	较高	2′～10′
圆锥滚子轴承 （3）		✧ 内外圈可分离 ✧ 可以承受径向及单方向的轴向载荷，承载能力大 ✧ 成对安装，可以承受两个方向的轴向载荷	中等	2′
圆柱滚子轴承 （N）		✧ 承载能力大 ✧ 可以承受径向载荷，刚性好 ✧ 内外圈可分离	高	2′～4′
推力球轴承 （5）		✧ 可以承受单方向的轴向载荷 ✧ 高速时离心力大	低	不允许
调心球轴承 （1）		✧ 具有调心能力 ✧ 可以承受径向及两个方向的轴向载荷	中等	2°～3°
调心滚子轴承 （2）		✧ 具有调心能力 ✧ 可以承受径向及两个方向的轴向载荷，径向承载能力强	低	1°～2.5°

3.1.2　滚动轴承代号

滚动轴承代号是表示其结构、尺寸、公差等级和技术性能等特征的产品符号，由字母和数字组成。按 GB/T 272—1993 的规定，轴承代号由基本代号、前置代号和后置代号构成，其排列见表 3－2。

表 3－2 轴承代号的构成

前置代号	基本代号				后置代号
字母	字母和数字				字母和数字
成套轴承分部件	×× 类型代号	×× 宽度系列代号	直径系列代号	×× 内径代号	内部结构 密封、防尘与外部形状变化 保持架结构、材料改变 轴承材料 公差等级和游隙 其他

基本代号表示轴承的基本类型、结构和尺寸，是轴承代号的基础。其中类型代号用数字或字母表示，其余用数字表示，最多有 7 位数字或字母。

内径代号表示轴承的内径尺寸。当轴承内径在 12～480 mm 范围内时，内径代号乘以 5 即为轴承公称内径；对于内径不在此范围的轴承，内径表示方法另有规定，可参看轴承手册。

直径系列代号表示内径相同的同类轴承有几种不同的外径。

宽度系列代号表示内、外径相同的同类轴承宽度的变化。

类型代号表示轴承的基本类型，其对应的轴承类型参见表 8－1，其中 0 类可省去不写。

在后置代号中用字母和数字表示轴承的公差等级。按精度高低排列分为 2 级、4 级、5 级、6x 级、6 级和 0 级，分别用/P2，/P4，/P5，/P6x，P6 和/P0 表示，其中 2 级精度最高，0 级为普通级，在代号中省略。

有关前置代号和后置代号的其他内容可参阅有关轴承标准及专业资料。

代号举例：

71908/P5　其代号意义为：7—轴承类型为角接触球轴承，1—宽度系列代号，9—直径系列代号，08—内径为 40 mm，P5—公差等级为 5 级。

6204　其代号意义为：6—轴承类型为深沟球轴承，宽度系列代号为 0（省略），2—直径系列代号，04—内径为 12 mm，公差等级为 0 级（公差等级代号/P0 省略）。

3.1.3 滚动轴承的拆卸与安装

为了保证轴承的正常工作，除了合理选择轴承的类型和尺寸之外，还必须进行轴承的组合设计，妥善解决滚动轴承的固定、轴系的固定，轴承组合结构的调整，轴承的配合、装拆、润滑和密封等问题。

1. 滚动轴承内、外圈的轴向固定

为了防止轴承在承受轴向载荷时，相对于轴或座孔产生轴向移动，轴承内圈与轴、外圈与座孔必须进行轴向固定，滚动轴承常用的内、外圈轴向固定方式见表 3－3。

表 3-3　滚动轴承常用内、外圈轴向固定方式

轴承内圈的轴向固定方式			轴承外圈的轴向固定方式	
名称	特点与应用		名称	特点与应用
轴肩	结构简单，外廓尺寸小，可承受大的轴向负荷	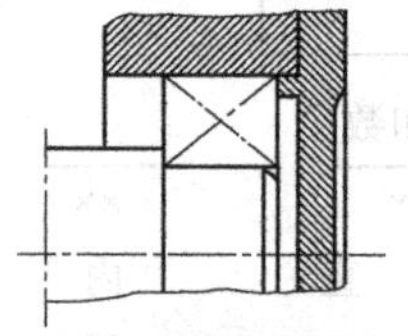	端盖	端盖可为通孔，以通过轴的伸出端，适于高速及轴向负荷较大的场合
弹性挡圈	由轴肩和弹性挡圈实现轴向固定，弹性挡圈可承受不大的轴向负荷，结构尺寸小	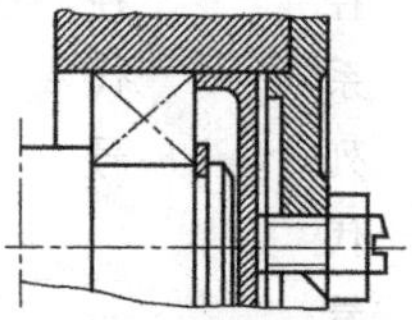	螺钉压盖	类似于端盖式，但便于在箱体外调节轴承的轴向游隙，螺母为防松措施
轴端挡板	由轴肩和轴端挡板实现轴向固定，销和弹簧垫圈为防松措施，适于轴端不宜切制螺纹或空间受限制的场合	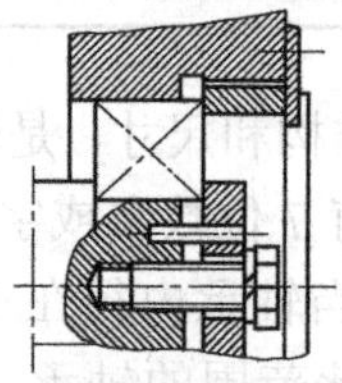	螺纹环	便于调节轴承的轴向游隙，应有防松措施，适于高转速，较大轴向负荷的场合
锁紧螺母	由轴肩和锁紧螺母实现轴向固定，有止动垫圈防松，安全可靠，适于高速重载	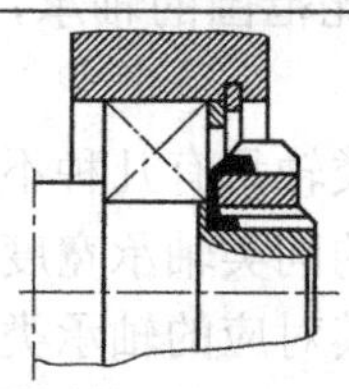	弹性挡圈	结构简单，拆装方便，轴向尺寸小，适于转速不高、轴向负荷不大的场合，弹性挡圈与轴承间的调整环可调整轴承的轴向游隙

2. 轴系的固定

轴系固定的目的是防止轴工作时发生轴向窜动，保证轴上零件有确定的工作位置。常用的固定方式有以下两种：

1）两端单向固定

如图 3-3 所示，两端的轴承都靠轴肩和轴承盖做单向固定，两个轴承的联合作用就能限制轴的双向移动。为了补偿轴的受热伸长，对于深沟球轴承，可在轴承外圈与轴承端盖之间留有补偿间隙 C，一般 $C=0.25\sim0.40$ mm；对于向心角接触轴承，应在安装时将间隙留在轴承内部。间隙的大小可通过调整垫片组的厚度实现。这种固定方式结构简单、便于安装、调整容易，适用于工作温度变化不大的短轴。

2）一端固定、一端游动支承

如图 3-4 所示，一端轴承的内、外圈均做双向固定，限制了轴的双向移动。另一端轴承外圈两侧都不固定。当轴伸长或缩短时，外圈可在座孔内做轴向游动。一般将载荷小的一端做成游动，游动支承与轴承盖之间应留用足够大的间隙，$C=3\sim8$ mm。对角接触球轴承和圆锥滚子轴承，不可能留有很大的内部间隙，应将两个同类轴承装在一端做双向固定，另一端采用深沟球轴承或圆柱滚子轴承做游动支承。这种结构比较复杂，但工作稳定性好，适用于工作温度变化较大的长轴。

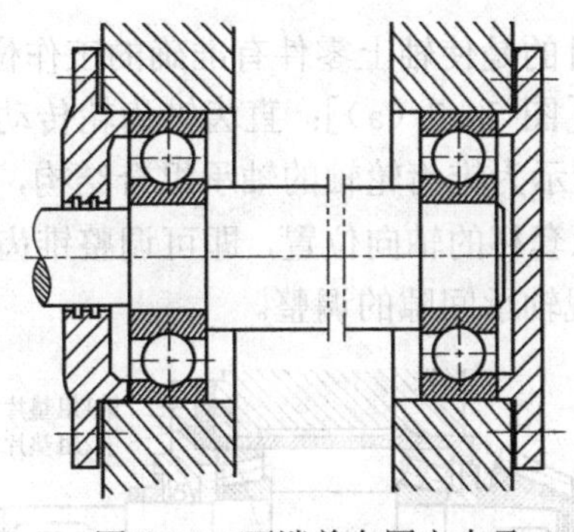

图 3-3 两端单向固定支承

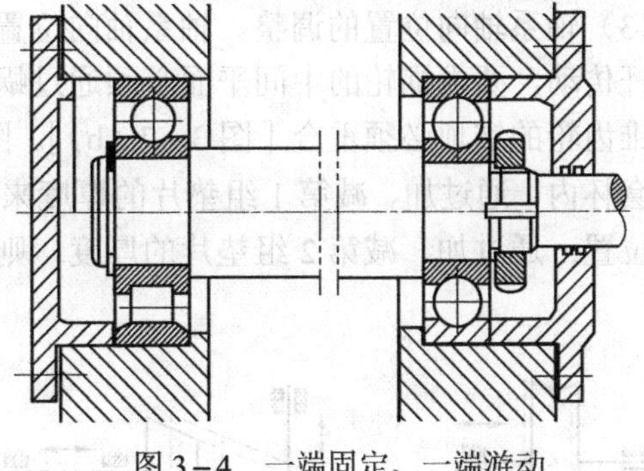

图 3-4 一端固定、一端游动

3. 滚动轴承组合结构的调整

滚动轴承组合结构的调整包括轴承间隙的调整和轴系轴向位置的调整。

（1）轴承间隙的调整。轴承间隙的大小将影响轴承的旋转精度、轴承寿命和传动零件工作的平稳性。轴承间隙调整的方法有以下三种：

① 如图 3-5（a）所示，靠加减轴承端盖与箱体间垫片的厚度进行调整。

② 如图 3-5（b）所示，利用调整环进行调整，调整环的厚度在装配时确定。

③ 如图 3-5（c）所示，利用调整螺钉推动压盖移动滚动轴承外圈进行调整，调整后用螺母锁紧。

（2）轴承的预紧（图 3-6）。轴承预紧的目的是提高轴承的精度和刚度，以满足机器的要求。在安装轴承时要加一定的轴向预紧力，消除轴承内部的原始游隙，并使套圈与滚动体产生预变形，在承受外载后，仍不出现游隙，这种方法称为轴承的预紧。预紧的方法有：① 在一对轴承内圈之间加金属垫片［图 3-6（a）］；② 磨窄外圈［图 3-6（b）］，所加预紧力的传递路线参阅图 3-6（a）、（b），图 3-6（c）为其结构图。

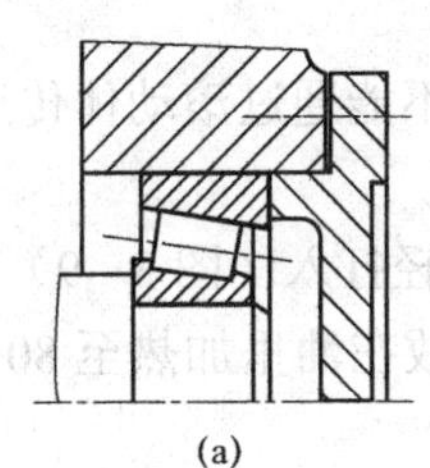

(a)

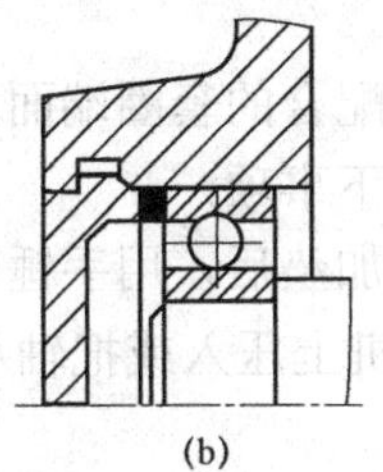

(b)

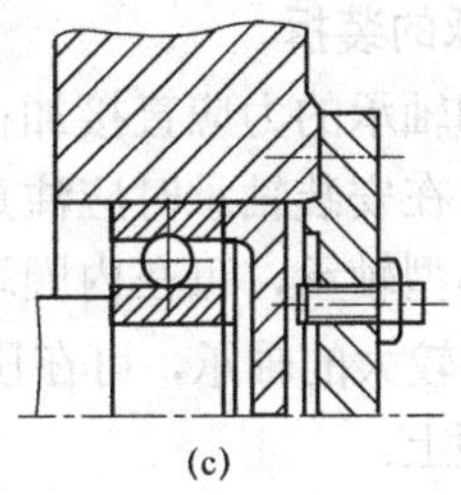

(c)

图 3-5 轴承间隙的调整

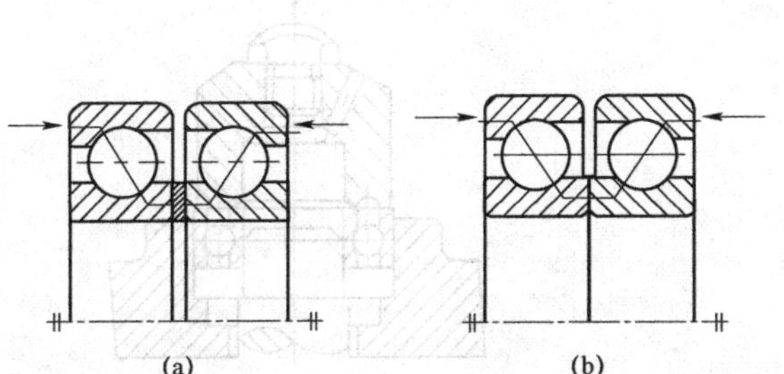

(a) (b)

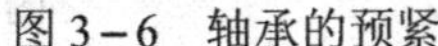

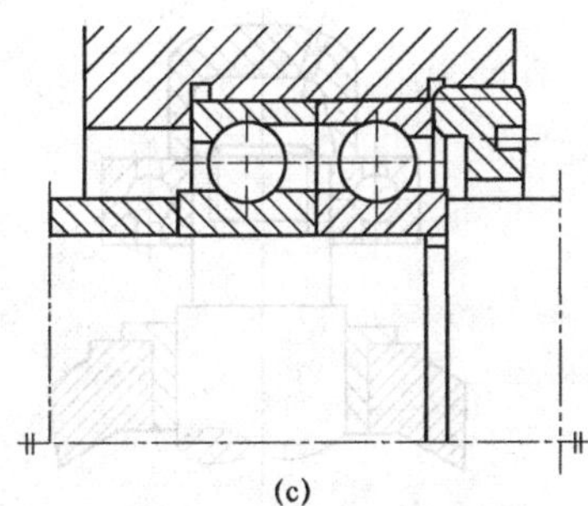

(c)

图 3-6 轴承的预紧

（3）轴系轴向位置的调整。轴系轴向位置调整的目的是使轴上零件有准确的工作位置。如蜗杆传动，要求蜗轮的中间平面必须通过蜗杆轴线［图 3－7（a）］；直齿锥齿轮传动，要求两锥齿轮的锥顶必须重合［图 3－7（b）］。图 3－8 所示为锥齿轮轴的轴承组合结构，轴承装在套杯内，通过加、减第 1 组垫片的厚度来调整轴承套杯的轴向位置，即可调整锥齿轮的轴向位置；通过加、减第 2 组垫片的厚度，则可以实现轴承间隙的调整。

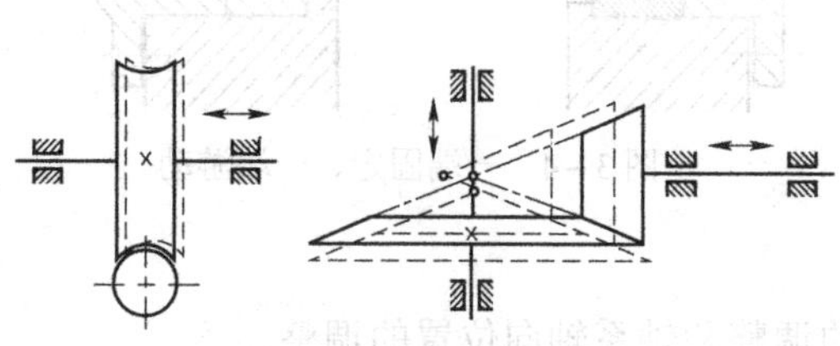

图 3－7　轴向位置要求

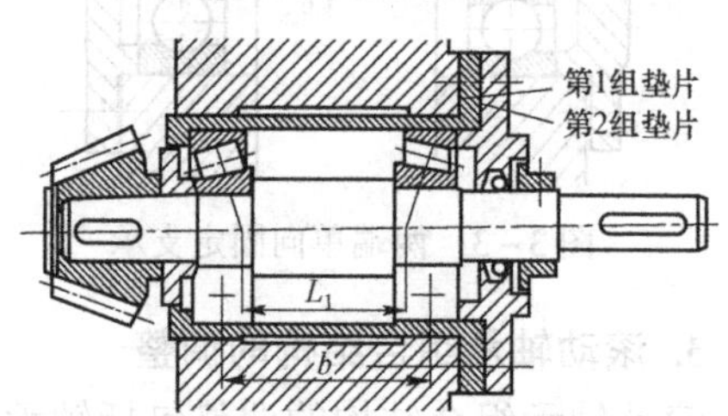

图 3－8　锥齿轮轴向位置调整

4. 滚动轴承的配合

滚动轴承的配合是指轴承内圈与轴颈、轴承外圈与轴承座孔的配合。由于滚动轴承是标准件，故内圈与轴颈的配合采用基孔制，外圈与轴承座孔的配合采用基轴制。配合的松紧程度根据轴承工作载荷的大小、性质、转速高低等确定。转速高、载荷大、冲击振动比较严重时应选用较紧的配合，旋转精度要求高的轴承配合也要紧一些；游动支承和需经常拆卸的轴承，则应配合松一些。

对于一般机械，轴与内圈的配合常选用 m6、k6、js6 等，外圈与轴承座孔的配合常选用 J7、H7、G7 等。由于滚动轴承内径的公差带在零线以下，因此，内圈与轴的配合比圆柱公差标准中规定的基孔制同类配合要紧些。如圆柱公差标准中 H7/k6、H7/m6 均为过渡配合，而在轴承内圈与轴的配合中就成了过盈配合。

5. 滚动轴承的装拆

安装和拆卸轴承的力应直接加在紧配合的套圈端面，不能通过滚动体传递。由于内圈与轴的配合较紧，在安装轴承时应注意以下事项：

（1）对中小型轴承，可在内圈端面加垫后，用手锤轻轻打入（图 3－9）。

（2）对尺寸较大的轴承，可在压力机上压入或把轴承放在油里加热至 80～100 ℃，然后取出套装在轴颈上。

（3）同时安装轴承的内、外圈时，须用特制的安装工具（图 3－10）。

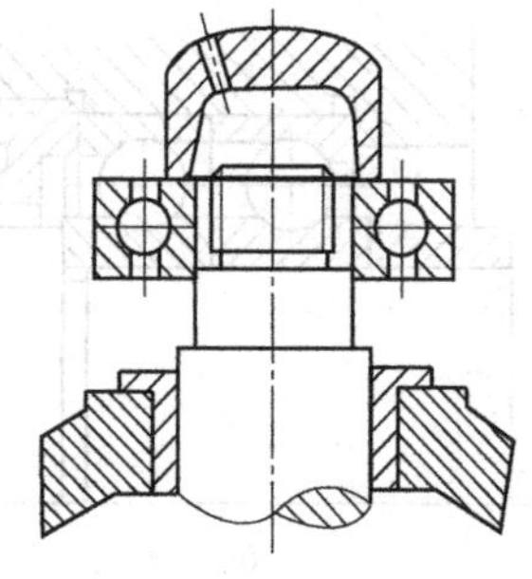

图 3－9　安装轴承内圈

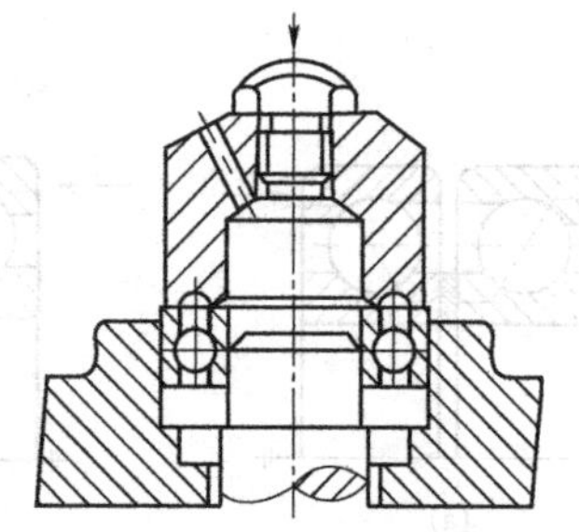

图 3－10　同时安装轴承的内、外圈

轴承的拆卸可根据实际情况按图 3-11 实施。为使拆卸工具的钩头钩住内圈，应限制轴肩高度。轴肩高度可查设计手册。

内、外圈可分离的轴承，其外圈的拆卸可用压力机、套筒或螺钉顶出，也可以用专用设备拉出。为了便于拆卸，座孔的结构一般采用图 3-12 的形式。

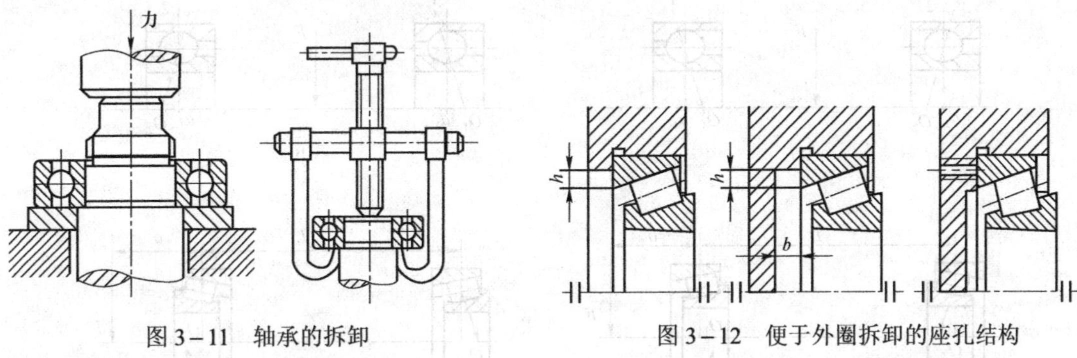

图 3-11　轴承的拆卸　　图 3-12　便于外圈拆卸的座孔结构

6. 支承部位的刚度和同轴度

轴和轴承座必须有足够的刚度，以免因过大的变形使滚动体受力不均，因此轴承座孔壁应有足够的厚度，并常设置加强筋以增加刚度。此外，轴承座的悬臂应尽可能缩短（图 3-13）。

两轴承孔必须保证同轴度，以免轴承内外圈轴线倾斜过大。为此，两端轴承尺寸应力求相同，以便一次镗孔，可以减小其同轴度的误差。当同一轴上装有不同外径尺寸的轴承时，可采用套杯结构来安装尺寸较小的轴承，使轴承孔能一次镗出（图 3-14）。

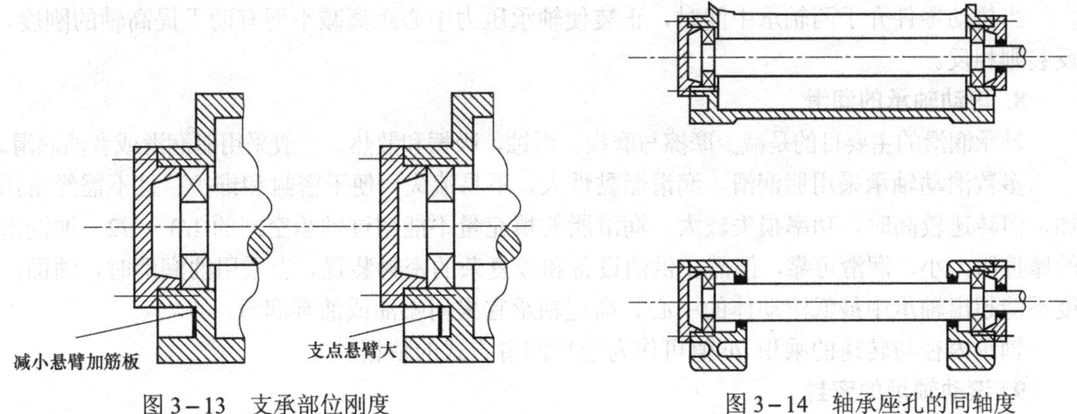

图 3-13　支承部位刚度　　图 3-14　轴承座孔的同轴度

7. 角接触球轴承和圆锥滚子轴承的排列方式

角接触球轴承和圆锥滚子轴承一般成对使用，根据调整、安装以及使用场合的不同，有如下两种排列方式：

1）正装（外圈窄端面相对）

两角接触球轴承或圆锥滚子轴承的压力中心距离 $\overline{O_1O_2}$ 小于两个轴承中点跨距时，称为正装［图 3-15（a）、（c）］。该方式的轴系，结构简单，装拆、调整方便，但是轴的受热伸长会减小轴承的轴向游隙，甚至会卡死。

2）反装（外圈宽端面相对）

两角接触球轴承或圆锥滚子轴承的压力中心距离 $\overline{O_1O_2}$ 大于两个轴承中点的跨距时，称为反装［图 3－15（b）、（d）］，显然，轴的热膨胀会增大轴承的轴向游隙。另外，反装的结构较复杂，装拆、调整不便。

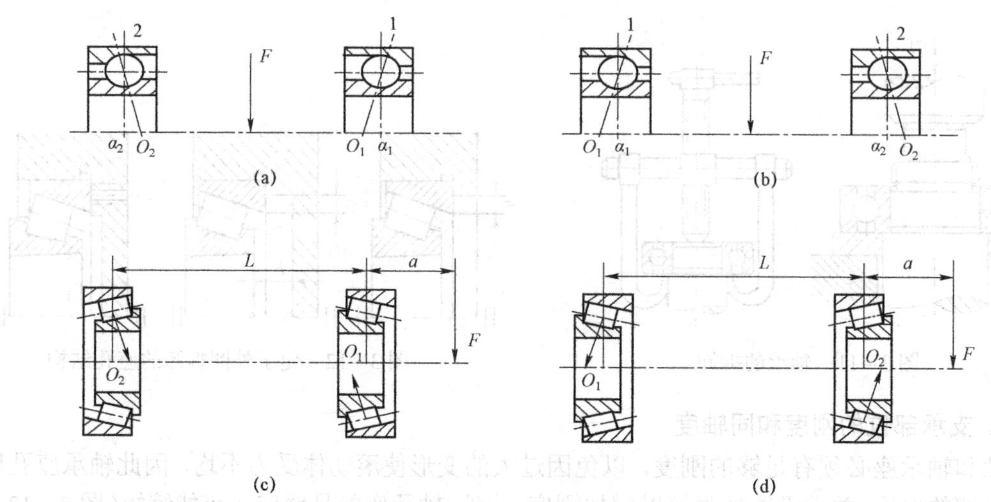

图 3－15　正反装的轴系

（a）正装（力中间作用）；（b）反装（力中间作用）；（c）正装（力悬臂作用）；（d）反装（力悬臂作用）

当传动零件悬臂安装时，反装的轴系刚度比正装的轴系高，这是因为反装的轴承压力中心距离较大，使轴承的反力、变形及轴的最大弯矩和变形均小于正装。

当传动零件介于两轴承中间时，正装使轴承压力中心距离减小而有助于提高轴的刚度，反装则相反。

8. 滚动轴承的润滑

轴承润滑的主要目的是减少摩擦与磨损、缓蚀、吸振和散热。一般采用脂润滑或者油润滑。

多数滚动轴承采用脂润滑。润滑脂黏性大，不易流失，便于密封和维护，且不需经常添加，但转速较高时，功率损失较大。润滑脂的填充量不能超过轴承空间的 1/3～1/2。油润滑的摩擦阻力小，润滑可靠，但需要供油设备和较复杂的密封装置。当采用油润滑时，油面高度不能超出轴承中最低滚动体的中心。高速轴承宜采用喷油或油雾润滑。

轴承内径与转速的乘积 *dn* 值可作为选择润滑方式的依据。

9. 滚动轴承的密封

密封的目的是防止外部的灰尘、水分及其他杂物进入轴承，并阻止轴承内润滑剂的流失。

密封分接触式密封和非接触式密封。

1）接触式密封

接触式密封是在轴承盖内放毡圈、皮碗，使其直接与轴接触，起到密封作用。由于工作时，轴与毛毡等相互摩擦，故这种密封适用于低速，且要求接触处轴的表面硬度大于 40 HRC，粗糙度 $Ra<0.8$ μm。

（1）毡圈密封［图 3－16（a）］。矩形毡圈压在梯形槽中与轴接触，适用于脂润滑、环境清洁、轴颈圆周速度 $v<4\sim5$ m/s、工作温度＜90 ℃的场合。

（2）密封圈密封［图3－16（b）］。密封圈由皮革或橡胶制成，有或无骨架，利用环形螺旋弹簧，将密封圈的唇部压在轴上，图中唇部向外，可防止尘土入内；如唇部向内，可防止油泄漏。密封圈密封适用于油润滑或脂润滑、轴颈圆周速度 $v<7$ m/s、工作温度在－40～100 ℃的场合，密封圈为标准件。

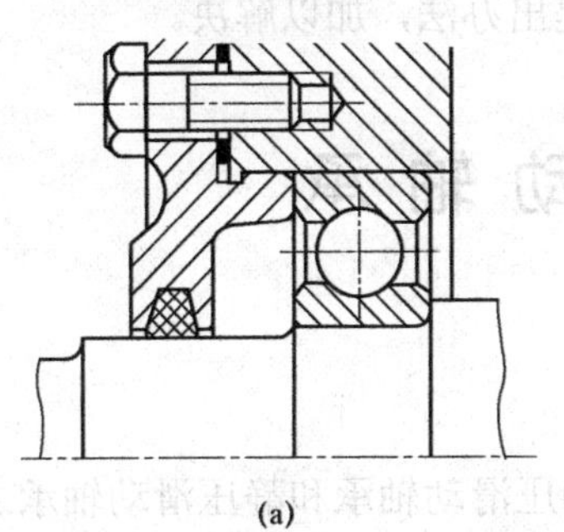
(a)

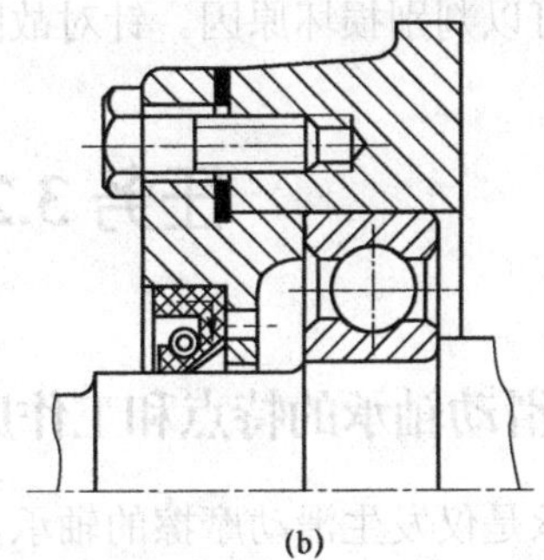
(b)

图3－16　接触式密封

（a）毡圈密封；（b）密封圈密封

2）非接触式密封

非接触式密封是利用狭小和曲折的间隙密封，不直接与轴接触，故可用在高速场合。

（1）间隙密封［图 3－17（a）］。在轴与轴承盖间，留有细小的环形间隙，半径间隙为 0.1～0.3 mm，中间填以润滑脂。它用于工作环境清洁、干燥的场合。

（2）迷宫密封［图3－17（b）］。在轴与轴承盖间有曲折的间隙，纵向间隙要求1.5～2 mm，以防轴受热膨胀。迷宫密封适用于脂润滑或油润滑、工作环境要求不高、密封可靠的场合。

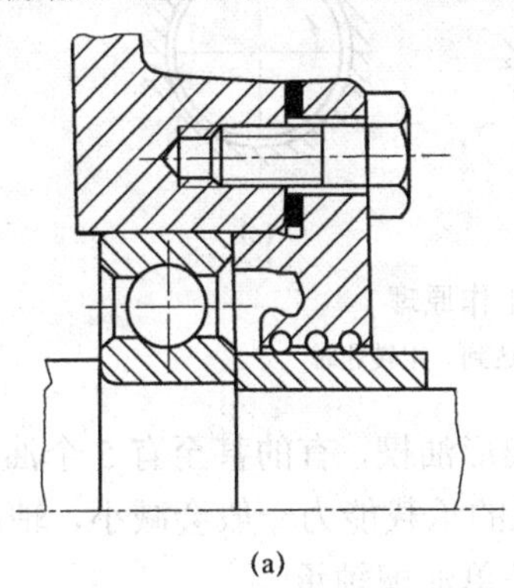
(a)

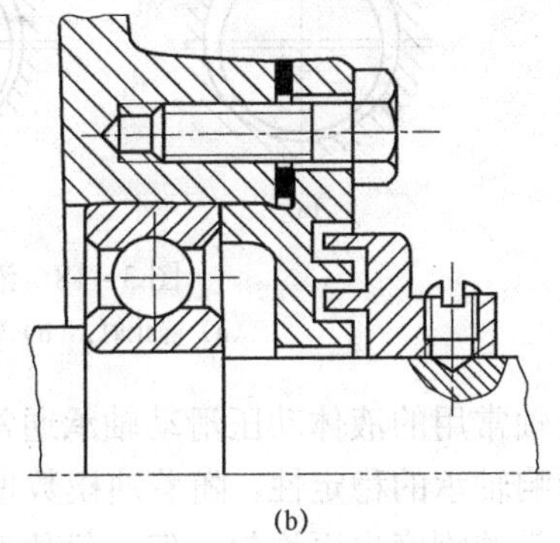
(b)

图3－17　非接触式密封

（a）间隙密封；（b）迷宫密封

也可将毡圈和迷宫组合使用，其密封效果更好。

10. 轴承的维护

轴承的维护工作，除保证良好的润滑、完善的密封外，还要注意观察和检查轴承的工作情况，防患于未然。

设备运行时，若出现以下情况，应停机检查：

（1）工作条件未变，轴承突然温度升高，且超过允许范围。

（2）工作条件未变，轴承运转不灵活，有沉重感；转速严重滞后。

（3）设备工作精度显著下降，达不到标准。

（4）滚动轴承产生噪声或振动等异常状态。

检查时，首先检查润滑情况，检查供油是否正常，油路是否畅通；再检查装配是否正确，有无游隙过紧、过松情况；然后检查零件有无损坏，尤其要仔细查看轴与轴承表面状态，从油迹、伤痕可以判别损坏原因。针对故障原因，提出办法，加以解决。

任务 3.2 滑 动 轴 承

3.2.1 滑动轴承的特点和工作原理

滑动轴承是仅发生滑动摩擦的轴承，它又有动压滑动轴承和静压滑动轴承之分。这两种滑动轴承的主要共同点是：轴颈与轴瓦工作表面都被润滑油膜隔开，形成液体润滑轴承，它具有吸振能力，运转平稳、无噪声，故能承受较大的冲击载荷；它们的主要不同点在于，动压滑动轴承的油膜必须在轴颈转动中才能形成，而静压滑动轴承是靠外部供给压力油强使两相对滑动面分开，以建立承压油膜，实现液体润滑的一种滑动轴承。下面只介绍动压滑动轴承。

轴颈在轴承中形成完全液体润滑的工作原理是这样的：轴在静止时，轴由于本身重力 F 的作用而处于最低位置，此时润滑油被轴颈挤出，在轴颈和轴承的侧面间形成楔形的间隙。当轴颈转动时，液体在流动摩擦力的作用下，被带入轴和孔所形成的楔形间隙处（图 3－18）。

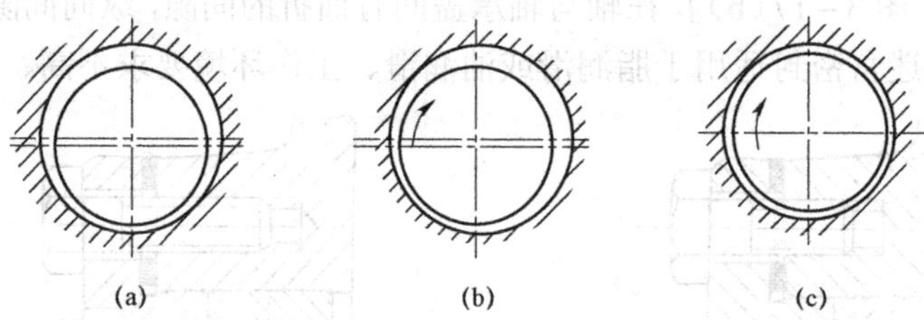

图 3－18 液体润滑的工作原理

（a）静止时；（b）转动时；（c）达到一定转速时

机床主轴常用的液体动压滑动轴承通常有 3 个楔形油楔，有的甚至有 5 个油楔，油楔数的多少会影响轴承的稳定性。随着油楔数增多，轴承的承载能力一般会减小，轴承的稳定性会增加，油膜的刚度也更均匀，但一般传动轴大都是单油楔轴承。

形成液体润滑必须具备如下条件：

（1）轴颈与轴承配合应有一定的间隙（0.001 d～0.003 d，d 为轴颈直径）。

（2）轴颈应保持一定的线速度，以建立足够的油楔压力。

（3）轴颈、轴承应有精确的几何形状和较细的表面粗糙度。

（4）多支承的轴承应保持较高的同轴度要求。

（5）应保持轴承内有充足的具有适当黏度的润滑油。

3.2.2 滑动轴承的装配

对滑动轴承装配的要求主要是轴承座孔（轴瓦或轴套）之间获得所需要的间隙和良好的

接触，使轴在轴承中运转平稳。

滑动轴承按结构形式分为整体式和剖分式（图 3-19），滑动轴承的装配方法取决于轴承的结构形式。

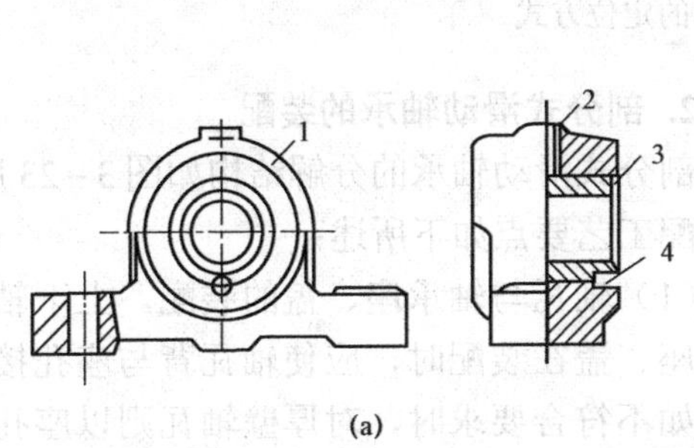

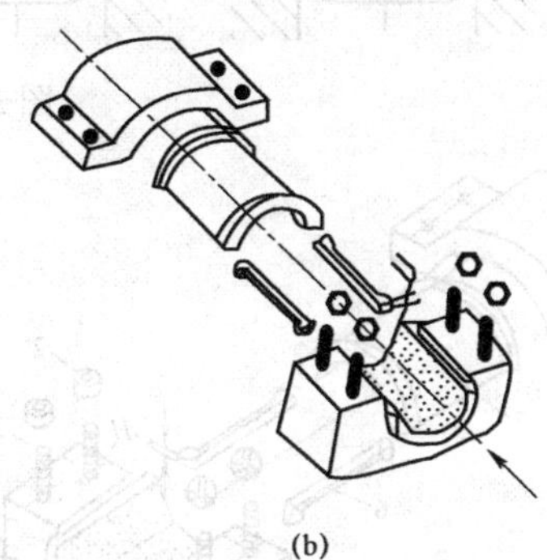

图 3-19 滑动轴承结构

（a）整体式；（b）剖分式

1—轴承座；2—润滑油孔；3—轴套；4—紧定螺钉

1. 整体式滑动轴承（或称轴套）的装配

（1）将符合要求的轴套和轴承孔除去毛刺，并经擦洗干净之后，在轴套外径或轴承座孔内涂抹机油。

（2）压入轴套。压入时可根据轴套的尺寸和配合的过盈大小选择压入方法，当尺寸和过盈量较小时，可用锤子敲入，但需要垫板保护（图 3-20）；在尺寸或过盈量较大时，则宜用压力机压入或在轴套位置对准后用拉紧夹具把轴套缓慢地压入机体中（图 3-21）。压入时，如果轴套上有油孔，应与机体上的油孔对准。

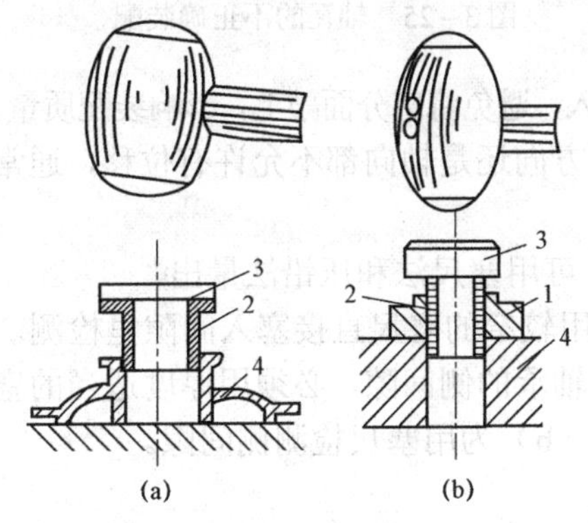

图 3-20 压入轴套

1—导向套；2—轴套；3—垫板；4—机体

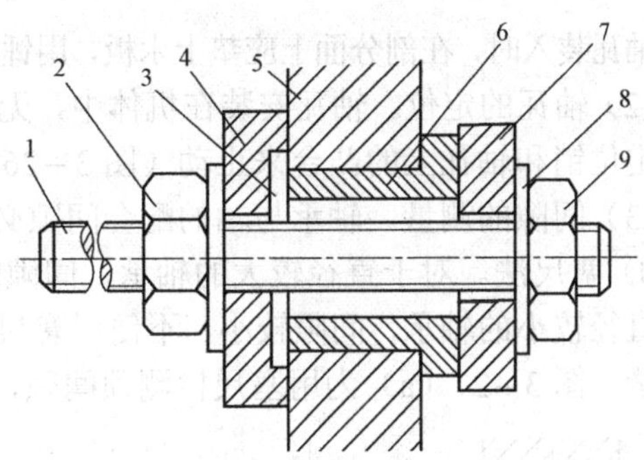

图 3-21 压入轴套用夹具

1—螺杆；2，9—螺母；3，8—垫圈；4，7—挡圈；5—机体；6—轴套

（3）轴套定位。在压入轴套之后，对负荷较大的轴套，还要用紧定螺钉或定位销等固定，如图 3-22 所示。

（4）轴套的修整。对于整体的薄壁轴套，在压装后，内孔易发生变形。如内孔缩小或成椭圆形，可用铰削和刮削等方法，修整轴套孔的形状误差与轴颈保持规定的间隙。

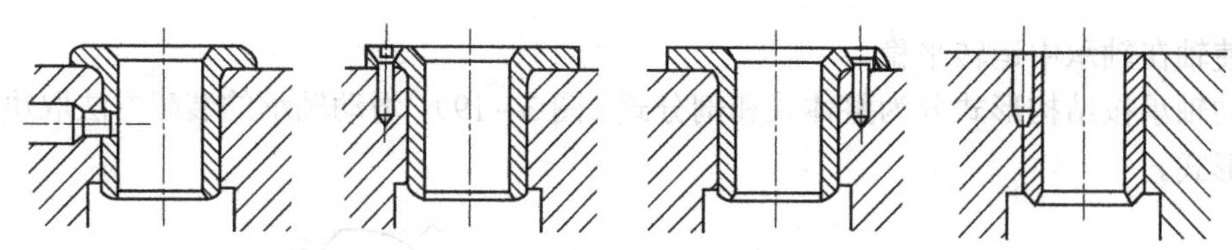

图 3-22　轴套的定位方式

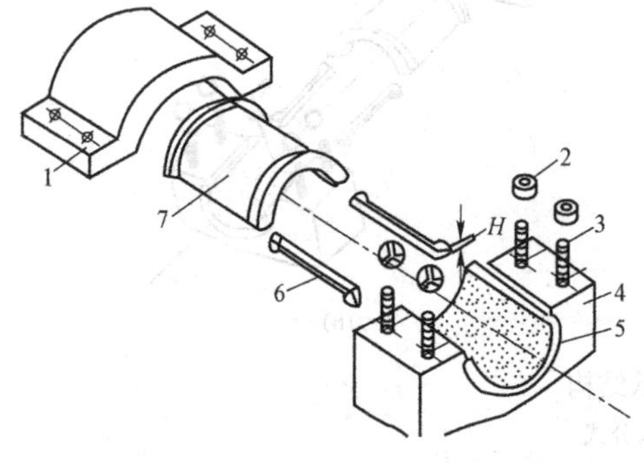

图 3-23　剖分式滑动轴承的分解结构

1—轴承盖；2—螺母；3—双头螺柱；4—轴承座；5—下轴瓦；6—垫片；7—上轴瓦

2. 剖分式滑动轴承的装配

剖分式滑动轴承的分解结构如图 3-23 所示，其装配工艺要点如下所述：

（1）轴瓦与轴承座、盖的装配。上下轴瓦与轴承座、盖在装配时，应使轴瓦背与座孔接触良好，如不符合要求时，对厚壁轴瓦则以座孔为基准刮削轴瓦背部。同时应注意轴瓦的台肩紧靠座孔的两端面，达到 H7/f6 配合，如太紧也需进行修刮。对于薄壁轴瓦则无须修刮，只要进行选配即可。为了达到配合的要求，轴瓦的剖分面应比轴承体的剖分面高出 Δh，其值一般为 $\Delta h = 0.05 \sim 0.10$ mm（图 3-24）。图 3-25 示意的轴瓦装配是不正确的，轴瓦背与座孔接触不良。

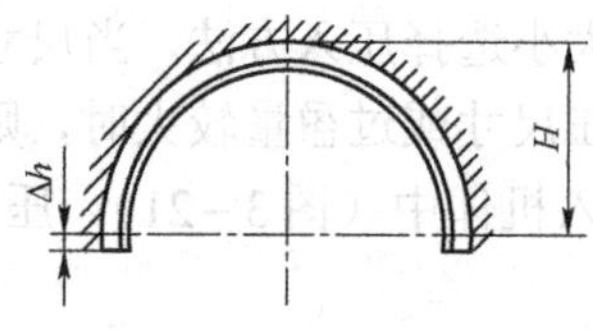

图 3-24　薄壁轴瓦的配合

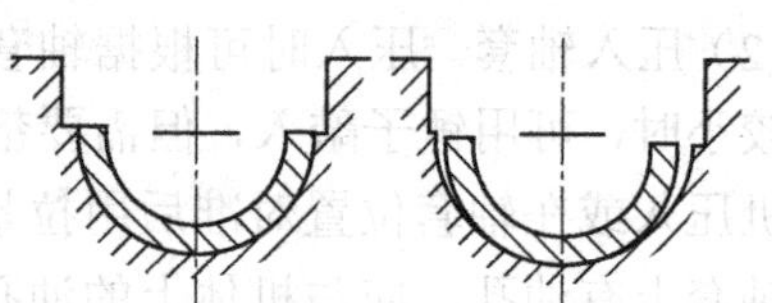

图 3-25　轴瓦的不正确装配

轴瓦装入时，在剖分面上应垫上木板，用锤子轻轻敲入，避免将剖分面敲毛，影响装配质量。

（2）轴瓦的定位。轴瓦安装在机体中，无论在圆周方向还是轴向都不允许有位移，通常可用定位销和轴瓦上的凸台来止动（图 3-26）。

（3）间隙的测量。轴承与轴的配合间隙必须合适，可用塞尺法和压铅法量出。

① 塞尺法。对于直径较大的轴承，间隙较大，可用较窄的塞尺直接塞入间隙里检测。对于直径较小的轴承，间隙较小，不便用塞尺测量，但轴承的侧间隙，必须用厚度适当的塞尺测量。图 3-27（a）为用塞尺检测顶间隙，图 3-27（b）为用塞尺检测侧间隙。

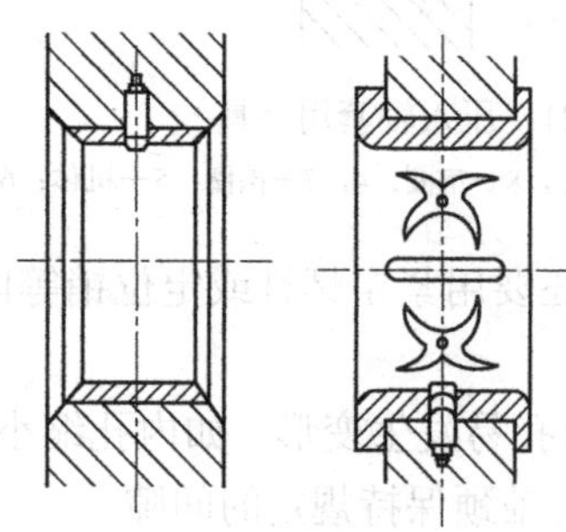

图 3-26　轴瓦的定位

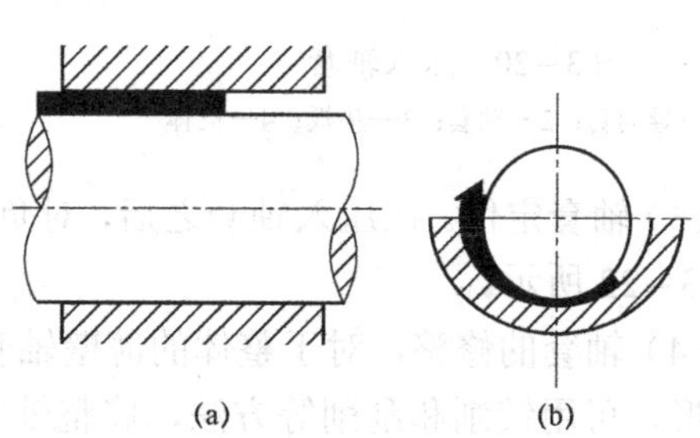

图 3-27　用塞尺检测滑动轴承间隙

② 压铅法。用压铅法检测轴承间隙较用塞尺检查准确，但较费事。检测所用铅丝直径最好为间隙的 1.5～3 倍，通常用电工用的保险丝进行检测。检测时，先将选用铅丝截成 15～40 mm 长的小段，安放在轴颈上及上下轴承分界面处，如图 3－28 所示，盖上轴承盖，拧紧螺丝，再打开轴承盖，用千分尺测量压扁铅丝厚度。其顶间隙的平均值按下式计算：

$$S_1=c_1-(a_1+a_2)/2c_1$$

$$S_2=c_2-(b_1+b_2)/2$$

$$S_{平均}=(S_1+S_2)/2$$

式中：S_1——c_1 处顶间隙；

S_2——c_2 处顶间隙；

$S_{平均}$——平均间隙；

a_1，a_2，b_1，b_2，c_1，c_2——铅丝厚度。

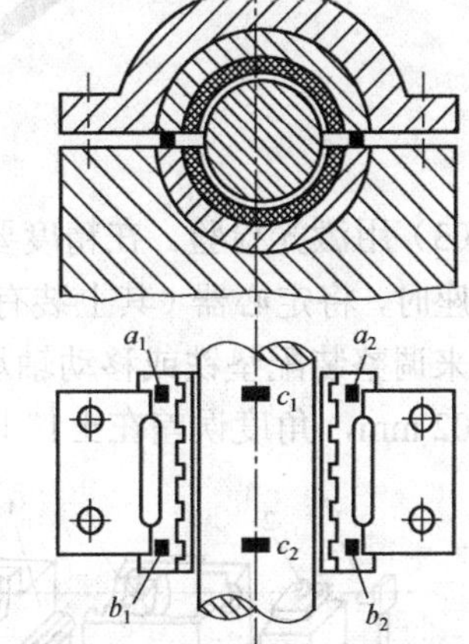

图 3－28 压铅法检测滑动轴承间隙

滑动轴承的轴向间隙是：固定端间隙值为 0.1～0.2 mm，自由端的间隙值应大于轴的热膨胀伸长量。轴向间隙的检测，是将轴移至一个极限位置，然后用塞尺或百分表测量轴从一个极限位置至另一个极限位置的串动量，即轴向间隙。

（4）间隙的调整。如果实测出的顶间隙小于规定值，则应在上下瓦接合面间加入垫片，反之应减少垫片或刮削接合面。实测出的轴向间隙如与规定不符，应刮研轴瓦端面或调整止推螺钉。

（5）轴瓦孔的配刮。剖分式轴瓦一般多用与其相配的轴来研点，通常先配刮下轴瓦再配刮上轴瓦。为了提高配刮效率，在刮下轴瓦时暂不装轴瓦盖，当下轴瓦的接触点基本符合要求时，再将上轴瓦盖压紧，并拧上螺母，在配刮上轴瓦的同时进一步修正下轴瓦的接触点。配刮轴的松紧，可随着刮削的次数，调整垫片的尺寸。均匀紧固螺母后，配刮轴能够轻松地转动、无明显间隙，且接触点符合要求即可。

（6）清洗轴瓦，然后重新装入。

3. 多支承轴承的装配

对于多支承的轴承，为了保证转轴的正常工作，各轴承孔必须在同一轴线上，否则将使轴与各轴承的间隙不均匀，在局部产生摩擦，而降低轴承的承载能力。

多支承轴承同轴度误差可用如下方法进行检验：

（1）用专用量规检验（图 3－29）。用专用量规检验同轴度误差时须配合涂色法进行。

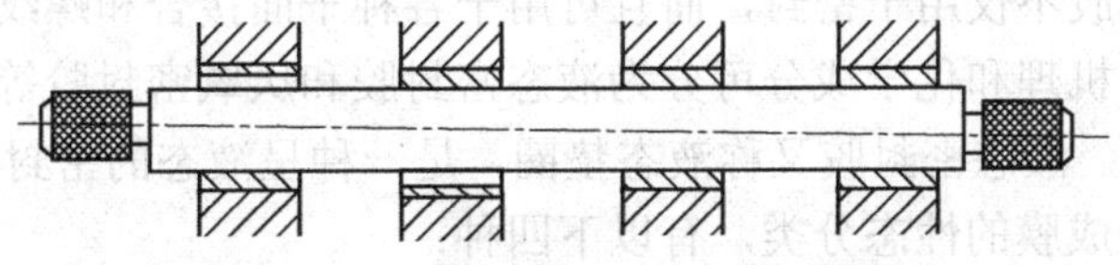

图 3－29 用专用量具检验同轴度误差

（2）用钢直尺或拉线法检验。当轴瓦孔径大于 200 mm，两端轴承间跨距较小时，可采用钢直尺法检验同轴度误差（图 3－30）。

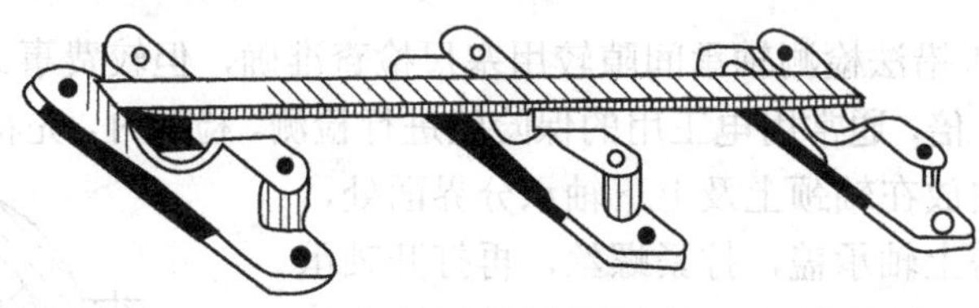

图 3-30　用直尺检验同轴度误差

（3）用激光检验。在精度要求高的场合，可以用激光准直仪来校正同轴度误差。校正各轴承座时，将定心器（其上装有光电接收靶）分别放在各轴承座上，激光束对准光电接收靶，据此来调整装配垫铁或移动轴承座，使轴线符合要求。这样可使各轴承座孔的同轴度误差小于 0.02 mm，角度误差在±1°以内（图 3-31）。

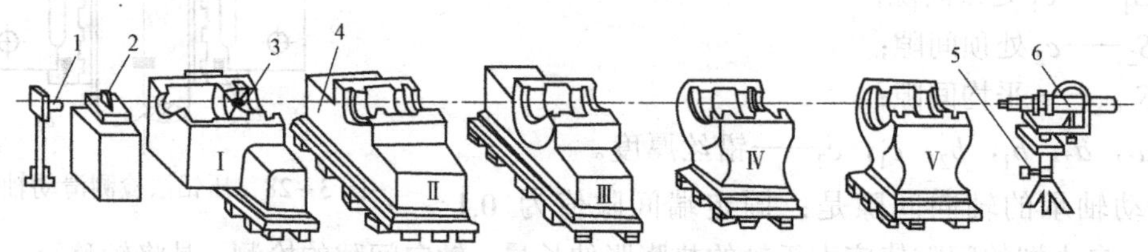

图 3-31　用激光校正大型汽轮发电机组各轴承座轴线

1—光电监视靶；2—三角棱镜；3—光电接收靶；4—轴承座（Ⅰ-Ⅴ）；5—支架；6—激光发射器

任务 3.3　密　封　件

3.3.1　固定连接密封

1. 衬垫密封

承受较大工作负荷的螺纹连接零件，为了保证连接的紧密性，一般要在结合面之间加刚性较小的垫片，如纸垫、橡胶垫、石棉橡胶垫、紫铜垫等。垫片的材料根据密封介质和工作条件选择。衬垫装配时，要注意密封面的平整和清洁，装配位置要正确，应进行正确的预紧。维修时，拆开后如发现垫片失去了弹性或已破裂，应及时更换。

2. 密封胶密封

用机械防漏密封胶密封是一种静密封。机械防漏密封胶是一种新型高分子材料，它的初始状态是一种具有流动性的黏稠物，能容易地填满两个接合面间的空隙，因此有较好的密封性能。机械防漏密封胶不仅用于密封，而且可用于各种平面接合和螺纹连接。

密封胶按其作用机理和化学成分可分为液态密封胶和厌氧密封胶等类型。

（1）液态密封胶。液态密封胶又称液态垫圈，是一种呈液态的密封材料。按最常用的分类方法，即按涂敷后成膜的性态分类，有以下四种：

① 干性附着型。涂敷前呈液态，涂敷后因溶剂挥发而牢固地附于结合面上，耐压耐热性较好但可拆性差，不耐冲击和振动。适用于非振动的较小间隙的密封。

② 干性可剥型。涂敷后形成柔软而有弹性的薄膜。附着严密，耐振动，有良好的剥离

性，适用于较大和不够均匀的间隙。

③ 非干性黏型。涂敷后长期保持弹性。耐冲击和振动的性能好，有良好的可拆性，广泛应用于经常拆卸的低压密封中。

④ 半干性黏弹型。兼有干性和非干性密封胶的优点，能永久保持黏弹性，适用于振动条件下工作的密封。

液态密封胶的使用温度范围在60～250 ℃，耐压能力随工作温度、结合面形状和紧固压力不同而异。在一般平面接触的密封中和常温条件下，耐压能力不超过6 MPa。

（2）厌氧密封胶。厌氧密封胶的历史不长，但已经得到广泛应用。厌氧密封胶在空气中呈液态，在隔绝空气后是固化状。它的密封机理是在隔绝空气的条件下，通过催化剂的引发作用，使具有厌氧性的丙烯酸单体形成自由基，进行聚合、交链固化，将两个接触表面胶结在一起，从而使被密封的介质不能外漏，起到密封作用。

密封胶使用时应严格按照如下工艺要求进行：

① 各密封面上的油污、水分、铁锈及其他污物应清理干净，并保证其应有的粗糙度，以便达到紧密结合的目的。

② 一般用毛刷涂敷密封胶。若黏度太大，可用溶剂稀释，涂敷要均匀，不要过厚，以免挤入其他部位。

③ 涂敷后要进行一定时间的干燥，干燥时间可按照密封胶的说明进行，一般为3～7 min，干燥时间长短与环境温度和涂敷厚度有关。

④ 紧固时施力要均匀。由于胶膜越薄，凝附力越大，密封性能越好，所以紧固后间隙为0.06～0.1 mm比较适宜。当大于0.1 mm时，可根据间隙数值选用固体垫片结合使用。

3.3.2 动密封

动密封包括填料密封、油封密封、密封圈密封和机械密封。

1. 填料密封

填料密封（图3－32）的装配工艺要点有以下几点：

（1）软填料可以是一圈圈分开的，各圈在轴上不要强行张开，以免产生局部扭曲或断裂。相邻两圈的切口应错开180°。软填料也可以做成整条的，在轴上缠绕成螺旋形。

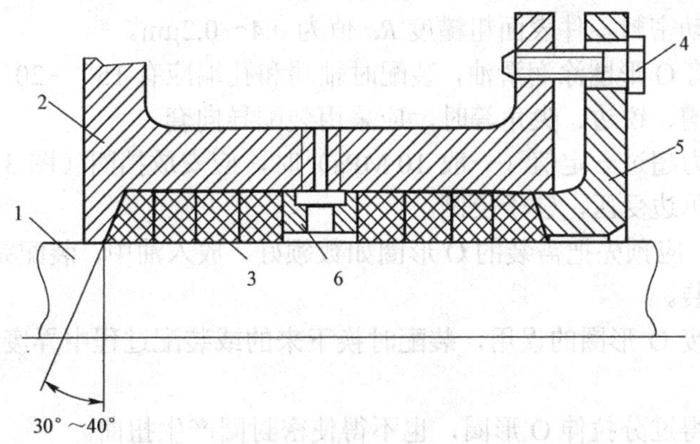

图3－32 填料密封

1—主轴；2—壳体；3—软填料；4—螺钉；5—压盖；6—孔环

（2）当壳体为整体圆筒时，可用专用工具把软填料推入孔内。

（3）软填料由压盖 5 压紧。为了使压力沿轴向分布尽可能均匀，以保证密封性能和均匀磨损，装配时，应由左到右逐步压紧。

（4）压盖螺钉 4 至少有两只，必须轮流逐步拧紧，以保证圆周力均匀。同时用手转动主轴，检查其接触的松紧程度，要避免压紧后再行松出。软填料密封在负荷运转时，允许有少量泄漏。运转后继续观察，如泄漏增加，应再缓慢均匀拧紧压盖螺钉（一般每次再拧进 1/6～1/2 圈）。但不应为争取完全不漏而压得太紧，以免摩擦功率消耗太大或发热烧坏。

2. 油封密封

油封是一般密封件的习惯称谓，简单地说就是润滑油的密封。

油封一般分为单体型和组装型。组装型是指骨架与唇口材料可以自由组合，一般用于特殊油封。

图 3－33　油封密封件

油封从密封作用、特点、结构类型、工作状态和密封机理等角度可以分成多种形式和不同叫法，但习惯上一般将旋转轴唇形密封圈叫油封，静密封和动密封（一般往复运动）用密封件叫密封件。油封的代表形式是 TC 油封，这是一种橡胶完全包覆的带自紧弹簧的双唇油封，一般说的油封常指这种 TC 骨架油封。油封密封件如图 3－33 所示。

3. 密封圈密封

密封元件中最常用的就是密封圈，密封圈的断面形状有圆形和唇形，其中用得最早、最多、最普遍的是 O 形密封圈。

1）O 形密封圈及装配

O 形密封圈既可用于静密封，又可用于动密封。O 形圈的安装质量，对 O 形圈的密封性能与寿命均有重要影响。在装配 O 形圈时应注意以下几点：

（1）O 形密封圈是压紧型密封，故在其装入密封沟槽时，必须保证 O 形密封圈有一定的预压缩量，一般截面直径压缩量为 8%～25%。

（2）O 形密封圈对被密封表面的粗糙度要求很高，一般规定静密封零件表面粗糙度 Ra 值为 1.6μm 以下，动密封零件表面粗糙度 Ra 值为 0.4～0.2μm。

（3）装配前须将 O 形圈涂润滑油，装配时轴端和孔端应有 15°～20°的引入角。当 O 形圈需通过螺纹、键槽、锐边、尖角等时，应采用装配导向套。

（4）当工作压力超过一定值（一般 10 MPa）时，应安放挡圈（图 3－34），需特别注意挡圈的安装方向，单边受压，装于反侧。

（5）在装配时，应预先把需装的 O 形圈如数领好，放入油中，装配完毕，如有剩余的 O 形圈，必须检查重装。

（6）为防止报废 O 形圈的误用，装配时换下来的或装配过程中弄废的 O 形圈，一定立即剪断收回。

（7）装配时不得过分拉伸 O 形圈，也不得使密封圈产生扭曲。

（8）密封装置固定螺孔深度要足够，否则两密封平面不能紧固封严，产生泄漏，或在高压下把 O 形圈挤坏。

2）唇形密封

唇形油封是广泛用于旋转轴上的一种密封装置，其结构比较简单（图3－35），按结构可分为骨架式和无骨架式两类。装配要点如下：

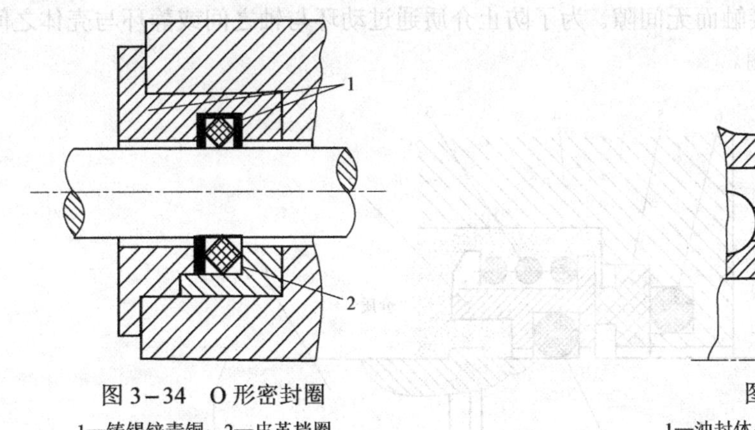

图3－34 O形密封圈

1—铸锡锌青铜；2—皮革挡圈

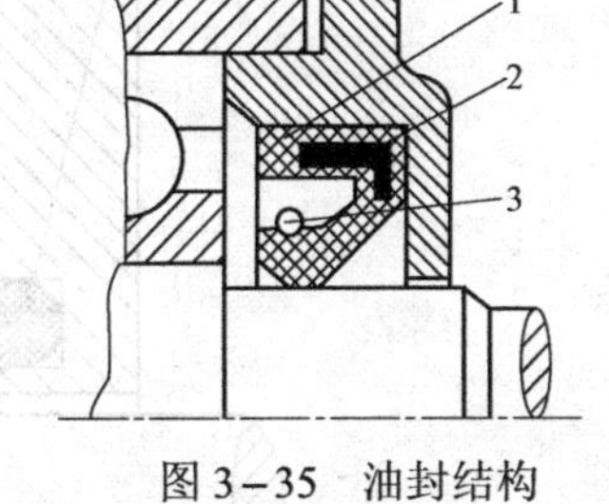

图3－35 油封结构

1—油封体；2—金属骨架；3—压紧弹簧

（1）检查油封孔壳体孔和轴的尺寸，壳体孔和轴的表面粗糙度是否符合要求，密封唇部是否有损伤，并在唇部和主轴上涂以润滑油脂。

（2）压入油封要以壳体孔为准，不可偏斜，并应采用专门工具压入，绝对禁止棒打锤敲等做法。壳体孔应有较大倒角。油封外圈及壳体孔内涂以少量润滑油脂。

（3）油封装配方向，应该使介质工作压力把密封唇部紧压在主轴上，而不可装反。图3－36（a）正确，油封在液体压力下与轴配合紧密；图3－36（b）则不正确。如用做防尘时，则应使唇部背向轴承；如需同时解决防漏和防尘，应采用双面油封，如图3－36（c）。

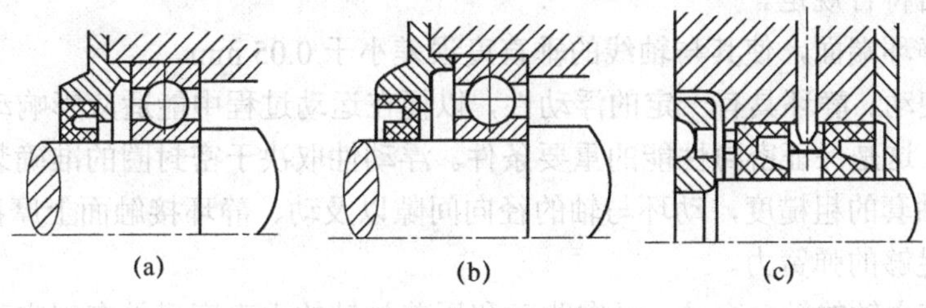

图3－36 油封装配方向

（4）油封装入壳体孔后，应随即将其装入密封轴上。当轴端有键槽、螺钉孔、台阶等时，为防止油封刃口在装配中被损伤，可采用导向套，如图3－37所示。

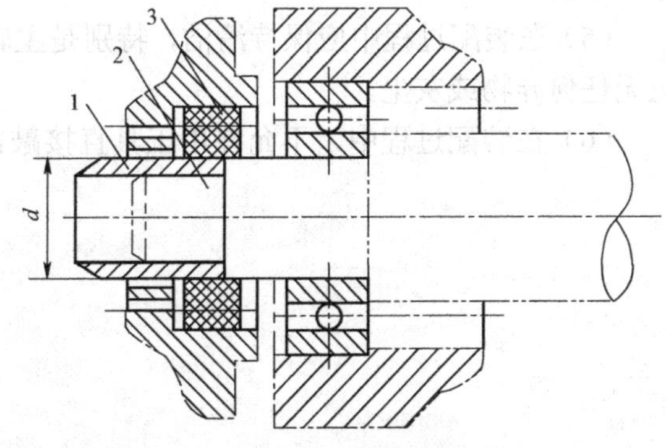

图3－37 防止唇部受伤的装配导向套

1—导向套；2—轴；3—油封

装配时要在轴上与油封刃口处涂润滑油，防止油封在初运转时发生干摩擦而使刃口烧坏。另外，还应严防油封弹簧脱落。

4. 机械密封

机械密封装置的装配。机械密封装置是旋转轴用的动密封，它的主要特点是密封面垂直于旋转轴线，依靠动环和静环端面接触压力来阻止与减少泄漏，因此，又称为端面密封。机械密封装置的密封原理如图 3-38 所示。轴带动动环旋转，静环固定不动，依靠动环和静环之间接触端面的滑动摩擦保持密封。在长期工作摩擦表面磨损过程中，弹簧不断地推动动环，以保证动环与静环接触而无间隙。为了防止介质通过动环与轴之间或静环与壳体之间的间隙泄漏，需要装密封圈。

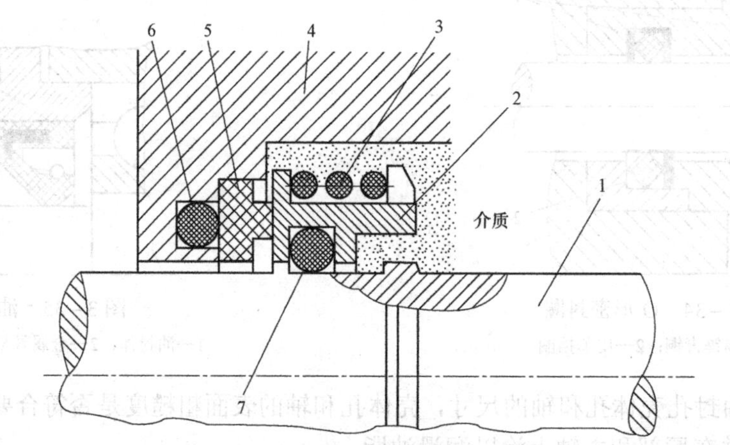

图 3-38 机械密封装置的密封原理

1—轴；2—动环；3—弹簧；4—壳体；5—静环；6—静环密封圈；7—动环密封圈

机械密封是很精密的装置，如果安装和使用不当，容易造成密封元件损坏而出现泄漏事故，因此，机械密封装置在安装时，必须注意下列各项：

（1）按照图样技术要求检查主要零件，如轴的表面粗糙度、动环及静环密封表面粗糙度和平面度等是否符合规定。

（2）找正静环端面，使其与轴线的垂直度误差小于 0.05 mm。

（3）必须使动、静环具有一定的浮动性，以便在运动过程中能适应影响动、静环端面接触的各种偏差，这是保证密封性能的重要条件。浮动性取决于密封圈的准确装配，与密封圈接触的主轴或轴套的粗糙度，动环与轴的径向间隙以及动、静环接触面上摩擦力的大小等，而且还要求有足够的弹簧力。

（4）必须使主轴的轴向窜动、径向跳动和压盖与轴的垂直度误差在规定范围内，否则将导致泄漏。

（5）在装配过程中应保持清洁，特别是主轴装置密封的部位不得有锈蚀，动、静环端面应无任何异物或灰尘。

（6）在装配过程中，不允许用工具直接敲击密封元件。

项目 4　常用电工用具与电工材料

任务 4.1　常用电工工具

一、试电笔

使用试电笔时，手指必须触及笔尾的金属部分，并使氖管小窗背光且朝向自己，以便观测氖管的亮暗程度，防止因光线太强造成误判断。试电笔的握法如图 4-1 所示。

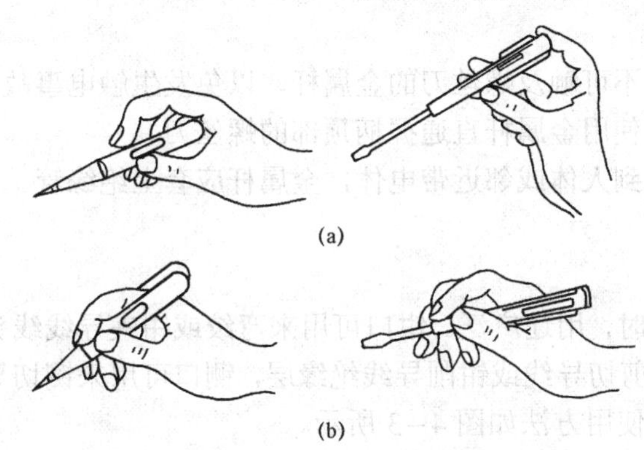

图 4-1　试电笔的握法

（a）正确握法；（b）错误握法

当用试电笔测试带电体时，电流经带电体、试电笔、人体及大地形成通电回路，只要带电体与大地之间的电位差超过 60 V 时，试电笔中的氖管就会发光。低压验电器检测的电压范围为 60～500 V。

注意事项：

- 使用前，必须在有电源处对试电笔进行测试，以证明该试电笔确实良好，方可使用。
- 验电时，应使试电笔逐渐靠近被测物体，直至氖管发亮，不可直接接触被测体。
- 验电时，手指必须触及笔尾的金属体，否则带电体也会误判为非带电体。
- 验电时，要防止手指触及笔尖的金属部分，以免造成触电事故。

二、电工刀

在使用电工刀（图 4-2）时应注意以下几点：

- 不得用于带电作业，以免触电。

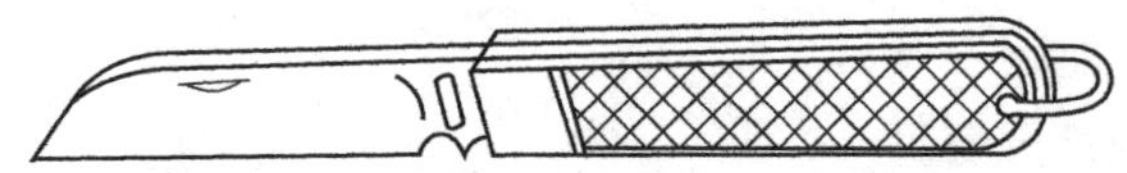

图 4-2 电工刀

- 应将刀口朝外剖削，并注意避免伤及手指。
- 剖削导线绝缘层时，应使刀面与导线成较小的锐角，以免割伤导线。
- 使用完毕，随即将刀身折进刀柄。

三、螺丝刀

使用螺丝刀时应注意以下几点：

- 螺丝刀较大时，除大拇指、食指和中指要夹住握柄外，手掌还要顶住柄的末端以防旋转时滑脱。
- 螺丝刀较小时，用大拇指和中指夹着握柄，同时用食指顶住柄的末端用力旋动。
- 螺丝刀较长时，用右手压紧手柄并转动，同时左手握住起子的中间部分（不可放在螺钉周围，以免将手划伤），以防止起子滑脱。

注意事项：

- 带电作业时，手不可触及螺丝刀的金属杆，以免发生触电事故。
- 作为电工，不应使用金属杆直通握柄顶部的螺丝刀。
- 为防止金属杆触到人体或邻近带电体，金属杆应套上绝缘管。

四、钢丝钳

钢丝钳在电工作业时，用途广泛。钳口可用来弯绞或钳夹导线线头，齿口可用来紧固或起松螺母，刀口可用来剪切导线或钳削导线绝缘层，铡口可用来铡切导线线芯、钢丝等较硬线材。钢丝钳各用途的使用方法如图 4-3 所示。

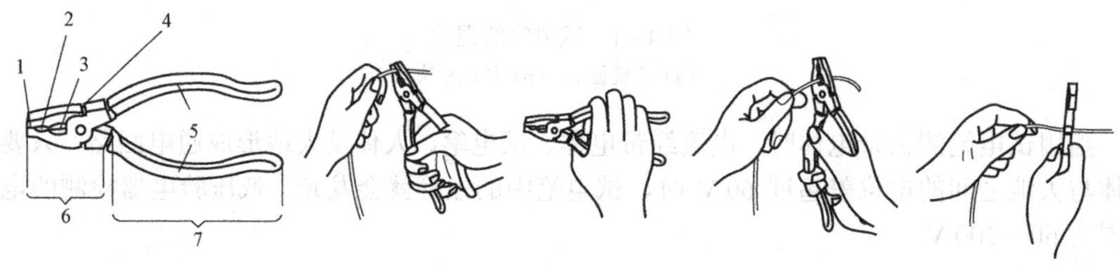

图 4-3 钢丝钳

1—钳口；2—齿口；3—刀口；4—铡口；5—绝缘管；6—钳头；7—钳柄

注意事项：

- 使用前，应检查钢丝钳绝缘是否良好，以免带电作业时造成触电事故。
- 在带电剪切导线时，不得用刀口同时剪切不同电位的两根线（如相线与零线、相线与相线等），以免发生短路事故。

五、尖嘴钳

尖嘴钳因其头部尖细［图 4-4（a)］，适用于在狭小的工作空间操作。

尖嘴钳可用来剪断较细小的导线，也可用来夹持较小的螺钉、螺帽、垫圈、导线等，还可用来对单股导线整形（如平直、弯曲等）。若使用尖嘴钳带电作业，应检查其绝缘是否良好，在作业时金属部分不要触及人体或邻近的带电体。

六、斜口钳

专用于剪断各种电线电缆，如图4-4（b）所示。

对粗细不同、硬度不同的材料，应选用大小合适的斜口钳。

七、剥线钳

剥线钳是专用于剥削较细小导线绝缘层的工具，其外形如图4-4（c）所示。

使用剥线钳剥削导线绝缘层时，先将要剥削的绝缘长度用标尺定好，然后将导线放入相应的刃口中（比导线直径稍大），再用手握钳柄，导线的绝缘层即被剥离。

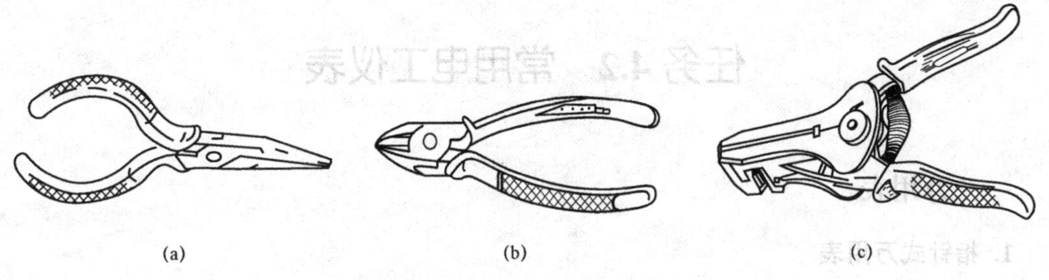

图4-4　尖嘴钳、斜口钳和剥线钳

（a）尖嘴钳；（b）斜口钳；（c）剥线钳

八、电烙铁

焊接前，一般要把焊头的氧化层除去，并用焊剂进行上锡处理，使得焊头的前端经常保持一层薄锡，以防止氧化、减少能耗、导热良好。

电烙铁的握法没有统一的要求，以不易疲劳、操作方便为原则，一般有笔握法和拳握法两种，如图4-5所示。

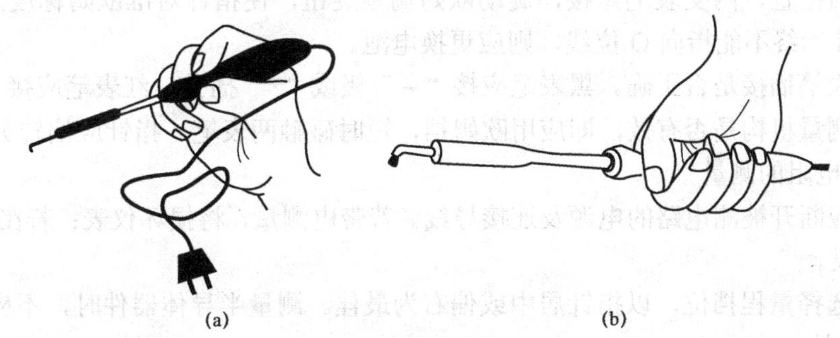

图4-5　电烙铁的握法

（a）笔握法；（b）拳握法

用电烙铁焊接导线时，必须使用焊料和焊剂。焊料一般为丝状焊锡或纯锡，常见的焊剂有松香、焊膏等。

对焊接的基本要求是：焊点必须牢固，锡液必须充分渗透，焊点表面光滑有泽，应防止出现“虚焊”“夹生焊”。造成“虚焊”的原因是焊件表面未清除干净或焊剂太少，使得焊锡不能充分流动，造成焊件表面挂锡太少，焊件之间未能充分固定；造成“夹生焊”的原因是烙铁温度低或焊接时烙铁停留时间太短，焊锡未能充分熔化。

注意事项：

- 使用前应检查电源线是否良好，有无烫伤。
- 焊接电子类元件（特别是集成块）时，应采用防漏电等安全措施。
- 当焊头因氧化而不“吃锡”时，不可硬烧。
- 当焊头上锡较多不便焊接时，不可甩锡，不可敲击。
- 焊接较小元件时，时间不宜过长，以免因热损坏元件或绝缘。
- 焊接完毕，应拔去电源插头，将电烙铁置于金属支架上，防止烫伤或火灾的发生。

任务 4.2　常用电工仪表

一、万用表

1. 指针式万用表

指针式万用表的型号繁多，图 4-6 所示为常用的 MF-47 型万用表的外形。

1）使用前的检查与调整

在使用万用表进行测量前，应进行下列检查、调整：

- 外观应完好无破损，当轻轻摇晃时，指针应摆动自如。
- 旋动转换开关，应切换灵活无卡阻，挡位应准确。
- 水平放置万用表，转动表盘指针下面的机械调零螺丝，使指针对准标度尺左边的 O 位线。
- 测量电阻前应进行电调零（每换挡一次，都应重新进行电调零），即将转换开关置于欧姆挡的适当位置，两支表笔短接，旋动欧姆调零旋钮，使指针对准欧姆标度尺右边的 O 位线。如指针始终不能指向 O 位线，则应更换电池。
- 检查表笔插接是否正确。黑表笔应接“－”极或“*”插孔，红表笔应接“＋”极。
- 检查测量机构是否有效，即应用欧姆挡，短时碰触两表笔，指针应偏转灵敏。

2）直流电阻的测量

- 首先应断开被测电路的电源及连接导线。若带电测量，将损坏仪表；若在路测量，将影响测量结果。
- 合理选择量程挡位，以指针居中或偏右为最佳。测量半导体器件时，不应选用 $R\times1$ 挡和 $R\times10\ \text{k}$ 挡。
- 测量时表笔与被测电路应接触良好；双手不得同时触至表笔的金属部分，以防将人体电阻并入被测电路造成误差。
- 正确读数并计算出实测值。

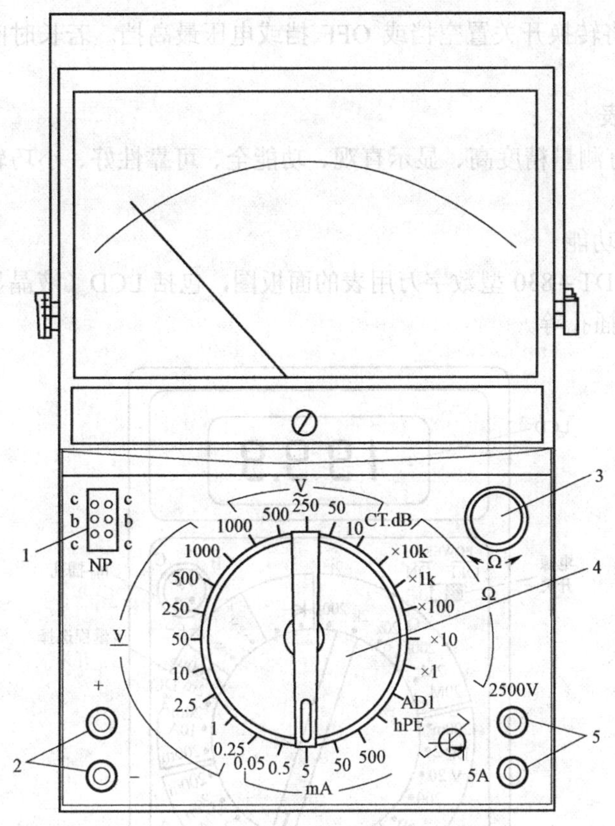

图 4-6 MF-47 型万用表的外形

1—晶体管插孔；2—表笔插孔；3—调零旋钮；4—挡位旋钮；5—表笔插孔

- 切不可用欧姆挡直接测量微安表头、检流计、电池内阻。

3）电压的测量

- 测量电压时，表笔应与被测电路并联。
- 测量直流电压时，应注意极性。若无法区分正、负极，则先将量程选在较高挡位，用表笔轻触电路，若指针反偏，则调换表笔。
- 合理选择量程。若被测电压无法估计，应先选择最大量程，视指针偏摆情况再做调整。
- 测量时应与带电体保持安全间距，手不得触至表笔的金属部分。测量高电压时（500～2 500 V）应戴绝缘手套，且站在绝缘垫上使用高压测试笔进行。

4）电流的测量

- 测量电流时，应与被测电路串联，切不可并联！
- 测量直流电流时，应注意极性。
- 合理选择量程。
- 测量较大电流时，应先断开电源，再撤表笔。

5）注意事项

- 测量过程中不得换挡。
- 读数时，应三点成一线（眼睛、指针、指针在刻度中的影子）。
- 根据被测对象，正确读取标度尺上的数据。

● 测量完毕应将转换开关置空挡或 OFF 挡或电压最高挡。若长时间不用，应取出内部电池。

2. 数字式万用表

数字万用表具有测量精度高、显示直观、功能全、可靠性好、小巧轻便以及便于操作等优点。

1）面板结构与功能

图 4－7 所示为 DT－830 型数字万用表的面板图，包括 LCD（液晶显示器）、电源开关、量程选择开关、h_{FE} 插孔等。

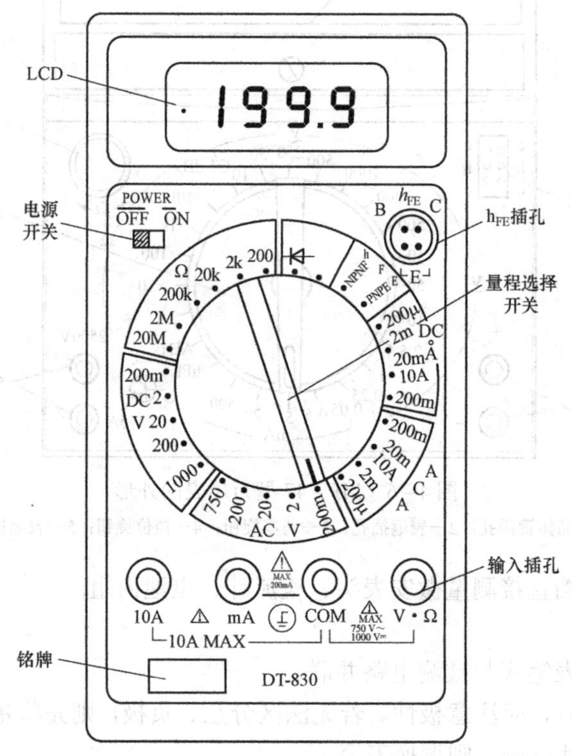

图 4－7　DT－830 型数字万用表的面板

液晶显示器最大显示值为 1 999，且具有自动显示极性功能。若被测电压或电流的极性为负，则显示值前将带“－”号。若输入超量程，则在显示屏左端出现“1”或“－1”的提示字样。

电源开关（POWER）可根据需要，分别置于“ON”（开）或“OFF”（关）状态。测量完毕，应将其置于“OFF”位置，以免空耗电池。数字万用表的电池盒位于后盖的下方，采用 9 V 叠层电池。电池盒内还装有熔丝管，以起过载保护作用。旋转式量程开关位于面板中央，用以选择测试功能和量程。若用表内蜂鸣器做通断检查时，量程开关应停放在标有“•)))”符号的位置。

h_{FE} 插孔用以测量三极管的 h_{FE} 值时，将其 B、C、E 极对应插入。

输入插孔是万用表通过表笔与被测点连接的部位，设有“COM”“V•Ω”“mA”“10 A”四个插孔。使用时，黑表笔应置于“COM”插孔，红表笔依被测种类和大小，置于“V•Ω” "mA"或"10 A"插孔。在"COM"插孔与其他三个插孔之间分别标有最大（MAX）测量值，如10 A、200 mA、交流750 V、直流1 000 V。

2）使用方法

测量交、直流电压（ACV、DCV）时，红、黑表笔分别接"V•Ω"与"COM"插孔，旋动量程选择开关至合适位置（200 mV、2 V、20 V、200 V、700 V或1 000 V），红、黑表笔并接于被测电路（若是直流，注意红表笔接高电位端，否则显示屏左端将显示"－"）。此时显示屏显示出被测电压数值。若显示屏只显示最高位"1"，表示溢出，应将量程调高。

测量交、直流电流（ACA、DCA）时，红、黑表笔分别接"mA"（大于200 mA时应接"10 A"）与"COM"插孔，旋动量程选择开关至合适位置（2 mA、20 mA、200 mA或10 A），将两表笔串接于被测回路（直流时，注意极性），显示屏所显示的数值即为被测电流的大小。

测量电阻时，无须调零。将红、黑表笔分别插入"V•Ω"与"COM"插孔，旋动量程选择开关至合适位置（200、2 k、200 k、2 M、20 M），将两笔表跨接在被测电阻两端（不得带电测量!），显示屏所显示数值即为被测电阻的数值。当使用200 MΩ量程进行测量时，先将两表笔短路，若该数不为零，仍属正常，此读数是一个固定的偏移值，实际数值应为显示数值减去该偏移值。

进行二极管和电路通断测试时，红、黑表笔分别插入"V•Ω"与"COM"插孔，旋动量程开关至二极管测试位置。正向情况下，显示屏即显示出二极管的正向导通电压，单位为mV（锗管应为200～300 mV，硅管应为500～800 mV）；反向情况下，显示屏应显示"1"，表明二极管不导通，否则，表明此二极管反向漏电流大。正向状态下，若显示"000"，则表明二极管短路，若显示"1"，则表明断路。在用来测量线路或器件的通断状态时，若检测的阻值小于30 Ω，则表内发出蜂鸣声以表示线路或器件处于导通状态。

进行晶体管测量时，旋动量程选择开关至"h_{FE}"位置（或"NPN"或"PNP"），将被测三极管依NPN型或PNP型将B、C、E极插入相应的插孔中，显示屏所显示的数值即为被测三极管的"h_{FE}"参数。

进行电容测量时，将被测电容插入电容插座，旋动量程选择开关至"CAP"位置，显示屏所示数值即为被测电荷的电荷量。

3）注意事项

- 当显示屏出现"LOBAT"或"←"时，表明电池电压不足，应予更换。
- 若测量电流时，没有读数，应检查熔丝是否熔断。
- 测量完毕，应关上电源；若长期不用，应将电池取出。
- 不宜在日光及高温、高湿环境下使用与存放（工作温度为0～40 ℃，温度为80%）。使用时应轻拿轻放。

二、钳形表

钳形表的外形如图4－8所示。

1. 指针式钳形表

1）使用方法

钳形表的最基本使用是测量交流电流，虽然准确度较低（通常为2.5级或5级），但因在测量时无须切断电路，因而使用仍很广泛。如需进行直流电流的测量，则应选用交直流两

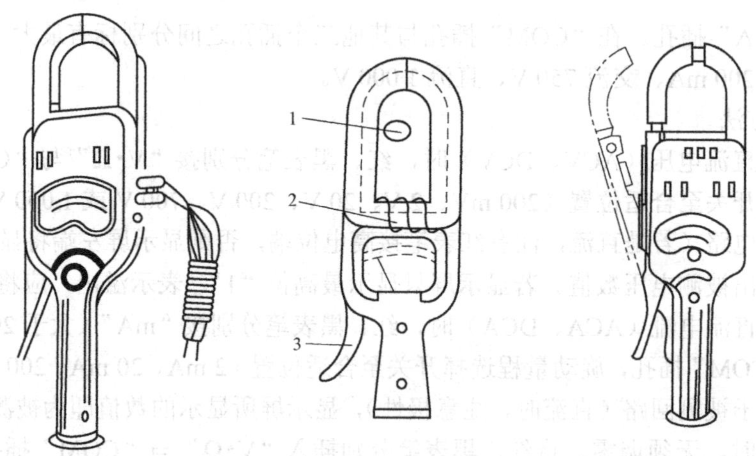

图 4－8　钳型表的外形

1—被测导线；2—次级线圈；3—手柄

用钳形表。

使用钳形表测量前，应先估计被测电流的大小以合理选择量程。使用钳形表时，被测载流导线应放在钳口内的中心位置，以减小误差；钳口的结合面应保持接触良好，若有明显噪声或表针振动厉害，可将钳口重新开合几次或转动手柄；在测量较大电流后，为减小剩磁对测量结果的影响，应立即测量较小电流，并把钳口开合数次；测量较小电流时，为使该数较准确，在条件允许的情况下，可将被测导线多绕几圈后再放进钳口进行测量（此时的实际电流值应为仪表的读数除以导线的圈数）。

使用时，将量程开关转到合适位置，手持胶木手柄，用食指勾紧铁芯开关，便于打开铁芯。将被测导线从铁芯缺口引入铁芯中央，然后放松食指，铁芯即自动闭合。被测导线的电流在铁芯中产生交变磁通，表内感应出电流，即可直接读数。

在较小空间内（如配电箱等）测量时，要防止因钳口的张开而引起相间短路。

2）注意事项

（1）使用前应检查外观是否良好，绝缘有无破损，手柄是否清洁、干燥。

（2）测量时应戴绝缘手套或干净的线手套，并注意保持安全间距。

（3）测量过程中不得切换挡位。

（4）钳形电流表只能用来测量低压系统的电流，被测线路的电压不能超过钳形表所规定的使用电压。

（5）每次测量只能钳入一根导线。

（6）若不是特别必要，一般不测量裸导线的电流。

（7）测量完毕应将量程开关置于最大挡位，以防下次使用时，因疏忽大意而造成仪表的意外损坏。

2. 电子式钳形表

1）使用电子式钳形表注意事项

（1）在测试电阻、通断性或二极管之前，应先切断电路的电源并将所有的高压电容放电。

（2）只可使用单个的 9 V 电池来为本仪表供电，并应将电池妥善地安装在仪表的机壳内。

（3）当电池不足指示符号（▮）出现时，应立即更换电池以避免可能导致电击或人身伤害的错误读数。

（4）在使用前和使用后用一个已知的源来检查本仪表的工作状况。

（5）维修时只能使用规定的替换零件。

2）符号说明

电子式钳形表符号说明见表4-1。

表4-1 电子式钳形表符号说明

符号	说　明	符号	说　明
⚠	危险。重要的信息。参见操作手册	⏚	大地
⚡（三角）	危险的电压	～	AC电压
⚡（方框）	允许在危险的、有电的导体上使用或移开	⎓	DC电压
▣	双层绝缘	CAT Ⅱ	设备的设计能够保护由固定安装供电的耗能设备，如电视机、个人计算机、便携式工具和其他家用电器产生的瞬变
电池符号	电池	CAT Ⅲ	设备的设计能够保护由固定设备安装的设备，如大建筑中的配电盘、馈线及短分支电路和照明系统中的瞬变

3）电气性能准确度技术指标

电气性能准确度技术指标定义见表4-2。

表4-2 准确度技术指标定义为在23 ℃±5 ℃时的（读数%±字）

功能	量程	分辨度	准确度（读数%±字）	
			312	316&318
AC电流（50～500 Hz）	40.00 A 400.0 A 1 000 A	0.01 A 0.1 A 1 A	1.9%±5	1.9%±5（50～60 Hz） 2.5%±5（60～500 Hz）
DC电流	40.00 A 400.0 A 1 000 A	0.01 A 0.1 A 1 A		2.5%±10
AC电压（50～500 Hz）	400.0 V 750 V	0.1 V 1 V	1.2%±5	1.5%±5
DC电压	400.0 V 1 000 V	0.1 V 1 V	0.75%±2	1%±2

续表

功能	量程	分辨度	准确度（读数%±字）	
			312	316&318
电阻 （Ω）	400.0 Ω 4 000 Ω	0.1 Ω 1 Ω	1%±3	1%±3
通断性	通时＜50 Ω			
二极管测试	达 2 V			
MAX MIN	500 ms 采集时间			
输入阻抗	10 MΩ			
自动关机	30 min±2 min 之后，在 MAX MIN 功能时关机，开机时可以选择关闭此功能（按住峰值按键）			
自动量程	在下列测量功能时有效：电压和电阻（仅限 312 型的电压功能）			
过载保护	600 Vrms 按照 EN 61010 CAT Ⅲ 600 V			
1. 温度系数：0.1×（规定的准确度）/℃（＜18 ℃或＞28 ℃） 2. AC 电压和 AC 电流真有效值准确度在量程的 5%到 100%的范围内给出。40 A 和 400 A 量程的波峰系数（50～60 Hz）最大值为 3.0，100 A 量程的波峰系数（50～60 Hz）最大值为 1.4（仅限 318）				

4）功能位置图

电子式钳形表功能位置如图 4－9 所示，功能表见表 4－3。

表 4－3　功能表

序号	功能
1	电流检测卡钳
2	峰值按键
3	保持按键
4	量程按键（只对 312 型）
5	AC/DC 按键
6	MAX MIN 按键
7	LCD
8	V，Ω 输入端子
9	COM 端子
10	REL 按键
11	旋转功能开关
12	卡钳开启板机
13	导线对正标记

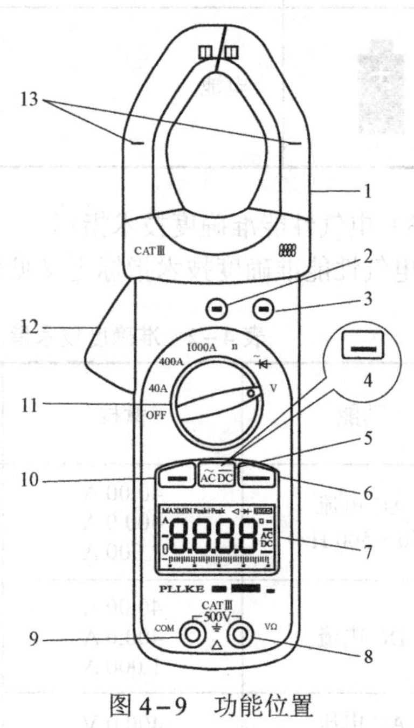

图 4－9　功能位置

5）LCD 符号定义

LCD 显示面板如图 4－10 所示。LCD 符号的定义见表 4－4。

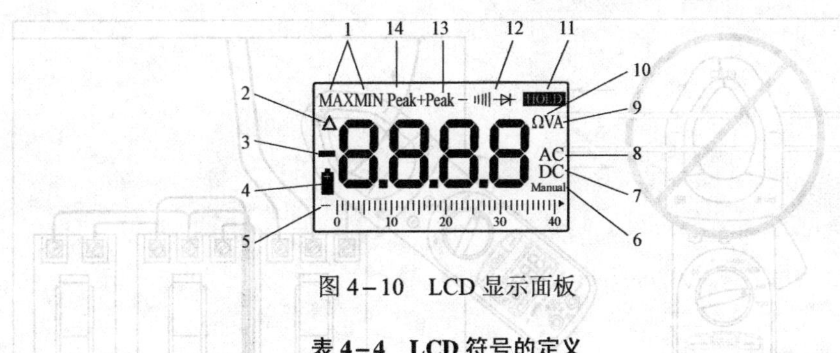

图 4－10　LCD 显示面板

表 4－4　LCD 符号的定义

序号	功能	序号	功能
1	MAX 最大读数时显示 MIN 最小读数时显示	8	AC 模式
2	相对（△）模式有效	9	V 伏特 A 安培
3	负读数	10	Ω 欧姆
4	电池电量不足应予更换	11	选择保持功能
5	条图	12	选择二极管/通断性测试功能
6	手动量程模式	13	选择 . 峰值功能
7	DC 模式	14	选择＋峰值功能

6）进行测量

- 进行电流测量时，请用卡钳上的对齐标记将被测导线放在卡钳的中央。
- 进行电流测量时，为避免受到电击，请将测试线从仪表上取下。

（1）测量 AC 电流。

① 将旋转功能开关旋到适当的电流量程。

② 如果必要，按 AC DC 按键，以测量 AC 电流。

③ 按压卡钳打开板机以打开卡钳，将被测导线置于中间位置。

④ 观察 LCD 上的读数。

电子式钳形表的电流测量如图 4－11 所示。

（2）测量 DC 电流。

① 将旋转功能开关旋到适当的电流量程。

② 按 AC DC 按键，以测量 DC 电流。

③ 为保证测量准确度，等待读数稳定之后再按 REL 按键，以便对读数进行零点调整。

④ 按压卡钳打开板机以打开卡钳，将被测导线置于中间位置，夹入卡钳。

⑤ 关闭卡钳并使用对正标记使导线处于中间位置。

⑥ 观察 LCD 上的读数。

（3）测量 AC 和 DC 电压。

① 转动旋转功能开关至 V。

② 按 AC DC 按键，选择 AC 或 DC。

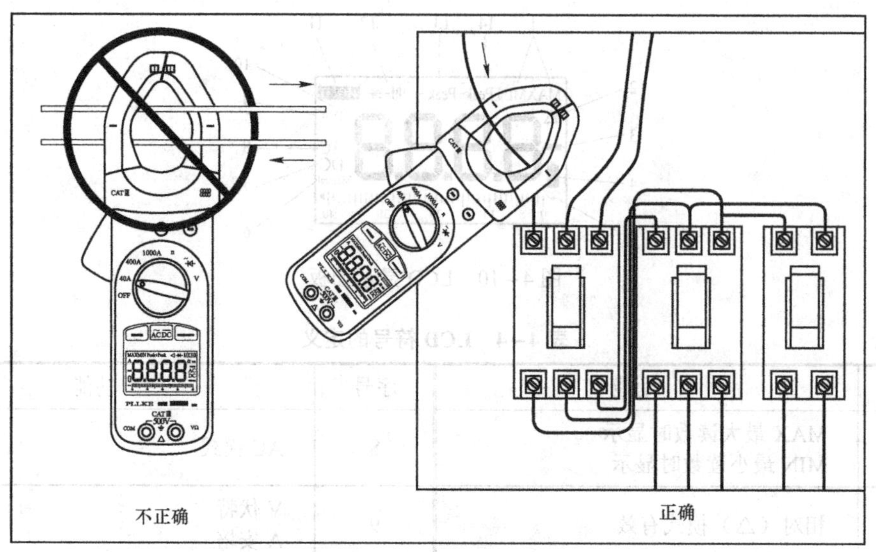

图 4－11　电子式钳形表的电流测量

③ 将黑色测试线连至 COM 端子，将红色测试线连至 VΩ 端子。

④ 用探头探触希望的电路测试点以测量电压。

⑤ 观察 LCD 上的读数。测试接线如图 4－12 和图 4－13 所示。

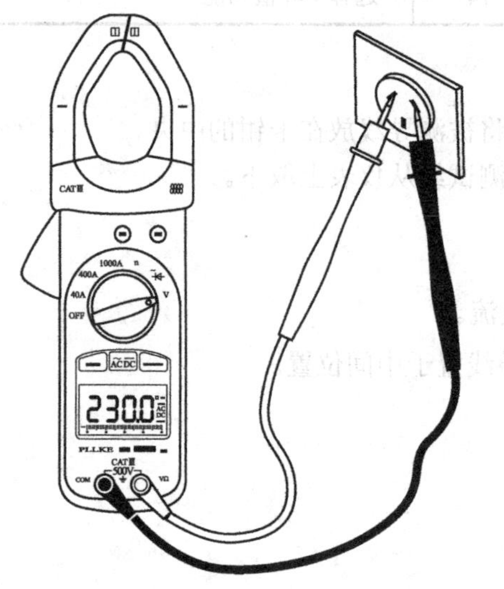

图 4－12　电子式钳形表的 AC 电压测试接线

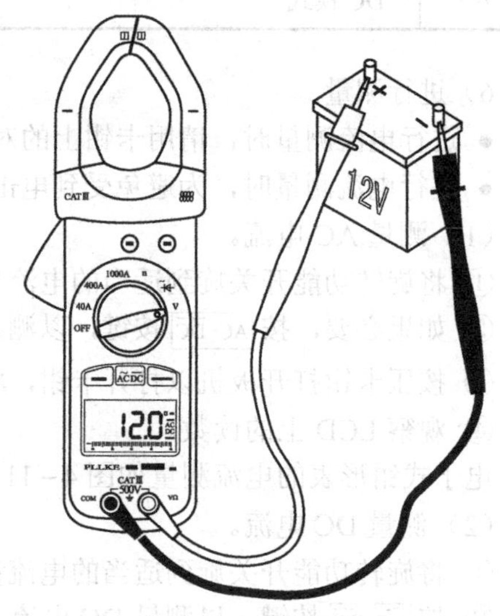

图 4－13　电子式钳形表的 DC 电压测试接线

（4）测量电阻。

为了避免电击，在测量电路中的电阻时应确保切断电路的电源，并将所有的电容放电。

① 转动旋转功能开关至 Ω。切断被测电路的电源。

② 将黑色测试线连至 COM 端子，将红色测试线连至 VΩ 端子。

③ 用探头探触希望的电路测试点以测量电阻。

④ 观察 LCD 上的读数。

（5）测量通断性。

为了避免电击，在测量电路中的通断时应确保切断电路的电源并将所有的电容放电。

① 转动旋转功能开关至 。切断被测电路的电源。

② 将黑色测试线连至COM端子，将红色测试线连至VΩ端子。

③ 将探头跨接在被测的电路或元件上。如果电阻值低于50 Ω，则蜂鸣器将连续鸣响，表明短路状态。如果仪表显示为OL，则为开路。电子式钳形表的通断性测试接线如图4－14所示。

（6）二极管测试。

为了避免电击，在测量电路中的二极管时应确保切断电路的电源并将所有的电容放电。

① 转动旋转功能开关至 。切断被测电路的电源。

② 将黑色测试线连至COM端子，将红色测试线连至VΩ端子。

③ 将黑色测试线连至被测二极管的阴极，将红色测试线连至被测二极管的阳极。

④ 在LCD上读出被测二极管的正向电压值。

如果测试线的极性和二极管的极性相反，则LCD显示“OL”。这一点可以用来区分二极管的阳极和阴极。电子式钳形表的二极管测试接线如图4－15所示。

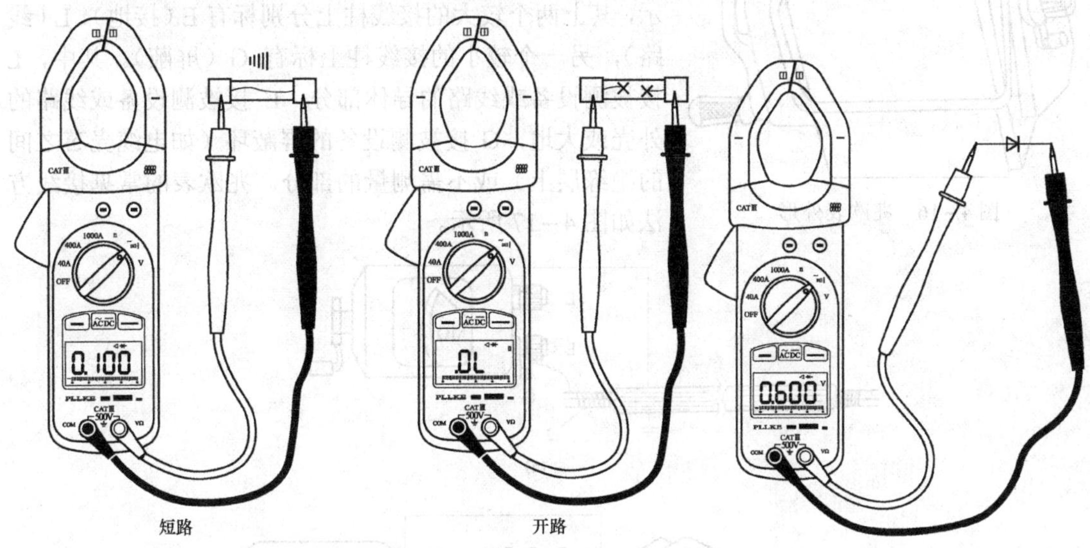

图4－14 电子式钳形表的通断性测试接线

图4－15 电子式钳形表的二极管测试接线

7）注意事项

（1）为了避免电击，在测量时应确保切断电路的电源并将所有的电容放电。

（2）危险的电压可能出现在仪表的输出端，并且此电压可能不显示出来。

（3）为了避免电击，在拆掉后盖之前请从仪表上取下测试线。切勿在打开后盖的情况下使用本仪表。

（4）本仪表的修理或维护工作只应由有资格的技术人员来进行。

（5）为避免污染或静电损坏，请勿在没有适当静电防护的情况下触摸电路板。

（6）如果长时间不使用本仪表，请拆掉电池。不要在高温或潮湿的环境下存放本仪表。

三、兆欧表

1. 指针式兆欧表

1）选用

兆欧表的选用主要考虑两个方面：一是电压等级，二是测量范围。

测量额定电压在 500 V 以下的设备或线路的绝缘电阻时，可选用 500 V 或 1 000 V 的兆欧表；测量额定电压在 500 V 以上的设备或线路的绝缘电阻时，可选用 1 000～2 500 V 的兆欧表；测量瓷瓶时，应选用 2 500～5 000 V 的兆欧表。

兆欧表测量范围的选择主要考虑两方面：一方面，测量低压电气设备的绝缘电阻时可选用 0～200 MΩ 的兆欧表，测量高压电气设备或电缆时可选用 0～2 000 MΩ 兆欧表；另一方面，因为有些兆欧表的起始刻度不是零，而是 1 MΩ 或 2 MΩ，这种仪表不宜用来测量处于潮湿环境中的低压电气设备的绝缘电阻，因其绝缘电阻可能小于 1 MΩ，造成仪表上无法读数或读数不准确。

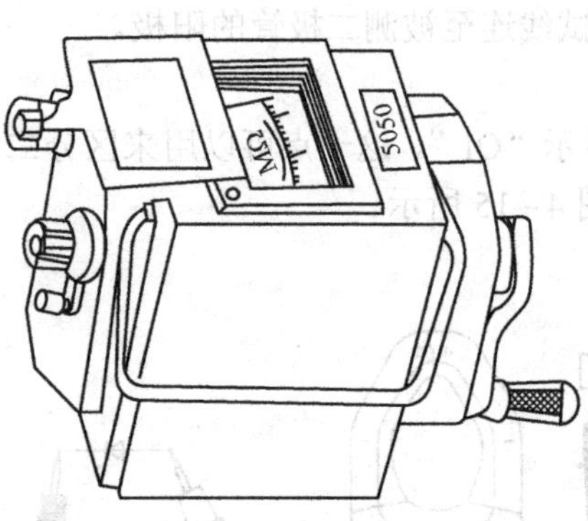

图 4－16　兆欧表外形

2）正确使用

兆欧表上有三个接线柱，兆欧表外形如图 4－16 所示，其上两个较大的接线柱上分别标有 E（接地）、L（线路），另一个较小的接线柱上标有 G（屏蔽）。其中，L 接被测设备或线路的导体部分，E 接被测设备或线路的外壳或大地，G 接被测设备的屏蔽环（如电缆壳芯之间的绝缘层上）或不需测量的部分。兆欧表的常见接线方法如图 4－17 所示。

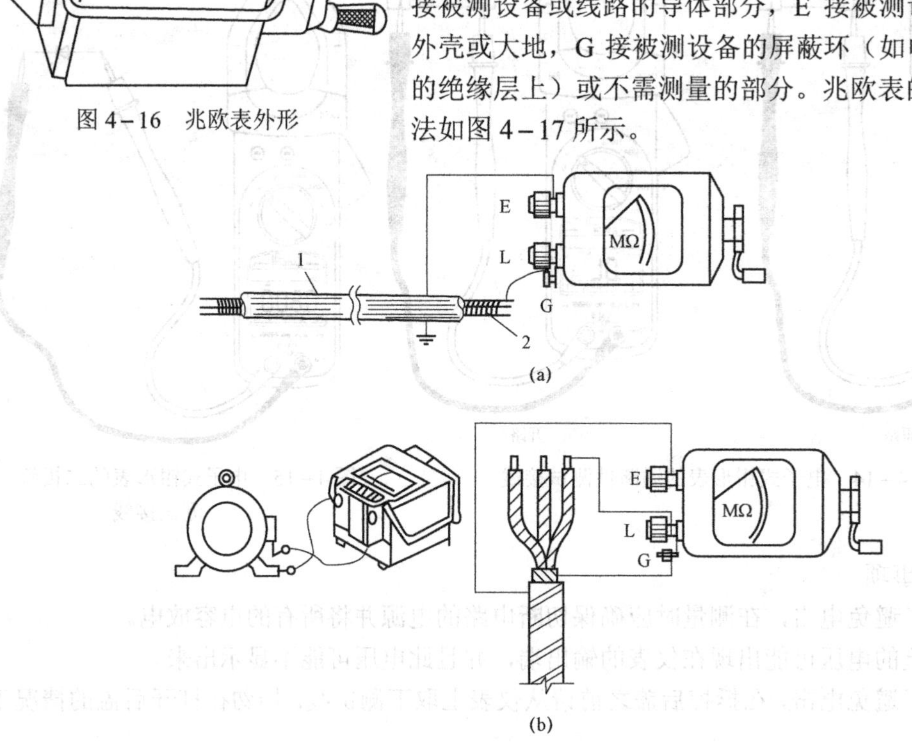

图 4－17　兆欧表的常见接线方法

1—钢管；2—导线

（1）测量前，要先切断被测设备或线路的电源，并将其导电部分对地进行充分放电。用兆欧表测量过的电气设备，也需进行接地放电，才可再次测量或使用。

（2）测量前，要先检查仪表是否完好：将接线柱 L、E 分开，由慢到快摇动手柄约 1 min，使兆欧表内发电机转速稳定（约 120 r/min），指针应指在“∞”处；再将 L、E 短接，缓慢摇动手柄，指针应指在“O”处。

（3）测量时，兆欧表应水平放置平稳。测量过程中，不可用手去触及被测物的测量部分，以防触电。

兆欧表的操作方法如图 4－18 所示。

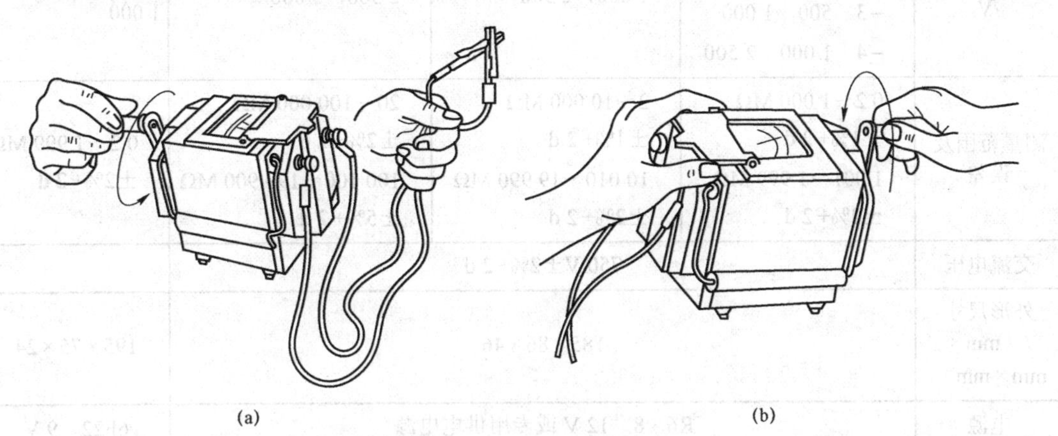

图 4－18　兆欧表的操作方法

（a）校试时兆欧表的操作方法；（b）测量时兆欧表的操作方法

3）注意事项

（1）仪表与被测物间的连接导线应采用绝缘良好的多股铜芯软线，而不能用双股绝缘线或绞线，且连接线不得绞在一起，以免造成测量数据不准。

（2）手摇发电机要保持匀速，不可忽快忽慢地使指针不停地摆动。

（3）测量过程中，若发现指针为零，说明被测物的绝缘层可能击穿短路，此时应停止摇动手柄。

（4）测量具有大电容的设备时，读数后不得立即停止摇动手柄，否则已充电的电容将对兆欧表放电，有可能烧坏仪表。

（5）温度、湿度、被测物的有关状况等对绝缘电阻的影响较大，为便于分析比较，记录数据时应反映上述情况。

2. 数字式兆欧表

PC32 系列数字式自动量程绝缘兆欧表适用于测量各种变压器、电机、电缆、电气设备及家用电器等各类绝缘材料的绝缘电阻，它与手摇发电机式兆欧表相比具有读数直观、迅速、准确，测量精度高，测量范围宽，输出电压恒压范围大，操作方便，体积小，重量轻，使用寿命长等特点，是传统手摇发电机式兆欧表的更新换代产品，也是对各种高压、高阻进行准确测量的理想产品。

1）技术指标

（1）自动量程转换，四挡量限小数点自动切换。

（2）最大显示值 1 999，超量程首位显示“1”。

（3）电池电压不足显示“←”。

（4）PC32系列各型号数字式兆欧表主要技术性能见表4－5。

表4－5　PC32系列各型号数字式兆欧表主要技术性能

型号	PC32－1－4	PC32－5	PC32－6	PC32－S
额定电压/V	－1　100　250 －2　250　500 －3　500　1 000 －4　1 000　2 500	1 000，2 500	2 500，5 000	100，250，500，1 000
测量范围及误差	0.2～1 000 MΩ ±1%+2 d 1 001～1 999 MΩ ±2%+2 d	2～10 000 MΩ ±1%+2 d 10 010～19 990 MΩ ±2%+2 d	20～100 000 MΩ ±2%+2 d 100 100～199 900 MΩ ±5%+2 d	0.2～1 999 MΩ ±2%+2 d
交流电压	750 V±2%+2 d			
外形尺寸/（mm×mm×mm）	185×86×46			195×75×24
电源	R6×8　12 V或专用供电电源			6F22　9 V
操作方式	台式			手持式
质量/g	约500			约280

（5）使用条件：温度0～40 ℃，湿度＜80%。

（6）绝缘电阻：≥50 MΩ（1 000 V）。

（7）工作电压：额定电压±5%。

（8）耐压：AC 2 kV（3 kV）50 Hz 1 s

2）工作原理

（1）绝缘电阻测量原理如图4－19所示。

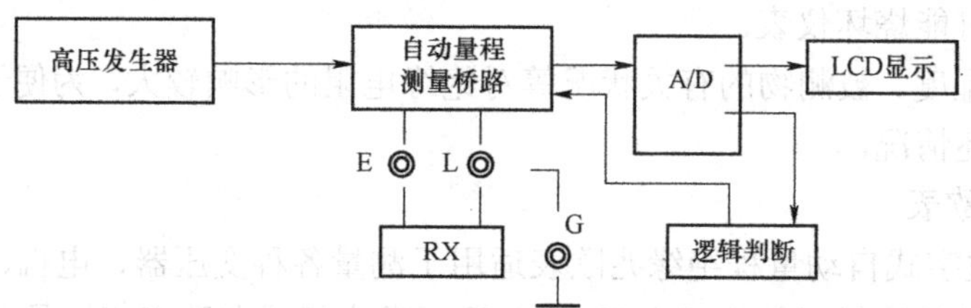

图4－19　绝缘电阻测量原理

（2）交流电压测量原理如图4－20所示。

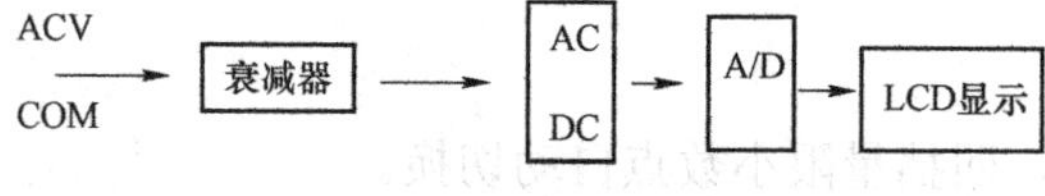

图4－20　交流电压测量原理

3）面板结构

两种数字式兆欧表面板结构如图4－21所示。

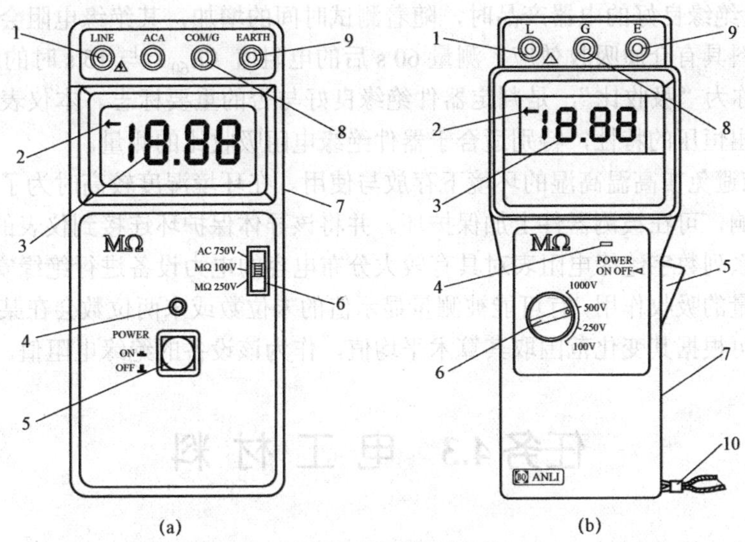

图4－21 两种数字式兆欧表面板结构

（a）PC32-1～6型；（b）PC32-S型

1—L端（线路）；2—欠压指示符号；3—液晶显示屏；4—电源指示；5—电源开关；6—功能选择开关；7—电池盒（背面）；8—G端（屏蔽）；9—E端（接地）；10—提绳

4）使用方法及注意事项

（1）绝缘电阻测量方法。

① 打开电池盒盖按机内所标极性装入5号电池8节12 V（PC32－S型装1节6F22 9 V）。

② 将测试棒插入E、L两端，将功能选择开关拨至所需的输出电压测量范围挡位。

③ 将测试棒连接测试点，打开电源开关读数即现。

（2）交流电压测量方法（PC32－5型无此功能）。

① 将测试棒插入ACV及COM两端。

② 将功能选择开关拨至ACV挡位。

③ 打开电源开关，将测试棒接入被测电压点读数即现。

（3）注意事项。

① 绝缘电阻测量时，测试棒必须插在 E、L 之中，但切忌两测试棒短接，否则极可能在短路状态下大量消耗电池电能，甚至造成仪表损坏，交流电压测量时必须插在 ACV 及COM之中，不能搞错。

② 测量时如果显示屏上出现“←”图样，说明电池电压过低，必须更换电池或对充电电池充电。

③ 测量完毕，应马上断开电源，以免空耗电池；如长期不用，应取出电池另放。推荐使用高性能铁壳电池或镉镍充电电池，以避免纸壳电池漏液腐蚀机件。

④ 本仪表具有自动量程切换功能，打开电源后仪表自动从2 M挡开始向上切换为20 M、200 M，直至仪表的最高量程1 999 M为止，以保证测量结果的高精度与高分辨率。被测绝

缘电阻大于 1 999 MΩ时，仪器显示值为“1”。PC32－5 型绝缘电阻为显示值乘以 10，PC32－6 型绝缘电阻为显示值乘以 100。

⑤ 在测量绝缘良好的电器产品时，随着测试时间的增加，其绝缘电阻会渐渐上升，这是由于绝缘材料具有介质吸收效应。测量 60 s 后的电阻值（R_{60}）与 15 s 时的阻值（R_{15}）之比（R_{60}/R_{15}）称为“吸收比”，是判定器件绝缘良好与否的重要标志。本仪表具有高精度、高分辨率及输出恒压的特性，特别适合于器件绝缘电阻吸收比的测量。

⑥ 仪表应避免在高温高湿的环境下存放与使用。在环境湿度较高时为了减少器件表面泄漏电流的影响，可在被测器件上加保护环。并将该导体保护环连接到仪表的 G 端子上。

⑦ PC32 系列数字绝缘电阻表对具有较大分布电容的电力设备进行绝缘安全测量时，由于设备容性分量的吸收作用，有可能被测量显示值的末位数或末两位数会在某一范围内周期性跳动，用户可根据其变化范围取其算术平均值，作为该设备的绝缘电阻值。

任务 4.3 电 工 材 料

材料学科是边缘学科，对科学技术的发展具有明显的先导作用。事实证明，新型材料的问世对科学技术和社会经济发展起了巨大的推动作用。电工材料是研究、生产、使用电气工程材料的学科，其目的就是做到合理选材、正确用材。电气工程上常将电工材料分为绝缘材料、导电材料、磁性材料和其他电工材料。

一、绝缘材料

随着国民经济的发展，用电量不断上升，绝缘材料越用越多，电气设备的造价和可靠性在很大程度上取决于电气设备的绝缘。绝缘材料主要用来隔离电位不同的导体，另外还能起支承固定、灭弧、防潮、防霉及保护导体的作用。如今，绝缘材料正朝着耐高压、耐高温、阻燃、耐低温、无毒无害、节能及复合型方向发展。

1. 绝缘材料的基本性能

绝缘材料在电场作用下将发生极化、电导、介质发热、击穿等物理现象，绝缘材料在承受电场作用的同时，还要经受机械、化学等诸多因素的影响，长期工作将会出现老化现象。

电介质的老化是指电介质在长期运行中电气性能、力学性能等随时间的延长而逐渐劣化的现象。主要的老化形式有电老化、热老化、环境老化。

电老化多见于高压电器，产生的主要原因是绝缘材料在高压作用下发生局部放电。

热老化多见于低压电器，其机理是在温度作用下，绝缘材料内部成分氧化、裂解、变质，与水发生水解反应而逐渐失去绝缘性能。

环境老化又称大气老化，是由于紫外线、臭氧、盐雾、酸碱等因素引起的污染性化学老化。其中紫外线是主要因素，臭氧则由电气设备的电晕或局部放电产生。

绝缘材料一旦发生老化，其绝缘性能通常都不可恢复，工程上常用下列方法防止绝缘材料的老化。

（1）在绝缘材料制作过程中加入防老剂。

（2）户外用绝缘材料可添加紫外线吸收剂或用隔层隔离阳光。

（3）湿热地带使用的绝缘材料，可加入防霉剂。

（4）加强电气设备局部防电晕、防局部放电的措施。

绝缘材料产品按统一的命名原则进行分类和型号编制，型号由四位数字组成，分别代表大类、小类、耐热等级和产品序号，必要时可增加一位做附加代号。

2. 气体绝缘材料

通常情况下，常温常压下的干燥气体均有良好的绝缘性能，作为绝缘材料的气体电介质，还需要满足物理、化学性能及经济方面的要求。空气及六氟化硫气体是常用的气体绝缘材料。

空气有良好的绝缘性能，击穿后绝缘性能可瞬时自动恢复，电气物理性能稳定，来源极其丰富，应用很广。但空气的击穿电压相对较低，电极尖锐、距离近、电压波形陡、温度高、湿度大等因素均可降低空气的击穿电压，常采用压缩空气或抽真空的方法来提高击穿电压。

六氟化硫气体是一种不燃不爆、无色无味的惰性气体，它具有良好的绝缘性能和灭弧能力，远高于空气，在高压电器中得到了广泛应用。六氟化硫气体还具有优异的热稳定性和化学稳定性，但在600 ℃以上的高温作用下会发生分解，将出现有毒物质。因此在使用中应注意以下几个方面：

（1）严格控制含水量，做好除湿和防潮措施。

（2）采用适当的吸附剂去吸收有害物质及水分。

（3）断路器中六氟化硫气体的压力不能过高而出现液化现象。

（4）放置六氟化硫设备的场所应有良好的通风条件。

（5）对运行、检修人员应有必要和可靠的劳动保护措施。

3. 液体绝缘材料

绝缘油主要有矿物油和合成油两大类。矿物油应用广泛，它是从石油原油中经过不同程度的精制提炼而得到的一种中性液体，呈金黄色，具有很好的化学稳定性和电气稳定性。主要应用于电力变压器、少油断路器、高压电缆、油浸式电容器等设备。合成油常用于电容器做浸渍剂。

绝缘油在储存、运输和运行的过程中，会被各种因素影响导致污染和老化。热和氧在油的老化中起了最主要的作用。工业中采取的防油老化的措施有：加强散热以降低油温，用氮气、薄膜使变压器油与空气隔绝，使用干燥剂以消除水分，添加抗氧化剂，防止日光照射等。油被污染后可采取压力过滤法或电净化法进行净化和再生。

为了保证充油设备的安全运行，必须经常检查油的温升、油面高度、油的闪点、酸值、击穿强度和介质损耗角正切值，必要时还要进行变压器油的色谱分析。需要补充油时，尽量用原型号或相近的型号，并应进行混合试验。

4. 固体绝缘材料

固体绝缘材料的种类很多，其绝缘性能优良，在电力系统中的应用很广。常用的固体绝缘材料有绝缘漆、绝缘胶，纤维制品，橡胶、塑料及其制品，玻璃、陶瓷制品，云母、石棉及其制品等。

橡皮、橡胶、塑料绝缘电线品种和规格见表4-6。

表 4-6 橡皮、橡胶、塑料绝缘电线品种和规格

型号	产品名称	导线长度容许工作温度/℃	导线截面/mm^2	敷设场合及要求
BLXF BXF	铝芯氯丁橡皮线 铜芯氯丁橡皮线	65	2.5～95 0.75～95	固定敷设用，尤其适用于户外，可明敷、暗敷
BLX BX	铝芯橡皮线 铜芯橡皮线	65	2.5～630 0.75～500	固定敷设用，可明敷、暗敷
BXR	铜芯橡皮软线		2.5～400	室内安装，要求较柔软时
BLV BV	铝芯聚氯乙烯绝缘电线 铜芯聚氯乙烯绝缘电线		1.5～185 0.03～185	固定敷设于室内外及电气设备内部，可明敷、暗敷，最低敷设温度不低于－15 ℃
BLV－105 BV－105	铝芯耐热 105 ℃聚氯乙烯绝缘电线 铜芯耐热 105 ℃聚氯乙烯绝缘电线	105	1.5～185 0.03～185	固定敷设于高温环境的场所，可明敷、暗敷，最低敷设温度不低于－15 ℃
BVR	铜芯聚氯乙烯软线	65	0.75～50	固定敷设安装，要求柔软时用，最低敷设温度不低于－15 ℃
BLVV BVV	铝芯聚氯乙烯绝缘聚氯乙烯护套电线 铜芯聚氯乙烯绝缘聚氯乙烯护套电线	65	1.5～10 0.75～10	固定敷设于潮湿的室内和机械防护要求高的场所，可明敷、暗敷和直埋地下，最低敷设温度不低于－15 ℃
BVF BVFR	丁腈聚氯乙烯复合物绝缘电气装置用电线 丁腈聚氯乙烯复合物绝缘电气装置用软线	65	0.75～6 0.75～70	交流 500 V 或直流 1 000 V 及以下的电器、仪表等装置，做连接线用

绝缘漆、绝缘胶都是以高分子聚合物为基础，能在一定条件下固化成绝缘硬膜或绝缘整体的重要绝缘材料。

绝缘漆主要由漆基、溶剂、稀释剂、填料等组成，绝缘漆成膜、固化后绝缘强度较高，一般可作为电机、电器线圈的浸渍绝缘或涂覆绝缘。按用途可分为浸渍漆、漆包线漆、覆盖漆、硅钢片漆和防电晕漆等。

绝缘胶与绝缘漆相似，一般加有填料，广泛用于浇注电缆接头、套管、20 kV 及其以下电流互感器、10 kV 及其以下电压互感器。绝缘胶按用途可分为电器浇注胶和电缆浇注胶。

绝缘纤维制品是指绝缘纸、纸板、纸管和各种纤维织物等绝缘材料。浸渍纤维制品则是用绝缘纤维制品做底材，浸以绝缘漆制成，它具有一定的机械强度、电气强度、耐潮性能，还具备了一些防霉、防电、防辐射等特殊功能。绝缘电工层压制品是以纤维做底材，浸涂不同的胶黏剂，经热压或卷制而成的层状结构绝缘材料，其性能取决于底材和胶黏剂及其成型工艺，可制成具有优良电气性能、力学性能和耐热、耐霉、耐电弧、防电晕等特性的制品。

电工用的橡胶分天然橡胶和合成橡胶两大类，天然橡胶适宜制作柔软性、弯曲性和弹性要求较高的电线电缆和护套，但其容易老化；合成橡胶的种类较多，主要用于电线电缆的绝缘。

电工用的塑料一般由合成树脂、填料和添加剂配制而成。电工塑料质轻，电气性能优良，有足够的硬度和机械强度，易于用模具加工成型，在电气设备中得到广泛应用。

电工塑料可分为热固性塑料和热塑性塑料两大类。热固性塑料是指热压后不溶不熔的固化物，如酚醛塑料、聚酯塑料等。热塑性塑料在热压成型后虽然固化，但物理化学性质不发生明显变化，仍可溶可熔，可反复成型，如聚乙烯、聚丙烯、聚氯乙烯等。

电工用玻璃可分为碱玻璃和无碱玻璃，常温下玻璃有极好的绝缘性能，但温度升高后，绝缘性明显下降，高频时绝缘性也大幅下降。它一般经不住温度的急剧变化，抗压强度高于抗拉强度，抗弯能力更差。电工用玻璃一般用于制作绝缘子、灯泡、灯管、电真空器件等。

电工陶瓷以黏土、石英及长石为原料，经研磨、成型、干燥、焙烧等工序制成，可分为装置陶瓷、电容器陶瓷和多孔陶瓷，主要用于绝缘子、套管及电容器等设备。

云母种类很多，在绝缘材料中，主要用金云母和白云母。这两种云母均具有良好的电气性能和力学性能，耐热性好，化学特性稳定，耐电晕，容易剥离加工成云母薄片。白云母电气性能好于金云母，但金云母柔软性、耐热性比白云母好。杂质和皱纹是云母剥片质量的重要标志。天然云母片经添加树脂、虫胶等胶黏剂后，可制成各种云母板，一般用于电机绝缘及电机换向器的绝缘。

石棉是一种矿产品，石棉具有保温、耐温、绝缘、耐酸碱、防腐蚀等特点，适用于高温条件下工作的电机、电器。长期接触石棉对人体有害，加工制作时要注意劳动保护。

二、导电材料

1. 普通导电材料

导电金属是指专门用于传导电流的金属材料。依据电气工程的实际需要，导电金属应具有电导率高、力学强度高、不易氧化和腐蚀、容易加工和焊接等特性，同时还要价格便宜、资源丰富。最常见的导电金属是铜和铝以及它们的合金。

铜是应用最广泛的导电材料，具有良好的导电性、导热性和耐蚀性、足够的力学强度，无低温脆性，便于焊接、易于加工成型等特性。导电用铜一般选用含铜量大于 99.90%的工业纯铜。导电用铜材的主要品种有：普通纯铜、无氧铜和无磁性高纯铜。导电用铜合金不但具有良好的导电性，还具有一些特殊的功能，可用于不同要求的场合。

铝也是一种应用很广的导电材料。铝的导电性仅次于铜，力学强度为铜的一半，密度为铜的 30%，导热性和耐蚀性好、易于加工、无低温脆性、资源丰富、价格便宜。常用的导电用铝材有特一号铝、特二号铝和一号铝。

影响铜、铝性能的主要因素有杂质、冷变形、温度、腐蚀等。杂质使电阻率上升，但机械强度、硬度得到提高，铝的可塑性、耐蚀性将下降。铜、铝材料经冷变形后，可提高抗拉强度。在干燥的大气中，铜和铝具有较好的耐蚀性，但潮湿与腐蚀介质（如二氧化硫、酸、碱等）会侵蚀导电金属。在熔点以下，温度升高，导电能力、抗拉强度都将下降，因此一般要求铜的长期工作温度不宜超过 110 ℃，短期工作温度不宜超过 300 ℃；铝的长期工作温度不宜超过 90 ℃，短期工作温度不宜超过 120 ℃。

橡皮、塑料绝缘软线适用于各种交直流移动电器、电工仪表、电信设备及自动化装置。工作电压大多为交流 250 V 或直流 500 V 以下，RVV 型电线可用于交流 500 V 或直流 1 000 V 及以下。其品种和电线结构见表 4-7。

表 4-7 橡皮、塑料绝缘软线品种和电线结构

型号	产品名称	导线长期容许工作温度/℃	导线截面/ mm^2	导线结构（根数/直径，mm）
RXS RX	棉纱编织橡皮绝缘绞型软线 棉纱纺织橡皮绝缘软线	65	0.2	12/0.15
			0.28	16/0.15
			0.4	23/0.15
			0.5	28/0.15
			0.6	34/0.15
			0.7	40/0.15
			0.75	42/0.15
			1.0	32/0.20
			1.2	38/0.20
			1.5	48/0.20
			2.0	64/0.20
RFB RFS RVB RVS	丁腈聚氯乙烯复合物绝缘平型软线 丁腈聚氯乙烯复合物绝缘绞型软线 聚氯乙烯绝缘平型软线 聚氯乙烯绝缘绞型软线	70	0.12	7/0.15
		65	0.2	12/0.15
			0.3	16/0.15
			0.4	23/0.15
			0.5	28/0.15
			0.75	42/0.15
			1.0	32/0.20
			1.5	48/0.20
			2.0	64/0.20
			2.5	77/0.20
RV RV105	聚氯乙烯绝缘软线 耐热聚氯乙烯绝缘软线	65	0.012	7/0.05
		105	0.03	7/0.07
			0.06	7/0.10
			0.12	7/0.15
			0.2	12/0.15
			0.3	16/0.15
			0.4	23/0.15
			0.5	28/0.15
			0.75	42/0.15
			1.0	32/0.20
			1.5	48/0.20
			2.0	64/0.20
			2.5	77/0.20
			4.0	77/0.26
			6.0	77/0.32
RVV	聚氯乙烯绝缘护套软线		0.12	7/0.15
			0.2	12/0.15
			0.3	16/0.15
			0.4	23/0.15
			0.5	28/0.15
			0.75	42/0.15
			1.0	32/0.20
			1.5	48/0.20
			2.0	64/0.20
			2.5	77/0.20
			4.0	77/0.26
			6.0	77/0.32

2. 常用电线电缆

电线电缆主要用于电力的传输与分配、电气信号的传递和转换以及绕制电气装备用线圈或绕组等，在电气工程中用量很大。电线电缆的种类很多，大致可分为裸电线、电磁线、电气装备用电线电缆、电力电缆、通信电缆和通信光缆等。

电线电缆一般由导电层、绝缘层和保护层组成，电线电缆的型号由汉语拼音字母和阿拉伯数字组成，见表4-8。

表4-8 电线电缆型号的组成

次序	类别及用途	导体	绝缘	护层	其他特性	外护层	派生
字母数	0或1或2	0或1	0或1	1	0或1或2	2个数字	数字
项	1	2	3	4	5	6	7

在型号组成中，常用材料的代号可省略，不一定七项全有，电线电缆的名称由型号各项含义组合而成，名称已约定俗成，无严格的分界线。

裸电线是一种表面裸露、没有绝缘层的导线。按产品结构和用途分为单线、绞线、软接线、型线和型材四大系列。单线一般用作电线电缆的线芯，绞线则用于架空输电线路，软接线用于耐振动、弯曲的场合，型线和型材用于母线、电机的换向器、开关触点等。

电磁线主要用于绕制电机、变压器等电工设备的线圈或绕组，又称绕组线。电磁线分为漆包线、绕包线、无机绝缘线和特种电磁线。电磁线在选用时，应根据使用的技术条件合理地选择性能参数，在选择时要考虑的技术条件有电磁线的耐热等级、电性能、力学性能、空间因素、相容性、环境因素等。

电气装备用电线电缆的品种繁多，一般除电力电缆、通信电缆和电磁线外的大部分绝缘电线电缆都归入它的范畴。按用途可分为低压配电电线电缆、信号及控制电线电缆、仪器和设备的连接线、交通工具用电线电缆、直流高压电缆及其他专用电线电缆。

电力电缆主要用于电力系统中传输或分配大功率电能，与架空线相比具有可在各种环境下敷设、隐蔽耐用、安全可靠、受外界气候的影响小等优点，但结构和工艺复杂，成本较高。一般按绝缘材料分类，可分为纸绝缘电缆、橡胶绝缘电缆、塑料绝缘电缆、充油绝缘电缆及充气绝缘电缆等。

通信电缆和光纤光缆是通过导线或光纤传输电磁波信息的传输元件，具有传输质量好、复用路数多、可靠性强、使用寿命长且易于保密等特点。通信电缆包括市内、长途、射频、CATV、海底通信电缆等，光纤光缆包括架空、海底、管道、光电综合通信、电力系统用光缆的软光缆。光纤光缆由于具有传输衰减小、频带宽、重量轻、外径小、不受电磁场干扰等优点，已广泛地替代了通信电缆用于通信系统。它不仅能节省大量的铜和其他材料，而且还能大大提高信息的传输速度和质量，是非常理想的通信材料。

3. 特殊导电材料

特殊导电材料除了具有普通金属传导电流的作用之外，还兼有其他特殊功能，常用的有熔体材料、电刷、电阻合金、电热合金、电触头材料、双金属片材料、热电偶材料、弹性材料、半导体材料等。

熔体材料的主要作用是当流过熔体中的电流超过一定值时，经一段时间后，熔体将自动熔断，对设备起到保护作用。在选用时要根据电器特点、负载电流的大小、熔断器类型等多因素共同确定。铅合金熔体是最常见的熔体材料。

电刷是用于电机的换向器或集电环上传导电流的滑动接触体，一般应具有较小的电阻率和摩擦因数、适当的硬度和机械强度。欲满足使用要求，不完全取决于电刷本身，还需从电机的结构，电刷的安装、调整及运行条件等多方面考虑。常用电刷可分为石墨型电刷、电化石墨型电刷和金属石墨型电刷三类。石墨型电刷适用于负载均匀的电机，电化石墨型电刷则适用于负载变化大的电机，而金属石墨型电刷适用于低电压、大电流、圆周速度不超过 30 m/s 的直流电机和感应电机。

电阻合金是用于制造各种电阻元件的合金材料，可分为调节元件用电阻合金、精密元件用电阻合金、传感器元件用电阻合金及温度补偿元件用电阻合金。电热合金用于制造各种电热器具及电阻加热设备中的发热元件，具有良好的抗氧化性，可做高温热源长期使用。电触头材料用于各种电气触点之间的连接，开闭触头工作过程可分接通、载流、分断三个阶段，要求它具有耐磨损、接触电阻小、耐高温、耐电弧的特性，在选择时要综合考虑电源、负载的性质，电压、电流的大小，通断操作的频率。弹性合金既有一定的导电性又有良好的弹性，常用于制造仪器、仪表、接插件等器件中的弹性元件：如游丝、悬丝、簧片、膜盒等。

热双金属片材料由两层线胀系数差异较大的金属（或合金）牢固结合而成，主要用于温度控制、电流限制、温度指示、温度补偿等装置的测量仪器中，如热继电器、日光灯启辉器等。热电偶由两根不同的热电极（偶丝）组成，两电极的一端焊接在一起，为测量端，另一端（自由端）分别引出接仪表。由于两电极材料不同，热电势不同，其差值与测量端温度（被测温度）成正比。热电偶与显示仪表配合，可用于直接测量气体和液体介质及固体表面温度，它结构简单、使用方便、稳定可靠、测量范围宽，被广泛地用于测温与控制系统中。热电偶材料分热偶和补偿导线两类，要配合使用。

半导体材料是电子电路中的主要原材料，可分为元素半导体、化合物半导体、固溶体半导体、有机半导体和玻璃态半导体。当一些物质低于一定温度时，其电阻将会出现降为零的现象，这类物质称为超导体。超导体在临界温度下、临界磁场强度以下、临界电流以下时具有零电阻和完全抗磁的特性。超导体的应用日益广泛，如磁悬浮列车、超导发电、输电等。

除此以外，在电力系统中还有一些具有特殊光、电功能的新型材料，如光电材料、发光材料、压电材料、液晶材料等。总之，随着科学的发展，特殊导电材料正朝高品位、多样化的方向发展。

三、磁性材料

1. 磁性材料的基本性能

磁性是物质的基本属性之一，表征物质导磁能力的物理量是磁导率。根据电工知识可知，磁导率的大小等于磁感应强度与磁场强度的比值，为了方便通常用相对磁导率（某物质的磁导率与真空磁导率之比）来表示导磁能力，它越大表明物质导磁能力越强。

按相对磁导率的大小可将物质分为弱磁性物质和强磁性物质。自然界中绝大多数磁性较弱，相对磁导率近似为 1，属于弱磁性物质；而铁、镍、钴的磁性很强，相对磁导率可达几百甚至几万，属于强磁性物质，又称为铁磁性物质。

应用极广的磁性材料就是指铁磁性物质。磁性材料是电气设备、电工及电子仪器仪表和电信等工业中的重要材料，它的产量、质量、使用量是衡量一个国家电气化水平的重要标志之一。磁性材料可分为软磁材料、硬磁材料和特殊磁材料三大类。

不同种类的磁性材料的磁特性是不一样的，磁性材料具有磁饱和性、磁滞性、各向异性、磁致伸缩等特性。工程上常用磁化曲线、磁滞回线以及退磁曲线等特性曲线来反映。

在磁场作用下，磁性材料会出现磁饱和现象。磁饱和是指当磁场强度增加到一定值后，磁感应强度将不再随之增加而出现的饱和现象，此时磁导率不是常数，即磁化曲线不是一条直线。

在交变的磁场作用下会出现磁滞现象，磁滞性是指磁性材料的磁感应强度的变化滞后于磁场强度的变化。由于磁滞的存在，当外磁场强度为零后，磁感应强度不为零，被称为剩磁感应强度（简称剩磁）。若要消除剩磁，必须加一反向磁场，这个反向磁场强度的大小称为矫顽力。磁滞现象将引起磁滞损耗，磁滞损耗的大小与磁滞回线的面积成正比，它与涡流损耗合称为铁损。

影响磁性能的因素很多，主要有温度和频率。温度对磁性能的影响最显著，随着温度的升高，导磁能力将下降，当超过某一临界温度（居里温度）后，磁性材料将失去磁性。磁性材料应工作在居里温度下，各种材料的居里温度各不相同，如铁为 770 ℃、镍为 358 ℃、钴为 1 137 ℃。居里温度的应用实例之一是家用电饭煲的温度控制。频率的变化对磁性能也有一定的影响，频率升高会使导磁性能下降，铁芯损耗增加。

此外，磁性材料的磁性能不仅取决于其内部成分，还与机械加工的方法和热处理条件有关。在对金属磁性材料进行机械加工时会出现内应力，该应力能使材料的磁导率下降、矫顽力加大和损耗增加。为消除应力、恢复磁性，必须进行退火处理。

2. 软磁材料

软磁材料是指磁滞回线很窄、矫顽力不大于 1 000 A/m 的磁性材料，它具有磁导率高、剩磁和矫顽力低、容易磁化和去磁、磁滞损耗小等磁特征。在工程上主要用来减小磁路磁阻和增大磁通量，它适于制作传递、转换能量和电信号的磁性零部件或器件。通常分为金属软磁材料和铁氧体软磁材料两大类。金属软磁材料与铁氧体软磁材料相比，具有饱和磁感应强度高、矫顽力低、电阻率低等特点，其品种主要包括电工用纯铁、电工用硅钢片、铁镍合金、铁铝合金和铁钴合金等。

软磁材料选用时要考虑应用的场合。在强磁场下使用的材料应具有低的铁损和高的磁感应强度，如用作发电机、电力变压器、电机等电气设备的铁芯。在弱磁场下应具有高的磁导率和低的矫顽力等磁性能，如用作高灵敏度继电器、电工仪表、小功率变压器等电器中电磁元件铁芯材料。在高频条件下使用，除了具有高磁导率和低矫顽力之外，还应具有高的电阻率，以降低涡流损耗，如用作电视机中周变压器、调谐电抗器以及磁饱和放大器等的铁芯材料。此外，在某些特殊条件下使用的软磁材料，应满足其不同的特殊要求，如恒导磁材料要求在一定的磁感应强度范围内，材料的磁导率基本保持不变，可用作恒电感和脉冲变压器的铁芯材料。

电工用的纯铁是一种纯度在 98%以上、含碳量不大于 0.04%的软铁，它具有饱和磁感应强度高、磁导率高和矫顽力低等优良的软磁性能，可在恒定磁场中工作，但不适用于交流。它可分为原料纯铁、电子管纯铁和电磁纯铁三种。

电工用的硅钢片是一种含硅量为 0.5%~4.8%的铁铝合金板材和带材，它具有磁导率高、电阻率大、磁滞损耗小等特点，但饱和磁感应强度和热导率较低、脆性较大，适于做工频交流电磁器件，如变压器、互感器、继电器等的铁芯，是电工产品中应用最广、用量最大的磁性材料。按制造工艺可分为热轧和冷轧两种，按晶粒取向可分为取向硅钢片和无取向硅钢片两大类。

铁镍合金又称坡莫合金，具有起始磁导率和最大磁导率非常高、矫顽力低、低磁场下磁滞损耗相当低、电阻率大等特点，可用于制作在弱磁场工作的铁芯材料、磁屏障材料以及脉冲变压器材料等。

铁铝合金具有较高的起始磁导率和很高的电阻率，硬度高、耐磨性好、矫顽力低、磁滞损耗较低、抗振动、抗冲击、价格低等特性，但加工性能较差，主要用来制作在弱磁场中工作的音频变压器、脉冲变压器、灵敏继电器等。

铁钴合金饱和磁感应强度很高，居里温度较高，但价格较高，常用于高温场合。

粉末软磁材料是用粉末冶金方法，经过压制、烧结、热处理等工艺制造而成，主要用于无线电、电信、电子计算机和微波技术等弱电技术中。常用的有软磁铁氧体、烧结铁及铁合金等。软磁铁氧体是一种非金属磁性材料，具有电阻率高、高频范围内磁导率高、磁损耗小等特点，特别适合高频和超高频领域中的应用。

3. 硬磁材料

硬磁材料是一种磁滞回线很宽、矫顽力大于 10 000 A/m 的铁磁材料，其特点是必须用较强的外磁场才能使其磁化，经强磁场磁化后，具有较高的剩磁和矫顽力，常制成永久磁铁，广泛用于磁电系测量仪表、扬声器及通信装置中。硬磁材料的种类也很多，按制造工艺和应用特点可分为铝镍钴合金、铁氧体硬磁材料、稀土钴硬磁材料和塑性变形硬磁材料等。

铝镍钴合金组织结构稳定、剩磁较大，磁感应温度系数小、居里温度高，但材质较硬、脆，不易加工成型复杂、尺寸精密的磁体，是电机、电器、仪器仪表等工业中应用较多的永磁材料。按制造工艺可分为铸造铝镍钴合金和粉末烧结铝镍钴合金两类。

铁氧体硬磁材料属于非金属硬磁材料，具有矫顽力高、磁性和化学稳定性好、剩磁小、温度系数大、电阻率高、密度小、制作简单、价格便宜等特点，是目前产量最大、应用广泛的硬磁材料，在许多场合已逐渐替代了铝镍钴合金。常用于微电机、微波器件、磁疗片和拾音器、扬声器、电话机等电信器件。

稀土钴硬磁材料磁性能较高，但价格较贵，适宜制成微型或薄片状永磁体，主要用于微电机、传感器和磁性轴承等。

塑性变形硬磁材料是一种金属硬磁材料，它经过适当的热处理之后，具有良好的塑性，易于进行机械加工，适用于对磁性和力学性能有特殊要求及形状的永磁体。

各种硬磁材料有不同的特点，在选用时通常要求最大磁能积大，磁性温度系数小，稳定性高，同时还要考虑形状、质量、可加工性及价格等因素。此外，在工作时应尽量使其工作点接近最大磁能积点。

除了上述磁性材料外，还有许多具有特殊功能的磁性材料，常用的有恒导磁材料、磁温度补偿合金、非晶态磁性材料、磁记录材料、磁记忆材料及磁致伸缩材料等。

四、其他电工材料

除了三大电工材料之外，还有品种繁多的其他材料，如电工、维修电工常用的有电杆、线管、钢材、钎料、胶黏剂、润滑剂等。

架空输电线路电杆有木质、钢筋水泥和铁塔三种，工矿企业常用钢筋水泥杆。低压线路的架设除了电杆外还有许多金属附件，主要有角钢、工字钢、槽钢、扁钢、圆钢、钢板、钢绞线等，还有瓷绝缘子和瓷夹板。

使用线管的目的是保护穿越其中的绝缘导线不受外界的机械损伤。常用的有水煤气管、电线管、塑料管、金属软管、瓷管等。

电气接头常用的一种连接方法是钎焊连接。接头的好坏，钎料是关键，还需有相应的助钎剂、清洗剂，如助钎剂、清洗剂选用不当，将严重影响钎接质量。锡铅焊料应用最为广泛，常用于铜、铜合金、钢铁、镀锌铁皮等母材的钎接。

胶黏剂的功能是将同种或异种材料合在一起。胶黏剂由基料、固化剂、增塑剂、稀释剂、填料组成，常用的有环氧胶黏剂（俗称万能胶）、快干 502 胶黏剂等。选用胶黏剂要注意胶件的使用要求与胶黏剂性能相符，胶接的工艺过程要正确。

中小型电动机所用轴承大多是普通的滚动轴承。选用轴承的基本依据是承受负荷的大小和性质、转速的高低、支承刚度和结构状况。常见的电机轴承有向心球轴承、向心滚柱轴承、向心推力轴承和推力轴承等。

正确的润滑是电机和某些电器中机械正常工作所必需的条件。润滑剂包括润滑油、润滑脂和固体润滑剂三类。电机轴承常用的润滑脂（俗称黄油）是一种膏状物，由基础油、稠化剂、添加剂组成，选用时应根据电机的使用条件，选择针入度、滴点、工作温度、抗水性等参数，选出最合适的润滑脂。

任务 4.4 电力电缆安装

一、电力电缆的分类和结构

电缆组成：导电线芯，用于传输电能；绝缘层，保证电能沿导电线芯传输，在电气上使导电线芯与外界隔离；保护层，起保护密封作用，使绝缘层不受外界潮气浸入，不受外界损伤，保持绝缘性能。

1. 电力电缆的分类

（1）按电压等级分类。电力电缆按电压等级分为：1 kV、3 kV、6 kV、10 kV、20 kV、35 kV、60 kV、110 kV、220 kV、330 kV。其中，1 kV 电缆使用最多，3～35 kV 电缆用于大中型企业、地区配电网、厂用电和所用电，60～330 kV 用于过江、过海电缆。也可分为低压电缆（1 kV）、中压电缆（3～35 kV）、高压电缆（60～330 kV）。

（2）按导电线芯截面分类。电力电缆按导电线芯截面分为：2.5 mm^2、4 mm^2、6 mm^2、10 mm^2、16 mm^2、25 mm^2、35 mm^2、50 mm^2、70 mm^2、95 mm^2、120 mm^2、150 mm^2、185 mm^2、240 mm^2、300 mm^2、400 mm^2、500 mm^2、625 mm^2、800 mm^2。

（3）按导电线芯数分类。电力电缆按导电线芯数分为：单芯、二芯、三芯、四芯四种。单芯用于传送单相交流、直流电，60 kV 及其以上电压等级的电缆多为单芯；二芯用于传送单相交流、直流电；三芯用于传送三相交流电，多用于 35 kV 及其以下电压等级的电缆；四芯用于低压、中性点接地的三相四线制系统。只有 1 kV 电压等级的电缆才有二芯和四芯。

（4）按绝缘材料分类。电力电缆按绝缘材料分为：浸渍纸绝缘电缆、塑料绝缘电缆、充油电缆、橡胶绝缘电缆和阻燃聚氯乙烯绝缘电缆。目前广泛使用阻燃聚氯乙烯绝缘电缆，即使在明火烧烤下，绝缘也不会燃烧。

2. 电力电缆的结构

（1）聚氯乙烯绝缘电力电缆。该电缆的绝缘层由聚氯乙烯挤包制成。多芯电缆的线芯绞合成圆形后，绕包塑料带或者挤包聚氯乙烯护套作为内护层。其外为铠装层和聚氯乙烯外护套。聚氯乙烯电力电缆结构如图 4－22 所示。

10 kV 及其以上电压等级的电缆导电线芯表面有半导电屏蔽层，6 kV 及其以上电压等级的电缆绝缘层表面有半导电材料与金属丝组成的屏蔽层。金属丝的作用是保持零电位，并在短路时承载短路电流，以免因短路电流引起电缆温升过高而损坏绝缘层。聚氯乙烯绝缘电缆与浸渍纸绝缘电缆相比，没有铅护套和浸渍剂，安装简单。10 kV 及其以下电压等级的电缆适用于高落差场合。

（2）交联聚乙烯绝缘电力电缆。该电缆电场分布均匀，没有切向应力，重量轻，载流量大，用于 6～35 kV 电压等级、有高度落差的电缆线路。其结构如图 4－23 所示。

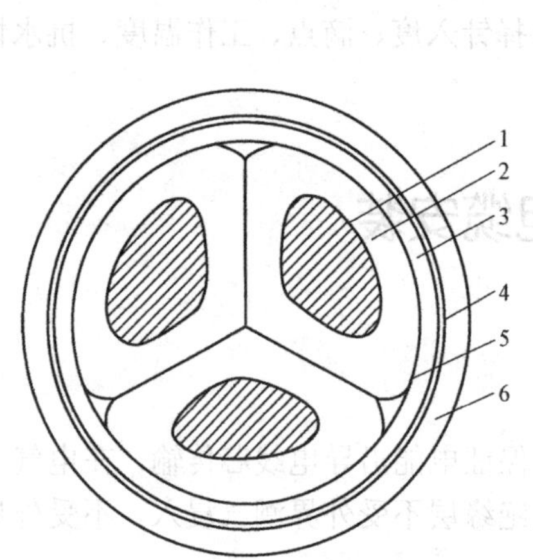

图 4－22　聚氯乙烯电力电缆结构

1—导线；2—聚氯乙烯；3—聚氯乙烯内护套；4—铠装层；5—填料；6—聚氯乙烯外护套

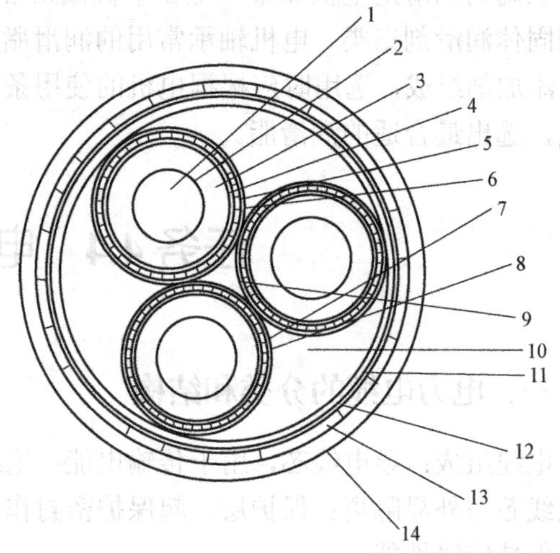

图 4－23　交联聚乙烯绝缘屏蔽型铠装电力电缆结构

1—导线；2—导线屏蔽层；3—交联聚乙烯绝缘；4—绝缘屏蔽层；5—保护带；6—铜线屏蔽；7—螺旋铜带；8—塑料带；9—中心填芯；10—填料；11—内护套；12—扁钢带铠装；13—钢带；14—外护套

圆形导体外有内屏蔽层、交联聚乙烯绝缘和外屏蔽层。外面还有保护带、铜带、铜线屏蔽和塑料带保护层。三个缆芯中间有一个圆形填料，连同填料扭绞成缆后，外面再加护套、铠装等保护层。6 kV 及其以上电压等级的电缆导线表面及绝缘层表面均有屏蔽层。导线屏蔽层为半导电材料，绝缘屏蔽层为半导电交联聚乙烯，并在其外绕包一层 0.1 mm 厚的金属带。电缆内护层的方式，除上面介绍的三个绝缘线芯共用一个护套外，还有绝缘线芯分相护套。分相护套电缆相当于三个单芯电缆的简单总和。这种电缆的电场分布情况与单芯电缆及油浸纸绝缘分相铅包电缆类似，但电性能更好，应用范围与油浸纸绝缘分相铅包电缆相同。

（3）自容式充油电力电缆。该电缆一般简称充油电缆，特点是利用压力油箱向电缆绝缘内部补充绝缘油的办法，消除因温度变化而在纸绝缘层中形成的气隙，以提高电缆的工作电场强度。充油电缆的工作电场强度比一般电缆纸绝缘的工作电缆强度高得多，工作电压可提高很多，可运行在 35～500 kV 电压等级的电缆线路中。该电缆分单芯和三芯两种，单芯电缆的电压等级为 110～500 kV，三芯电缆的电压等级为 35～110 kV。但不适用于落差较大的场合。单芯自容式充油电缆的结构如图 4－24 所示。

（4）橡胶绝缘电力电缆。该电缆的绝缘层是丁苯橡胶或丁基橡胶，6～35 kV 电压等级的橡胶电缆导线表面有半导电屏蔽层，绝缘层表面有半导电材料和金属材料组合而成的屏蔽层。绝缘层柔软性最好，导线的绞线根数比其他型式的电缆多，电缆的安装简便，适用于落差较大和弯曲半径较小的场合，但在高电压作用下，易产生裂缝，一般适用于 10 kV 及其以下电压等级的电缆。橡皮绝缘电力电缆的结构如图 4－25 所示。

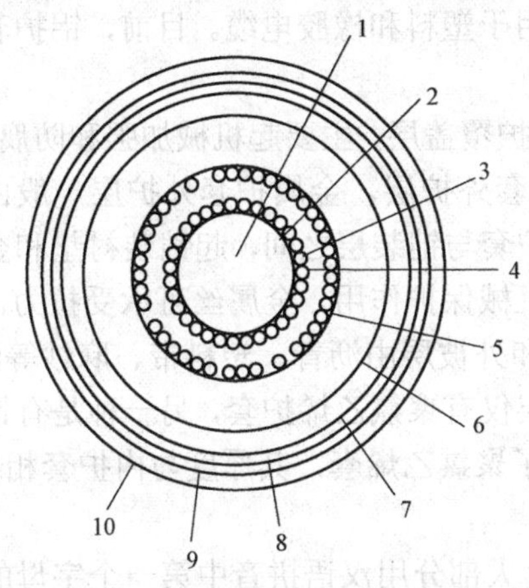

图 4－24　单芯自容式充油电缆的结构

1—油道；2—螺旋管；3—导线；4—线芯屏层；5—绝缘层；6—绝缘屏蔽；7—铅护套；8—内衬垫；9—加强铜带；10—外被层

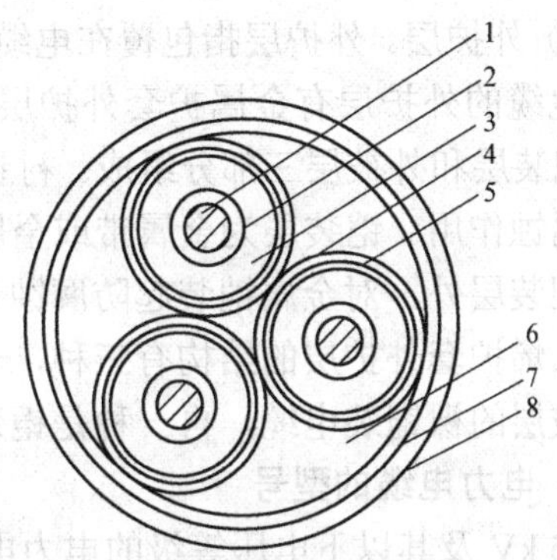

图 4－25　橡皮绝缘电力电缆的结构

1—导线；2—线芯屏蔽层；3—橡胶绝缘层；4—半导体屏蔽层；5—钢带屏蔽层；6—填料；7—橡胶布带；8—聚乙烯外护套

二、电力电缆的组成及型号

1. 电力电缆的组成

电力电缆由导电线芯（导线）、绝缘层和保护层组成。

（1）导电线芯由有一定韧性、一定强度的高纯度铜或铝制成。导线截面有圆形、椭圆形、扇形、中空圆形等几种。其中，16 mm^2 及其以下的导电线芯由单根导线制成；25 mm^2 及其以上的导电线芯由多根导线分数层绞合制成，绞合时相邻两层扭绞方向左右相反。圆形导电线芯的排列结构：中心一般为一根单线，第二层为六根单线，以后每一层比里面一层多六根，既增加了电缆的柔软性又增加了线芯的牢固度，便于制造和施工。

（2）电力电缆的绝缘层使多芯导线间以及导线与护套间相互隔离，并保证一定的电气耐压强度。它应有一定的耐热性能和稳定的绝缘质量。

电缆的绝缘厚度与工作电压有关。电压越高，绝缘层的厚度越厚，但不成比例。绝缘层的材料主要有油浸纸、塑料和橡胶三种。

① 油浸纸绝缘由电缆纸与浸渍剂组合而成，具有较强的耐热性，电气强度高，但受潮后绝缘强度下降较快，同时弯曲性较差。

② 塑料绝缘主要有聚氯乙烯绝缘和交联聚乙烯绝缘两种，电缆绝缘层分别由热塑性塑料挤包制成和由添加交联剂的热塑性塑料挤包交联制成，电气性能、耐水性能好，抗酸、碱，防腐蚀、力学性能好，现广泛使用。

③ 橡胶绝缘有天然丁苯橡胶、丁基橡胶和乙丙橡胶三种，电气性能较好，吸水性和透气性好，但耐热性差，容易受热空气和油类的影响而损坏。

（3）电缆保护层。电缆保护层指为使电缆绝缘不受损坏，并适应各种使用条件和环境的要求，在电缆绝缘层外包覆的保护层，分为内护层和外护层。

① 内护层。内护层指包覆在电缆绝缘上的保护覆盖层，用以防止绝缘层受潮、机械损伤以及光和化学侵蚀性媒质等，分有金属护套（铅护套、平铝护套、螺纹护套）、塑料护套和橡胶护套。金属护套用于油浸纸绝缘电缆，其他用于塑料和橡胶电缆。目前，铝护套已被广泛采用。

② 外护层。外护层指包覆在电缆护套外面的保护覆盖层，主要起机械加强和防腐作用，常用电缆的外护层有金属护套外护层和聚氯乙烯护套外护层。金属护套外护层一般由衬垫层、铠装层和外被层三部分组成。衬垫层位于金属护套与铠装层之间，起铠装衬垫和金属护套防腐蚀作用。铠装层为金属带或金属丝，主要起机械保护作用，金属丝可承受拉力。外被层在铠装层外，对金属铠装起防腐蚀作用。衬垫层和外被层由沥青、塑料带、麻纱等组成。聚氯乙烯护套外护层的结构有三种，一种是无外护层仅有聚氯乙烯护套，另一种是有铠装层无外被层的裸铠装电缆，再一种是铠装层外还挤包了聚氯乙烯套，其厚度与内护套相同。

2. 电力电缆的型号

35 kV 及其以下电压等级的电力电缆结构代号，大部分用汉语拼音中第一个字母的大写符号表示绝缘种类、导线材料、内护层材料和其他特点。

电缆型号由电缆结构各部分代号（表 4－9）组成，代号的排列一般依照下列次序：绝缘种类—导线材料—内护层—其他特点—外护层。

表 4－9　电缆的型号

代号	绝缘种类	代号	导线材料	代号	内护层	代号	其他特点	代号	外护层
Z	纸	L	铝芯	H	橡套	D	不滴油	0	裸金属铠装
V	聚氯乙烯	T	铜芯	HF		F	分相	1	无铠装
X	橡胶			V	聚氯乙烯护套	G	高压	2	钢带铠装
XD	丁基橡胶			Y	聚乙烯护套				金属铠装外加
Y	聚乙烯			L	铝包	P	屏蔽	9	聚氯乙烯护套
YJ	交联聚乙烯			Q	铅包	Z	直流		

电缆产品用型号和规格表示，其方法是在型号后再加上说明额定电压、芯数和截面的阿拉伯数字。例如，ZLQ20－10，3×95 表示纸绝缘、铝芯、铅包、裸钢带铠装、额定电压 10 kV，三芯、截面积为 95 mm^2 的电力电缆。

三、电力电缆的敷设

1. 电力电缆的运输与保管

（1）电力电缆运输的一般要求。电力电缆一般是缠绕在电缆盘上进行运输、保管和敷设施放的。30 m以下的短段电缆也可按不小于电缆允许的最小弯曲半径卷成圈子或“8”字形，并至少在四处捆紧后搬运。

在运输和装卸电缆盘的过程中，不能使电缆受到损伤，电缆的绝缘不能遭到破坏。电缆运输前必须进行检查，电缆盘应完好牢固，电缆封端应严密，并牢靠地固定和保护好，如果发现问题应及时处理。运输时，应将电缆盘固定好，装卸电缆盘时应用吊车进行，不允许将电缆盘直接从汽车上推下。电缆盘在地面上滚动必须控制在小距离范围内。滚动的方向必须按照电缆盘侧面上所示箭头方向。如果采用反方向滚动会使电缆因退绕而松散、脱落。电缆盘平卧运输会使电缆缠绕松脱，使电缆与电缆盘损坏。

（2）电缆及其附件的验收检查。电缆及其附件运到现场后应及时进行检查验收。

按照施工设计和订货清单，清查电缆的规格、型号和数量是否相符，检查电缆及其附件的产品说明书、检验合格证、安装图纸资料是否齐全。

电缆盘及电缆是否受到损伤，充油电缆检查盘上的附件是否完好，压力箱的油压是否正常，电缆及其封端应无漏油迹象。

电缆附件应齐全、完好，其规格尺寸应符合制造厂图纸的要求。绝缘材料的防潮包装及密封应良好。

（3）电缆及其附件的存放保管。电缆及其附件运到现场后，一般应在仓库内保管。在保管时，应注意以下几点：

① 电缆盘上应标明电缆的型号、电压、规格和长度。电缆盘的周围应有通道，便于检查。地基应坚实，电缆盘应稳固。

② 电缆盘不得平卧放置。在室外存放充油电缆时，应有遮篷，防止太阳直接照晒电缆，并应有防止遭受机械损伤和附件丢失的措施。

③ 为防止电缆终端头及中间接头使用的绝缘附件和材料受潮、变质，应将其存放在干燥室内。充油电缆的绝缘纸卷筒，密封应良好。

④ 存放过程中应定期检查电缆及其附件是否完好。对于充油电缆，还应检查油压是否随环境温度变化而正常增减。

2. 敷设前的准备工作和一般要求

电缆的敷设准备工作量很大，路线复杂，应做好下列准备工作：

（1）应检查电缆沟及隧道等土建部分转弯处的弯曲半径是否符合要求。核实电缆的型号、规格与数量是否与设计图纸相符。为了敷设方便，减少差错，在电缆支架、沟道、隧道、竖井的进出口、转弯处和适当部位应挂上电缆敷设断面图。

（2）在敷设时，特别是在一条电缆线路要经过隧道、支架、沟道、竖井等复杂的路线时，要有专人检查。在一些重要的部位如转弯处、井口应配有有敷设经验的电工进行监护，避免电缆敷设出现差错，并保证电缆的弯曲半径的要求，以防止电缆遭受铠装压扁、电缆绞拧、护层折裂、纸绝缘破损等机械损伤。电缆敷设后应做到横平竖直，排列整齐，避免交叉压叠，以达到整齐美观。电缆最小允许弯曲半径与电缆外径的比值见表4－10。

表 4-10　电缆最小允许弯曲半径与电缆外径的比值

电缆类别	电缆保护层	单芯	多芯
油浸纸绝缘电力电缆	铠装或无铠装	20	15
橡胶绝缘电力电缆	橡胶或聚氯乙烯护套		10
	裸铅护套		15
	铅护套钢带铠装		20
塑料绝缘电力电缆	铠装或无铠装		10

3. 电缆的敷设

（1）电缆敷设的一般规定。电缆敷设前，应按设计和实际路径计算每根电缆的长度，合理安排每盘电缆，减少电缆接头；在带电区域内敷设电缆，应有可靠的安全措施；电缆敷设时应符合规范规定。

（2）电缆支架上的电缆敷设。在沟道、隧道、竖井及生产厂房内的电力电缆，一般都是敷设在电缆支架上。电缆支架有角钢支架、装配式支架及电缆托架等多种。角钢支架强度高，能适用于各种场合，一般由施工现场制作；装配式支架由工厂制造，现场安装，对提高质量、加快安装速度、节约钢材有显著效果；电缆托架由工厂分段制造，标准长度为 3 m，利用螺栓连杆和安装配件将托架组装起来，电缆托架对敷设塑料电缆、裸铅护套电缆很有利。托架无棱角，横担跨距小，敷设电缆时较省力，无挠度，外形美观，易于防火。电缆在支架上的敷设应符合规范要求。

（3）管道内电缆的敷设。由电缆隧道、电缆沟和电缆支架引出与设备连接的那段电缆以及穿过楼板、墙壁的电缆都需要穿入电缆管，使电缆不裸露，免受机械损伤。电缆敷设在电缆管中应符合规范要求。

（4）直埋电缆的敷设。在电缆线路路径上有可能使电缆受到机械性损伤、化学作用、地下电流、振动、热影响腐蚀物质、虫鼠等危害的地段，应采取保护措施；电缆埋置深度应符合规范要求；电缆之间，电缆与其他管道、道路、建筑物等之间，平行和交叉时的最小净距应符合规范规定。严禁将电缆平行敷设于管道的上方或下方。

（5）水管和桥梁上电缆的敷设。在电力系统中，这两种电缆用得较少。敷设时，应符合规范和设计要求。

四、35 kV 及其以下电压等级电缆终端头的制作

电缆终端头可分为户内和户外两种。用于户内的比较简单，只要满足电气强度、密封要求和爬电距离即可；用于户外的，其结构还要防雨。

电缆中间接头有直通的、分支的和堵油的三种，其中直通的用于连接各电缆段，分支的用于连接主线与分支线，堵油的用于落差大的油浸纸绝缘电缆。电缆头目前有热缩电缆头、冷缩电缆头，环氧树脂电缆头已淘汰，冷缩电缆头成本较高，使用较少，广泛采用热缩电缆头。

1. 热收缩的基本原理

热收缩材料是选用适量的多种功能高分子材料共同混合构成多相聚合物，用添加剂改性

获得所需的性能，经成型和射线辐照，使材料分子从线性分子链变成网状分子链，然后通过加热扩张成所需的形状和尺寸，再经冷却定型即成热缩制品。使用时，经加热会迅速收缩到扩张前的尺寸。利用热缩材料制成电缆头附件，可获得体积小、重量轻、安装方便、性能优良的热收缩电缆附件。

2. 热收缩电缆附件安装的一般要求

热收缩电缆附件安装时，环境温度应在 0 ℃以上，相对湿度在 70%以下，以避免绝缘表面受潮。

切割热收缩管时，切割端面要平整，不要有毛刺或裂痕，以免收缩时因应力集中而开裂，应力控制管不可随意切割。

铅包或接线鼻子与热收缩电缆附件接触密封的部位，要用溶剂清洁并打毛，并用热熔胶带绕包。

收缩加热温度为 110～140 ℃，收缩率为 30%～40%。收缩加热时，火焰要缓慢接近，在其周围移动以保证收缩均匀，并缓慢延伸。火焰朝向收缩方向，以便预热管材。依照说明书中规定的起始收缩部位和方向，由下往上收缩，有利于排除气体和密封。

收缩后的绝缘管壁应光滑无折皱，能清晰地看出内部轮廓。密封部位少量胶挤出，表明密封良好。喷灯应采用丙烷气体，燃烧时温度适中。

3. 电缆终端头制作

（1）剥切外护层、锯钢铠，剥切内衬层、铜带屏蔽、半导体层和线芯端间绝缘。首先校直电缆。户外终端头自电缆末端量取 700 mm，户内终端头自电缆末端量取 500 mm，在外护套上刻一环形刀痕，向电缆末端切开并剥除电缆外护层。在钢铠切断处内侧，用绑线绑扎铠装层，锯切钢带，锯口要整齐。无铠装电缆则绑扎电缆线芯。在钢带断口外保留 10 mm 内衬层，其余切除。除去填充物，分开线芯。10 kV 三芯交联聚乙烯绝缘电缆热缩终端头剥切尺寸如图 4－26 所示。

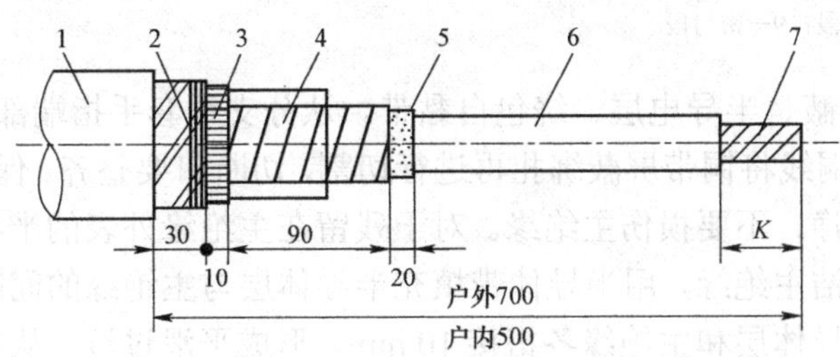

图 4－26 10 kV 三芯交联聚乙烯绝缘电缆热缩终端头剥切尺寸（单位：mm）

1—外护套；2—钢管铠装；3—内衬层；4—钢带屏蔽；5—半导电层；6—线芯；7—导线

（2）焊接地线。将编织接地铜线一端拆开均分三份，将每一份重新编织后，分别绕包在三相屏蔽层上并绑扎牢固，锡焊在各相铜带屏蔽上。对于铠装电缆，需用镀锡铜线将接地线绑在钢铠上并用焊锡焊牢再行引下；对于无铠装电缆可直接将接地线引下。在密封段内，用焊锡熔填 15～20 mm 长的一段编织接地线的缝隙，用作防潮段。10 kV 三芯交联聚乙烯绝缘电缆热缩终端头接地线和防潮段如图 4－27 所示。

（3）安装分支手套。用自黏带或填充剂填充三芯分支处及铠装周围，使外形整齐，呈苹果形状。清洁密封段电缆护套。在密封下段做出标记，在编织接地线内层和外层各绕包热熔胶带 1～2 层，长度约 60 mm，将接地线包在当中。套进三芯分支手套，尽量往下，手套下口到达标记处。先从手指根部向下缓慢环绕加热收缩，完全收缩后，下口应有少量胶液挤出。再从手指根部向上缓慢环绕加热，收缩手指部至完全收缩。从手套中部开始加热收缩，有利于手套内的气体散出来。10 kV 三芯交联聚乙烯绝缘电缆热缩终端头填充三芯分支头如图 4－28 所示。

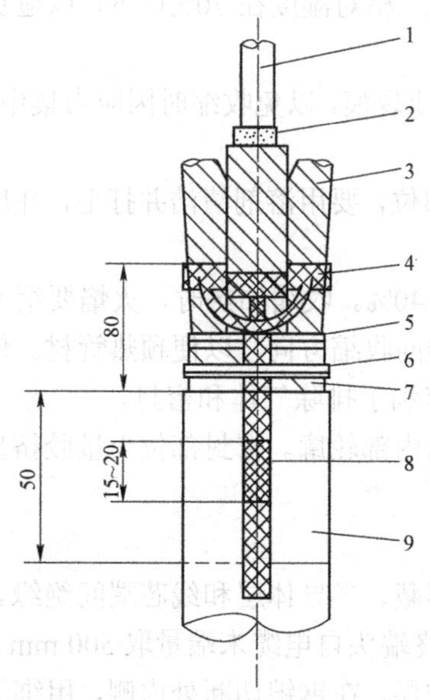

图 4－27 10 kV 三芯交联聚乙烯绝缘电缆热缩终端头接地线和防潮段（单位：mm）

1—线芯；2—半导体层；3—钢带屏蔽；4—接地线及焊点；5—钢带绑扎；6—接地线绑扎；7—钢带铠装；8—防潮段；9—密封段

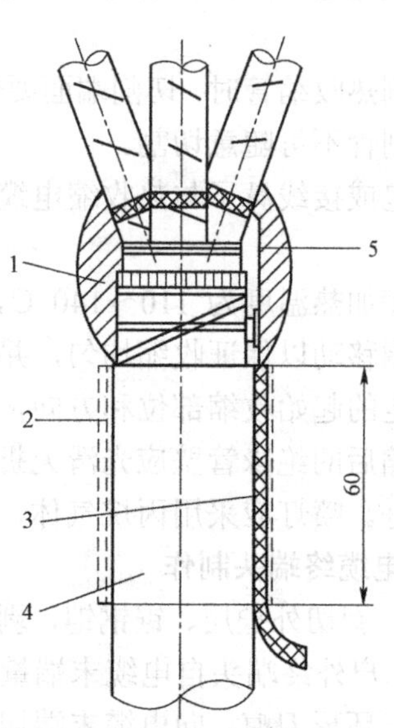

图 4－28 10 kV 三芯交联聚乙烯绝缘电缆热缩终端头填充三芯分支头（单位：mm）

1—自黏带或填充胶；2—密封胶；3—防潮段；4—密封段；5—接地线

（4）剥切铜带屏蔽、半导电层、绕包自黏带。从分支手套手指端部向上量 40 mm 为铜带屏蔽切断处，先用铜线将铜带屏蔽绑扎再进行切割，切断口要整齐。保留半导电层 20 mm，其余剥除，剥除要干净，不要损伤主绝缘。对于残留在主绝缘外表的半导体层，可用细砂纸打磨干净。用溶剂清洁主绝缘，用半导体带填充半导体层与主绝缘的间隙 20 mm，以半叠绕方式绕包一层，与半导体层和主绝缘各搭接 10 mm，形成平滑过渡。从半导体层中间开始向上以半压叠绕方式绕包自黏带 1～2 层，绕包长度 110 mm。半导体带和自黏带绕包时，都要先将其拉伸至原来宽度的一半，再进行绕包。

（5）压接接线端子。线芯末端绝缘剥切长度为接线端子孔深加 5 mm，线端绝缘削成“铅笔头”形状，长度为 30 mm。用压钳和模具进行接线端子压接。压后用锉刀修整棱角毛刺。清洁端子表面，用自黏带填充压坑及不平之处，并填充线芯绝缘末端与端子之间，自黏带与主绝缘及接线端子各搭接 5 mm，形成平滑过渡。

（6）安装应力控制管。清洁半导体层、铜带屏蔽表面及线芯绝缘表面，确保绝缘表面没有炭迹。套入应力控制管。应力控制管下端与分支手套手指上端相距 20 mm。用微弱火焰自下而上环绕，给应力控制管加热，使其收缩。应力控制管上端包绕自黏带，使其平滑过渡。

（7）套装热收缩管。清洁线芯绝缘表面、应力控制管及分支手套表面。在分支手套手指部和接线端子根部，包绕热熔胶带。套入热收缩管，热收缩管下部与分支手套手指根部搭接20 mm。用弱火焰自下而上环绕加热收缩，在完全收缩管口应有少量胶液挤出。

在热收缩与接线端子搭接处及分支手套根部，用自黏带拉伸至原来宽度的一半，以半压叠绕方式绕包2～3层，包绕长度为30～40 mm，与热收缩管和接线端子分别搭接，确保密封。

（8）安装雨裙。户外终端头需安装雨裙。先清洁热收缩管表面，套入三孔雨裙，下落到分支手套手指根部后，自下而上加热收缩，再在每相上套入两个单孔雨裙，找正后自下而上加热收缩。10 kV三芯交联聚乙烯绝缘电缆热缩终端头安装热收缩管和雨裙如图4-29所示。

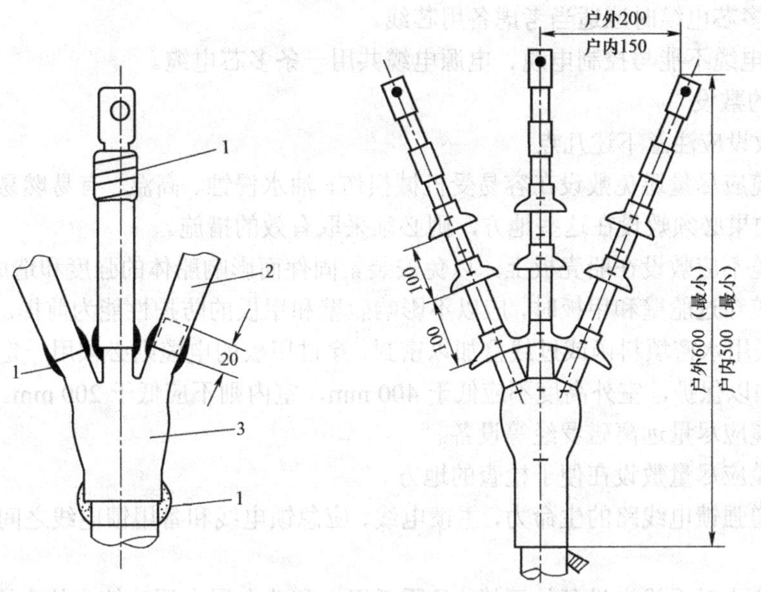

图4-29 10 kV三芯交联聚乙烯绝缘电缆热缩终端头安装热收缩管和雨裙（单位：mm）

1—自黏带；2—热收缩管；3—分支手套

五、船舶电缆

1. 船用电缆的构造和性能

船用电缆的构造如图4-30所示。

（1）导电芯线：传输电能。

（2）电气绝缘：芯线之间、芯线与外界之间的绝缘。

（3）防护套：保护电缆不受油水、盐雾、化学腐蚀和机械损伤（或阻燃）。

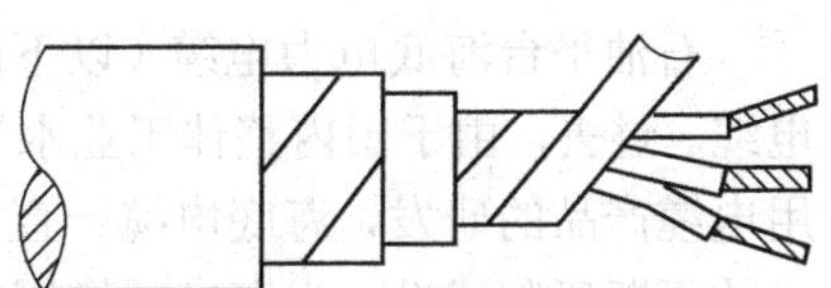

图4-30 船用电缆的构造

2. 船用电缆的牌号的选择

（1）原则：所选电缆的最大允许载流量不应小于该电缆的可能的最大电流。应根据环境、敷设方法、额定电流、允许电压降等因素考虑。

（2）选择应注意的几个方面：

① 发电机与配电板的连接电缆，其截面积应按发电机的额定电流来选择。

② 电动机的馈电电缆的截面积应按电动机的额定电流来选择。

③ 分配电板的馈电电缆的截面积，应考虑接用电设备的负载系数、同时工作系数及备用裕量。

④ 起货机分配电板馈电电缆的截面积应根据一台起货电动机的满载电流值乘以负载系数来决定，负载系数的大小与起货机的型式和使用台数有关。

⑤ 直流发电机均压连接电缆截面应不小于主电路电缆截面的 50%，三相四线制的中线电缆截面应与相线的电缆相同。

⑥ 交流电电缆应避免采用单芯电缆，若必须使用，应选用具有非磁性材料屏蔽护套的电缆，并需采取有防止涡流发热的有效措施。

⑦ 选择多芯电缆时应适当考虑备用芯线。

⑧ 信号电缆不能与控制电缆、电源电缆共用一条多芯电缆。

3. 电缆的敷设

电缆的敷设应注意下述几点：

（1）电缆应尽量避免敷设在容易受机械损伤、油水侵蚀、高温、有易燃易爆或腐蚀性气体的地方，如果必须敷设在这些地方，则必须采取有效的措施。

（2）电缆不应敷设在船壳板上，以免安装紧固件而影响船体的强度和造成永久性变形。

（3）电缆穿过舱壁和甲板时，应以不影响舱壁和甲板的防护性能为前提。穿过水密舱舱壁的电缆应采用水密填料函或过线盒加以密封，穿过甲板的电缆则必须用一定高度的金属管或金属围框加以保护，室外高度不应低于 400 mm，室内则不应低于 200 mm。

（4）电缆应尽量远离磁罗经等设备。

（5）电缆应尽量敷设在便于检查的地方。

（6）为增强馈电线路的生命力，主馈电线、应急馈电线和备用馈电线之间应尽可能远离并分开敷设。

（7）为防止对无线电设备的干扰，凡露天甲板和非金属上层建筑内的电缆，进入无线电室的电缆以及无线电助航设备仪器系统的电缆均应采取屏蔽措施，如采用金属防护、屏蔽电缆等。同时，屏蔽套必须可靠地接地。

六、海缆

石油平台海底电力电缆（以下简称海底电缆）是海上油气、海底资源开发电力传输专用电缆。过去，由于国内整体工业水平与国外工业发达国家有一定的差距，制约了国内海上专用电缆产品的研发，海底电缆一直大量进口。近几年，我国工业水平的提高，新材料、新技术的不断研制成功，为海底电缆国产化提供了有利条件。目前，我国仅有上海电缆厂、宜昌红旗电缆厂和青岛汉河电缆厂等少数厂家能生产海底电缆。胜利油田无杆采油泵公司特种电缆厂通过与国内外厂商广泛的技术交流，掌握了海底电缆的产品结构和生产工艺，并运用了引进的三层共挤橡套连硫生产线、交联生产线和钢丝铠装生产线，成功地研制了单根长度为 1 400 m 的石油平台六芯中低压复合海底电力电缆。

1. 海底电缆的结构

六芯复合海底电力电缆的铜导体规格和组合为 $3\times185\ mm^2+3\times50\ mm^2$，其中三芯 185 mm^2 的额定电压为 0.6/1 kV，交联聚乙烯绝缘；三芯 50 mm^2 为 1.8/3 kV，乙丙橡胶绝缘。因此，该电缆是将不同的规格型号、不同的电压等级、不同的阻水结构的电缆线芯有机地组合在一起。为了使电缆结构设计合理、可靠，又可利用该厂现有设备进行研制，先后设计了三种电缆结构，并进行综合比较。其中，图 4－31、图 4－32 的结构仅作为产品结构论证使用，最终选择图 4－33 所示的结构，并列出了结构的说明，而图 4－31、图 4－32 却省略了结构的说明，以使内容更加紧凑。

图 4－31　三大＋三小结构

图 4－32　四等芯结构

（1）三大＋三小结构（图 4－31）。这种电缆结构的缆芯是通过六芯成缆机一次成型，因此，成缆外径小，结构稳定，生产工艺简单，但该厂无这类大型的成缆机，不能实现这类大截面、大长度海底电缆一次绞合成型。图 4－31 中三芯大截面的绝缘线芯为交联聚乙烯绝缘，用于低压 1 kV；而三根小截面绝缘线芯为乙丙橡皮绝缘，用于高压 3 kV。

（2）四等芯结构（图 4－32）。这种电缆结构是首先将三根小截面绝缘线芯绞合成缆，然后与其他三根大截面绝缘线芯一起绞合成缆芯。为使其形成规整的四等芯结构，需将三根大截面绝缘线芯的聚乙烯内扩层的厚度增加，这不仅会增加电缆重量及成本，而且对其散热也不利，另外电缆外径也偏大，结构也不稳定。

（3）三小＋一大结构（见图 4－33）。这种电缆结构是首先将三根小截面绝缘线芯的聚乙烯内扩层厚度略微增加，以使这三根绝缘线芯成缆外径有所提高，然后与其他三根

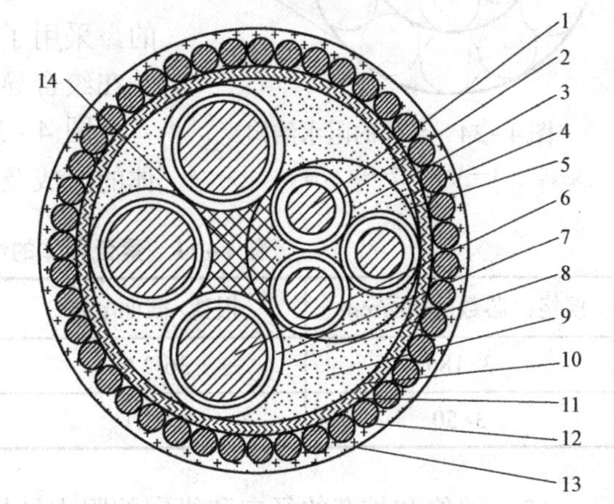

图 4－33　三小＋一大结构

1—50 mm^2 铜导体；2—内屏蔽、乙丙绝缘；3—聚乙烯内护层；4，9—填充物；5—绕包层、铜带屏蔽；6—185 mm^2 铜导体；7—交联聚乙烯绝缘；8—复合防水层；10—绕包层；11—丙烯撕裂绳垫层；12—钢丝铠装＋沥青涂层；13—丙烯撕裂绳垫层；14—成型橡胶条填充

大截面绝缘线芯一起绞合成缆芯，以便使结构更完善。这种结构的电缆外径较小，而且结构稳定，更主要的是可利用该厂现有设备，不需增加新的设备而进行研制，节约不少设备投资费用，因此，最终选用了该结构进行产品的研制。

2. 结构的性能

1）结构的合理性

（1）电缆直径小，结构稳定，便于敷设。通过比较可知，第三种结构的电缆外径小，而且中心填充采用成型的丁腈橡胶条，边缝采用填充骨架和聚丙烯绳，这不仅保证缆芯圆整、密实、稳定，而且可节约原材料，降低制造成本，更便于后道的钢丝铠装工艺，以及海上的敷设。

（2）通过对盘具的收放线长度和承受重量的计算，认为该厂现有的 ϕ3 150 mm 盘绞机和 500/1 + 6 小成缆机均可实现图 4－31 所示的这种大截面、大长度六芯电缆的一次绞合成缆。

（3）便于海上敷设，减少敷设费用。海底电缆由海缆敷设船用专门的布缆设备和专业人员进行敷设，敷设难度大，费用高，每次敷设费用约为 100 万元/km。由于将具有不同需求的中低压电缆组合在一起，可实现一次性敷设，这既极大地降低电缆制造成本，同时又可节约大量施工费用，也便于海上敷设。

2）结构的阻水防潮特性

海底电缆敷设于海底后，将会长期受到海水的冲刷和侵蚀，若水分渗入电缆内部，将会使铜导体氧化，绝缘劣化而造成电缆故障。因此，海底电缆的阻水防潮特性能否满足使用要求是非常关键的技术要求。

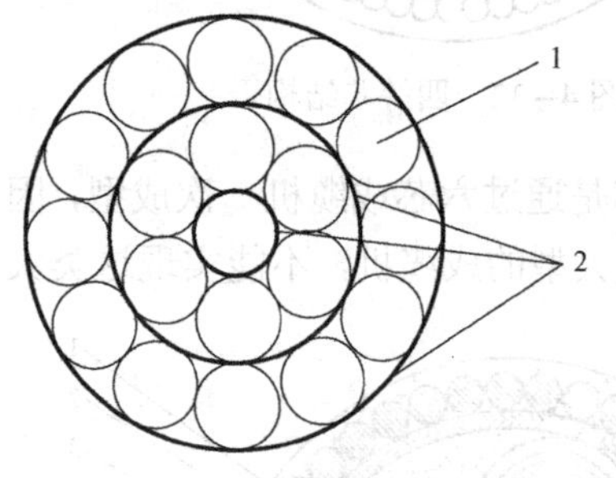

图 4－34　导体的阻水结构

1—导体；2—阻水带

阻水防潮性能包括纵向防潮和径向防潮两个方面，以下分别进行阐述。

（1）导体的纵向阻水结构。为达到导体的纵向阻水目的，采用了以下两个措施：一是采用紧压的绞合导体，二是在绞合导体各层之间填充吸水膨胀的阻水带。

图 4－34 所示为导体的阻水结构，表 4－11 为紧合导体的组成及其紧压前后的直径。

表 4－11　紧合导体的组成及其紧压前后的直径

规格：芯数×截面/mm^2	根数×截面/mm^2	紧压前直径/mm	紧压后直径/mm
3×185	36/2.63	18.4	16.2
3×50	7/3.1	9.3	8.3

（2）绝缘和扩套的径向和纵向的阻水结构。

3 × 50 mm^2 1.8/3 kV 高压部分的绝缘采用乙丙橡胶。乙丙橡胶本身具有良好的憎水性，而且柔软，便于挤入绞合导体的缝隙中，利用橡胶与导体紧密黏合，有利于阻水。在每根绝缘线芯外再挤包一层水密性强的高密度聚乙烯作为径向阻水扩层，同时也可以提高绝缘线芯强度，避免绝缘层的损坏。

3 × 185 mm^2 0.6/1kV 低压部分的绝缘采用交联聚乙烯，每根绝缘线芯的阻水结构由吸水膨胀阻水带、铝塑复合带和聚乙烯内扩层等组成，共同形成径向和纵向阻水隔离层。理论上讲，铝塑复合综合扩层的防潮性要比单一聚乙烯扩层高几百倍甚至上千倍，只要复合带的接缝处完全黏结密封，水分几乎无法渗透。

（3）电缆的铠装结构及抗拉强度的计算。

对于海上石油平台电缆而言，电缆的抗拉强度是一项极其重要的技术指标。由于该电缆从一个石油平台连接到另一个石油平台，中间必须经历一个高落差，即从一个石油平台的平面上，下落到水深 20 m 的海底，再连接到另一个平台，因此，电缆必须能承受电缆自重的拉力，以及海水冲击等其他机械外力作用，所以海缆受力构件的铠装结构设计较为复杂，通常的设计思路是首先根据电缆的结构及其自重，以及海水潮流的冲击等众多机械外力作用，或参考国外同类产品，初步设计出电缆的铠装结构，并计算出铠装结构能承受的最大拉力，然后再验证其能否满足上述使用条件和使用要求。

通过初步计算及参考国外同类型产品，选用了经钝化处理的直径为 5.0 mm 镀锌低碳钢丝，共 44 根，钢丝表面涂有防腐沥青，锌层面密度≥290 g/m²，并根据式（4－1）计算出电缆允许的最大拉力：

$$F_0 = S \times g \times R \times n \times A_1 \tag{4-1}$$

$$S = \frac{\pi D^2}{4}$$

式中 F_0——电缆允许的最大拉力，kgf；

S——单根铠装钢丝截面积，mm²；

g——钢丝抗拉强度，kgf/mm²，取为 30；

R——钢丝铠装绞合后抗拉强度损失系数，取为 0.85；

n——铠装铠钢丝的根数，为 44 根；

A_1——安全系数，取为 0.25；

D——单根钢丝的直径，mm。

为了适应于工程实际需要，式中拉力单位以 kgf 表示，其中 1 kgf = 9.8 N。

将上式各参数相应的数值代入式（4－1）可求得

$$F_0 = 5\ 507\ (\text{kgf})$$

考虑到该电缆使用条件极其苛刻，为了使其能长期、安全可靠地运行，再适当地增加一安全裕量也是很必要的，为此，可用式（4－2）求得电缆允许的最大拉力的推荐值：

$$F_1 = F_0 \times A_2 = 5\ 507 \times 0.5 = 2\ 753\ (\text{kgf}) \tag{4-2}$$

式中 F_1——电缆允许的最大拉力推荐值；

A_2——二次安全数，取为 0.5。

最后，将求得的最大允许拉力推荐值进行验证，证实了该值符合设计要求及使用条件，并有一定的裕量。

3. 海底电缆的主要性能及技术要求

表 4－12 列出了海底电缆的主要性能，以及敷设与维修时的技术要求。产品制造依据为 GB/T 12706—2002 和 IEC 60840 标准，电缆设计使用寿命为 30 年。

表 4-12　海底电缆主要性能以及敷设与维修时的技术要求

规格	电压等级/kV	空气中额定载流量/A			最大允许拉力/kgf		泄漏电流/（μA·km⁻¹）	绝缘电阻/（MΩ·km）	导体电阻/（Ω·km⁻¹）	电容/（μF·km⁻¹）	感抗/（Ω·km⁻¹）
		20 ℃	30 ℃	45 ℃	施工	维修					
3×50mm²	1.8/3	205	190	164	2 753	2 753	4	6 000	0.377	0.179	0.108
3×185mm²	0.6/1	488	452	392				6 000	0.098 4	0.230	0.085 2

规格	充电电流/（A·km⁻¹）	额定电流下的电压损失	0.2 MPa 纵向水密试验	允许弯曲半径/m			电缆直径/mm	电缆线密度/（kg·m⁻¹）
				敷设	运输	维修		
3×50mm²	0.19	180 A:97 V	合格	1.64	1.64	1.23	82.2	19.3
3×185mm²	0.15	450 A:69 V						

4. 电缆的纵向水密试验

本试验方法参照 IEC 60840 标准。首先在室温下将弯曲后的试样（长 3 m）中间环形剥去绝缘约 50 m 长，形成环形缺口，放入水密试验装中，并在装置中充满水，使环形缺口浸入水中，然后往装置中充气至压力为 0.2 MPa，放置 48 h，试样两端应无水滴渗。图 4-35 所示为纵向水密试验装置的示意图。试验结果表明，海底电缆两端无水分的滴渗，符合产品的设计要求。

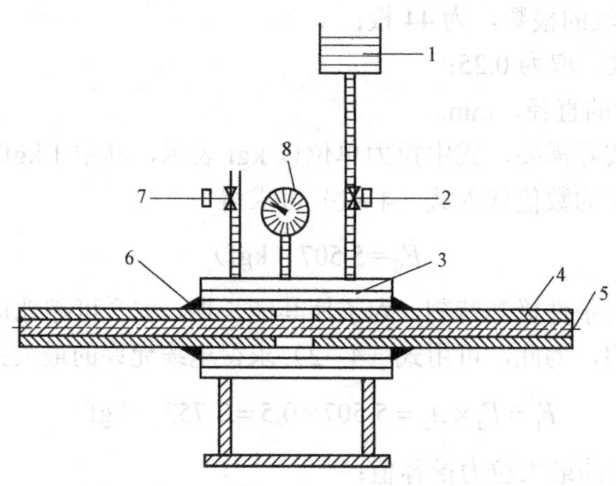

图 4-35　纵向水密试验装置的示意图

1—水箱；2，7—阀门；3—水密装置；4—绝缘；5—导体；6—端头密封；8—压力表

项目 5　常用低压电器

通常对一个或多个器件组合，能手动或自动分合，额定电压在直流 1 500 V、交流 1 200 V 及其以下的电路，以及能够实现电路中被控制对象的控制、调节、变换、检测、保护等作用的基本器件称为低压电器。低压电器是组成各种电气控制成套设备的基础配套组件，它的正确使用是低压电力系统可靠运行、安全用电的基础，也是电气控制线路设计的重要保证。

本章主要介绍常用低压电器的结构、工作原理、用途及其图形符号和文字符号，为正确选择和合理使用这些电器及进行电气控制线路的设计打下基础。

任务 5.1　电器的功能、分类和工作原理

一、电器的功能

电器是一种能根据外界的信号（机械力、电动力和其他物理量）和要求，手动或自动地接通、断开电路，以实现对电路或非电对象的切换、控制、保护、检测、变换和调节的元件或设备。电器的控制作用就是手动或自动地接通、断开电路，“通”称为“开”，“断”也称为“关”，因此，“开”和“关”是电器最基本、最典型的功能。

二、电器的分类

低压电器种类繁多，功能多样，用途广泛，结构各异。其分类方法亦很多，常用分类方法有以下几种：

1. 按工作电压等级分类

（1）高压电器。高压电器指用于交流电压 1 200 V、直流电压 1 500 V 及以上电路中的电器，如高压断路器、高压隔离开关、高压熔断器等。

（2）低压电器。低压电器指用于交流 50 Hz（或 60 Hz）额定电压为 1 200 V 以下、直流额定电压为 1 500 V 及以下的电路中的电器，如接触器、继电器等。

2. 按动作原理分类

（1）手动电器。手动电器指人手操作发出动作指令的电器，如刀开关、按钮等。

（2）自动电器。自动电器指产生电磁力而自动完成动作指令的电器，如接触器、继电器、电磁阀等。

3. 按用途分类

（1）控制电器。控制电器指用于各种控制电路和控制系统的电器，如接触器、继电器、电动机启动器等。

（2）配电电器。配电电器指用于电能的输送和分配的电器，如高压断路器等。

（3）主令电器。主令电器指用于自动控制系统中发送动作指令的电器，如按钮、转换开关等。

（4）保护电器。保护电器指用于保护电路及用电设备的电器，如熔断器、热继电器等。

（5）执行电器。执行电器指用于完成某种动作或传送功能的电器，如电磁铁、电磁离合器等。

三、电磁式电器的工作原理

低压电器中大部分为电磁式电器，其由电磁机构和触头系统组成。触头系统存在接触电阻和电弧等物理现象，对电器的安全运行影响较大；而电磁机构的电磁吸力与反力是决定电器性能的主要因素之一。低压电器的主要技术性能指标与参数就是在这些基础上制定的。因此，触头结构的设计、电弧的产生、灭弧装置的设计以及电磁吸力和反力等问题是低压电器的基本问题，也是研究电器元件结构和工作原理的基础。

（一）电磁机构

电磁机构是电磁式电器的感测元件，它将电磁能转换为机械能，从而带动触头动作。

1. 电磁机构的结构形式

电磁机构由线圈、铁芯和衔铁三部分组成，其结构形式按衔铁的运动方式可分为直动式和拍合式。图 5－1 和图 5－2 所示分别为直动式和拍合式电磁机构的常用结构形式。

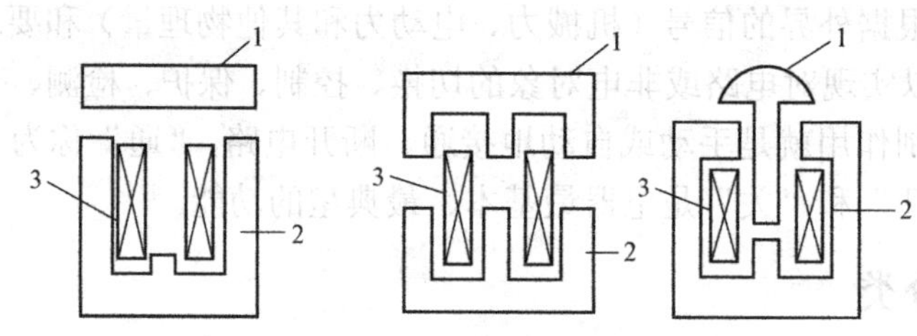

图 5－1　直动式电磁机构的常用结构形式

1—衔铁；2—铁芯；3—线圈

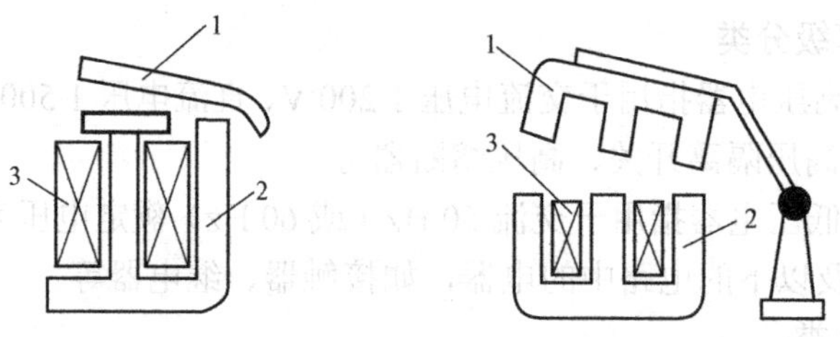

图 5－2　拍合式电磁机构的常用结构形式

1—衔铁；2—铁芯；3—线圈

线圈的作用是将电能转换为磁能，即产生磁通，衔铁在电磁吸力作用下产生机械位移，使铁芯吸合。通入直流电的线圈称直流线圈，通入交流电的线圈称交流线圈。

直流线圈通电，铁芯不会发热，只有线圈发热，因此使线圈与铁芯直接接触，易于散热。线圈一般做成无骨架、高而薄的瘦高型，以改善其自身散热。铁芯和衔铁由软钢或工程纯铁制成。

对于交流线圈，除线圈发热外，由于铁芯中有涡流和磁滞损耗，铁芯也会发热。为了改善线圈和铁芯的散热情况，在铁芯与线圈之间留有散热间隙，而且把线圈做成有骨架的矮胖型。铁芯用硅钢片叠成，以减少涡流。

另外，根据线圈在电路中的连接方式可分为串联线圈（电流线圈）和并联线圈（电压线圈），如图5-3所示。串联（电流）线圈串接在线路中，流过的电流大，为减少对电路的影响，线圈的导线粗，匝数少，线圈的阻抗较小。并联（电压）线圈并联在线路上，为减少分流作用，需要较大的阻抗，因此线圈的导线细且匝数多。

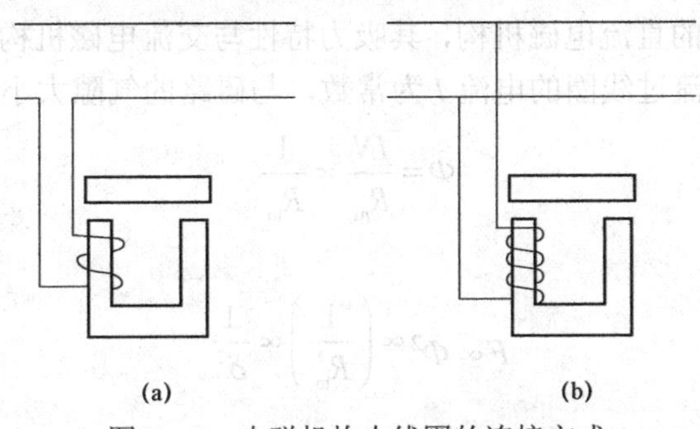

图5-3　电磁机构中线圈的连接方式

（a）串联电磁机构；（b）并联电磁机构

2. 电磁机构的工作原理

电磁铁工作时，线圈产生的磁通作用于衔铁，产生电磁吸力，并使衔铁产生机械位移，衔铁复位时复位弹簧将衔铁拉回原位，因此作用在衔铁上的力有两个：一个是电磁吸力，另一个是反力。电磁吸力由电磁机构产生，反力由复位弹簧和触头等产生。电磁机构的工作特性常用吸力特性和反力特性来表达。

（1）吸力特性。电磁机构的电磁吸力 F 与气隙 δ 的关系曲线称为吸力特性。电磁吸力可按下式求得：

$$F=\frac{10^7}{8\pi}B^2S \tag{5-1}$$

式中　F——电磁吸力，N；

B——气隙磁感应强度，T；

S——磁极截面积，m^2。

当铁芯截面积 S 为常数时，电磁吸力 F 与 B^2 成正比，也可认为 F 与气隙磁通 Φ^2 成正比。励磁电流的种类对吸力特性有很大影响。

对于具有电压线圈的交流电磁机构，设线圈外加电压 U 不变，交流电磁线圈的阻抗主要取决于线圈的电抗，若电阻忽略不计，则

$$U\approx E=4.44\,f\Phi N \tag{5-2}$$

$$\Phi=\frac{U}{4.44\,fN} \tag{5-3}$$

式中　U——线圈外加电压；

E——线圈感应电动势；

f——电压频率；

Φ——气隙磁通；

N——电磁线圈的匝数。

当电压频率 f、电磁线圈的匝数 N 和线圈外加电压 U 为常数时，气隙磁通 Φ 也为常数，则电磁吸力也为常数，即 F 与气隙 δ 大小无关。实际上，考虑到漏磁通的影响，电磁吸力 F 随气隙 δ 的减少略有增加。交流电磁机构的吸力特性如图 5-4 所示。由于交流电磁机构的气隙磁通 Φ 不变，IN 随气隙磁阻（随气隙 δ）的变化成正比变化，所以交流电磁线圈的电流 I 与气隙 δ 成正比变化。

对于具有电压线圈的直流电磁机构，其吸力特性与交流电磁机构有所不同。因外加电压 U 和线圈电阻不变，则流过线圈的电流 I 为常数，与磁路的气隙大小无关。根据磁路定律：

$$\Phi = \frac{IN}{R_m} \propto \frac{1}{R_m} \tag{5-4}$$

则

$$F \propto \Phi^2 \propto \left(\frac{1}{R_m^2}\right) \propto \frac{1}{\delta^2} \tag{5-5}$$

故其吸力特性为二次曲线形状，如图 5-5 所示。

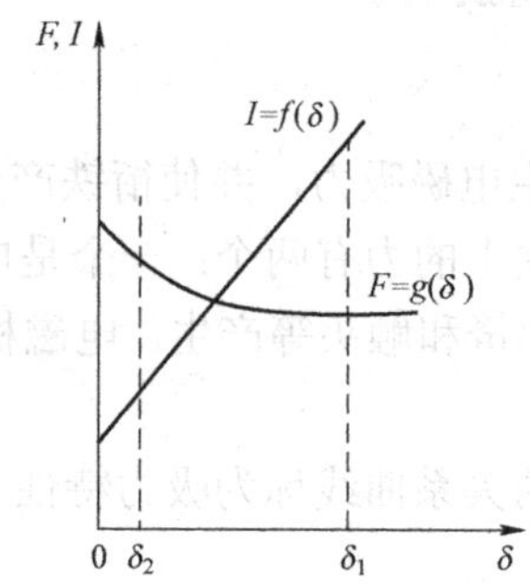

图 5-4　交流电磁机构的吸力特性

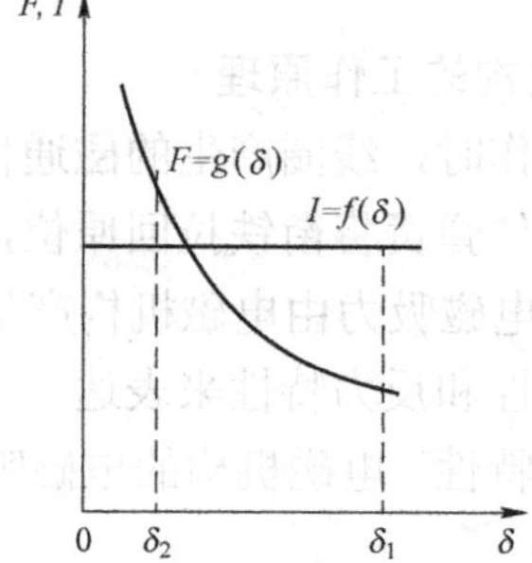

图 5-5　直流电磁机构的吸力特性

在一些要求可靠性较高或操作频繁的场合，一般不采用交流电磁机构而采用直流电磁机构，这是因为一般 U 形铁芯的交流电磁机构的励磁线圈通电而衔铁尚未吸合的瞬间，电流将达到衔铁吸合后额定电流的 5～6 倍；E 形铁芯电磁机构则达到额定电流的 10～15 倍。如果衔铁卡住不能吸合或者频繁操作时，交流励磁线圈则有可能被烧毁。

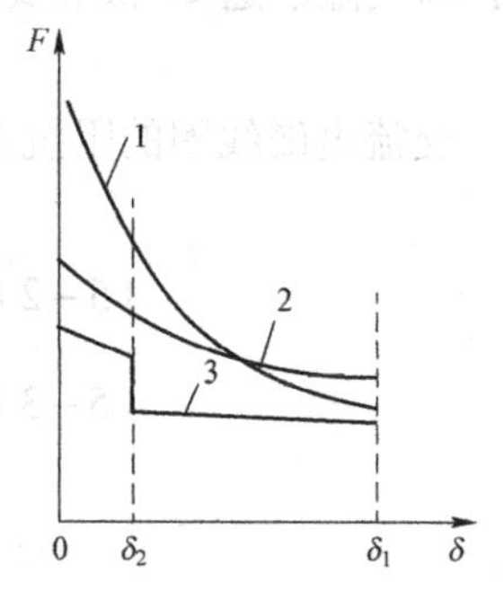

图 5-6　吸力特性和反力特性

（2）反力特性。电磁系统的反作用力与气隙的关系曲线称为反力特性。反作用力包括弹簧力、衔铁自身重力、摩擦阻力等。图 5-6 中所示曲线 1 为直流接触器吸力特性，2 为交流接触器吸力特性，3 为反力特性曲线。图 5-6 中 δ_1 为起始位置，δ_2 为动、静触头接触时的位置。在 δ_1～δ_2 区域内，反作用力随气隙减小而略有增大，到达 δ_2 位置时，动、静触头接触，这时触头上的初压力作用到衔铁上，反作用力骤增，曲线发生突变。在 δ_2～0 区域内，气隙越小，触头压得越紧，反作用力越大，其曲线比 δ_1～δ_2 段越陡。

（3）反力特性与吸力特性的配合。保证使衔铁能牢牢吸合，重要的是要保证反力特性与吸力特性配合，如图5－6所示。在整个吸合过程中，吸力都必须大于反作用力，即吸力特性高于反力特性，但不能过大或过小，吸力过大时，动、静触头接触时以及衔铁与铁芯接触时的冲击力也大，会使触头和衔铁发生弹跳，导致触头熔焊或烧毁，影响电器的机械寿命；吸力过小时，会使衔铁运动速度降低，难以满足高操作频率的要求。因此，在实际应用中，可调整反力弹簧或触头初压力以改变反力特性，使之与吸力特性有良好配合。

3. 交流电磁机构上短路环的作用

因单相交流电磁机构上铁芯的磁通是交变的，故当磁通过零时，电磁吸力也为零，吸合后的衔铁在反力弹簧的作用下将被拉开，磁通过零后电磁吸力又增大，当吸力大于反力时，衔铁又被吸合。交流电源频率的变化使衔铁容易产生强烈振动和噪声，甚至使铁芯松散，因此，交流电磁机构铁芯端面上都安装一个铜制的短路环。短路环包围铁芯端面约2/3的面积，如图5－7所示。

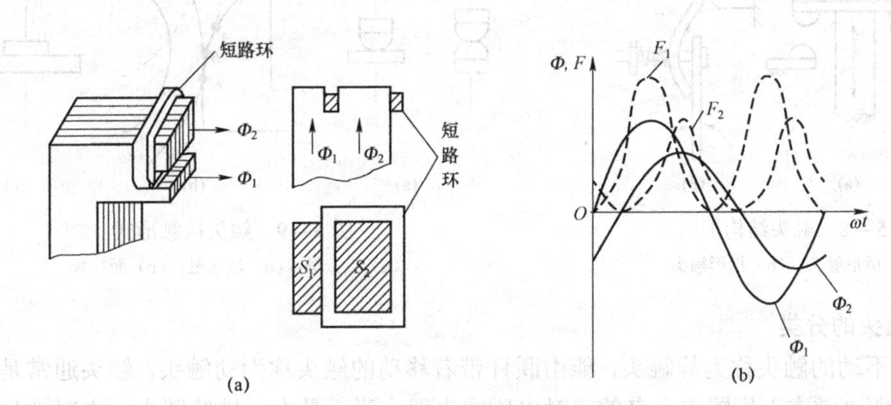

图5－7　交流电磁铁铁芯的短路环

（a）结构图；（b）电磁吸力图

当交变磁通穿过短路环所包围的截面积 S_2 在环中产生涡流时，根据电磁感应定律，此涡流产生的磁通 Φ_2 在相位上落后于短路环外铁芯截面积 S_1 中的磁通 Φ_1，由 Φ_1、Φ_2 产生的电磁吸力为 F_1、F_2，作用在衔铁上的合成电磁吸力是 F_1+F_2，只要此合力始终大于其反力，衔铁就不会产生振动和噪声。

（二）触头系统

触头（触点）是电磁式电器的执行部件，用来接通或断开被控制电路。

1. 触头的结构形式

按其所控制的电路可分为主触头和辅助触头。主触头用于接通或断开主电路，允许通过较大的电流；辅助触头用于接通或断开控制电路，只能通过较小的电流。

触头按其原始状态可分为常开触头和常闭触头：原始状态时（线圈未通电）断开，线圈通电后闭合的触头称常开触头；原始状态时闭合，线圈通电后断开的触头称常闭触头（线圈断电后所有触头复原）。触头按其结构形式可分为桥形触头和指形触头，如图5－8所示。

2. 触头接触形式

触头按其接触形式可分为点接触、线接触和面接触三种，如图 5－9 所示。图 5－9（a）所示为点接触，它由两个半球形触头或一个半球形触头与一个平面形触头构成，常用于小电流的电器中，如接触器的辅助触头或继电器触头。图 5－9（b）所示为线接触，它的接触区域是一条直线，触头的通断过程是滚动式进行的。开始接通时，静、动触头在 *A* 点处接触，靠弹簧压力经 *B* 点滚动到 *C* 点，断开时做相反运动。这样可以自动清除触头表面的氧化物，触头长期正常工作的位置不是在易灼烧的 *A* 点，而是在工作点 *C* 点，保证了触头的良好接触。线接触多用于中容量的电器，如接触器的主触头。图 5－9（c）所示为面接触，它允许通过较大的电流。这种触头一般在接触表面镶有合金，以减少触头接触电阻并提高耐磨性，多用于大容量接触器的主触头。

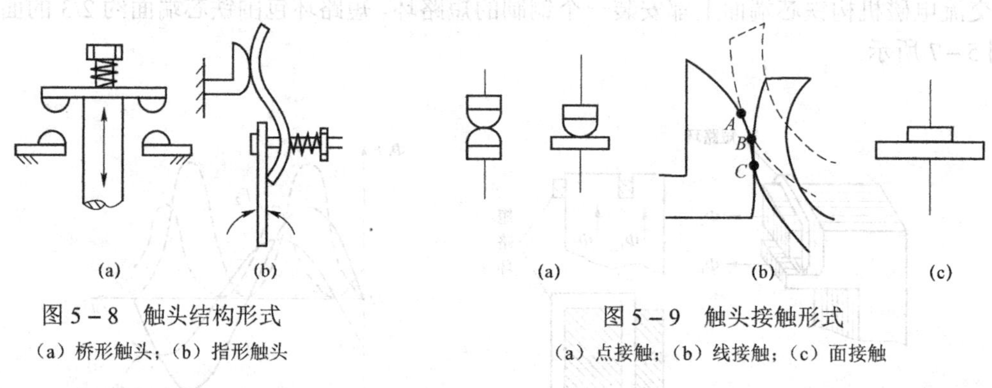

图 5－8　触头结构形式

（a）桥形触头；（b）指形触头

图 5－9　触头接触形式

（a）点接触；（b）线接触；（c）面接触

3. 触头的分类

固定不动的触头称为静触头，能由联杆带着移动的触头称为动触头，触头通常是以其初始位置，即“常态”位置来命名的。对电磁式电器来说，是电磁铁线圈未通电时的位置；对非电量电器来说，是在没有受外力作用时的位置。

常闭触头（又称动断触头）——常态时动静触头是相互闭合的。常开触头（又称动合触头）——常态时动静触头是相互分开的。触头的位置如图 5－10 所示。

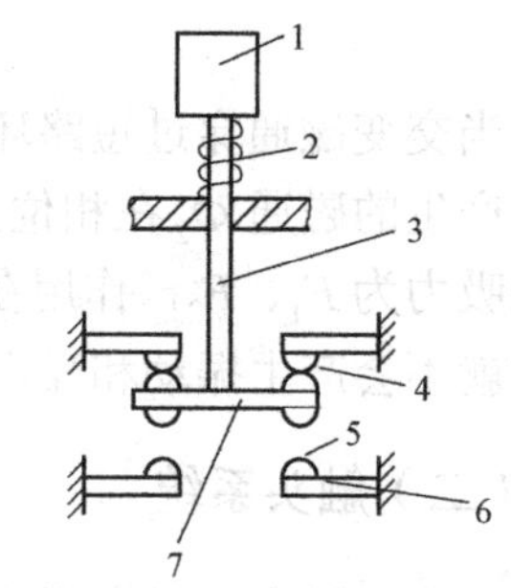

图 5－10　触头的位置

1—按钮帽；2—复位弹簧；3—联杆；4—常闭触头；5—常开触头；6—静触头；7—动触头

4. 推动机构

推动机构与动触头的联杆相接，以推动动触头动作。对于电磁式电器，推动力是电磁铁的电磁力；对于非电量电器，推动力是人力或机械力。当推动力消失后，依靠复位弹簧的弹力使动触头复位。

（三）灭弧工作原理

在通电状态下动、静触头脱离接触时，由于电场的存在，触头表面的自由电子大量溢出而产生电弧。电弧的存在既烧损触头金属表面，降低电器的寿命，又延长了电路的分断时间，所以必须迅速消除。

1. 灭弧方法

（1）迅速增加电弧长度。电弧长度增加，使触点间隙增加，电场强度降低，同时又使散热面积增大，降低电弧温度，使自由电子和空穴复合的运动加强，因而电荷容易熄灭。

（2）冷却。冷却使电弧与冷却介质接触，带走电弧热量，也可使复合运动得以加强，从而使电弧熄灭。

2. 灭弧装置

（1）电动力吹弧。电动力吹弧如图 5－11 所示。双断点桥式触头在分断时具有电动力吹弧功能，不用任何附加装置，便可使电弧迅速熄灭。这种灭弧方法多用于小容量交流接触器中。

（2）磁吹灭弧。在触点电路中串入吹弧线圈，如图 5－12 所示。磁吹线圈产生的磁场由导磁夹板引向触点周围，其方向由右手定则确定（为图 5－12 中×所示）。触点间的电弧所产生的磁场，其方向为图 5－12 中⊕、⊙所示。这两个磁场在电弧下方方向相同（叠加），在弧柱上方方向相反（相减），所以弧柱下方的磁场强于上方的磁场。在下方磁场作用下，电弧受力的方向为 F 所指的方向，在 F 的作用下，电弧被吹离触点，经引弧角引进灭弧罩而熄灭。

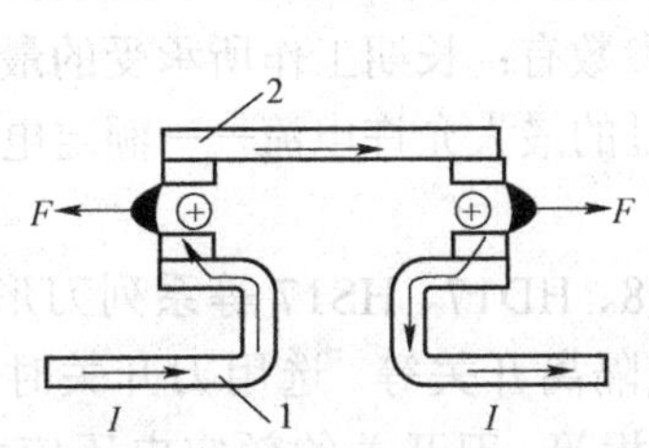

图 5－11　电动力吹弧

1—静触头；2—动触头

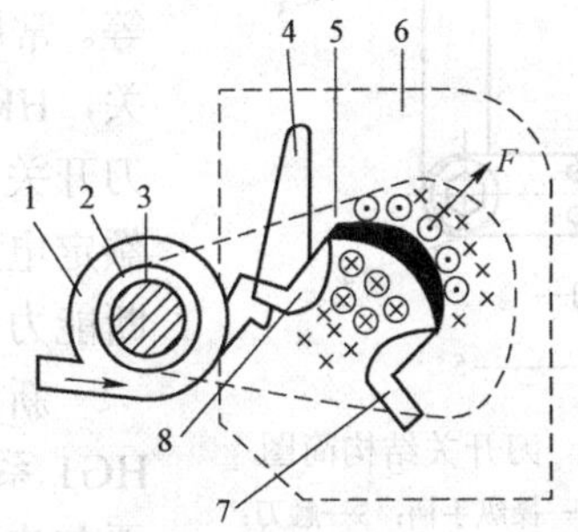

图 5－12　磁吹灭弧

1—磁吹线圈；2—绝缘套；3—铁芯；4—引弧角；5—导磁甲板；6—灭弧罩；7—动触头；8—静触头

（3）栅片灭弧。灭弧栅是一组镀铜薄钢片，它们彼此间相互绝缘，如图 5－13 所示。电弧进入栅片被分割成一段段串联的短弧，而栅片就是这些短弧的电极。每两片灭弧片之间都有 150～250 V 的绝缘强度，使整个灭弧栅的绝缘强度大大加强，以致外加电压无法维持，电弧迅速熄灭。此外，栅片还能吸收电弧热量，使电弧迅速冷却。基于上述原因，电弧进入栅片后就会很快熄灭。由于栅片灭弧装置的灭弧效果在交流时要比直流时强得多，因此在交流电器中常采用栅片灭弧。

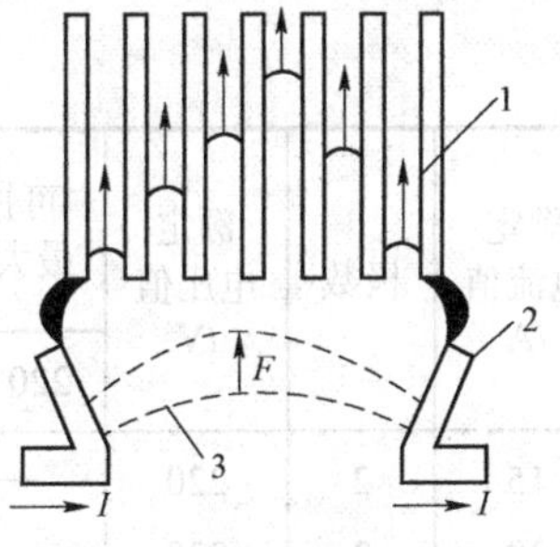

图 5－13　栅片灭弧

1—灭弧栅片；2—触点；3—电弧

任务 5.2 电气控制中常用电器

一、隔离器

隔离器是低压电器中结构比较简单、应用十分广泛的一类手动操作电器，品种主要有低压刀开关、熔断器式刀开关和组合开关三种。

隔离器主要是在电源断开后，将线路与电源明显地隔开，以保障检修人员的安全。熔断器式刀开关由刀开关和熔断器组合而成，故兼有两者的功能，即电源隔离和电路保护功能，可分断一定的负载电流。

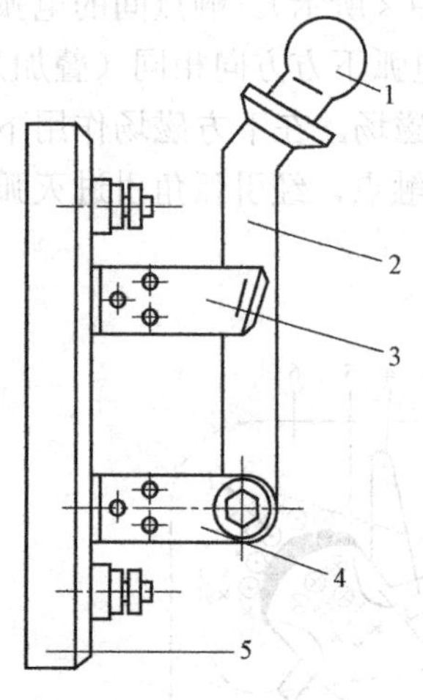

图 5－14 刀开关结构简图

1—静插座；2—操纵手柄；3—触刀；4—支座；5—绝缘底板

1. 刀开关

刀开关结构简图如图 5－14 所示。由静插座、操纵手柄、触刀、支座、绝缘底板等组成。刀开关的主要类型有：带灭弧装置的大容量刀开关、带熔断器的开启式负荷开关（胶盖开关）、带灭弧装置和熔断器的封闭式负荷开关（铁壳开关）等。常用的产品有：HD11～HD14 和 HS11～HS13 系列刀开关，HK1、HK2 系列胶盖开关，HH3、HH4 系列铁壳开关。刀开关的主要技术参数有：长期工作所承受的最大电压——额定电压，长期通过的最大允许电流——额定电流，以及分断能力等。

新产品有 HD18、HD17、HS17 等系列刀形隔离开关，HG1 系列熔断器式隔离开关等。选用刀开关时，刀的极数要与电源进线相数相等；刀开关的额定电压应大于所控制的线路额定电压；刀开关的额定电流应大于负载的额定电流。表 5－1 列出了 HK1 系列胶盖开关的技术参数。刀开关的图形、文字符号如图 5－15 所示。

表 5－1 HK1 系列胶盖开关的技术参数

额定电流值/A	极数	额定电压值/V	可控制电动机最大容量值/kW		触刀极限分断能力/A（cosφ=0.6）	触刀极限分断能力/A	配用熔丝规格			
							熔丝成分			熔丝直径/mm
			220 V	380 V			w_{Pb}	w_{Sn}	w_{Sb}	
15	2	220	—	—	30	500	98%	1%	1%	1.45～1.59
30	2	220	—	—	60	1 000				2.30～2.52
60	2	220	—	—	90	1 500				3.36～4.00
15	2	380	1.5	2.2	30	500				1.45～1.59
30	2	380	3.0	4.0	60	1 000				2.30～2.52
60	2	380	4.4	5.5	90	1 500				3.36～4.00

2. 组合开关

组合开关的刀片是转动式的，操作比较轻巧，它的动触头（刀片）和静触头装在封闭的绝缘件内，采用叠装式结构，其层数由动触头数量决定，动触头装在操作手柄的转轴上，随转轴旋转而改变各对触头的通断状态。组合开关的结构和图形、文字符号如图 5-16 所示。

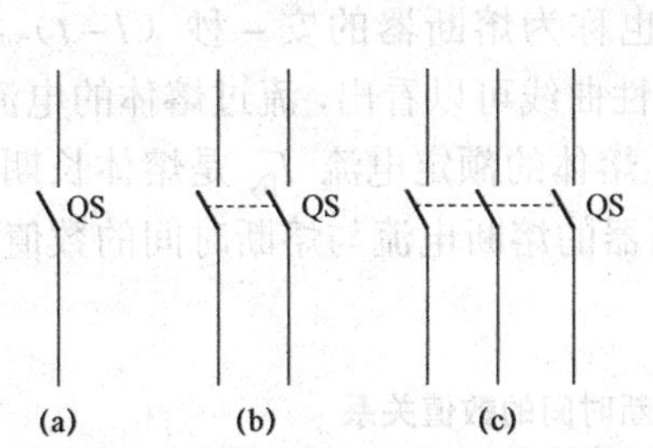

图 5-15　刀开关的图形、文字符号

（a）单极；（b）双极；（c）三极

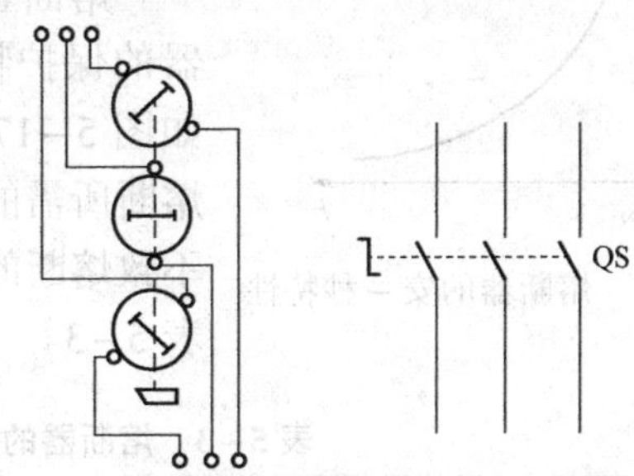

图 5-16　组合开关的结构和图形、文字符号

组合开关的主要参数有额定电压、额定电流、极数等。其中额定电流有 10 A、25 A、60 A 等几级。常用产品有 HZ5、HZ10 系列和新型组合开关 HZ15 等系列。HZ10 系列组合开关的技术数据见表 5-2。

表 5-2　HZ10 系列组合开关的技术数据

型号	额定电压/V	额定电流/A	极数	极限操作电流①/A		可控制电动机最大容量和额定电流①		额定电压及电流下的通断次数			
								AC cosφ		直流时间常数/s	
				接通	分断	容量/kW	额定电流/A	≥0.8	≥0.3	≤0.002 5	≤0.01
HZ10-10	DC220，AC380	6	单极	94	62	3	7	20 000	10 000	20 000	10 000
		10	2，3								
HZ10-25		25		155	108	5.5	12				
HZ10-60		60									
HZ10-100		100						10 000	5 000	10 000	5 000

① 均指三极组合开关。

组合开关一般在电气设备中用于非频繁地接通和分断电路、接通电源和负载、测量三相电压以及控制小容量异步电动机的正反转和星-三角降压启动等。

二、熔断器

1. 工作原理和保护特性

熔断器是一种最简单有效的保护电器，它具有分断能力强、安装体积小、使用维护方便等优点，广泛用于供电线路和电气设备的短路保护中。熔断器由熔体和安装熔体的熔断管（或座）等部分组成。熔体是熔断器的核心，通常用低熔点的铅锡合金、锌、铜、银的丝状或片

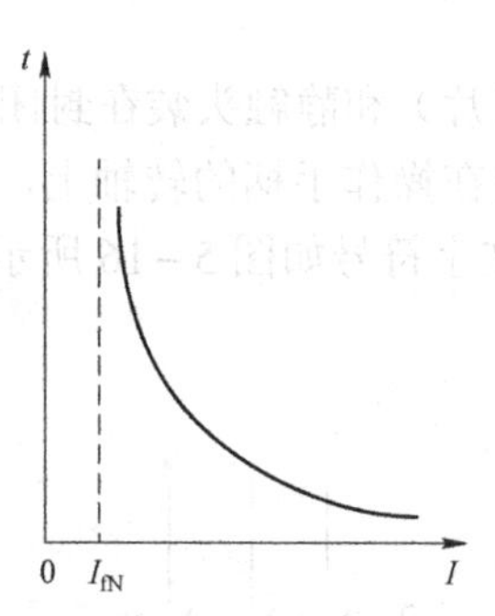

图 5－17　熔断器的安－秒特性

状材料制成，新型的熔体通常设计成灭弧栅状和具有变截面片状结构。当通过熔断器的电流超过一定数值并经过一定的时间后，电流在熔体上产生的热量使熔体某处熔化而分断电路，从而保护了电路和设备。

熔断器熔体熔断的电流值与熔断时间的关系称为熔断器的保护特性曲线，也称为熔断器的安－秒（$I-t$）特性，如图 5－17 所示。由特性曲线可以看出，流过熔体的电流越大，熔断所需的时间越短。熔体的额定电流 I_{fN} 是熔体长期工作而不致熔断的电流。熔断器的熔断电流与熔断时间的数值关系见表 5－3。

表 5－3　熔断器的熔断电流与熔断时间的数值关系

熔断电流	$(1.25\sim1.3)I_N$	$1.6I_N$	$2I_N$	$2.5I_N$	$3I_N$	$4I_N$
熔断时间	∞	1 h	40 s	8 s	4.5 s	2.5 s

2. 种类及技术数据

熔断器按其结构型式分为插入式、螺旋式、有填料密封管式、无填料密封管式等，品种规格多。在电气控制系统中经常选用螺旋式熔断器，它有明显的分断指示和不用任何工具就可取下或更换熔体等优点。最近推出的新产品有 RL6、RL7 系列，可以替代老产品 RL1、RL2 系列。RLS2 系列是快速熔断器，用以保护半导体硅整流元件及晶闸管，可替代老产品 RLS1 系列。RT12、RT15、NGT 等系列是有填料密封管式熔断器，瓷管两端铜帽上焊有连接板，可直接安装在母线排上，RT12、RT15 系列带有熔断指示器，熔断时红色指示器弹出。RT14 系列熔断器带有撞击器，熔断时撞击器弹出，既可做熔断信号指示，也可触动微动开关以切断接触器线圈电路，接触器断电，实现三相电动机的断相保护。

熔断器主要技术参数如下：

（1）额定电压。额定电压指熔断器长期工作时和分断后能够承受的电压，其值一般等于或大于电气设备的额定电压。

（2）额定电流。额定电流指熔断器长期工作时，设备部件温升不超过规定值时所能承受的电流，即在一个额定电流等级的熔断管内可以分装几个额定电流等级的熔体，但熔体的额定电流最大不能超过熔断管的额定电流。

（3）极限分断能力。极限分断能力是指熔断器在规定的额定电压和功率因素（或时间常数）的条件下，能分断的最大电流值。在电路中出现的最大电流值一般指短路电流值。

3. 熔断器的选择

熔断器的选择主要包括熔断器类型、额定电压、熔断器额定电流和熔体额定电流的确定。熔断器的类型主要由电控系统整体设计确定，熔断器的额定电压应大于或等于实际电路的工作电压；熔断器额定电流应大于或等于所装熔体的额定电流。表 5－4 列出了 RL6、RLS2、RT12、RT14 等系列的技术数据。

表 5-4 RL6、RLS2、RT12、RT14 等系列的技术数据

<table>
<tr><th rowspan="2">型号</th><th rowspan="2">额定电压/V</th><th colspan="2">额定电流/A</th><th rowspan="2">分断能力/kA</th></tr>
<tr><th>熔断器</th><th>熔 体</th></tr>
<tr><td>RL6-25</td><td rowspan="4">～500</td><td>25</td><td>2，4，6，10，16，20，25</td><td rowspan="4">50</td></tr>
<tr><td>RL6-63</td><td>63</td><td>35，50，63</td></tr>
<tr><td>RL6-100</td><td>100</td><td>80，100</td></tr>
<tr><td>RL6-200</td><td>200</td><td>125，160，200</td></tr>
<tr><td>RLS2-30</td><td rowspan="3">～500</td><td>30</td><td>16，20，25，30</td><td rowspan="3">50</td></tr>
<tr><td>RLS2-63</td><td>63</td><td>32，40，50，63</td></tr>
<tr><td>RLS2-100</td><td>100</td><td>63，80，100</td></tr>
<tr><td>RT12-20</td><td rowspan="4">～415</td><td>20</td><td>2，4，6，10，16，20</td><td rowspan="4">80</td></tr>
<tr><td>RT12-32</td><td>32</td><td>20，25，32</td></tr>
<tr><td>RT12-63</td><td>63</td><td>32，40，50，63</td></tr>
<tr><td>RT12-100</td><td>100</td><td>63，80，100</td></tr>
<tr><td>RT14-20</td><td rowspan="3">～380</td><td>20</td><td>2，4，6，10，16，20</td><td rowspan="3">100</td></tr>
<tr><td>RT14-32</td><td>32</td><td>2，4，6，10，16，20，25，32</td></tr>
<tr><td>RT14-63</td><td>63</td><td>10，16，20，25，32，40，50，63</td></tr>
</table>

确定熔体电流是选择熔断器的主要任务，具体来说有下列几条原则：

（1）对于照明线路或电阻炉等电阻性负载，熔体的额定电流应大于或等于电路的工作电流，即 $I_{fN} \geqslant I$，式中 I_{fN} 为熔体的额定电流，I 为电路的工作电流。

（2）保护一台异步电动机时，考虑电动机冲击电流的影响，熔体的额定电流按式（5-6）计算：

$$I_{fN} \geqslant (1.5 \sim 2.5) I_N \tag{5-6}$$

式中 I_N——电动机的额定电流。

（3）保护多台异步电动机时，若各台电动机不同时启动，则应按式（5-7）计算：

$$I_{fN} \geqslant (1.5 \sim 2.5) I_{Nmax} + \sum I_N \tag{5-7}$$

式中 I_{Nmax}——容量最大的一台电动机的额定电流；

$\sum I_N$——其余电动机额定电流的总和。

（4）为防止发生越级熔断，上、下级（供电干、支线）熔断器间应有良好的协调配合，为此，应使上一级（供电干线）熔断器的熔体额定电流比下一级（供电支线）大 1～2 个级差。熔断器的图形、文字符号如图 5-18 所示。

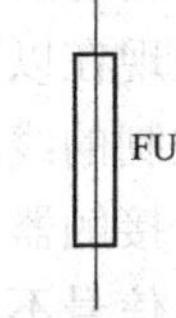

图 5-18 熔断器的图形、文字符号

三、继电器

继电器是一种自身的执行机构根据某种输入信号的变化动作的自动控制电器。它具有输入电路（又称感应元件）和输出电路（又称执行元件），当感应元件中的输入量（如电压、电流、温度、压力等）变化到某一定值时继电器动作，执行元件便接通和断开控制电路。

1. 继电器分类

（1）按输入信号分类，继电器可分为电压继电器、电流继电器、功率继电器、速度继电器、压力继电器、温度继电器等；

（2）按工作原理分类，继电器可分为电磁式继电器、感应式继电器、电动式继电器、电子式继电器，热继电器等；

（3）按用途分类，继电器可分为控制继电器与保护继电器；

（4）按输出形式分类，继电器可分为有触点继电器和无触点继电器。

2. 继电器特性

继电器主要特性是输入－输出特性，即继电特性。继电特性曲线如图 5－19 所示。当继电器输入量 x 由零增至 x_2 以前，输出量 y 为零。当输入量 x 增加到 x_2 时，继电器吸合，输出量为 y_1。若 x 再增大，y_1 值保持不变。当 x 减小到 x_1 时，继电器释放，输出量由 y_1 降至零。x 再减小，y 值均为零。图 5－19 中，x_2 称为继电器吸合值，欲使继电器吸合，输入量必须大于或等于此值；x_1 称为继电器释放值，欲使继电器释放，输入量必须小于或等于此值。$k=x_1/x_2$ 称为继电器的返回系数，它是继电器的重要参数之一。k 值是可以调节的，不同场合要求不同的 k 值。例如一般继电器要求低的返回系数，k 值应为 0.1～0.4，这样当继电器吸合后，输入量波动较大时不致引起误动作。欠电压继电器则要求高的返回系数，k 值应在 0.6 以上。如某继电器 $k=0.66$，吸合电压为额定电压的 90%，则电压低于额定电压的 60%时，继电器释放，起到欠电压保护的作用。

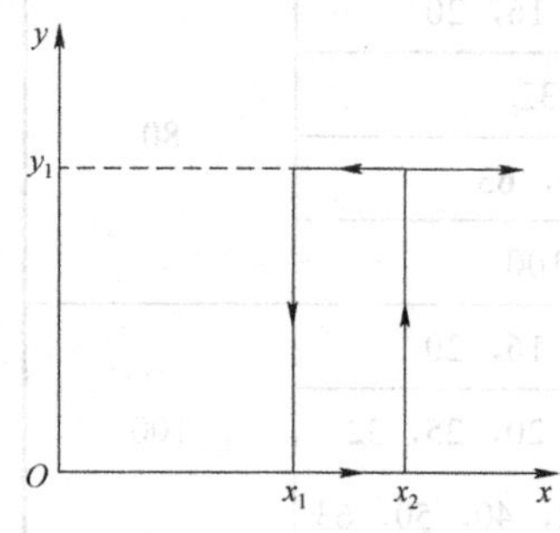

图 5－19　继电特性曲线

3. 重要参数

继电器另一个重要参数是吸合时间和释放时间。吸合时间是指从线圈接收电信号到衔铁完全吸合所需的时间，释放时间是指从线圈失电到衔铁完全释放所需的时间。一般继电器的吸合时间与释放时间为 0.05～0.15 s，快速继电器为 0.005～0.05 s，它的大小影响着继电器的操作频率。

无论继电器的输入量是电量还是非电量，继电器工作的最终目的总是控制触头的分断或闭合，而触头又是控制电路通断的，就这一点来说接触器与继电器是相同的。但是它们又有区别，主要表现在以下两个方面：

（1）所控制的线路不同。继电器用于控制电信线路、仪表线路、自控装置等小电流电路及控制电路；接触器用于控制电动机等大功率、大电流电路及主电路。

（2）输入信号不同。继电器的输入信号可以是各种物理量，如电压、电流、时间、压力、速度等，而接触器的输入量只有电压。

（一）电磁式继电器

在低压控制系统中采用的继电器大部分是电磁式继电器，电磁式继电器的结构与原理和接触器基本相同。电磁式继电器的典型结构如图5－20所示，它由底座、反力弹簧、调节螺钉、非磁性垫片、衔铁、铁芯、极靴、电磁线圈、触头系统组成。按吸引线圈电流的类型，可分为直流电磁式继电器和交流电磁式继电器。按其在电路中的连接方式，可分为电流继电器、电压继电器和中间继电器等。

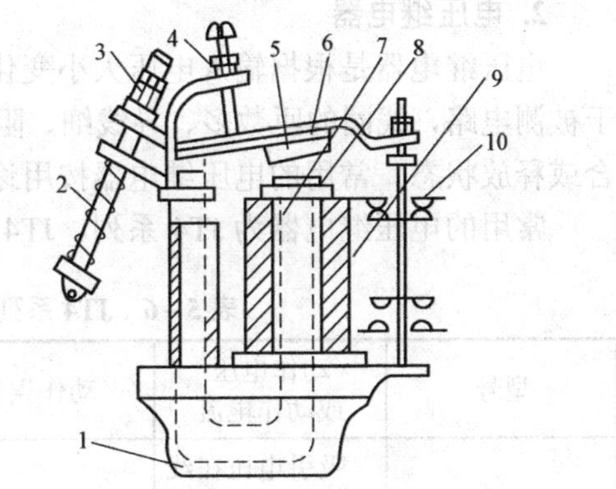

图5－20 电磁式继电器的典型结构

1—底座；2—反力弹簧；3，4—调节螺钉；5—非磁性垫片；6—衔铁；7—铁芯；8—极靴；9—电磁线圈；10—触头系统

1. 电流继电器

电流继电器反映的是电流信号。使用时，电流继电器的线圈串联于被测电路中，根据电流的变化而动作。为降低负载效应和对被测量电路参数的影响，线圈的匝数少、导线粗、阻抗小。电流继电器除用于电流型保护的场合外，还经常用于按电流原则控制的场合。电流继电器有欠电流继电器和过电流继电器两种。

（1）欠电流继电器。其线圈中通以30%～65%的额定电流时继电器吸合，当线圈中的电流降至额定电流的10%～20%时继电器释放。当电路由于某种原因使电流降至额定电流的20%以下时，欠电流继电器释放，发出信号，从而改变电路状态。

（2）过电流继电器。其结构、原理与欠电流继电器相同，只不过吸合值与释放值不同。过电流继电器吸引线圈的匝数很少。直流过电流继电器的吸合值为70%～300%额定电流，交流过电流继电器的吸合值为110%～400%额定电流。应当注意，过电流继电器在正常情况下（电流在额定值附近时）是释放的，当电路发生过载或短路故障时，过电流继电器才吸合，吸合后立即使所控制的接触器或电路分断，然后自己也释放。由于过电流继电器具有短时工作的特点，所以交流过电流继电器不用装短路环。

常用的交直流电流继电器有JT4、JT14等系列，表5－5所列为JL14系列交直流电流继电器的技术数据。

表5－5 JL14系列交直流电流继电器的技术数据

电流种类	型号	吸引线圈额定电流/A	吸合电流调整范围	触头组合形式	用途	备注
直流	JL14－□□ ZJL14－□□ZS	1，1.5，2.5，5，10，15，25，40，60，100，150，300，600，1 200，1 500	（70%～300%）I_N	3常开，3常闭 2常开，1常闭 1常开，2常闭 1常开，1常闭	在控制电路中过电流或欠电流保护用	可替代JT3－1、JT4－J、JT4－S、JL3、JL3－J、JL3－S等老产品
	JL14－□□ZO		（30%～65%）I_N或释放电流在（10%～20%）I_N范围			
交流	JL14－□□J JL14－□□JS		（110%～400%）I_N	2常开，2常闭 1常开，1常闭		
	JL14－□□JG			1常开，1常闭		

2. 电压继电器

电压继电器是根据输入电压大小变化而动作的继电器。使用时，电压继电器的线圈并接于被测电路，线圈的匝数多、导线细、阻抗大。继电器根据所接线路电压值的变化，处于吸合或释放状态。常用的电压继电器按用途分为欠（零）电压继电器和过电压继电器两种。

常用的电压继电器为JT4系列。JT4系列交流电磁式继电器的技术数据见表5－6。

表5－6　JT4系列交流电磁式继电器的技术数据

<table>
<tr><th>型号</th><th>动作电压
或动作电流</th><th>动作误差</th><th>吸引线圈规格</th><th>消耗功率</th><th>触头数量</th></tr>
<tr><td>JL14－□□型零电压（或中间）继电器</td><td>吸引电压在线圈额定电压的60%～85%范围内调节，释放电压在线圈额定电压的10%～35%范围内调节</td><td rowspan="4">±10%</td><td>110 V，127 V，220 V，380 V</td><td>75 V·A</td><td rowspan="3">2常开、2常闭或1常开、1常闭</td></tr>
<tr><td>JL14－□□L型过电流继电器</td><td rowspan="2">吸引电流在线圈额定电流的110%～350%范围内调节</td><td rowspan="2">5 A，10 A，15 A，20 A，40 A，80 A，150 A，300 A，600 A</td><td rowspan="2">5 W</td></tr>
<tr><td>JL14－□□S型（手动）过电流继电器</td></tr>
<tr><td>JL14－22A型过电流继电器</td><td>吸引电压在线圈额定电压的105%～120%范围内调节</td><td>110 V，220 V，380 V</td><td>75 V·A</td><td>2常开、2常闭</td></tr>
</table>

电路正常工作时，欠电压继电器吸合，当电路电压减小到某一整定值（30～50%）U_N时，欠电压继电器释放，对电路实现欠电压保护。

电路正常工作时，过电压继电器不动作，当电路电压超过到某一整定值（105%～120%）U_N时，过电压继电器吸合，对电路实现过电压保护。

零电压继电器是当电路电压降低到（5%～25%）U_N时释放，对电路实现欠电压保护。

3. 中间继电器

中间继电器实质上是电压继电器，其触头数量多（一般有8对），容量也大，主要起到中间扩展和放大（触头数目和电流容量）的作用。

常用的中间继电器有JZ7和JZ8等系列。表5－7所示为JZ7系列中间继电器的技术参数。

表5－7　JZ7系列中间继电器的技术参数

<table>
<tr><th rowspan="2">型号</th><th rowspan="2">触点额定电压/V</th><th rowspan="2">触点额定电流/A</th><th colspan="2">触点对数</th><th rowspan="2">吸引线圈电压/V</th><th rowspan="2">额定操作频率/（次·h^{-1}）</th><th colspan="2">线圈消耗功率/（V·A）</th></tr>
<tr><th>常开</th><th>常闭</th><th>启动</th><th>吸持</th></tr>
<tr><td>JZ7－44</td><td>500</td><td>5</td><td>4</td><td>4</td><td rowspan="3">交流50 Hz时12，36，127，220，380</td><td rowspan="3">1 200</td><td>75</td><td>12</td></tr>
<tr><td>JZ7－62</td><td>500</td><td>5</td><td>6</td><td>2</td><td>75</td><td>12</td></tr>
<tr><td>JZ7－80</td><td>500</td><td>5</td><td>8</td><td>0</td><td>75</td><td>12</td></tr>
</table>

4. 电磁式继电器的整定

继电器在投入运行前，必须把它的返回系数调整到控制系统所要求的范围以内。一般整定方法有两种：

（1）调整释放弹簧的松紧程度。释放弹簧越紧，反作用力越大，则吸合值和释放值都增加，返回系数上升，反之返回系数下降。这种调节为精调，可以连续调节。但若弹簧太紧电磁吸力不能克服反作用力，有可能吸不上；弹簧太松，反作用力太小，又不能可靠释放。

（2）改变非磁性垫片的厚度。非磁性垫片越厚，衔铁吸合后磁路的气隙和磁阻增大，释放值增大，返回系数增大；反之释放值减小，返回系数减小。采用这种调整方式，吸合值基本不变。这种调节为粗调，不能连续调节。

5. 电磁式继电器的选择

电磁式继电器主要包括电流继电器、电压继电器和中间继电器。选用时主要依据继电器所保护或所控制对象对继电器提出的要求，如触头的数量、种类，返回系数，控制电路的电压、电流、负载性质等。由于继电器触头容量小，所以经常将触头并联使用。有时为增加触头的分断能力，也可以把触头串联起来使用。

6. 电磁式继电器的图形符号和文字符号

电磁式继电器的图形和文字符号如图 5－21 所示。电流继电器的文字符号为 KI，电压继电器的文字符号为 KV，中间继电器的文字符号为 KA。

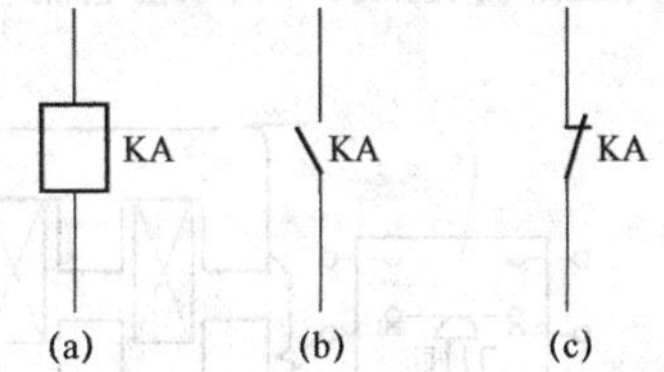

图 5－21 电磁式继电器图形和文字符号

（a）线圈；（b）常开触头；（c）常闭触头

（二）时间继电器

在电气控制系统中，需要有瞬时动作的继电器，也需要有延时动作的继电器。时间继电器就是利用感测部件接收外界信号实现触头延时动作的自动电器，经常用于以时间控制原则进行控制的场合。其种类按工作原理不同分为电磁式、空气式、电子式和电动机式。时间继电器按延时方式不同有：通电延时，即接收输入信号后延迟一定的时间，输出信号才发生变化，当输入信号消失后，输出瞬时复原；断电延时，即接收输入信号时，瞬时产生相应的输出信号，当输入信号消失后，延迟一定的时间，输出才复原。

1. 直流电磁式

在直流电磁式电压继电器的铁芯上加上阻尼铜套，即可构成时间继电器，其结构原理如图 5－22 所示。它是利用电磁阻尼原理产生延时的，由电磁感应定律可知，在继电器线圈通断电过程中铜套内将感应电势，并通过感应电流，此电流产生的磁通总是反对原磁通变化的。当继电器通电时，由于衔铁处于释放位置，气隙大，磁阻大，磁通小，铜套阻尼作用相对也小，因此衔铁吸合时延时不显著（一般忽略不计）。而当继电器断电时，磁通变化量大，铜套阻尼作用也大，使衔铁延时释放而起到延时作用。因此，这种继电器仅用作断电延时。这种时间继电器延时范围很小，一般不超过 5.5 s，而且准确度较低，一般只用于要求不高的断电延时场合。直

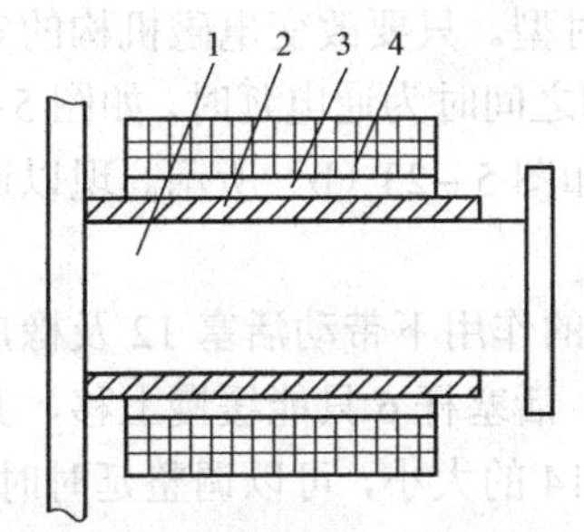

图 5－22 时间继电器结构原理

1—铁芯；2—阻尼铜套；3—绝缘层；4—线圈

流电磁式时间继电器 JT3 系列的技术数据见表 5－8。

表 5－8 直流电磁式时间继电器 JT3 系列的技术数据

序号	延时方法	型号	延时范围 s	备注
1	将线圈断路	JT3－□□/1 JT3－□□/3 JT3－□□/5	0.3～0.9 0.8～3 2.5～5	
2	将线圈短路	JT3－□□/1 JT3－□□/3 JT3－□□/5	0.3～1.5 1～3.5 3～5.5	应在线圈回路中串接电阻，以防电源短路。

2. 空气阻尼式

空气阻尼式时间继电器是利用空气阻尼原理获得延时的，其结构由电磁系统、延时机构和触头三部分组成。时间继电器动作原理如图 5－23 所示。

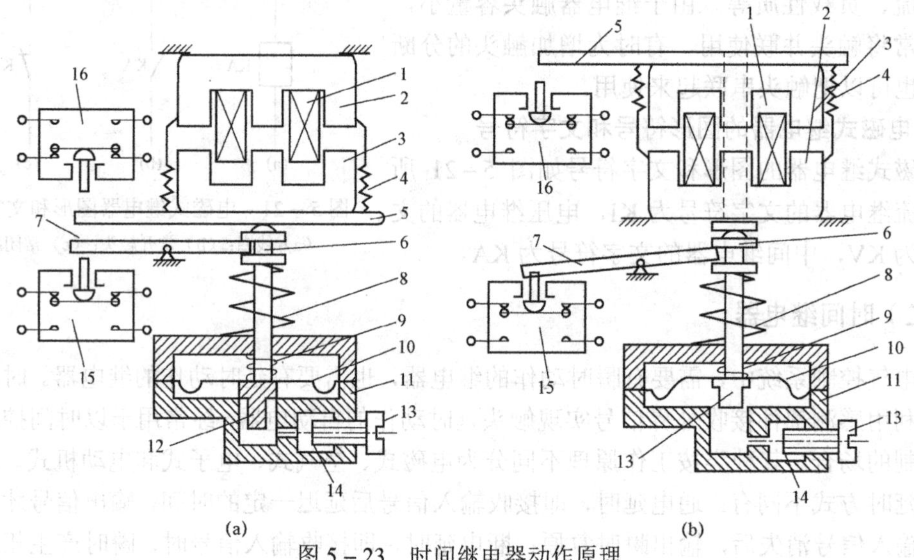

图 5－23 时间继电器动作原理

（a）通电延时；（b）断电延时

1—线圈；2—铁芯；3—衔铁；4—反力弹簧；5—推板；6—活塞杆；7—杠杆；8—塔形弹簧；9—弱弹簧；10—橡皮膜；11—空气室壁；12—活塞；13—调节螺杆；14—进气孔；15，16—微动开关

电磁系统为双 E 直动式，触头用微动开关，延时机构采用气囊式阻尼器。电磁机构可以是直流的，也可以是交流的；既有通电延时型，也有断电延时型。只要改变电磁机构的安装方向，便可实现不同的延时方式；当衔铁位于铁芯和延时机构之间时为通电延时，如图 5－23（a）所示；当铁芯位于衔铁和延时机构之间时为断电延时，如图 5－23（b）所示。现以通电延时型为例介绍其工作原理。

当线圈 1 得电后，衔铁 3 吸合，活塞杆 6 在塔形弹簧 8 的作用下带动活塞 12 及橡皮膜 10 向上移动，由于橡皮膜 10 下方的空气较稀薄，形成负压，活塞杆 6 只能缓慢上移，其移动的速度决定了延时的长短。调整调节螺杆 13，改变进气孔 14 的大小，可以调整延时时间；进气孔大，移动速度快，延时短；进气孔小，移动速度慢，延时较长。在活塞杆向上移动的过程中，杠杆 7 随之做逆时针旋转。当活塞杆移动到与已吸合的衔铁接触时，活塞杆停止移动。同时，杠杆 7 压动微动开关 15，使微动开关的常闭触头断开、常开触头闭合，起到通电延时的作用。延时时间为线圈通电到微动开关触头动作之间的时间间隔。

当线圈 1 断电后，电磁吸力消失，衔铁 3 在反力弹簧 4 的作用下释放，并通过活塞杆 6 带动活塞 12 的肩部所形成的单向阀，迅速地从橡皮膜 10 上方的气室缝隙中排出，因此杠杆 7 和微动开关 15 能在瞬间复位，线圈 1 通电和断电时，微动开关 16 在推板 5 的作用下能够瞬时动作，所以是时间继电器的瞬动触头。

空气阻尼式的特点是：延时范围较大（0.4～180 s），结构简单，寿命长，价格低。但其延时误差较大，无调节刻度指示，难以确定整定延时值。在对延时精度要求较高的场合，不宜使用这种时间继电器。

常用的 JS7－A 系列时间继电器的基本技术数据见表 5－9。

表 5－9 常用的 JS7－A 系列时间继电器的基本技术数据

型号	吸引线圈电压/V	触头额定电压/V	触头额定电流/A	延时范围/s	延时触头				瞬动触头	
					通电延时		断电延时		常开	常闭
					常开	常闭	常开	常闭		
JS7－1A	24，36，110，127，220，380，420	380	5	0.4～60 及 0.4～180	1	1		—	—	—
JS7－2A					1	1		—	1	1
JS7－3A					—	—	1	1	—	—
JS7－4A					—	—	1	1	1	1

3. 晶体管式

晶体管式时间继电器也称半导体式时间继电器，具有延时范围广（最长可达 3 600 s）、精度高（一般为 5%左右）、体积小、耐冲击震动、调节方便和寿命长等优点，它的发展很快，使用也日益广泛。

晶体管式时间继电器是利用 *RC* 电路中电容电压不能跃变，只能按指数规律逐渐变化的原理——电阻尼特性获得延时的。所以，只要改变充电回路的时间常数即可改变延时时间。由于调节电容比调节电阻困难，因此多用调节电阻的方式来改变延时时间。

常用的产品有 JSJ 型、JS13 型、JS14 型、JS15 型、JS20 型等。现以 JSJ 型为例说明晶体管式时间继电器的工作原理。图 5－24 所示为 JSJ 型晶体管式时间继电器的原理图。

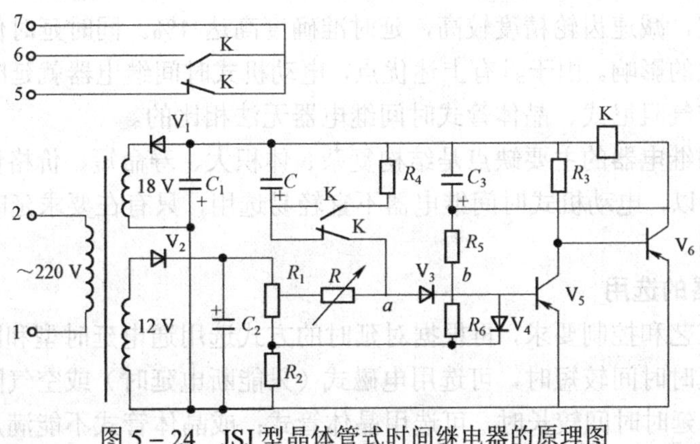

图 5－24 JSJ 型晶体管式时间继电器的原理图

其工作原理为：接通电源后，变压器副边 18 V 负电源通过 K 的线圈、R_5 使 V_5 获得偏流而导通，从而 V_6 截止。此时 K 的线圈中只有较小的电流，不足以使 K 吸合，所以继电器 K 不动作。同时，变压器副边 12 V 的正电源经 V_2 半波整流后，经过可调电阻 R_1、R、继电器常闭触头 K 向电容 C 充电，使 a 点电位逐渐升高。当点 a 电位高于 b 点电位并使 V_3 导通时，在 12 V 正电源作用下 V_5 截止，V_6 通过 R_3 获得偏流而导通。V_6 导通后继电器线圈 K 中的电流大幅度上升，达到继电器的动作值时使 K 动作，其常闭打开，断开 C 的充电回路，常开闭合，使 C 通过 R_4 放电，为下次充电做准备。继电器 K 的其他触头则分别接通或分断其他电路。当电源断电后，继电器 K 释放。所以，这种时间继电器是通电延时型的，断电延时只有几秒钟。电位器 R_1 用来调节延时范围。

表 5－10 所示为 JSJ 型晶体管式时间继电器的基本技术数据。

表 5－10　JSJ 型晶体管式时间继电器的基本技术数据

型号	电源电压/V	外电路触头			延时范围/s	延时误差
		数量	交流容量	直流容量		
JSJ－01	直流 24，48，110；交流 36，110，127，220 及 380	一常开一常闭转换	380 V 0.5 A	110 V 1 A（无感负载）	0.1～1	±3%
JSJ－10					0.2～10	
JSJ－30					1～30	
JSJ－1					60	
JSJ－2					120	±6%
JSJ－3					180	
JSJ－4					240	
JSJ－5					300	

4. 电动机式

电动机式时间继电器是用微型同步电动机带动减速齿轮系获得延时的，分为通电延时型和断电延时型两种。它由微型同步电动机、电磁离合系统、减速齿轮机构及执行机构组成。常用的有 JS10、JS11 系列和 7PR 系列。

电动机式时间继电器的延时范围宽，其延时范围可达 0～72 h，分为不同级别。由于同步电机的转速恒定，减速齿轮精度较高，延时准确度高达 1%。同时延时值不受电源电压波动和环境温度变化的影响。由于具有上述优点，电动机式时间继电器就延时范围和准确度而言，是电磁式、空气阻尼式、晶体管式时间继电器无法相比的。

电动机式时间继电器的主要缺点是结构复杂、体积大、寿命短、价格贵、准确度受电源频率的影响等，所以，电动机式时间继电器不宜轻易选用，只有在要求延时范围较宽和精度较高的场合才选用。

5. 时间继电器的选用

首先应考虑工艺和控制要求，再根据对延时的方式选用通电延时型和断电延时型。当要求的准确度低和延时时间较短时，可选用电磁式（只能断电延时）或空气阻尼式；当要求的延时准确度较高、延时时间较长时，可选用晶体管式；或晶体管式不能满足要求时，再考虑选用电动机式。总之，选用时除考虑延时范围和准确度外，还要考虑可靠性、经济性、工艺安装尺寸等的要求。时间继电器的图形符号及文字符号如图 5-25 所示。

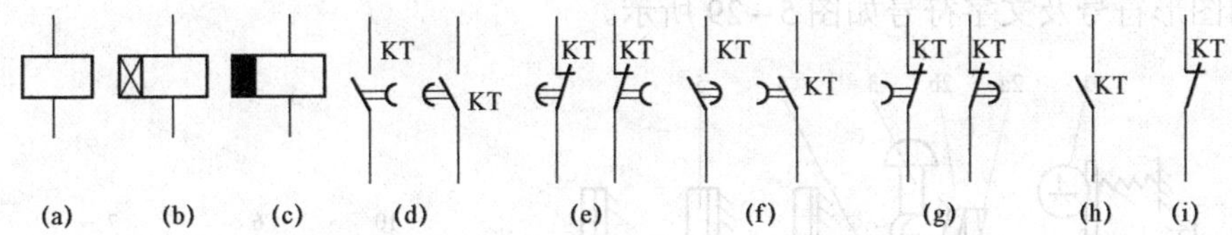

图 5-25　时间继电器的图形符号及文字符号

（a）线圈一般符号；（b）通电延时线圈；（c）断电延时线圈；（d）延时闭合常开触头；（e）延时断开常闭触头；（f）延时断开常开触头；（g）延时闭合常闭触头；（h）瞬动常开触头；（i）瞬动常闭触头

（三）热继电器

热继电器是一种利用电流的热效应原理，在出现电动机不能承受的过载时切断电动机电路，为电动机提供过载和断相保护的保护电器。

1. 热继电器的结构及工作原理

热继电器的结构示意图如图 5-26 所示。具体由图中的热元件、双金属片、导板、触头组成。双金属片是热继电器的感测元件，由两种线膨胀系数不同的金属片用机械碾压而成。线膨胀系数大的称为主动层，小的称为被动层。在加热以前，两金属片长度基本一致。当串在电动机定子电路中的热元件有电流通过时，热元件产生的热量使两金属片伸长。由于线膨胀系数不同，且它们紧密结合在一起，双金属片会发生弯曲。电动机正常运行时双金属片的弯曲程度不足以使热继电器动作，当电动机过载时，电流增大，加上时间效应，双金属片接收的热量就会增加，从而使弯曲程度加大，最终使双金属片推动导板使热继电器的触头动作，切断电动机的控制电路。

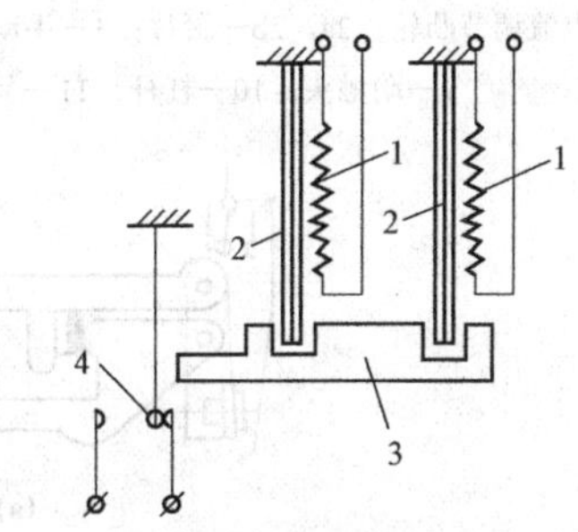

图 5-26　热继电器的结构示意

1—热元件；2—双金属片；3—导板；4—触头

2. 热继电器的型号及选用

我国目前生产的热继电器主要有 JR10、JR14、JR15、JR16 等系列。按热元件数量分为两相结构和三相结构。三相结构中有三相带断相保护和不带断相保护装置两种。JR16 系列热继电器的结构示意图如图 5-27 所示。

3. 差动式断相保护装置工作原理

图 5-28 所示为带有差动式断相保护装置的热继电器动作原理示意图。图 5-28（a）所示为通电前的位置；图 5-28（b）所示为三相均通过额定电流时的情况，此时 3 个双金属片受热相同，同时向左弯曲，内、外导板一起平行左移一段距离，但移动距离尚小，未能使常闭触头断开，电路继续保持通电状态；图 5-28（c）所示为三相均匀过载的情况，此时三相双金属片都因过热向左弯曲，推动内外导板向左移动较大距离，经补偿双金属片和推杆，并借助片簧和弓簧使常闭触头断开，从而达到切断控制回路保护电动机的目的；图 5-28（d）所示为电动机发生一相断线故障（图中是右边的一相）的情况，此时该相双金属片逐渐冷却，

向右移动，带动内导板右移，而其余两相双金属片因继续通电受热而左移，并使外导板仍旧左移，内、外导板产生差动，通过杠杆的放大作用，常闭触点断开，从而切断控制回路。热继电器的图形符号及文字符号如图 5－29 所示。

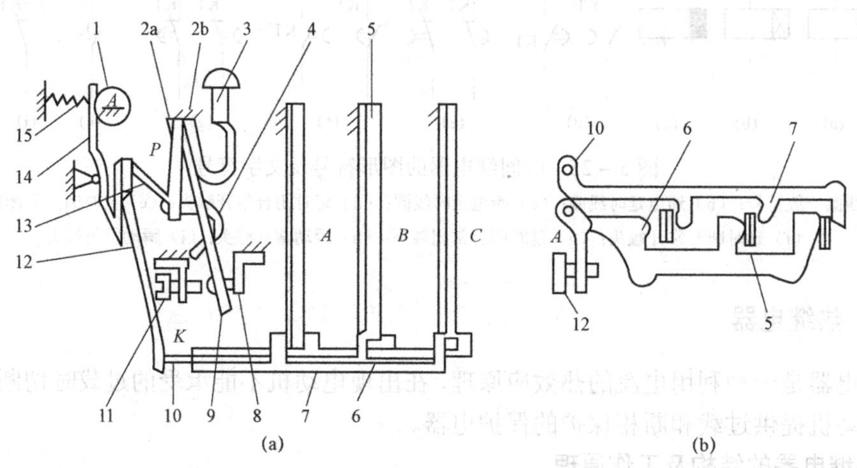

图 5－27　JR16 系列热继电器的结构示意图

（a）结构示意；（b）差动式断相保护示意

1—电流调节凸轮；2a，2b—簧片；3—手动复位按钮；4—弓簧；5—双金属片；6—外导板；7—内导板；8—常闭静触头；9—动触头；10—杠杆；11—复位调节螺钉；12—补偿双金属片；13—推杆；14—连杆；15—压簧

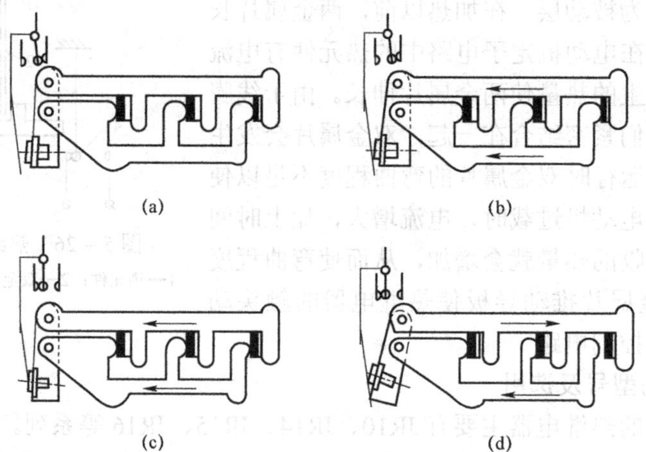

图 5－28　带有差动式断相保护装置的热继电器动作原理示意图

（a）通电以前；（b）三相通过额定电流；（c）三相均过载；（d）电动机发生一相断线故障

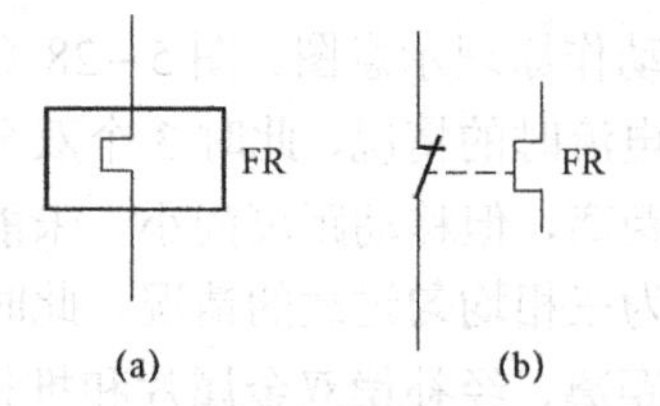

图 5－29　热继电器的图形符号及文字符号

（a）热元件；（b）常闭触头

4. 选择热继电器的原则

根据电动机的额定电流确定热继电器的型号及热元件的额定电流等级。热继电器热元件的额定电流原则上按被控电动机的额定电流选取，即热元件额定电流应接近或略大于电动机的额定电流。R16、JR20 系列是目前广泛使用的热继电器，表 5－11 所示为 JR16 系列热继电器主要技术参数。

表 5-11 JR16 系列热继电器的主要技术参数

型号	额定电流/A	热元件规格	
		额定电流/A	电流调节范围/A
JR16-20/3 JR16-20/6D	20	0.35 0.5 0.72 1.1 1.6 2.4 3.5 5.0 7.2 11 16 22	0.25～0.35 0.32～0.5 0.45～0.72 0.68～1.1 1.0～1.6 1.5～2.4 2.2～3.5 3.5～5.0 6.8～11 10～16 14～22
JR16-60/3 JR16-60/6D	60 100	22 32 45 63	14～22 20～32 28～45 45～63
JR16-150/3 JR16-150/3D	150	63 85 120 160	40～63 53～85 75～120 100～160

（四）速度继电器

速度继电器是根据电动机转速变化而做出相应动作的继电器。速度继电器根据电磁感应原理制成，常用于笼型异步电动机的反接制动控制线路中，也称反接制动继电器。当电动机制动转速下降到一定值时，由速度继电器切断电动机控制电路。其结构原理如图 5-30 所示。

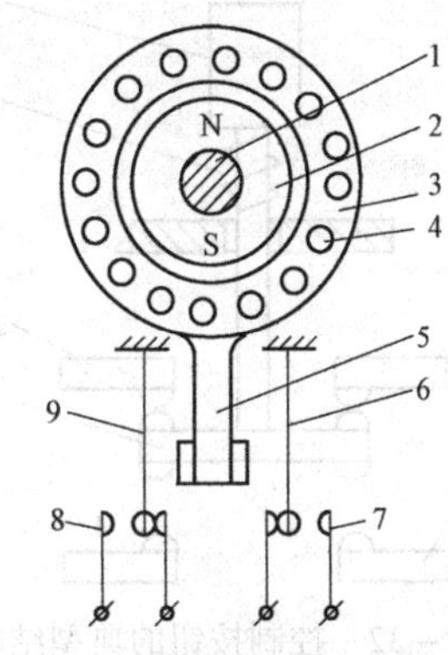

图 5-30　速度继电器结构原理

1—转轴；2—转子；3—定子；4—绕组；5—摆锤；6，9—簧片；7，8—静触点

速度继电器的工作原理实质上是一种利用速度原则对电动机进行控制的自动电器。它主要由转子、定子和触头组成。转子是一个圆柱形永久磁铁，定子是一个笼型空心圆环，由硅钢片叠成，并装有笼型的绕组。速度继电器的转轴与被控电动机的轴相连接，当电动机轴旋转时，速度继电器的转子随之转动。这样在速度继电器的转子和圆环内的绕组便切割旋转磁场，产生使圆环偏转的转矩，偏转角度是和电动机的转速成正比的。当偏转到一定角度时，与圆环连接的摆锤推动触头，使常闭触头分断，当电动机转速进一步升高后，摆锤继续偏转，使动触头与静触头的常开触头闭合。当电动机转速下降时，圆环偏转角度随之下降，动触头在簧片作用下复位（常开触头打开，常闭触头闭合）。速度继电器有两组触头（各有一对常开触头和

常闭触头），可分别控制电动机正、反转的反接制动。常用的速度继电器有 JY1 型和 JFZ0 型，一般速度继电器的动作速度为 120 r/min，触头的复位速度值为 100 r/min。在连续工作制中，能可靠地工作在 300～3 600 r/min，允许操作频率每小时不超过 30 次。速度继电器应根据电动机的额定转速进行选择。速度继电器的图形符号及文字符号如图 5－31 所示。

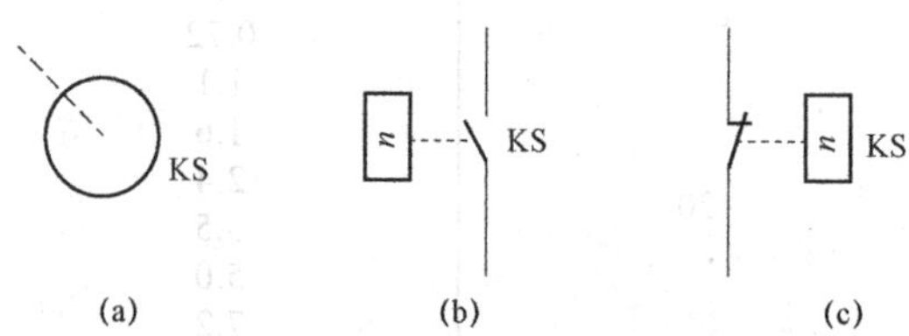

图 5－31　速度继电器的图形符号及文字符号

（a）转子；（b）常开触头；（c）常闭触头

任务 5.3　控制线路中的主令电器

主令电器是属于控制电器，用来发布命令、改变控制系统工作状态的电器；它可以直接作用于控制电路，也可以通过电磁式电器的转换对电路实现控制。主令电器应用广泛，种类繁多，本节仅介绍几种常用的主令电器。

一、控制按钮

控制按钮又称为按钮开关，简称按钮，是最常用的主令电器，在低压控制电路中用于手动发出控制信号。其典型结构如图 5－32 所示，它由常闭触头、常开触头、桥式触头、复位弹簧、按钮帽等组成。按用途和结构的不同，分为启动按钮、停止按钮和复合按钮等。启动按钮带有常开触头，手指按下按钮帽，常开触头闭合；手指松开，常开触头复位。启动按钮的按钮帽采用绿色。停止按钮带有常闭触头，手指按下按钮帽，常闭触头断开；手指松开，常闭触头复位。停止按钮的按钮帽采用红色。复合按钮带有常开触头和常闭触头，手指按下按钮帽，先断开常闭触头再闭合常开触头；手指松开，常开触头和常闭触头先后复位。为了便于识别各个按钮的作用，避免误动作，通常在按钮帽上做出不同标记或涂上不同颜色，一般红色表示停止，绿色表示启动等。

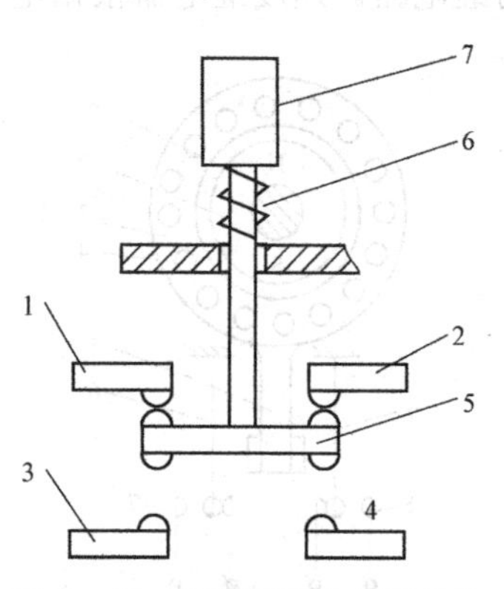

图 5－32　控制按钮的典型结构

1，2—常闭触头；3，4—常开触头；5—桥式触头；6—复位弹簧；7—按钮帽

在机床电气设备中，常用的按钮有 LA18、LA19、LA20、LA25 系列。LA25 系列按钮的主要技术数据见表 5－12。

表 5-12 LA25 系列按钮的主要技术数据

型号	触头组合	按钮颜色	型号	触头组合	按钮颜色
LA25-10	一常开	白、绿、黄、蓝、橙、黑、红	LA25-33	三常开三常闭	白、绿、黄、蓝、橙、黑、红
LA25-01	一常闭		LA25-40	四常开	
LA25-11	一常开一常闭		LA25-04	四常闭	
LA25-20	二常开		LA25-41	四常开一常闭	
LA25-02	二常闭		LA25-14	一常开四常闭	
LA25-21	二常开一常闭		LA25-42	四常开二常闭	
LA25-12	一常开二常闭		LA25-24	二常开四常闭	
LA25-22	二常开二常闭		LA25-50	五常开	
LA25-30	三常开		LA25-05	五常闭	
LA25-03	三常闭		LA25-51	五常开一常闭	
LA25-31	三常开一常闭		LA25-15	一常开五常闭	
LA25-13	一常开三常闭		LA25-60	六常开	
LA25-32	三常开二常闭		LA25-06	六常闭	
LA25-23	二常开三常闭				

按钮型号的含义如下：

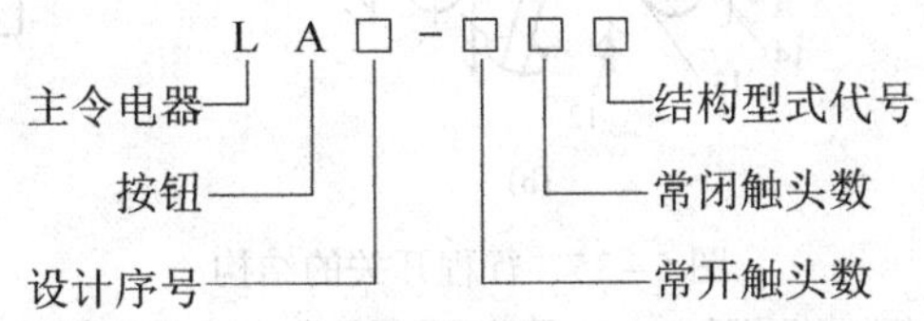

其中结构型式代号的含义为：K—开启式，S—防水式，J—紧急式，X—旋钮式，H—保护式，F—防腐式，Y—钥匙式，D—带灯按钮。按钮的图形、文字符号如图 5-33 所示。

二、行程开关

生产机械中常需要控制某些运动部件的行程或运动一定行程使其停止，或在一定行程内自动返回或自动循环。这种控制机械行程的方式称“行程控制”或“限位控制”。

行程开关又称限位开关，是实现行程控制的小电流（5 A 以下）主令电器，它利用生产机械运动部件的碰撞来发出指令，即将机械信号转换为电信号，通过控制其他电器来控制运动部件的行程大小、运动方向或进行限位保护。行程开关主要用于检测工作机械的位置，发出命令以控制其运动方向或行程长短。行程开关也称位置开关。行程开关按结构分为机械结构的接触式有触点行程开关和电气结构的非接触式接近开关。

接触式有触点行程开关靠移动物体碰撞行程开关的操动头而使行程开关的常开触头接通和常闭触头分断，从而实现对电路的控制作用。行程开关的图形、文字符号如图 5-34 所示。

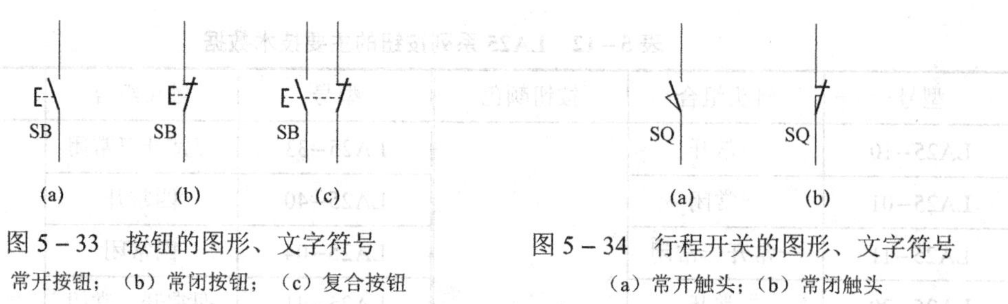

图 5-33 按钮的图形、文字符号
（a）常开按钮；（b）常闭按钮；（c）复合按钮

图 5-34 行程开关的图形、文字符号
（a）常开触头；（b）常闭触头

行程开关的结构如图 5-35 所示。行程开关按外壳防护形式分为开启式、防护式及防尘式，按动作速度分为瞬动和慢动（蠕动），按复位方式分为自动复位和非自动复位，按接线方式分为螺钉式、焊接式及插入式，按操作形式分为直杆式（柱塞式）、直杆滚轮式（滚轮柱塞式）、转臂式、方向式、叉式、铰链杠杆式等，按用途分为一般用途行程开关、起重设备用行程开关及微动开关等多种。常用的行程开关有 LX10、LX 21、JLXK1 等系列，JLXK1 系列行程开关的技术数据见表 5-13。

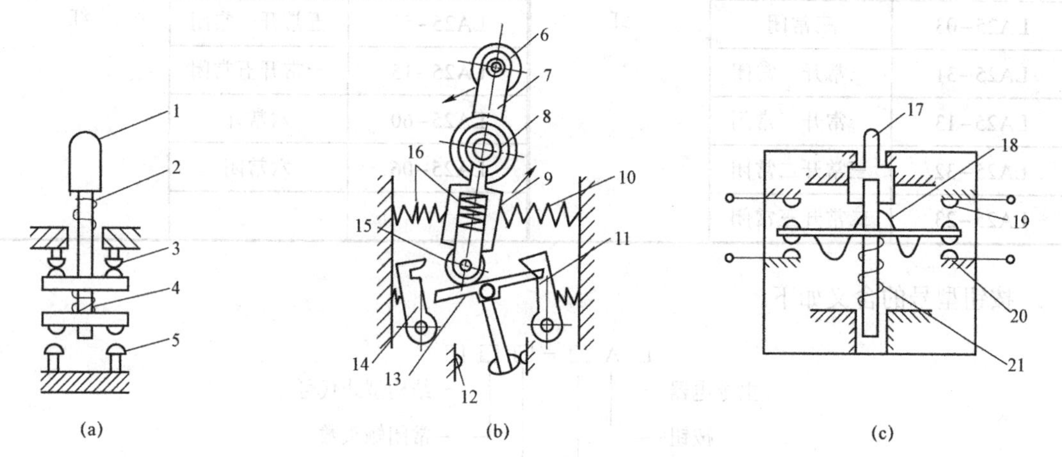

图 5-35 行程开关的结构
（a）直动式行程开关；（b）滚动式行程开关；（c）微动式行程开关
1—顶杆；2，8，10，16—弹簧；3，20—常闭触点；4—触点弹簧；5，19—常开触点；6—滚轮；7—上轮臂；9—套架；11，14—压板；12—触点；13—触点推杆；15—小滑轮；17—推杆；18—弯形片状弹簧；21—复位弹簧

表 5-13 JLXK1 系列行程开关的技术数据

型号	额定电压/V		额定电流/A	触头数量		结构形式
	交流	直流		常开	常闭	
JLXK1-111	500	440	5	1	1	单轮防护式
JLXK1-211	500	440	5	1	1	双轮防护式
JLXK1-111M	500	440	5	1	1	单轮密封式
JLXK1-211M	500	440	5	1	1	双轮密封式
JLXK1-311	500	440	5	1	1	直动防护式
JLXK1-311M	500	440	5	1	1	直动密封式
JLXK1-411	500	440	5	1	1	直动滚轮防护式
JLXK1-411M	500	440	5	1	1	直动滚轮密封式

三、凸轮控制器与主令控制器

1. 凸轮控制器

凸轮控制器用于起重设备和其他电力拖动装置，以控制电动机的启动、正反转、调速和制动。其主要由静触头、动触头、触头弹簧、弹簧、滚子、转轴、凸轮组成，如图5－36所示。

转动手柄时，转轴带动凸轮一起转动，转到某一位置时，凸轮顶动滚子，克服弹簧压力使动触头顺时针方向转动，脱离静触头而分断电路。在转轴上叠装不同形状的凸轮，可以使若干个触头组按规定的顺序接通或分断。

目前国内生产的有KT10、KT14等系列交流凸轮控制器和KTZ2系列直流凸轮控制器。凸轮控制器的图形、文字符号如图5－37所示。

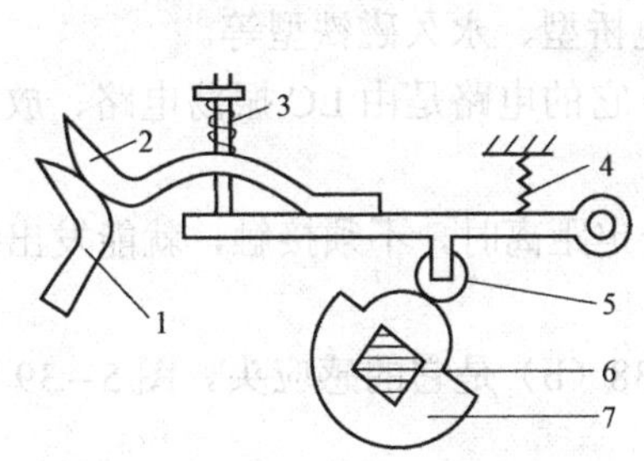

图5－36 凸轮控制器结构

1—静触头；2—动触头；3—触头弹簧；4—弹簧；5—滚子；6—转轴；7—凸轮

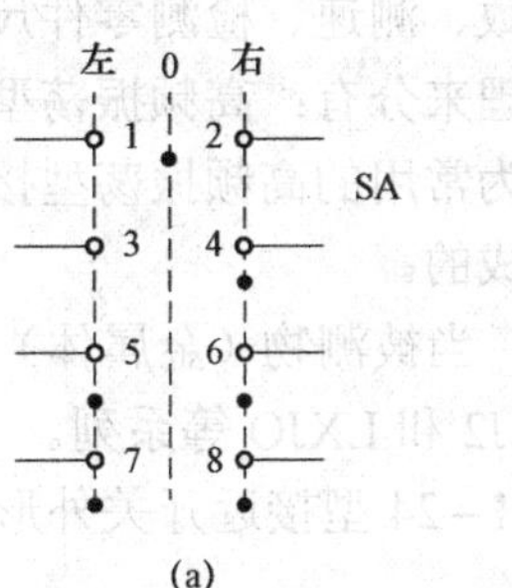

触点	位置		
	左	0	右
1-2		×	
3-4			×
5-6	×		×
7-8	×		

(b)

图5－37 凸轮控制器的图形、文字符号

（a）画“·”标记表示；（b）接通表

由于其触点的分合状态与操作手柄的位置有关，因此，在电路图中除画出触点圆形符号之外，还应有操作手柄与触点分合状态的表示方法。其表示方法有两种，一种是在电路图中画虚线和画“·”的方法，如图5－37（a）所示，即用虚线表示操作手柄的位置，用有无“·”表示触点的闭合和打开状态。例如，在触点图形符号下方的虚线位置上画“·”，则表示当操作手柄处于该位置时，该触点处于闭合状态；若在虚线位置上未画“·”，则表示该触点处于打开状态。另一种是在电路图中既不画虚线也不画“·”，而是在触点图形符号上标出触点编号，再用接通表表示操作手柄处于不同位置时的触点分合状态，如图5－37（b）所示。在接通表中用有无“×”来表示操作手柄处于不同位置时触点的闭合和断开状态。

2. 主令控制器

当电动机容量较大时，工作繁重，操作频繁，当调整性能要求较高时，往往采用主令控制器操作。由主令控制器的触头来控制接触器，再由接触器来控制电动机。这样，触头的容量可大大减小，操作更为简便。

主令控制器是按照预定程序转换控制电路的主令电器，其结构和凸轮控制器相似，只是触头的额定电流较小。

主令控制器通常是与控制屏相配合来实现控制的，因此要根据控制屏的型号来选择主令控制器。目前，国内生产的有LK14～LK16系列的主令控制器。LK14系列主令控制器的技术数据见表5－14。

表 5-14　LK14 系列主令控制器的技术数据

型号	额定电压/V	额定电流/A	控制回路数	外形尺寸/(mm×mm×mm)
LK14-12/90 LK14-12/96 LK14-12/97	380	15	12	227×220×300

主令控制器的图形符号和文字符号与凸轮控制器类似。

四、接近开关

接近开关又称无触点行程开关，它不仅能代替有触点行程开关来完成行程控制和限位保护，还可以用于高频计数、测速、检测零件尺寸、加工程序的自动衔接等。

接近开关按工作原理来分有：高频振荡型、感应电桥型、永久磁铁型等。

在这里我们介绍较为常用的高频振荡型接近开关。它的电路是由 LC 振荡电路、放大电路和输出电路三部分组成的。

其基本工作原理是：当被测物（金属体）接近到一定距离时，不须接触，就能发出动作信号。常用的有 LJ1、LJ2 和 LXJO 等系列。

图 5-38（a）是 LJ1-24 型接近开关外形，图 5-38（b）是它的感应头。图 5-39 所示为这种接近开关原理图。

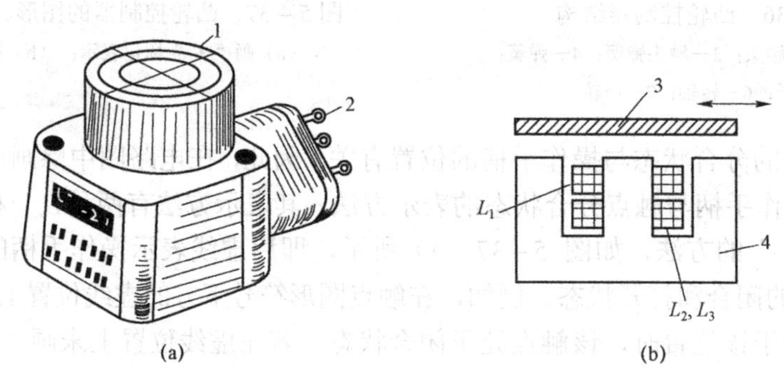

图 5-38　LJ1-24 型接近开关外形

（a）外形；（b）感应头

1—感应头；2—接线端；3—金属片；4—磁芯

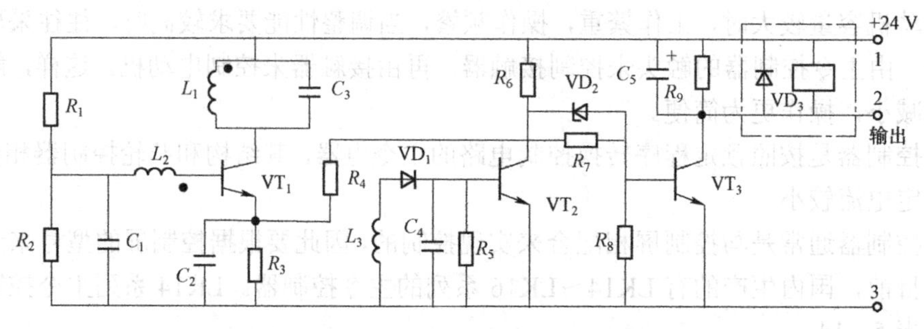

图 5-39　LJ1-24 接近开关原理图

图 5-39 中左边为变压器反馈式振荡器，是接近开关的主要部分，其中 L_1C_3 组成选频电路，L_2 是反馈线圈，L_3 是输出线圈，这三个线圈绕在同一铁芯上，组成变压器式的感应头。右边部分为开关电路。R_9 上的电压是接近开关的输出。

当无金属体接近感应头时，由于直流电源对 L_1C_3 充电，L_2 把信号反馈到晶体管 VT_1 的基极，使振荡器产生高频振荡。L_3 获得的高频电压，经二极管 VD_1 整流 C_4 滤波后，在 R_5 上产生直流电压并作用在晶体管 VT_2 基极，使 VT_2 饱和导通（VT_2 的 c、e 极近似短路），其集电极电位接近于零。这个低电位经 R_7 耦合，使晶体管 VT_3 的基极电位也接近于零，因而 VT_3 截止（VT_3 的 c、e 极近似断路）。由于 R_9 上的电压降很小，故输出端 2 的电位接近于 24 V 的高电位。输出端 1 和 2 电位差为零，接在输出端的继电器线圈释放。

当有金属体接近感应头时，金属体进入高频磁场产生涡流而消耗能量；当金属体到达某一位置时，振荡器无法补偿涡流损耗而被迫停振。L_3 上无高频电压，VT_2 因而截止，VT_2 集电极电位升高，电源电压通过 R_6、R_7 及 VD_2、R_8，在 R_8 上产生分压，使得 VT_3 获得基极电流而饱和导通，输出端 2 的电位降低到接近于零，输出端 1 和 2 电位差接近电源电压，继电器线圈得电。

通过继电器线圈得电与否，来控制其触头闭合或分断，从而控制某个电路的通断。

图 5-39 中 R_4 是反馈电阻，起着加快接近开关动作速度的作用。当金属物接近时，振荡电路停振，R_4 将 VT_2 上升的集电极电压反馈到 VT_1 的发射极，加快 VT_1 截止，使振荡迅速可靠地停振。当金属物离去时，R_4 将 VT_2 下降的集电极电压反馈到 VT_1，加快 VT_1 导通，使振荡迅速起振。这样，有利于加快接近开关的动作时间。

图 5-39 中 VD_2 起着加速起振作用（不作详述），二极管 VD_3 是继电器线圈的续流二极管（不能接反）。

LJ1-24 型接近开关的供电电压为+24 V，最大输出电流为 100 mA，动作距离约为 2.5 mm。金属物到位时，输出端输出电压≥22 V；金属物离去后，输出电压＜50 mV，开关的重复定位精度不大于 0.03 mm。

任务 5.4 动力线路中常用电器

一、断路器

断路器，又称为自动空气开关，它可用来分配电能，不频繁地启动异步电动机，对电源线路及电动机等实行保护。当发生严重的过载或短路及欠电压等故障时能自动切断电路，其功能相当于熔断器式断路器与过流、欠压、热继电器等的组合，而且在分断故障电流后一般不需要更换零部件，因而获得了广泛应用。

（一）结构及工作原理

断路器的结构、工作原理如图 5-40 所示，主要由触头、灭弧系统、各种脱扣和操作结构等组成。

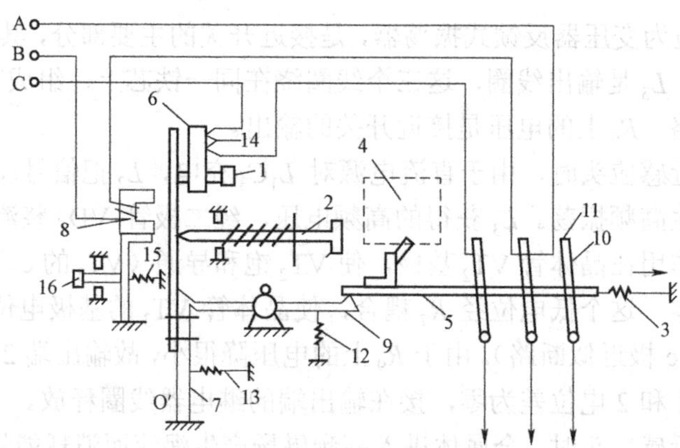

图 5－40　断路器的结构、工作原理

1—热脱扣器整定按钮；2—手动脱扣按钮；3—脱扣弹簧；4—手动合闸机构；5—合闸联杆；6—热脱扣器；7—锁扣；8—电磁脱扣器；9—脱扣联杆；10，11—动、静触点；12，13—弹簧；14—发热元件；15—电磁脱扣弹簧；16—调节旋钮

手动合闸后，动、静触点闭合，脱扣联杆 9 被锁扣 7 的锁钩钩住，它又将合闸联杆 5 钩住，将触点保持在闭合状态。发热元件 14 与主电路串联，有电流流过时产生热量，使热脱扣器 6 的下端向左弯曲，发生过载时，热脱扣器 6 弯曲到将脱扣锁钩推离开脱扣联杆 9，从而松开合闸联杆 5，动、静触点 10、11 受脱扣弹簧 3 的作用而迅速分开。电磁脱扣器 8 有一个匝数很少的线圈与主电路串联。当发生短路时，它使铁芯脱扣器上部的吸力大于弹簧的反力，脱扣锁钩向左转动，最后也使触点断开。如果要求手动脱扣时，按下手动脱扣按钮 2 就可使触点断开。脱扣器可以对脱扣电流进行整定，只要改变热脱扣器所需要的弯曲程度和电磁脱扣器铁芯机构的气隙大小就可以了。热脱扣器和电磁脱扣器互相配合，热脱扣器担负主电路的过载保护，电磁脱扣器担负短路故障保护。当断路器由于过载而断开后，应等待 2～3 min 才能重新合闸，以使热脱扣器回复原位。

断路器的主要触点由耐压电弧合金（如银钨合金）制成，采用灭弧栅片加陶瓷罩来灭弧。

（二）类型及其主要参数

1. 断路器的类型

（1）万能式断路器。它又称敞开式断路器，具有绝缘衬底的框架结构底座，所有的构件组装在一起，用于配电网络的保护。主要型号有 DW10 和 DW15 两个系列。

（2）装置式断路器。它又称塑料外壳式断路器，具有模压绝缘材料制成的封闭型外壳，将所有构件组装在一起，用作配电网络的保护以及成为电动机、照明电路及电热器等的控制开关。主要型号有 DZ5、DZ10、DZ20 等系列。

（3）快速断路器。它具有快速电磁铁和强有力的灭弧装置，最快动作时间可在 0.02 s 以内，用于半导体整流元件和整流装置的保护。主要型号为 DS 系列。

（4）限流断路器。它利用短路电流产生巨大的吸力，使触点迅速断开，能在交流短路电流尚未达到峰值之前就把故障电路切断。用于短路电流相当大（高达 70 kA）的电路中，主要型号有 DWX15 和 DZX10 两个系列。另外，中国引进的国外断路器产品有德国的 ME 系列，SIEMENS 的 3WE 系列，日本的 AE、AH、TG 系列，法国的 C45、S060 系列，美国的 H 系列等。这些引进产品都有较高的技术经济指标，这些国外先进技术的引进，使中国断路器的技术水平达到一个新的阶段，为中国今后开发和完善新一代智能型的断路器打下了良好的基础。断路器的图形、文字符号如图 5－41 所示。

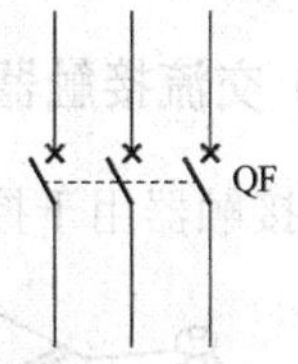

图 5－41　断路器的图形、文字符号

2. 断路器的主要参数

（1）额定电压。额定电压是指断路器在长期工作时的允许电压。通常，它等于或大于电路的额定电压。

（2）额定电流。额定电流是指断路器在长期工作时的允许持续电流。

（3）通断能力。通断能力是指断路器在规定的电压、频率以及规定的线路参数（交流电路为功率因素，直流电路为时间常数）下，所能接通和分断的断路电流值。

（4）分断时间。分断时间是指断路器切断故障电流所需的时间。

（三）断路器的选择

（1）断路器的额定电流和额定电压应大于或等于线路、设备的正常工作电压和工作电流。

（2）断路器的极限通断能力应大于或等于电路最大短路电流。

（3）欠电压脱扣器的额定电压等于线路的额定电压。

（4）过电流脱扣器的额定电流大于或等于线路的最大负载电流。使用断路器来实现短路保护比熔断器优越，因为当三相电路短路时，很可能只有一相的熔断器熔断，造成单相运行。对于低压断路器来说，只要造成短路都会使开关跳闸，将三相同时切断。另外还有其他自动保护作用。但其结构复杂、操作频率低、价格较高，因此适用于要求较高的场合，如电源总配电盘。

二、接触器

对于大容量的电动机或负载，或操作频繁的电路，或需要远距离操作和自动控制时，手动控制电器显然不能满足要求，必须采用自动电器。接触器是一种用于频繁地接通或断开交直流主电路、大容量控制电路等大电流电路的自动切换电器。在功能上接触器除能自动切换外，还具有手动开关所缺乏的远距离操作功能和失压（或欠压）保护功能，但没有自动开关所具有的过载和短路保护功能。接触器生产方便、成本低，主要用于控制电动机、电热设备、电焊机、电容器组件等，是电力拖动自动控制线路中应用最广泛的电器元件。

接触器按其主触点控制的电路中电流种类分类，有直流接触器和交流接触器。它们的线圈电流种类既有与各自主触点电流相同的，也有不同的，如对于重要场合使用的交流接触器，为了工作可靠，其线圈可采用直流励磁方式。按其主触点的极数（主触点的个数）来分，则直流接触器有单极和双极两种；交流接触器有三极、四极和五极三种。其中交流接触器用于单相双回路控制可采用四极，对于多速电动机的控制或自耦降压启动控制，可采用五极的交流接触器。图 5－42 所示为交流接触器工作原理示意图。

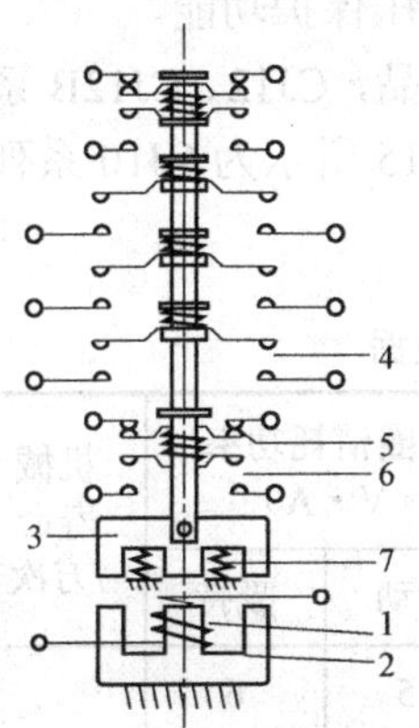

图 5－42　交流接触器工作原理示意图

1—电磁铁线圈；2—静铁芯；3—动铁芯；4—主触头；5—常闭辅助触头；6—常开辅助触头；7—恢复弹簧

（一）交流接触器

交流接触器用于控制电压至 380 V、电流至 600 A 的 50 Hz 交流电路。铁芯为双 E 型，由硅钢片叠成。在静铁芯端面上嵌入短路环。对于 CJ0、CJ10、CJ20 系列交流接触器，大都采用衔铁做直线运动的双E直动式或螺管式电磁机构。而 CJ12、CJ12B 系列交流接触器，则采用衔铁绕轴转动的拍合式电磁机构。线圈做成短而粗的形状，线圈与铁芯之间留有空隙以增加铁芯的散热效果。接触器的触头用于分断或接通电路。图 5－43 所示为交流接触器结构。

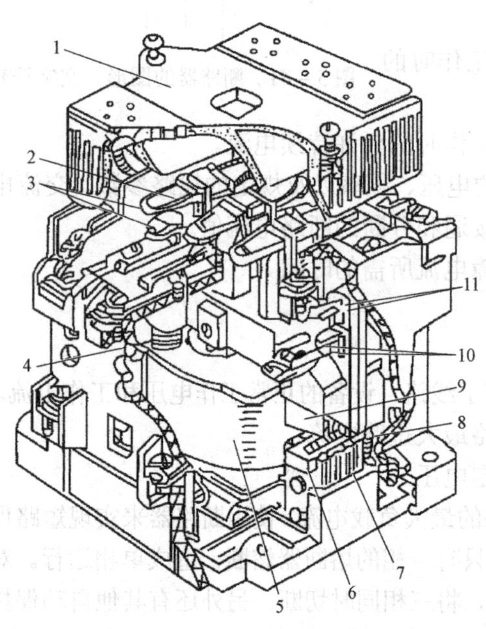

图 5－43　交流接触器结构图

1—灭弧罩；2—触头压力弹簧片；3—主触头；4—反作用弹簧；5—线圈；6—短路环；7—静铁芯；8—弹簧；9—动铁；10—辅助常开触头；11—辅助常闭触头

交流接触器一般有 3 对主触头，2 对辅助触头。主触头用于接通或分断主电路，主触头和辅助触头一般采用双断点的桥式触头，电路的接通和分断由两个触头共同完成。由于这种双断点的桥式触头具有电动力吹弧的作用，所以 10 A 以下的交流接触器一般无灭弧装置，而 10 A 以上的交流接触器则采用栅片灭弧罩灭弧。

交流接触器工作时，在线圈上的交流电压大于线圈额定电压值的 85%时，接触器能够可靠地吸合。

其原理为：在线圈上施加交流电压后在铁芯中产生磁通，该磁通对衔铁产生克服复位弹簧拉力的电磁吸力，使衔铁带动触头动作。触头动作时，常闭触头先断开，常开触头后闭合，主触头和辅助触头同时动作。当电压值降到某一数值时，铁芯中的磁通下降，吸力减小到不足以克服复位弹簧的反力时，衔铁就在复位弹簧的反力作用下复位，使主触头和辅助触头的常开触头断开，常闭触头恢复闭合。这个功能就是接触器的失压保护功能。

常用的交流接触器有 CJ10 系列，可取代 CJ0、CJ8 等老产品，CJ12、CJ12B 系列可取代 CJ1、CJ2、CJ3 等老产品，其中 CJ10 是统一设计产品。表 5－15 所示为 CJ10 系列交流接触器的技术数据。

表 5－15　CJ10 系列交流接触器的技术数据

<table>
<tr><th rowspan="2">型号</th><th rowspan="2">额定电压/V</th><th rowspan="2">额定电流/A</th><th colspan="3">可控制的三相异步电动机的最大功率/kW</th><th rowspan="2">额定操作频率/（次/h）</th><th colspan="2">线圈消耗功率/（V・A）</th><th rowspan="2">机械寿命/万次</th><th rowspan="2">电寿命/万次</th></tr>
<tr><th>220 V</th><th>380 V</th><th>500 V</th><th>启动</th><th>吸持</th></tr>
<tr><td>CJ10－5</td><td rowspan="3">380
500</td><td>5</td><td>1.2</td><td>2.2</td><td>2.2</td><td rowspan="3">600</td><td>35</td><td>6</td><td rowspan="3">00</td><td rowspan="3">60</td></tr>
<tr><td>CJ10－10</td><td>10</td><td>2.2</td><td>4</td><td>4</td><td>65</td><td>11</td></tr>
<tr><td>CJ10－20</td><td>20</td><td>5.5</td><td>10</td><td>10</td><td>140</td><td>22</td></tr>
</table>

续表

型号	额定电压/V	额定电流/A	可控制的三相异步电动机的最大功率/kW			额定操作频率/（次/h）	线圈消耗功率/（V·A）		机械寿命/万次	电寿命/万次
			220 V	380 V	500 V		启动	吸持		
CJ10-40	380 500	40	11	20	20	600	230	32	00	60
CJ10-60		60	17	30	30		485	95		
CJ10-100		100	30	50	50		760	105		
CJ10-150		150	43	75	75		950	110		

（二）直流接触器

直流接触器主要用于电压 440 V、电流 600 A 以下的直流电路。其结构与工作原理基本上与交流接触器相同。所不同的是除触头电流和线圈电压为直流外，其他触头大都采用滚动接触的指形触头，辅助触头则采用点接触的桥形触头。铁芯由整块钢或铸铁制成，线圈制成长而薄的圆筒形。为保证衔铁可靠地释放，常在铁芯与衔铁之间垫有非磁性垫片。由于直流电弧不像交流电弧有自然过零点，所以更难熄灭，因此，直流接触器常采用磁吹式灭弧装置。直流接触器的常见型号有 CZO 系列，可取代 CZ1、CZ2、CZ3 等系列。CZ0 系列直流接触器的技术数据见表 5-16。

表 5-16　CZ0 系列直流接触器的技术数据

型号	额定电压/V	额定电流/A	额定操作频率/（次/h）	主触头形式及数目		辅助触头形式及数目		吸引线圈额定电压/V	吸引线圈消耗功率/W
				常开	常闭	常开	常闭		
CZ0-40/20	440	40	1 200	2	—	2	2	24，48，110，220，440	22
CZ0-40/02		40	600	—	2	2	2		24
CZ0-100/10		100	1 200	1	—	2	2		24
CZ0-100/01		100	600	—	1	2	1		24
CZ0-100/20		100	1 200	2	—	2	2		30
CZ0-150/10		150	1 200	1	—	2	2		30
CZ0-150-01		150	600	—	1	2	1		25
CZ0-150-20		150	1 200	2	—	2	2		40
CZ0-250/10		250	600	1	—	5（其中 1 对常开，另 4 对可任意组合成常开或常闭）			31
CZ0-250/20		250	600	2	—				40
CZ0-400/10		400	600	1	—				28
CZ0-400/20		400	600	2	—				43
CZ0-600/10		600	600	1	—				50

（三）主要技术参数及型号的含义

1. 主要技术参数

（1）额定电压。接触器铭牌上的额定电压是指主触头的额定电压。交流有 127 V、220 V、380 V、500 V 等 n 挡；直流有 110 V、220 V、440 V 等 n 挡。

（2）额定电流。接触器铭牌上的额定电流是指主触头的额定电流，有 5 A、10 A、20 A、40 A、60 A、100 A、150 A、250 A、400 A 和 600 A。

（3）吸引线圈的额定电压。其交流有 36 V、110 V、127 V、220 V、380 V，直流有 24 V、48 V、220 V、440 V。

（4）电气寿命和机械寿命。接触器的电气寿命用不同使用条件下无须修理或更换零件的负载操作次数来表示。接触器的机械寿命用其在需要正常维修或更换机械零件前，包括更换触头，所能承受的无载操作循环次数来表示。

（5）额定操作频率。它是指接触器的每小时操作次数。

2. 型号含义

接触器的型号含义如下：

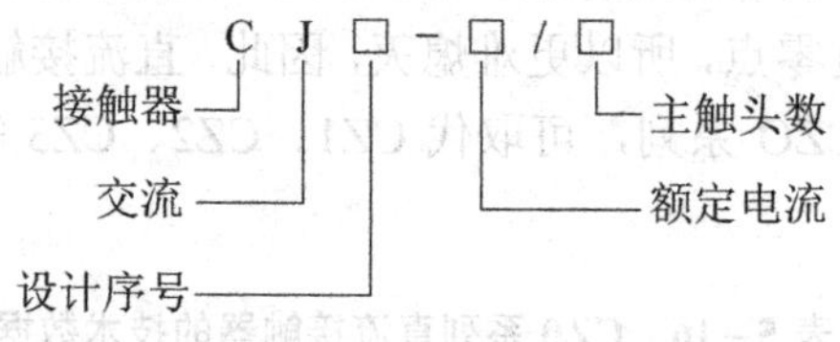

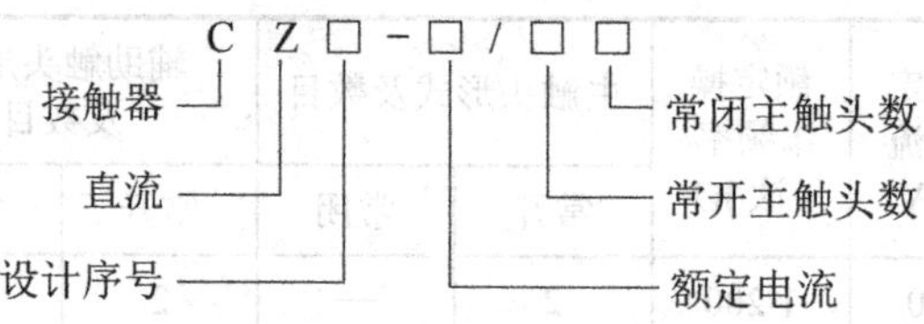

3. 接触器的图形符号及文字符号

接触器的图形符号及文字符号如图 5－44 所示。

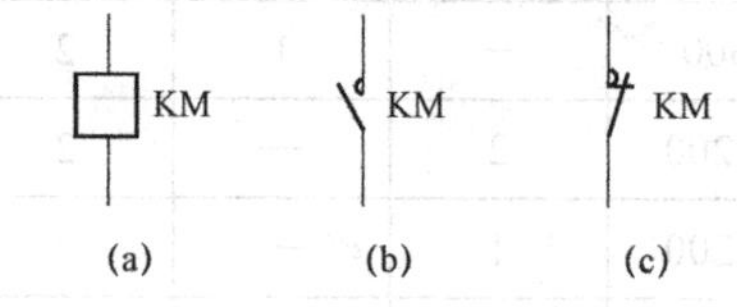

图 5－44　接触器的图形符号及文字符号

（a）线圈；（b）常开触头；（c）常闭触头

（四）接触器的选择

1. 接触器的类型选择

根据接触器所控制的负载性质，选择直流接触器或交流接触器。

2. 额定电压的选择

接触器的额定电压应大于或等于所控制线路的电压。

3. 额定电流的选择

接触器的额定电流应大于或等于所控制电路的额定电流。对于电动机负载可按下列经验公式计算：

$$I_c = \frac{P_N}{KU_N} \tag{5-8}$$

式中 I_c——接触器主触头电流，A；

P_N——电动机额定功率，kW；

U_N——电动机额定电压，V；

K——经验系数，一般取 1～1.4。

4. 吸引线圈额定电压选择

根据控制回路的电压选用。

5. 触头数量、种类选择

在选择触头数量、种类时，应对电动机或负载是否操作频繁，或需要远距离操作和自动控制等需求来确定，同时还要考虑失压（或欠压）保护功能。接触器由于成本比较低，因此主要用于控制电动机、电热设备、电焊机等，是电力拖动控制线路中应用最广泛的电器元件。

任务 5.5 低压电器智能化和发展趋势

随着计算机技术及应用的飞速发展，智能化技术用到了低压电器中，这种智能型低压电器控制的核心是具有单片计算机功能的微处理器，智能型低压电器的功能不但覆盖了全部相应的传统电器和电子电器的功能，而且还扩充了测量、显示、控制、参数设定、报警、数据记忆及通信等功能。随着技术的发展，智能电器在性能上更是大大优于传统电器和电子电器。除了通用的单片计算机外，各种专用的集成电路如漏电保护等专用集成电路、专用运算电路等的采用，减轻了 CPU 的工作负荷，提高了系统的相应速度。另外，系统集成化技术、新型的智能化和集成化传感器的采用，使智能化电气产品的整体性提高了一个档次。尤其是可通信智能电器产品的使用，适应了当前网络化的需要，有良好的发展前景。

一、智能化接触器

智能化接触器的主要特征是装有智能化电磁系统，并具有与数据总线及与其他设备之间相互通信的功能，其本身还具有对运行工况进行自动识别、控制和执行的能力。

智能化接触器一般由基本的电磁接触器及附件构成。附件包括智能控制模块、辅助触头组、机械联锁机构、报警模块、测量显示模块、通信接口模块等，所有智能化功能都集成在一块以微处理器或单片机为核心的控制板上。从外形结构上看，与传统产品不同的是智能化接触器在出线端位置增加了一块带中央处理器及测量线圈的机电一体化的线路板。

1. 智能化电磁系统

智能化接触器的核心是具有智能化控制的电磁系统，对接触器的电磁系统进行动态控制。由接触器的工作原理可见，其工作过程可分为吸合过程、保持过程、分断过程三部分，是一个变化规律十分复杂的动态过程。电磁系统的动作质量依赖于控制电源电压，阻尼机构和反力弹簧等，并不可避免地存在不同程度的动、静铁芯的“撞击”“弹跳”等现象，甚至造成“触头熔焊”和“线圈烧损”等，即传统的电磁接触器的动作具有被动的“不确定”性。智能化接触器是对接触器的整个动态工作过程进行实时控制，根据动作过程中检测到的电磁系统的参数，如线圈电流、电磁吸力、运动位移、速度和加速度、正常吸合门槛电压和释放电压等参数，进行实时数据处理，并依此选取事先存储在控制芯片中的相应控制方案以实现“确定”的动作，从而同步吸合、保持和分断三个过程，保证触头开断过程的电弧量最小，实现三过程的最佳实时控制。检测元件主要是采用了高精度的电压互感器和电流互感器，但这种互感器与传统的互感器有所区别，如电流互感器是通过测量一次侧电流周围产生的磁通量并使之转化为二次侧的开路电压，依此确定一次侧的电流，再通过计算得出 I^2 及 I^2t 值，从而获取与控制对象相匹配的保护特性，并具有记忆、判断功能，能够自动调整、优化保护特性。经过对被控制电路的电压和电流信号的检测、判别和变换过程，实现对接触器电磁线圈的智能化控制，并可实现过载、断相或三相不平衡、短路、接地故障等保护功能。

2. 双向通信与控制接口

智能化接触器能够通过通信接口直接与自动控制系统的通信网络相连，通过数据总线可输出工作状态参数、负载数据和报警信息等，另外可接收上位控制计算机及可编程序控制器（PLC）的控制指令，其通信接口可以与当前工业上应用的大多数低压电器数据通信规约兼容。目前智能化接触器的产品尚不多，已面世的产品在一定程度上代表了当今智能化接触器技术发展的方向。如日本富士电机公司的 NewSC 系列交流接触器，美国西屋公司的“A”系列智能化接触器，ABB 公司的 AF 系列智能化接触器等。

二、智能型断路器

智能型断路器是指具有智能化控制单元的低压断路器。智能型断路器与普通断路器一样，也有基本框架（绝缘外壳）、触头系统和操作机构。所不同的是普通断路器上的脱扣器现在换成了具有一定人工智能的控制单元，或者叫智能型脱扣器。这种智能型控制单元的核心是具有单片机功能的微处理器，其功能不但覆盖了全部脱扣器的保护功能（如短路保护、过流过热保护、漏电保护、缺相保护等），而且还能够显示电路中的各种参数（电流、电压、功率、功率因素等）。各种保护功能的动作参数也可以显示、设定和修改。保护电路动作时的故障参数，可以存储在非易失存储器中以便查询。还扩充了测量、控制、报警、数据记忆及传输、通信等功能，其性能大大优于传统的断路器产品。

三、集成化技术的应用

随着集成电路技术的不断提高，微处理器和单片机的功能越来越强大，成为智能型可通信断路器的核心控制技术。专用集成电路和漏电保护、缺相保护专用集成电路、专用运算电路等的采用，不仅能减轻 CPU 的工作负荷，而且能够提高系统的相应速度。另外，断路器要完成上述保护功能，就要有相应的各种传感器。要求传感器有较高的精度、较宽的动态范围，同时又要求体积小，输出信号还要便于与智能控制电路接口。故新型的智能化、集成化传感器的采用可使智能化电气开关的整体性能提高一个档次。智能化断路器是以微处理器为核心的机电一体化产品，使用了系统集成化技术。它包括供电部分（常规供电、电池供电、电流互感器自供电），传感器，控制部分，调整部分以及开关本体。各个部分之间相互关联又相互影响。如何协调与处理好各个部分之间的关系，使其既满足所有的功能，又不超出现有技术条件所允许的范围（体积、功耗、可靠性、电磁兼容性等），就是系统集成技术的主要内容。

智能化断路器原理框图如图5-45所示。单片机对各路电压和电流信号进行规定的检测。当电压过高或过低时发出缺相脱扣信号。当缺相功能有效时，若三相电流不平衡，超过设定值，则发出缺相脱扣信号，同时对各相电流进行检测，根据设定的参数实施三段式（瞬动、短延时、长延时）电流热模拟保护。

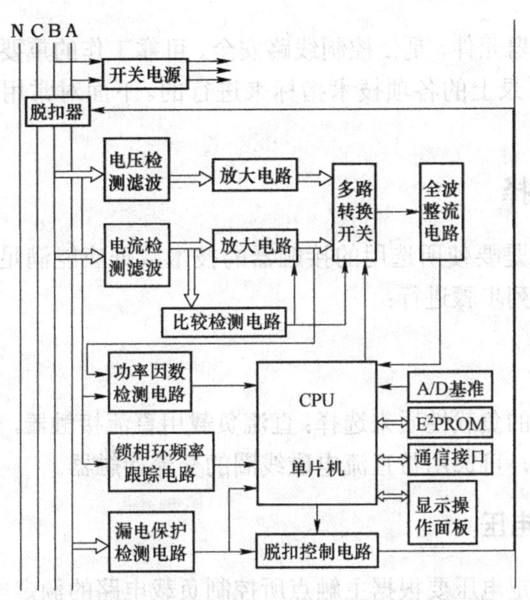

图5-45 智能化断路器原理框图

目前，国内生产智能型断路器的厂家还不多，其中有的是国内协作生产的，如贵州长征电器九厂的MA40B系列智能型万能式断路器、上海人民电器厂的RMW1系列智能型空气断路器；有的是引进技术生产的，如上海施耐德配电电器有限公司引进法国梅兰日兰公司的技术和设备生产的M系列万能式断路器、厦门ABB低压电器设备有限公司引进ABB SACE公司的技术设备生产的F系列的万能式断路器等。

项目 6　电器元件的选择和电动机的保护

任务 6.1　电器元件的选择

正确合理地选择电器元件，是使控制线路安全、可靠工作的重要保证。电器元件的选择，主要是根据电器产品目录上的各项技术指标来进行的。下面对常用电器的选用做一简单的介绍。

一、接触器的选择

正确选择接触器就是要使所选用的接触器的技术数据应能满足控制线路对它提出的要求。选择接触器可按下列步骤进行：

（一）接触器种类

根据接触器所控制的负载性质来选择：直流负载用直流接触器，交流负载用交流接触器，对频繁动作的交流负载，可选用带直流电磁线圈的交流接触器。

（二）接触器额定电压

接触器主触点的额定电压要根据主触点所控制负载电路的额定电压来确定。例如，所控制的负载为380 V的三相鼠笼型异步电动机，则应选用额定电压为380 V以上的交流接触器。

（三）接触器额定电流

一般情况下，接触器主触点的额定电流应大于等于负载或电动机的额定电流，计算公式为

$$I_N \geqslant \frac{P_N \times 10^3}{KU_N}$$

式中　I_N——接触器主触点额定电流；

K——经验常数，一般取 1～1.4；

P_N——被控电动机额定功率；

U_N——被控电动机额定线电压。

如果接触器用于电动机的频繁启动、制动或正反转的场合，一般可将其额定电流降一个等级来选用。常用的额定电流等级为：5 A、10 A、20 A、40 A、60 A、100 A、150 A、250 A、400 A、600 A 等，具体电流等级随选用的系列不同而不同。

（四）接触器电磁线圈的额定电压

接触器电磁线圈的额定电压应等于控制回路的电源电压。其电压等级为：交流线圈 36 V、110 V、127 V、220 V、380 V；直流线圈 24 V、48 V、110 V、220 V、440 V 等。

为了保证安全，一般接触器电磁线圈均选用较低的电压值，如 110 V、127 V，并由控制变压器供电。但当控制电路比较简单，所用接触器的数量较少时，为了省去变压器，可选用 380 V、220 V 电压。

（五）接触器触点数目

接触器触点数目根据控制线路的要求而定。交流接触器通常有三对常开主触点和四至六对辅助触点，直流接触器通常有两对常开主触点和四对辅助触点。

（六）接触器额定操作频率

一般交流接触器为 600 次/h，直流接触器为 1 200 次/h。

二、继电器的选择

选择继电器时，应主要考虑电源种类、触点的额定电压和额定电流、线圈的额定电压或额定电流。触点组合方式及数量、吸合时间及释放时间等因素。下面介绍几种常用继电器的选择原则：

（一）电磁式继电器的选择

1. 电流继电器

根据负载所要求的保护作用，电流继电器分为过电流继电器和欠电流继电器两种类型。

过电流继电器选择的主要参数是额定电流和动作电流，其额定电流应大于或等于被保护电动机的额定电流，动作电流应根据电动机工作情况按其启动电流的 1.1～1.3 倍整定。一般绕线型异步电动机的启动电流按 2.5 倍额定电流考虑，笼型异步电动机的启动电流按 5～7 倍额定电流考虑。选择过电流继电器的动作电流时，应留有一定的调节余地。

欠电流继电器一般用于直流电动机及电磁吸盘的弱磁保护。选择的主要参数是额定电流和释放电流，其额定电流应大于或等于额定励磁电流，释放电流整定值应低于励磁电路正常工作范围内可能出现的最小励磁电流，可取最小励磁电流的 0.85 倍。选择欠电流继电器的释放电流时，应留有一定的调节余地。

2. 电压继电器

根据在控制电路中的作用，电压继电器分为过电压继电器和欠电压（零电压）继电器两种类型。

过电压继电器选择的主要参数是额定电压和动作电压，其动作电压可按系统额定电压的 1.1～1.5 倍整定。欠电压继电器常用一般电磁式继电器或小型接触器充任，其选用只要满足一般要求即可，对释放电压值无特殊要求。

（二）热继电器的选择

热继电器主要用于电动机的过载保护，选用时通常从电动机型式、工作环境、启动情况及负载性质等几方面综合加以考虑：

1. 热继电器结构型式

当电动机绕组为Y接法时，可选用两相结构的热继电器，如果电网电压严重不平衡、工作环境恶劣，可选用三相结构的热继电器；当电动机绕组为△接法时，则应选用带断相保护装置的三相结构热继电器。

2. 热继电器额定电流

对于长期正常运行的电动机，热继电器热元件额定电流取为电动机额定电流的 0.95～1.05 倍；对于过载能力较差的电动机，热继电器热元件额定电流取为电动机额定电流的 0.6～0.8 倍。

对于不频繁启动的电动机，要保证热继电器在电动机启动过程中不产生误动作，若电动机启动电流为其额定电流的 6 倍，并且启动时间不超过 6 s 时，则可按电动机的额定电流来选择热继电器。

对于重复短时工作制的电动机，首先要确定热继电器的允许操作频率，可根据电动机的启动参数（启动时间、启动电流等）和通电持续率来选择。

（三）时间继电器的选择

时间继电器的类型很多，选用时应从以下几方面考虑：

1. 电流种类和电压等级

电磁阻尼式和空气阻尼式时间继电器，其线圈的电流种类和电压等级应与控制电路的相同；电动机式和晶体管式时间继电器，其电源的电流种类和电压等级应与控制电路的相同。

2. 延时方式

根据控制电路的要求来选择延时方式，即通电延时型和断电延时型。

3. 触点型式和数量

根据控制电路的要求来选择触点型式（延时闭合或延时断开）及数量。

4. 延时精度

电磁阻尼式时间继电器适用于延时精度要求不高的场合，电动机式或电子式时间继电器适用于延时精度要求高的场合。

5. 操作频率

操作频率不宜过高，否则会影响继电器寿命，甚至会导致延时动作失调。

（四）中间继电器的选择

选用中间继电器时，注意线圈的电流种类和电压等级应与控制电路一致，同时，触点的数量、种类及容量也要根据控制电路的需要来选定。如果一个中间继电器的触点数量不够用，可以将两个中间继电器并联使用，以增加触点的数量。

三、熔断器的选择

（一）一般熔断器的选择

一般熔断器的选择内容主要是熔断器类型、额定电压、额定电流等级及熔体的额定电流。

1. 熔断器类型

熔断器类型根据线路要求、使用场合及安装条件来选择，其保护特性应与被保护对象的过载能力相匹配。对于容量较小的照明及电动机，一般是考虑它们的过载保护，可选用熔体熔化系数小一些的熔断器，如熔体为铅锡合金的RC1A系列熔断器；对于容量较大的照明及电动机，除过载保护外，还应考虑短路时的分断短路电流能力，若短路电流较小时，可选用低分断能力的熔断器，如熔体为锌质的RM10系列熔断器；若短路电流较大时，可选用高分断能力的RL1系列熔断器；若短路电流相当大时，可选用有限流作用的RT0及RT12系列熔断器。

2. 熔断器额定电压及额定电流

熔断器的额定电压应大于或等于线路的工作电压，额定电流应大于或等于所装熔体的额定电流。

3. 熔断器熔体的额定电流

（1）对于如照明线路或电热设备等没有冲击电流的负载，应选择熔体的额定电流等于或稍大于负载的额定电流，即

$$I_{RN} \geqslant I_N$$

式中 I_{RN}——熔体额定电流；

I_N——负载额定电流。

（2）对于长期工作的单台电动机，要考虑电动机启动时不应熔断，即

$$I_{RN} \geqslant (1.5 \sim 2.5) I_N$$

轻载时系数取1.5，重载时系数取2.5。

（3）对于频繁启动的电动机，在频繁启动时，熔断器不应熔断，即

$$I_{RN} \geqslant (3 \sim 3.5) I_N$$

（4）对于多台电动机长期共用一个熔断器，熔体额定电流选择为

$$I_{RN} \geqslant (1.5 \sim 2.5) I_{Nmax} + \sum I_N$$

式中 I_{Nmax}——容量最大的电动机额定电流；

$\sum I_N$——除容量最大的电动机外，其余电动机额定电流之和。

对于配电系统，在多级熔断器保护中，为防止发生越级熔断，使上、下级熔断器间有良好的配合，选用熔断器时应注意上一级（干线）熔断器的熔体额定电流比下一级（支线）的额定电流大1～2个级差。

（二）快速熔断器的选择

1. 快速熔断器熔体的额定电流

选择熔体额定电流时应当注意，快速熔断器熔体的额定电流是以有效值表示的，而硅整流元件和晶闸管的额定电流则是以平均值表示的。

当快速熔断器接入交流侧，熔体的额定电流选为

$$I_{RN} \geqslant K_1 I_{Zmax}$$

式中 I_{Zmax}——可能使用的最大整流电流；

K_1——与整流电路的形式及导电情况有关的系数，若保护硅整流元件时，K_1取值见表6-1；

若保护晶闸管时，K_1 取值见表 6－2。

表 6－1　不同整流电路时的 K_1 值

整流电路形式	单相半波	单相全波	单相桥式	三相半波	三相桥式	双星形六相
K_1 值	1.57	0.785	1.11	0.575	0.816	0.29

表 6－2　不同整流电路及不同导通角时的 K_1 值

晶闸管导通角		180°	150°	120°	90°	60°	30°
整流电路形式	单相半波	1.57	1.66	1.88	2.22	2.78	3.99
	单相桥式	1.11	1.17	1.33	1.57	1.97	2.82
	三相桥式	0.816	0.828	0.865	1.03	1.29	1.88

当快速熔断器接入整流桥臂时，熔体额定电流选为

$$I_{RN} \geqslant 1.5 I_{GN}$$

式中　I_{GN}——硅整流元件或晶闸管的额定电流（平均值）。

2. 快速熔断器额定电压

快速熔断器分断电流的瞬间，最高电弧电压可达电源电压的 1.5～2 倍。因此，硅整流元件或晶闸管的反向峰值电压必须大于此电压值才能安全工作，即

$$U_F \geqslant K_2 \sqrt{2}\, U_{RE}$$

式中　U_F——硅整流元件或晶闸管的反向峰值电压；

U_{RE}——快速熔断器额定电压；

K_2——安全系数，一般取为 1.5～2。

四、开关电器的选择

（一）刀开关的选择

刀开关主要根据使用场合、电源种类、电压等级、电机容量及所需极数来选择。

首先根据刀开关在线路中的作用和安装位置选择其结构形式。若用于隔断电源时，需选用无灭弧罩的产品；若用于分断负载时，则需选用有灭弧罩且用杠杆来操作的产品。然后再根据线路电压和电流来选择，刀开关的额定电压应大于或等于所在线路的额定电压；额定电流应大于负载的额定电流，当负载为异步电动机时，其额定电流应取为电动机额定电流的 1.5 倍以上。刀开关的极数应与所在电路的极数相同。

（二）组合开关的选择

组合开关主要根据电源种类、电压等级、所需触点数及电动机容量进行选择。选择时应掌握以下原则：

（1）组合开关的通断能力并不是很高，因此不能用它来分断故障电流。对用于控制电动机可逆运行的组合开关，必须在电动机完全停止转动后才允许反方向接通。

（2）组合开关接线方式很多，使用时应根据需要正确地选择相应规格的产品。

（3）组合开关的动作频率不宜太高（一般不宜超过 300 次/h），所控制负载的功率因数也不能低于规定值，否则组合开关就要降低容量使用。

（4）组合开关本身不带过载、短路、欠压保护，如果需要这类保护，必须另设其他保护电器。

（三）低压断路器的选择

低压断路器主要根据保护特性要求、分断能力、电网电压类型及等级、负载电流、操作频率等方面进行选择。

1. 额定电压和额定电流

低压断路器的额定电压和额定电流应大于或等于线路的额定电压和额定电流。

2. 热脱扣器

热脱扣器整定电流应与被控制电动机的额定电流或负载的额定电流一致。

3. 过电流脱扣器

过电流脱扣器瞬时动作整定电流由下式确定：

$$I_Z \geqslant KI_S$$

式中 I_Z——瞬时动作整定电流值；

I_S——线路中的尖峰电流。若负载是电动机，则 I_S 即为启动电流；

K——考虑整定误差和启动电流允许变化的安全系数。当动作时间大于 20 ms 时，取 $K=1.35$；当动作时间小于 20 ms 时，取 $K=1.7$。

4. 欠电压脱扣器

欠电压脱扣器的额定电压应等于线路的额定电压。

（四）电源开关联锁机构

电源开关联锁机构与相应的断路器和组合开关配套使用，用于接通电源、断开电源和柜门开关联锁，以达到在切断电源后才能打开门、将门关闭好后才能接通电源的效果，起到安全保护作用。电源开关联锁机构有 DJL 系列和 JDS 系列。

五、控制变压器的选择

控制变压器一般用于降低控制电路或辅助电路的电压，提高控制电路的安全可靠性。控制变压器主要根据一次侧、二次侧的电压等级及所需要的变压器容量来选择。

控制变压器一次侧电压应与所接的交流电源电压相符合，二次侧电压应与控制电路、辅助电路的电器线圈额定电压相符合。控制变压器容量的选择分为两种情况：

（1）变压器长期运行时，最大工作负载时变压器的容量应大于或等于最大工作负载所需要的功率，计算公式为

$$P_T \geqslant K_T \sum P_{XC}$$

式中 P_T——控制变压器所需容量；

$\sum P_{XC}$——控制电路最大负载时工作的电器所需的总功率，其中 P_{XC} 为电磁器件的吸持功率；

K_T——控制变压器容量储备系数，一般取 $K_T=1.1\sim1.25$。

（2）控制变压器容量应满足已吸合的电器在启动其他电器时仍能保持吸合状态，而启动电器也能可靠地吸合，计算公式为

$$P_{T} \geqslant 0.6\sum P_{XC} + 1.5\sum P_{ST}$$

式中　$\sum P_{ST}$——同时启动的电器总吸收功率。

最后，所需控制变压器的容量应由上两式中所计算出的最大容量决定。

六、主令电器的选择

主令电器种类很多，应用很广泛。下面仅简单介绍两种常用主令电器的选择。

（一）按钮的选择

按钮的选择应从以下几方面考虑：

（1）根据使用场合和具体用途选择按钮形式。

如果按钮安装于控制柜的面板上，需采用开启式的；如要显示工作状态，需采用带指示灯的；如要避免误操作，需采用钥匙式的；如要避免腐蚀性气体侵入，需采用防腐式的。

（2）根据控制作用选择按钮帽的颜色

按钮帽的颜色有红色、绿色、白色、黄色、蓝色、黑色、橙色等，一般启动或通用按钮采用绿色，停止按钮采用红色。

（3）根据控制回路的需要确定触头数量和按钮数量，如单钮、双钮、三钮、多钮等。

（二）行程开关的选择

（1）根据使用场合和控制对象确定行程开关的种类：一般用途行程开关还是起重设备用行程开关。例如，当生产机械运动速度不是太快时，可选用一般用途的行程开关；在工作频率很高，对可靠性及精度要求也很高时，可选用接近开关。

（2）根据生产机械的运动特性确定行程开关的操作方式。

（3）根据使用环境条件确定行程开关的防护形式，如开启式或保护式。

任务 6.2　电动机的保护

电动机除了能满足生产机械的加工工艺要求外，要想长期安全地正常运行，必须有各种保护措施。

保护环节是电气控制系统不可缺少的组成部分，可靠的保护装置可以防止对电动机、电网、电气控制设备以及人身安全的损害。

电动机的安全保护环节有短路保护、过载保护、过电流保护、欠压和失压保护、断相保护、弱磁保护和智能综合保护等。

一、短路保护

在电动机绕组的绝缘、导线的绝缘损坏，负载短路，接线错误等故障情况下，有可能产

生短路现象。短路时产生的瞬时故障电流可能达到电动机额定电流的几十倍，会造成严重的绝缘破坏、导线熔化，因此在电动机中会产生强大的电动力而使绕组或机械部件损坏。

短路保护要求具有瞬动特性，即要求在很短时间内切断电源。当电动机正常启、制动时，短路保护装置不应误动作。

短路保护常用的方法是采用熔断器，将熔断器串接于被保护的电路中，还可以采用具有瞬时动作脱扣器的低压断路器或采用专门的短路保护装置，可以根据任务 6.1 介绍的选择原则来选用和整定动作值。当主电路容量较小时，主电路中的熔断器可以同时作为控制电路的短路保护；当主电路容量较大时，则控制电路需有单独的短路保护熔断器。图 6–1 所示为电动机常用保护类型示意图。

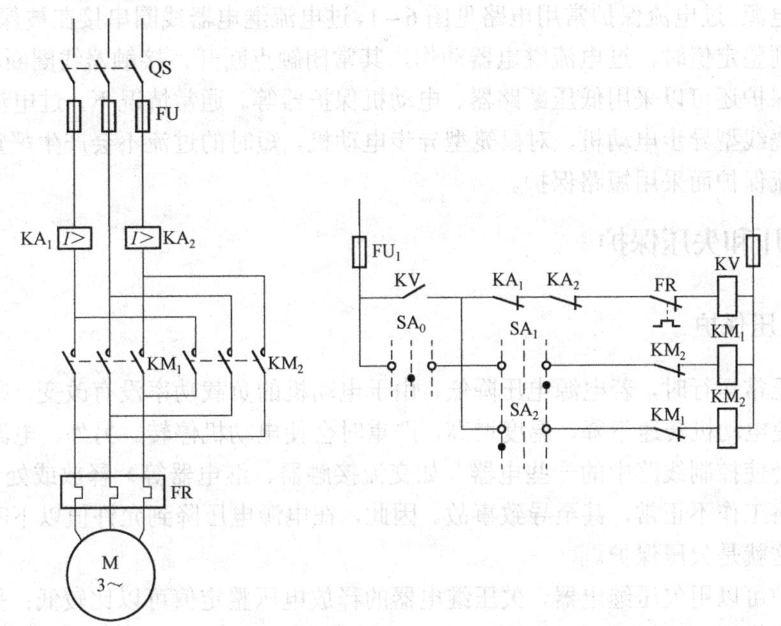

图 6–1 电动机常用保护类型示意图

二、过载保护

过载是指电动机工作电流超过其额定电流而使绕组发热。引起过载的原因很多，如负载的突然增加、电源电压降低、缺相运行等。电动机长期过载运行时，绕组温升将超过其允许值，电动机绝缘材料就要变脆，寿命缩短，甚至使电动机损坏。

电动机过载保护常用的元件是热继电器。热继电器具有反时限特性，即根据电流过载倍数的不同，其动作时间是不同的，过载电流越大，动作时间越短，而电动机为额定电流时，热继电器不动作。由于热惯性的原因，热继电器不会受电动机短时过载冲击电流或短路电流的影响而瞬时动作，所以在使用热继电器做过载保护的同时，还必须设有短路保护，并且选作短路保护的熔断器熔体的额定电流不应超过 4 倍热继电器发热元件的额定电流。过载保护电路见图 6–1。

电动机过载保护还可以采用带长延时脱扣器的低压断路器或具有反时限特性的过电流继电器。采用带长延时脱扣器的低压断路器时，脱扣器的整定电流一般可取为电动机的额定电流或稍大一些，并应考虑到电动机实际启动时间的长短。采用过电流继电器时，保证产生过电流的时间长于启动时间，继电器才动作。

三、过电流保护

过电流是指电动机的工作电流超过其额定值的运行状态，过电流常常是由于不正确的启动和负载转矩过大而引起的，其值比短路电流小。在电动机运行中，产生过电流比发生短路的可能性要大，特别是在频繁正反转、重复短时工作的电动机中更易出现。因此，过电流保护的动作值应比正常的启动电流稍大一些，以免影响电动机的正常运行。

过电流保护也要求保护装置能瞬时动作，即只要过电流值达到整定值，保护装置就应立即动作切断电源。过电流保护常用电路见图 6－1，过电流继电器线圈串接在被保护的电路中，电路电流达到整定值时，过电流继电器动作，其常闭触点断开，接触器线圈断电。

过电流保护还可以采用低压断路器、电动机保护器等。通常情况下，过电流保护用于直流电动机或绕线型异步电动机，对鼠笼型异步电动机，短时的过流不会产生严重后果，所以不采用过电流保护而采用短路保护。

四、欠压和失压保护

（一）欠压保护

电动机正常运行时，若电源电压降低，由于电动机的负载功率没有改变，则电机绕组的电流增加，使电动机转速下降、温度增高，严重时会使电动机停转。另外，电源电压低于一定限度时，会使控制线路中的一些电器（如交流接触器、继电器等）释放或处于抖动状态，造成控制线路工作不正常，甚至导致事故。因此，在电源电压降到允许值以下时，需要自动切断电源。这就是欠压保护。

欠压保护可以用欠压继电器，欠压继电器的释放电压整定值可以比较低；另外，还可用具有失压保护作用的接触器或具有欠电压脱扣器的断路器。图 6－1 所示为采用欠压继电器的保护电路，图中，SA 为主令控制器，有三挡工作位置。

开始工作时，将 SA 置于中间挡位，则 SA_0 闭合，欠压继电器 KV 的线圈通电并自锁。将 SA 置于右边位置时，则 SA_0 断开、SA_1 闭合，接触器 KM_1 通电吸合，电动机正转。将 SA 置于左边位置时，SA_2 闭合，接触 KM_2 通电吸合，电动机反转。若在运行过程中，电源电压降低或消失，欠压继电器 KV 就会断电释放，接触器 KM_1 或 KM_2 也马上释放，电动机脱离电源而停转。当电源电压恢复时，由于 SA_0 和 KV 都是断开的，故 KV 和 KM_1（或 KM_2）都不能通电，电机不会自行启动。若使电动机重新启动，必须将 SA 置于中间位置，使 SA_0 闭合，KV 线圈通电并自锁，然后再将 SA 置于右边或左边位置，电动机才能启动。

（二）失压保护

当电动机接至额定频率的电源上正常工作时，如果电源电压因某种原因消失，那么在电源电压恢复时，电动机将自行启动，此时可能引起电动机或生产机械的损坏，甚至危害工作人员的安全。另外，多台电动机同时自行启动也会引起不允许的过电流和电网电压下降。为了防止电源电压失去后恢复供电时电动机的自行启动，需要进行失压保护，或称零压保护。

失压保护可以用零压继电器。当控制电路中用按钮驱动接触器来控制电动机的启停时，也可利用按钮的自动恢复作用和接触器失压保护功能来实现失压保护，而不必再用零压继电器。因为当电压消失时，接触器就自动释放，其主触点和自锁触点同时断开，切断电动机电源，当电压恢复正常时，必须重新按下启动按钮，才能使电动机启动。

五、断相保护

异步电动机在正常运行时，如果电源任一相断开，电动机将在缺相电源中低速运转或堵转，定子电流很大，是造成电动机绝缘及绕组烧毁的常见故障之一。因此应进行断相保护，或称缺相保护。

引起电动机断相的主要原因有：电动机定子绕组一相断线，电源一相断线，熔断器、接触器、低压断路器等接触不良或接头松动等。断相运行时，线路电流和电动机绕组连接因断相形式（电源断相、绕组断相等）的不同而不同；电动机负载越大，故障电流也越大。

断相保护的方法很多，可以用带断相保护的热继电器、电压继电器及电流继电器等，下面介绍一种固态断相保护器。图 6-2 所示为固态断相保护器的原理框图，它由检测电路、滤波电路、鉴别电路、开关电路、执行电路和稳压电源组成。

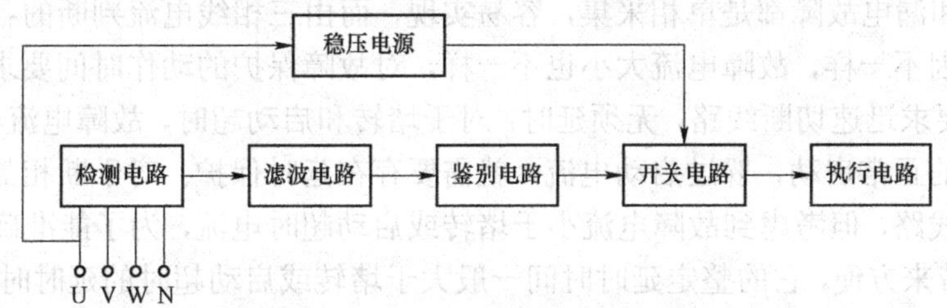

图 6-2 固态断相保护器的原理框图

这种固态断相保护器能有效地滤除电源的谐波干扰，其电路内部不含有可动的电磁继电器，既无机械磨损，又无触点的回跳和抖动现象，故障率低。

六、弱磁保护

直流电动机在轻载运行时，若磁场减弱或消失，将会产生超速运行甚至飞车；直流电动机在重载运行时，若磁场减弱或消失，则电枢电流迅速增加，使电枢绕组绝缘因发热而损坏。因此需要采取弱磁保护。弱磁保护是通过直流电动机励磁回路串入弱磁继电器（欠电流继电器）来实现的，如图 6-3 所示。

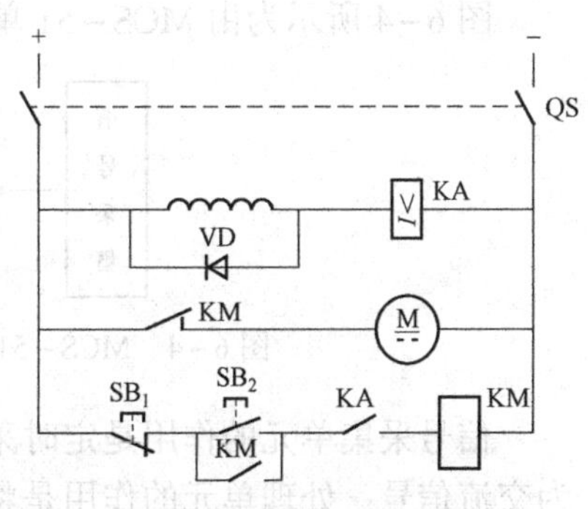

图 6-3 弱磁保护线路

当合上电源开关 QS 后，电动机励磁绕组中通以额定励磁电流，此电流使电流继电器 KA 动作，常开触点闭合。这时，按下启动按钮 SB_2，接触器 KM 线圈通电，其常开主触点闭合，电动机启动运行，若运行时励磁电流消失或减小很多时，电流继电器 KA 释放，常开触点断开，切断主回路接触器 KM 线圈的电源，使电动机脱离电源而停车。

七、智能综合保护

电动机综合保护是对电动机进行常见故障的保护。保护内容有：

（1）具有反时限特性的长延时过载保护。

（2）具有定时限的短延时短路保护。

（3）具有瞬时动作的短路保护。

（4）欠压保护和过压保护。

（5）漏电保护和断相保护。

智能综合保护是把单片机技术引入电动机综合保护中，这样可以提高对电动机的保护水平，使其性能稳定可靠，显示直观、正确，操作方便，保护范围广。下面简单介绍一种以单片机为核心的智能综合保护装置，它可以实现短路、过载、欠压和过压、断相及漏电保护。

（一）设计原理

智能综合保护装置的信号采集单元需要采集电动机的三相线电流来判断电机的短路、断相及过载故障，采集单相线电压来判断失压和过压故障，采集零序电流来判断漏电故障。其中，电压故障和漏电故障都是单相采集，容易实现，而由三相线电流判断的各种故障中，因故障产生的原因不一样，故障电流大小也不一样，对故障保护的动作时间要求就不一样。对于短路故障，要求迅速切断线路，无须延时；对于堵转和启动超时，故障电流小于短路电流，为保证电动机的正常启动，躲过启动电流，就需要存在延时保护；对于断相故障，原则上也希望尽快切除线路，但考虑到故障电流小于堵转或启动超时电流，为了能准确区分各种电机故障，给维修带来方便，它的整定延时时间一般大于堵转或启动超时的延时时间；对于过载，要求过载倍数和过载时间必须满足反时限特性。

将采集到的电流、电压信号通过信号处理单元变换为直流电压信号送入 A/D 转换输入端，经 A/D 转换后再送入单片机系统，CPU 对采集来的信号进行处理、分析、判断后发出相应的操作信号，实现相应的保护。

（二）硬件电路及软件设计

图 6－4 所示为由 MCS－51 单片机控制的智能综合保护装置硬件电路框图。

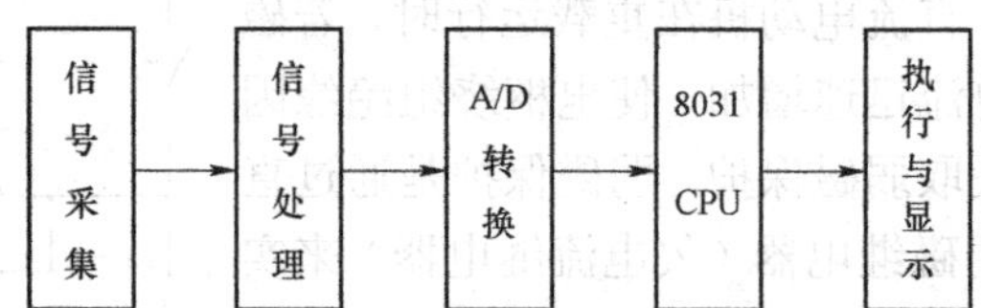

图 6－4　MCS－51 单片机控制的智能综合保护装置硬件电路框图

信号采集单元的作用是定时采集三相线电流、一相线电压及零序电流信号，这些信号均为交流信号；处理单元的作用是将采集到的交流信号变换成能使 A/D 转换器接收的电压信号，如三相线电流信号，首先通过二极管整流将交流电流转换为直流电压信号，再经过电位器的调节，转换为 0～5 V 的直流电压；A/D 转换单元的作用是将输入端模拟电压信号转换为单片机能识别的数字量，单片机将数字量与对应的整定信号比较以决定何时发出操作信号；执行单元的作用是将单片机输出的低压直流信号隔离、驱动来控制晶闸管元件，再由晶闸管控制接触器和断路器的脱扣器，从而达到智能控制的目的。

软件程序实现数据采集、信号处理、显示控制及监控。数据采集和信号处理由 8031 定时器 T_0 完成，单片机依此对信号进行采集，每采集一个信号就进行一次比较判断，有故障就迅速做出反应。显示控制由定时器 T_1 完成，根据人眼的视觉要求，设置为 1 s 更换一次显示内容。监控由单片机中断完成，监控电动机运行时的电压、电流及绕组温升，以便实时协调操作者和单片机各执行模块。

智能综合保护装置集成化程度高、抗干扰能力强、工作温度范围宽、耗电小、参数设置方便，具有友好、灵活的显示界面和按键设置，安装快捷，便于在各种生产环境中使用，是电动机保护装置最先进、最可靠的换代产品。

项目 7 电气控制线路的基本环节

在工农业、交通运输业等部门中，广泛使用着各种各样的生产机械，它们大都以电动机为动力进行拖动。电动机是通过某种控制方式进行控制的，最常见的是继电接触器控制方式，又称电气控制。

将各种有触点的按钮、继电器、接触器等低压控制电器，用导线按一定的要求和方法连接起来，并能实现某种功能的线路称为电气控制线路。它的作用是：实现对电力拖动系统的启动、调速、反转和制动等运行性能的控制，实现对拖动系统的保护，满足生产工艺的要求，实现生产过程自动化。优点是电路图较直观形象，装置结构简单，价格便宜，抗干扰能力强，运行可靠，可以方便地实现简单和复杂、集中和远距离生产过程的自动控制。缺点是采用固定接线形式，通用性和灵活性较差；采用有触点的开关电器，触点易发生故障。尽管如此，目前电气控制仍然是各类机械设备最基本的控制形式之一。

任务 7.1 电气控制线路的绘制

为了表达生产机械电气控制线路的结构、原理等设计意图，同时也便于进行电器元件的安装、调整、使用和维修，需要将电气控制线路中各种电器元件及其连接用规定的图形表达出来，这种图就是电气控制线路图。

电气控制线路图有三种：电气原理图、电器元件布置图、电气安装接线图。各种图纸有其不同的用途和规定的画法，下面分别介绍。

一、电气控制线路常用的图形符号和文字符号

电气控制线路图是工程技术的通用语言，为了便于交流与沟通，在绘制电气线路图时，电器元件的图形、文字符号必须符合国家标准。近年来，随着我国的改革开放，相应地引进了许多国外先进设备。为了便于掌握引进的先进技术和先进设备，便于国际交流和满足国际市场的需要，国家标准化管理委员会参照国际电工委员会（IEC）颁布的有关文件，制定了我国电气设备有关国家标准且后续相应进行了更新，有 GB 4728—2005《电气简图用图形符号》（代替 GB 4728—1984）、GB/T 6988.1—2008《电气技术用文件的编制》（代替 GB 6988—1987）和 GB 7159—1987《电气技术中的文字符号制定通则》（已作废，参考标准为 GB/T 20939—2007）。表 7-1～表 7-3 列出了三部分常用的电气图形符号和基本文字符号，实际使用时如需要更详细的资料，可查阅有关国家标准。

表7-1 常用电气图形符号和基本文字符号

名称		新标准 图形符号	文字符号	名称		新标准 图形符号	文字符号
一般三相电源开关		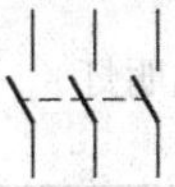	QK	接触器	主触头	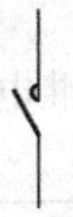	KM
低压断路器		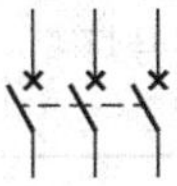	QF	接触器	常开辅助触头		KM
位置开关	常开触点		SQ	接触器	常闭辅助触头	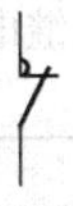	KM
位置开关	常闭触点		SQ	速度继电器	常开触头	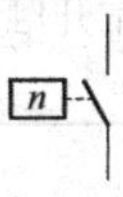	KS
位置开关	复合触点	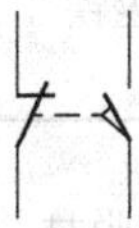	SQ	速度继电器	常闭触头	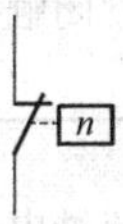	KS
熔断器			FU	时间继电器	线圈	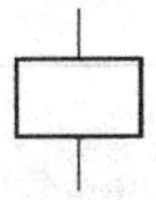	KT
按钮	启动	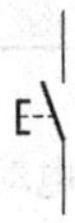	SB	时间继电器	常开延时闭合触头	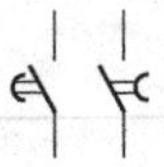	KT
按钮	停止		SB	时间继电器	常闭延时打开触头	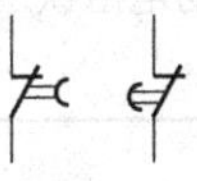	KT
按钮	复合	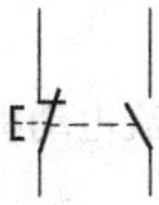	SB	时间继电器	常闭延时闭合触头	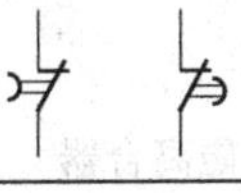	KT
按钮	复合		SB	时间继电器	常开延时打开触头	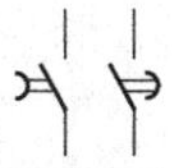	KT
接触器	线圈	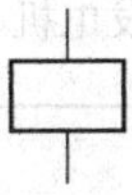	KM	热继电器	热元件	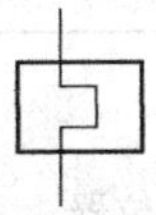	FR
热继电器	常闭触点	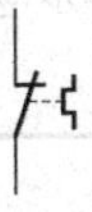	FR	桥式整流装置		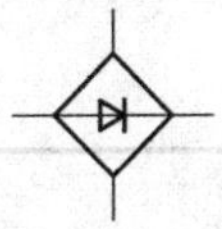	VC

续表

名称		新标准 图形符号	新标准 文字符号	名称	新标准 图形符号	新标准 文字符号
继电器	中间继电器线圈		KA	照明灯		EL
	欠电压继电器线圈	U≤	KV	信号灯		HL
	过电流继电器线圈	I≥	KI	电阻器		R
	常开触头		相应继电器符号	接插器		X
	常闭触头		相应继电器符号	电磁铁		YA
	欠电流继电器线圈	I≤	KI	电磁吸盘		YH
转换开关			SA	串励直流电动机	M	M
				并励直流电动机	M	M
制动电磁铁			YB	他力直流电动机	M	M
电磁离合器			YC	复励直流电动机	M	M
电位器			RP	直流发电机	G	G
				三相笼型异步电动机	M 3～	M

表7-2 电气技术中常用基本文字符号

基本文字符号 单字母	基本文字符号 双字母	项目种类	设备、装置、元件举例
A	AT	组件部分	抽屉柜
B	BP	非电量到电量、变换器或电量到非电量变换器	压力变换器
	BQ		位置变换器
	BT		温度变换器
	BV		速度变换器
F	FU	保护器件	熔断器
	FV		限压保护器
H	HA	信号器件	声响指示器
	HL		指示灯
K	KA	继电器	瞬时接触继电器
			交流继电器
	KM	接触器	接触器
			中间继电器
	KP		极化继电器
	KR		簧片继电器
	KT		时间继电器
P	PA	测量设备 试验设备	电流表
	PJ		电度表
	PS		记录仪表
	PV		电压表
	PT		时钟、操作时间表

基本文字符号 单字母	基本文字符号 双字母	项目种类	设备、装置、元件举例
Q	QF	开关器件	断路器
	QM		电动机保护开关
	QS		隔离开关
R	RP	电阻器	电位器
	RT		热敏电阻器
	RV		压敏电阻器
S	SA	控制、记忆、信号电路的开关器件选择器	控制开关
	SB		按钮开关
	SP		压力传感器
	SQ		位置传感器
	ST		温度传感器
T	TA	变压器	电流互感器
	TC		电源变压器
	TM		电力变压器
	TV		电压互感器
X	XP	端子、插头、插座	插头
	XS		插座
	XT		端子板
Y	YA	电气操作的机械器件	电磁铁
	YV		电磁阀
	YB		电磁离合器

表 7-3 电气技术中常用辅助文字符号

序号	文字符号	名称	序号	文字符号	名称
1	A	电流	34	M	主
2	A	模拟	35	M	中
3	AC	交流	36	M	中间线
4	A、AUT	自动	37	M、MAN	手动
5	ACC	加速	38	N	中性线
6	ADD	附加	39	OFF	断开
7	ADJ	可调	40	ON	闭合
8	AUX	辅助	41	OUT	输出
9	ASY	异步	42	P	压力
10	B、BRK	制动	43	P	保护
11	BK	黑	44	PE	保护接地
12	BL	蓝	45	PEN	保护接地与中性线公用
13	BW	向后	46	PU	不接地保护
14	CW	顺时针	47	R	右
15	CCW	逆时针	48	R	反
16	D	延时（延迟）	49	RD	红
17	D	差动	50	R、RST	复位
18	D	数字	51	RES	备用
19	D	降	52	RUN	运转
20	DC	直流	53	S	信号
21	DEC	减	54	ST	启动
22	E	接地	55	S、SET	置位、定位
23	F	快速	56	STE	步进
24	FB	反馈	57	STP	停止
25	FW	正、向前	58	SYN	同步
26	GN	绿	59	T	温度
27	H	高	60	T	时间
28	IN	输入	61	TE	无噪声（防干扰）接地
29	INC	增	62	V	真空
30	IND	感应	63	V	速度
31	L	左	64	V	电压
32	L	限制	65	WH	白
33	L	低	66	YE	黄

电气工程图中的文字符号，分为基本文字符号和辅助文字符号。基本文字符号有单字母符号和双字母符号。单字母符号表示电气设备、装置和元件的大类，如 K 为继电器类元件这一大类；双字母符号表示由一个大类的单字母符号和另一个表示元器件某些特性的字母组成，如 KT 为继电器类元件中的时间继电器，KM 为继电器类元件中的接触器。辅助文字符号用来进一步表示电气元器件的功能、状态和特性。

二、电气原理图

电气原理图是为了便于阅读与分析控制线路，根据简单、清晰、易懂的原则，采用电器元件展开的形式绘制而成。图中包括所有电器元件的导电部件和接线端点，既不按照电器元件的实际位置来绘制，也不反映电器元件的形状和大小。由于电气原理图具有结构简单、层次分明，便于研究和分析线路的工作原理等优点，因此无论在设计部门或生产现场都得到了广泛的应用。现以图 7−1 所示的某机床电气原理图为例来说明电气原理图的规定画法和应注意的事项。

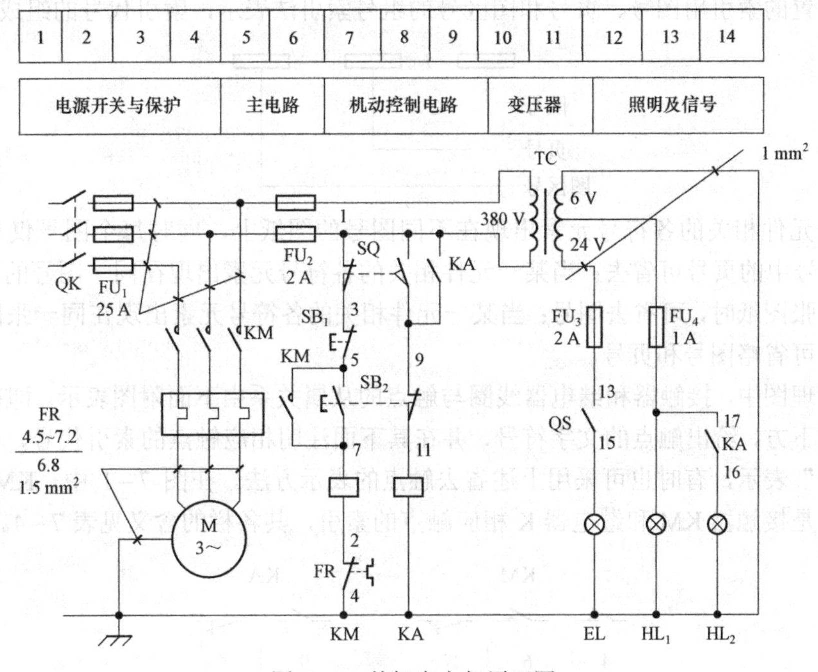

图 7−1 某机床电气原理图

1. 电气原理图的绘制原则

（1）电气原理图分主电路和辅助电路两个部分。主电路就是从电源到电动机，强电流通过的电路。辅助电路包括控制回路、信号电路、保护电路和照明电路。辅助电路中通过的电流较小，主要由继电器和接触器的线圈、继电器的触头、接触器的辅助触头、按钮、照明灯、信号灯及控制变压器等电器元件组成。

（2）电气原理图中，各电器元件不绘实际的外形图，而采用国家统一规定的图形符号和文字符号来表示。

（3）在电气原理图中，同一电器的不同部分（如线圈、触点）分散在图中，为了表示同一电器，要在电器的不同部分使用同一文字符号来标明。对于几个同类电器，在表示名称的文字符号后用下标加上一个数字符号，以示区别。

（4）所有电器的可动部分均以自然状态绘出。所谓自然状态是指各种电器在没有通电和没有外力作用时的初始开闭状态。对于继电器、接触器的触点，按吸引线圈不通电时的状态绘出，控制器的手柄按处于零位时的状态绘出，按钮、位置开关触点按尚未被压合的状态绘出。

（5）在电气原理图中，无论是主电路还是辅助电路，各电器元件一般按动作顺序从上而下、从左到右依次排列，可水平布置或垂直布置。

（6）电气原理图上应尽可能减少线条和避免线条交叉。有直接电联系的交叉导线连接点，要用黑色圆点表示。

2. 图面区域的划分

在图 7－1 中，图纸上方的数字编号 1、2、3……是区域编号，是为了便于检索电气线路，方便读图分析避免遗漏而设置的。区域编号也可以设置在图的下方。

3. 符号位置的索引

符号位置的索引用图号、页号和图区号的组号索引法表示，索引代号的组成如下：

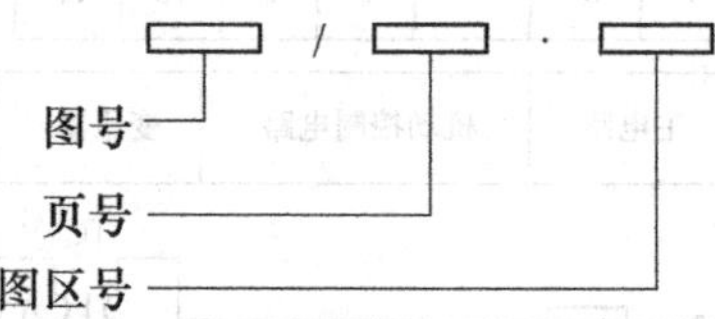

当某一元件相关的各符号元素出现在不同图号的图纸上，同时每个图号仅有一张图纸时，索引代号中的页号可省去；当某一元件相关的各符号元素出现在同一图号的图纸上，而该图号有几张图纸时，可省去图号；当某一元件相关的各符号元素出现在同一张图纸上的不同图区时，可省略图号和页号。

电气原理图中，接触器和继电器线圈与触点的从属关系由下面附图表示。即在原理图中相应线圈的下方，给出触点的文字符号，并在其下面注明相应触点的索引代号，对未使用的触点用“×”表示，有时也可采用上述省去触点的表示方法。在图 7－1 中，KM 线圈及 K 线圈下方的是接触器 KM 和继电器 K 相应触点的索引，其各栏的含义见表 7－4。

KM			KA	
4	6	×	9	×
4		×	13	×
5			×	×
			×	×

表 7－4　接触器和继电器相应触点的索引

器件	左栏	中栏	右栏
接触器 KM	主触点在图区号	辅助常开触点所在图区号	辅助常闭触点所在图区号
继电器 K	常开触点所在图区号	—	常闭触点所在图区号

三、电器元件布置图

电器元件布置图主要是用来表明电气设备上所有电器元件的实际位置，为生产机械电气控制设备的制造、安装、维修提供必要的资料。以机床的电器元件布置图为例，它主要由机床电气设备布置图、控制柜及控制板电气设备布置图、操纵台及悬挂操纵箱电气设备布置图等组成。电器元件布置图可按电气控制系统的复杂程度集中绘制或单独绘制。但在绘制这类图形时，机床轮廓线用细实线或点画线表示，所有可见到的及需要表示清楚的电气设备，均用粗实线绘制出简单的外形轮廓。

四、电气安装接线图

电气安装接线图是按照电器元件的实际位置和实际接线绘制的，根据电器元件布置最合理。连接导线是按照最经济的原则来设计的。它为安装电气设备、电器元件之间进行配线及检修电气故障等提供了必要的依据。图 7-2 是根据图 7-1 电气原理图绘制的接线图。它表示机床电气设备各个单元之间的接线关系，并标注出了外部接线所需要的数据。根据机床设备的接线图就可以进行机床电气设备的总装接线。图 7-2 中的虚线方框中部件的接线可根据电气原理图进行。对于某些较为复杂的电气设备，电气安装板上元件较多时，还可绘出安装板的接线图。对于简单设备，仅绘出接线图就可以了。实际工作中，接线图常与电气原理图结合起来使用。

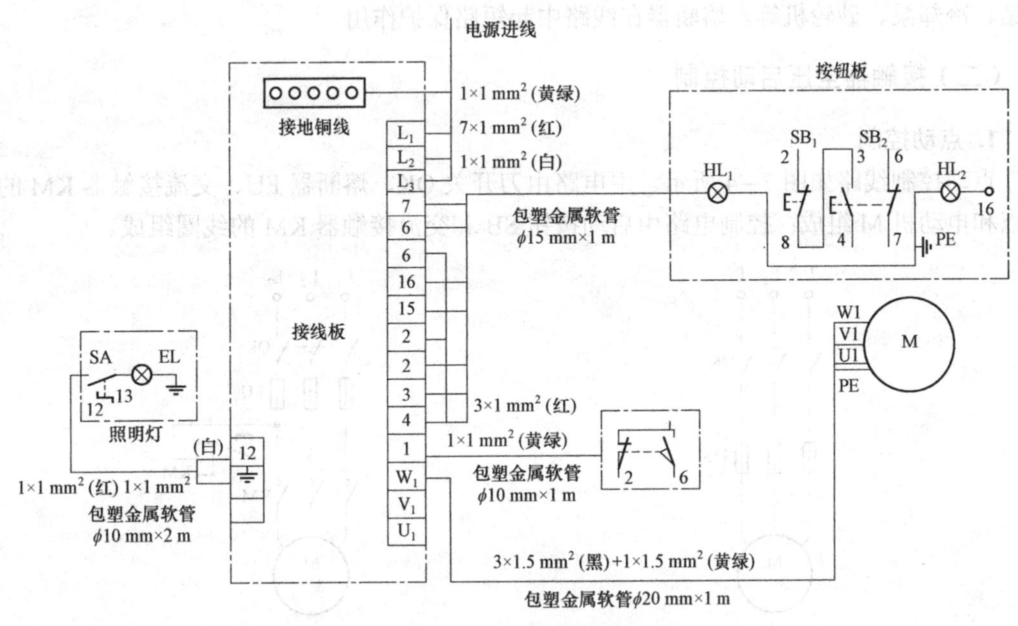

图 7-2　某机床电气接线图

图 7-2 表明了电气设备中电源进线、按钮板、照明灯、位置开关、电动机与机床安装板接线端之间的连接关系，也标注了所使用的包塑金属软管的直径和长度，连接导线的根数、截面积及颜色。如按钮板与电气安装板的连接，按钮板上有 SB_1、SB_2、HL_1 和 HL_2 四个元件，根据图 7-1 电气原理图，SB_1 和 SB_2 有一端相连为“3”，HL_1 与 HL_2 有一端相连为“地”。

其余的 2、3、4、6、7、15、16 通过 7×1 mm^2 的红色线接到安装板上相应的接线端，与安装板上的元件相连。黄绿双色线是接到接地铜排上的。所使用的包塑金属软管的直径为 15 mm，长度为 1 m。

任务 7.2　三相笼型异步电动机启动控制线路

三相笼型异步电动机有全压启动和降压启动两种方式，本节先介绍全压启动的控制线路。

一、三相笼型异步电动机全压启动的控制线路

在变压器容量允许的情况下，笼型异步电动机应尽可能采用全压启动控制，全压启动的优点是电气设备少，线路简单，这样可提高控制线路的可靠性和减少电器的维修量。缺点是启动电流大，引起供电系统电压波动，可能干扰其他用电设备的正常工作。

（一）刀开关全压启动控制

刀开关全压启动控制线路如图 7-3 所示。

工作过程如下：合上刀开关 QK，电动机 M 接通电源全压启动运行；打开刀开关 QK，电动机 M 断电停止运行。这种控制线路适用于小容量、启动不频繁的笼型电动机，如小型台钻、冷却泵、砂轮机等。熔断器在线路中起短路保护作用。

（二）接触器全压启动控制

1. 点动控制

点动控制线路如图 7-4 所示。主电路由刀开关 QK、熔断器 FU、交流接触器 KM 的主触点和电动机 M 组成；控制电路由启动按钮 SB 和交流接触器 KM 的线圈组成。

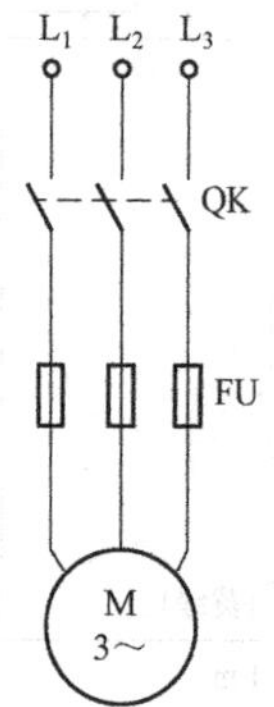

图 7-3　刀开关全压启动控制线路

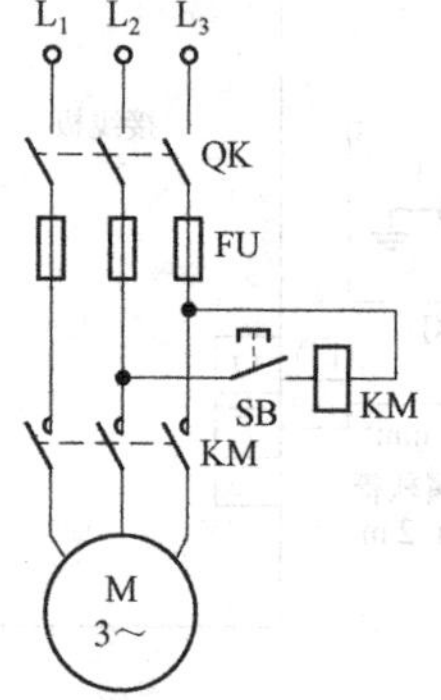

图 7-4　点动控制线路

工作过程如下：

启动：先合上刀开关 QK，按下启动按钮 SB，接触器 KM 线圈通电，KM 主触点闭合，电动机 M 通电全压启动运行。

停机：松开启动按钮 SB，KM 线圈断电，KM 主触点断开，电动机 M 停转。

由以上分析可知，按下启动按钮，电动机启动运行；松开启动按钮，电动机停转，这种控制就称为点动控制。常用于机床的对刀调整和电动葫芦等。

2. 连续控制

图7－5所示为一个常用的最简单、最基本的电动机连续运行控制线路，亦称长动控制线路。主电路由刀开关QK、熔断器FU、接触器KM的主触点、热继电器FR的发热元件和电动机M组成。控制电路由停止按钮SB_1、启动按钮SB_2、接触器KM的常开辅助触点和线圈、热继电器FR的常闭触点组成。

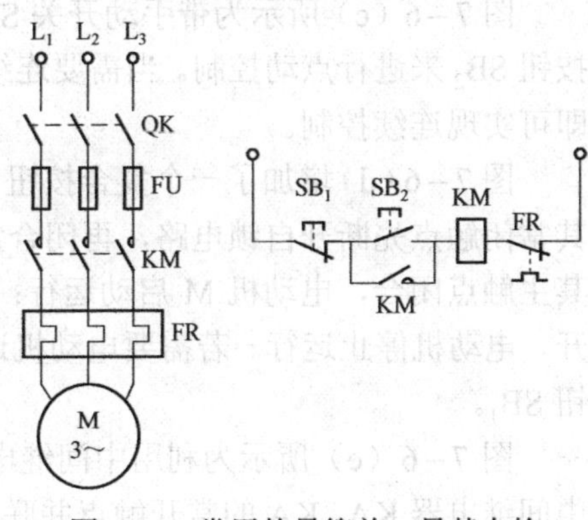

图7－5　常用的最简单、最基本的电动机连续运行控制线路

工作过程如下：

启动：合上刀开关QK，按下启动按钮SB_2，KM线圈通电，KM主触点闭合电动机接通电源启动运行，同时KM辅助触点闭合，松开启动按钮SB_2，自锁或自保。

在连续控制中，当松开启动按钮SB_2后，KM的辅助常开触点闭合仍继续保持通电，从而保证电动机的连续运行，这种依靠接触器自身辅助常开触点而使线圈保持通电的控制方式，称为自锁或自保。起自锁或自保作用的触点称为自锁或自保触点。

停机：按下SB_1，KM线圈断电，主触点及辅助常开触点断开，电动机M断电停转。

3. 线路的保护环节

短路保护：短路时熔断器FU的熔体熔断，切断电路，起短路保护作用。

过载保护：采用热继电器FR。由于热继电器的热惯性比较大，即使发热元件流过几倍于额定值的电流，热继电器也不会立即动作。因为在电动机启动时间不会太长的情况下，热继电器是经得起电动机启动电流冲击而不动作的。只有在电动机长期过载时，热继电器才会动作，用它的常闭触点使控制电路断开。

欠电压与失电压保护：欠电压与失电压保护是依靠接触器KM的自锁环节来实现的。当电源电压低到一定程度或失电压时，接触器KM释放，电动机停止转动。当电源电压恢复正常时，接触器线圈也不会自行通电，只有在操作人员重新按下启动按钮后，电动机才能启动，这又称零电压保护。

控制线路具备了欠电压和失电压保护功能之后，有如下三个方面的优点：

（1）防止电源电压严重下降时电动机欠电压运行。

（2）防止电源电压恢复时，电动机自行启动而造成设备和人员事故。

（3）避免多台电动机同时启动造成电网电压的严重下降。

（三）点动与长动控制

在生产实践中，有的生产机械需要点动控制，有的生产机械既需要点动控制，又需要长动控制。图7－6所示为几种实现点动的控制线路。

图7－6（a）所示为实现点动的几种控制线路的主电路。

图7－6（b）所示为最基本的点动控制。按下按钮SB，接触器KM线圈通电，电动机启动运行；松开按钮SB，接触器KM线圈断电释放，电动机停止运行。

图 7－6（c）所示为带手动开关 SA 的点动控制线路。当需要点动时将开关 SA 打开，由按钮 SB_2 来进行点动控制。当需要连续工作时合上开关 SA，将接触器 KM 的自锁触点接入，即可实现连续控制。

图 7－6（d）增加了一个复合按钮 SB_3 来实现点动控制。需要点动控制时，按下按钮 SB_3，其常闭触点先断开自锁电路，再闭合常开触点，接通启动控制线路，接触器 KM 线圈通电，其主触点闭合，电动机 M 启动运行；当松开按钮 SB_3 时，接触器 KM 线圈断电；主触点断开，电动机停止运行。若需要电动机连续运行，则按下按钮 SB_2 即可，停机时需按下停止按钮 SB_1。

图 7－6（e）所示为利用中间继电器实现点动的控制线路。利用点动启动按钮 SB_2 控制中间继电器 KA，KA 的常开触点并联在按钮 SB_3 两端控制接触器 KM，再控制电动机实现点动。当需要连续控制时按下按钮 SB_3 即可，但停机时需按下停止按钮 SB_1。

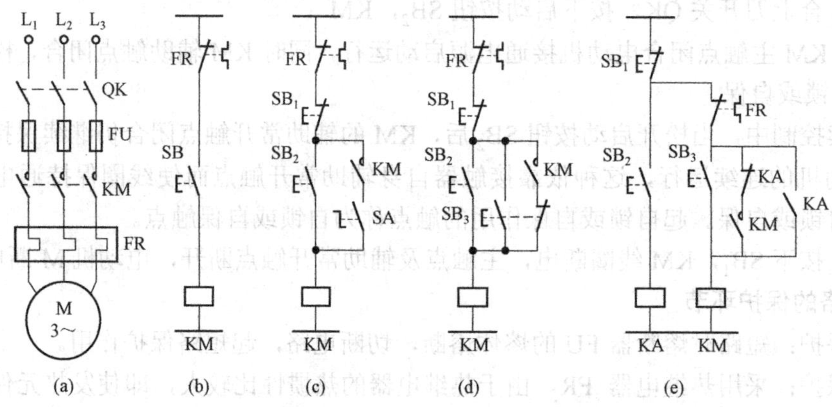

图 7－6　几种实现点动的控制线路

二、三相笼型异步电动机减压启动控制电路

三相笼型异步电动机全压启动控制线路简单、经济、操作方便，但对于容量较大的笼型异步电动机（大于 10 kW）来说，由于启动电流大，会引起较大的电网压降，因此一般采用减压启动的方法，以限制启动电流。减压启动虽可以减小启动电流，但也降低了启动转矩，因此减压启动适用于空载或轻载启动。

三相笼型异步电动机的减压启动方法有定子绕组串电阻（或电抗器）减压启动、自耦变压器减压启动、Y－△减压启动、延边三角形减压启动等。

（一）定子绕组串电阻减压启动控制

按时间原则控制定子绕组串电阻减压启动控制线路如图 7－7 所示。启动时，在三相定子绕组中串电阻 *R*，使电动机定子绕组电压降低，启动结束后再将电阻短接，电动机在额定电压下正常运行。

启动过程如下：

合电源开关 QK，按启动按钮 SB_1，接触器 KM_1 得电吸合并自锁，接触器 KM_1 的主触点闭合使电动机 M 串电阻 *R* 启动，在接触器 KM_1 得电同时，时间继电器 KT 得电吸合，其延

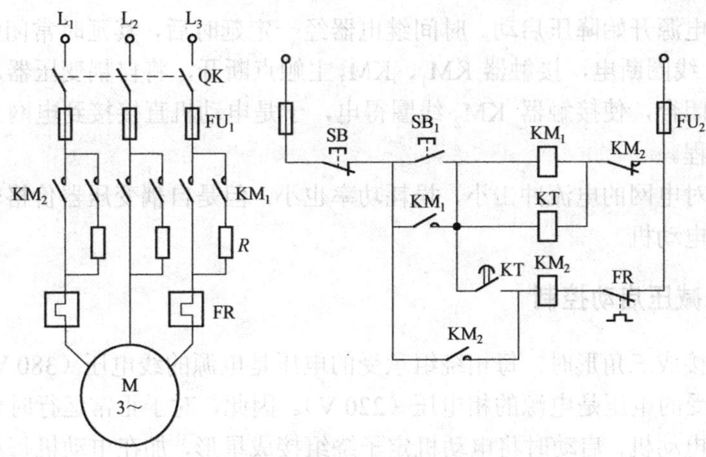

图 7-7　定子绕组串电阻减压启动控制线路

时闭合常开触点的延时闭合使接触器 KM_2 不能得电，经一段时间延时后，接触器 KM_2 得电动作并自锁，将主回路 R 短接，电动机在全压下进入稳定正常运行，同时 KM_2 的常闭触点断开 KM_1 和 KT 的线圈电路，使 KM_1 和 KT 释放，即将已完成工作任务的电器从控制线路中切除，其优点是节省电能和延长电器的使用寿命。

启动电阻一般采用由电阻丝绕制的板式电阻或铸铁电阻，电阻功率大，能够通过较大电流，但电能损耗较大，为了节省电能，可采用电抗器代替电阻，但其价格较贵，成本较高。

（二）自耦变压器减压启动

启动时电动机定子绕组串入自耦变压器，定子绕组得到的电压为自耦变压器的二次电压，启动完毕，自耦变压器被切除，额定电压加于定子绕组，电动机以全压投入运行。按时间原则其控制线路如图 7-8 所示。

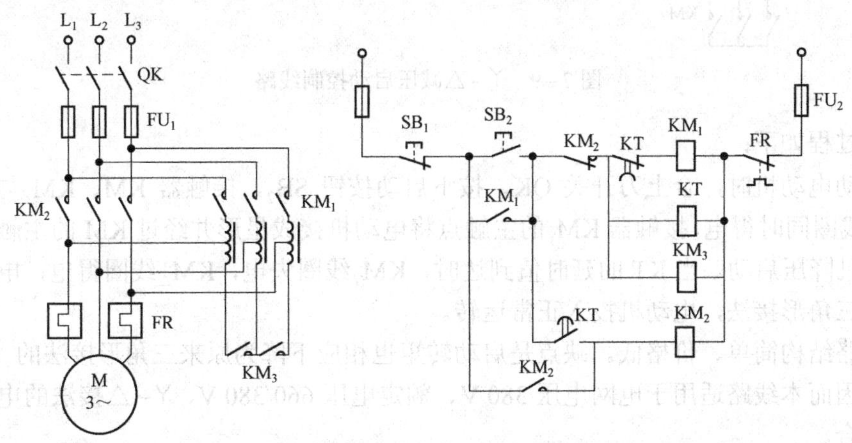

图 7-8　自耦变压器控制线路

启动过程如下：

合上刀开关 QK，按下启动按钮 SB_2，接触器 KM_1、KM_3 和时间继电器 KT 的线圈通电，接触器 KM_1 常开辅助触头闭合自锁，接触器 KM_1、KM_3 主触点闭合，将电动机定子绕组经自耦变压器接至电源开始降压启动。时间继电器经一定延时后，其延时常闭触点打开，使接触器 KM_1、KM_3 线圈断电，接触器 KM_1、KM_3 主触点断开，将自耦变压器从电网上切除。而延时常开触点闭合，使接触器 KM_2 线圈得电，于是电动机直接接到电网上全压运行，完成了整个启动过程。

该控制线路对电网的电流冲击小，损耗功率也小，但是自耦变压器价格较贵，主要用于启动较大容量的电动机。

（三）Y－△减压启动控制

电动机绕组接成三角形时，每相绕组承受的电压是电源的线电压（380 V）；而接成星形时，每相绕组承受的电压是电源的相电压（220 V）。因此，对于正常运行时定子绕组接成三角形的笼型异步电动机，启动时将电动机定子绕组接成星形，加在电动机每相绕组上的电压为额定电压的$1/\sqrt{3}$，从而减小了启动电流（星形启动电流只是原来三角形接法的$1/\sqrt{3}$）。待启动后按预先整定的时间换接成三角形接法，使电动机在额定电压下正常运行。按时间原则实现的Y－△减压启动控制线路如图 7－9 所示。

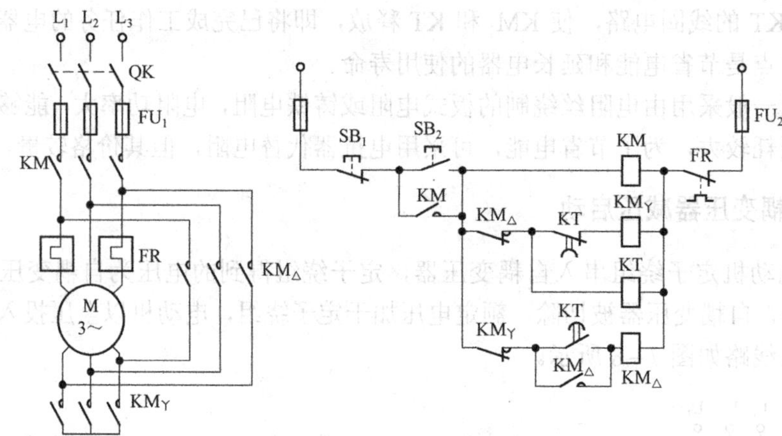

图 7－9　Y－△减压启动控制线路

启动过程如下：

当启动电动机时，合上刀开关 QK，按下启动按钮 SB_2，接触器 KM、KM_Y与时间继电器 KT 的线圈同时得电，接触器 KM_Y的主触点将电动机接成星形并经过 KM 的主触点接至电源，电动机降压启动。当 KT 的延时值到达时，KM_Y线圈失电，$KM_\triangle$线圈得电，电动机主电路换接为三角形接法，电动机投入正常运转。

该线路结构简单、价格低。缺点是启动转矩也相应下降为原来三角形接法的 1/3，转矩特性差，因而本线路适用于电网电压 380 V、额定电压 660/380 V、Y－△接法的电动机轻载启动的场合。

（四）延边三角形减压启动控制

上面介绍的Y－△减压启动控制启动转矩太小，如要求兼取星形连接启动电流小、三角形连接启动转矩大的优点，则可采用延边三角形减压启动。延边三角形减压启动控制线路如

图7-10所示。它适用于定子绕组特别设计的电动机，这种电动机共有九个出线头。延边三角形绕组的连接如图7-11所示。启动时将电动机定子绕组接成延边三角形，启动结束后，再换成三角形接法，投入全电压正常运行。

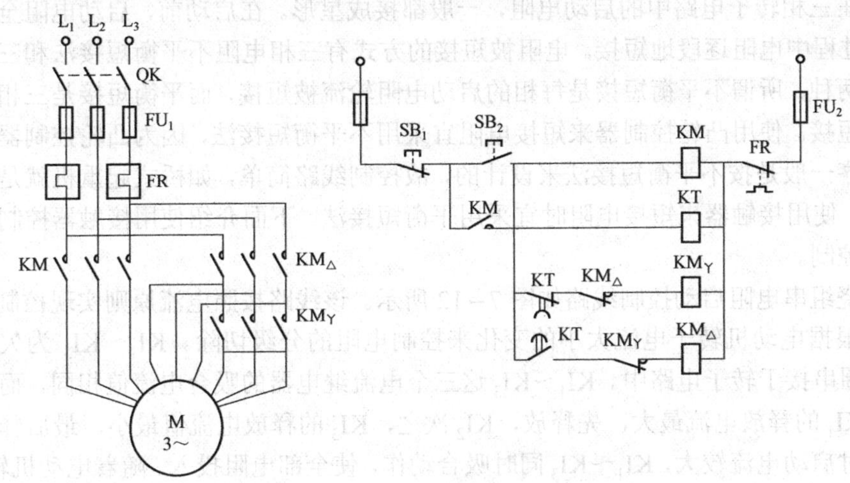

图7-10 延边三角形减压启动控制线路

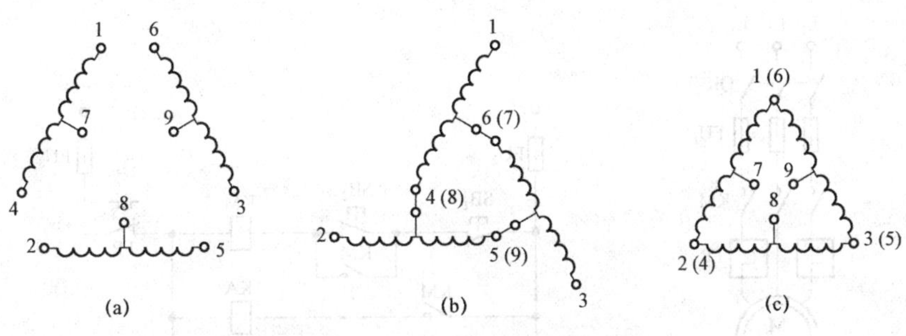

图7-11 延边三角形绕组的连接

（a）原始状态；（b）延边三角形连接；（c）三角形连接

启动过程如下：

合上刀开关QK，按下启动按钮SB_2，接触器KM、KM_Y与时间继电器KT同时得电，电动机定子绕组接成延边三角形，并通过KM的主触点将绕组1、2、3分别接至三相电源进行降压启动。当KT的延时值到达时，接触器KM_Y线圈失电，$KM_\triangle$线圈得电，定子绕组接成三角形，电动机加额定电压运行。延边三角形的启动与Y-△接法相比，兼顾了二者优点；与自耦变压器接法相比，结构简单，因而得到越来越广泛的应用。

综合以上四种减压启动控制线路可见，一般均采用时间继电器，按照时间原则切换电压实现降压启动。由于这种线路工作可靠，受外界因素（如负载、飞轮转动惯量以及电网电压）变化时的影响较小，线路及时间继电器的结构都比较简单，因而被广泛采用。

三、三相绕线转子电动机启动控制

三相绕线转子电动机的优点之一是可以在转子绕组中串接电阻或频敏变阻器进行启动，由此达到减小启动电流、提高转子电路的功率因数和启动转矩的目的。在一般要求启动转矩较高的场合，绕线转子异步电动机得到了广泛的应用。

（一）转子绕组串接电阻启动控制

串接在三相转子电路中的启动电阻，一般都接成星形。在启动前，启动电阻全部接入电路，启动过程中电阻逐段地短接。电阻被短接的方式有三相电阻不平衡短接法和三相电阻平衡短接法两种，所谓不平衡短接是每相的启动电阻轮流被短接，而平衡短接是三相的启动电阻同时被短接。使用凸轮控制器来短接电阻宜采用不平衡短接法，因为凸轮控制器中各对触点闭合顺序一般是按不平衡短接法来设计的，故控制线路简单，如桥式起重机就是采用这种控制方式。使用接触器来短接电阻时宜采用平衡短接法。下面介绍使用接触器控制的平衡短接法启动控制。

转子绕组串电阻启动控制线路如图 7－12 所示。该线路按照电流原则实现控制，利用电流继电器根据电动机转子电流大小的变化来控制电阻的分级切除。KI_1～KI_3 为欠电流继电器，其线圈串接于转子电路中。KI_1～KI_3 这三个电流继电器的吸合电流值相同，而释放电流值不同，KI_1 的释放电流最大，先释放，KI_2 次之，KI_3 的释放电流值最小，最后释放。电动机刚启动时启动电流较大，KI_1～KI_3 同时吸合动作，使全部电阻投入。随着电动机转速升高，电流减小，KI_1～KI_3 依次释放，分别短接电阻，直到将转子串接的电阻全部短接。

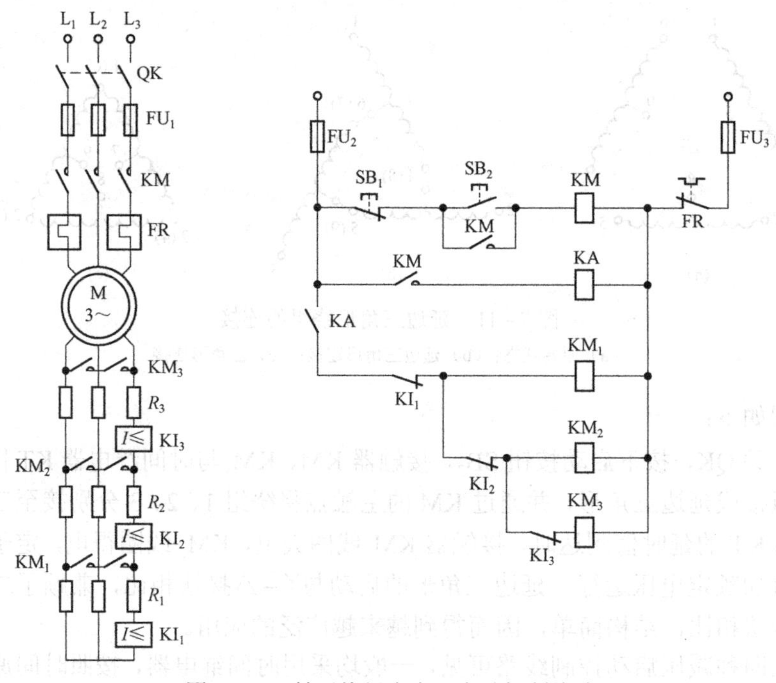

图 7－12　转子绕组串电阻启动控制线路

启动工作过程如下：

合上刀开关 QK，按下启动按钮 SB_2，接触器 KM 通电，电动机 M 转子电路串入全部电阻（$R_1+R_2+R_3$）启动，中间继电器 KA 通电，为接触器 KM_1～KM_3 通电做准备，随着转速的升高，启动电流逐步减小，首先 KI_1 释放，KI_1 常闭触点闭合，KM_1 通电，转子电路中 KM_1 常开触点闭合，切除第一级电阻 R_1；然后 KI_2 释放，KI_2 常闭触点闭合，KM_2 通电，转子电

路中 KM_2 常开触点闭合，切除第二级电阻 R_2；KI_3 最后释放，KI_3 常闭触点闭合，KM_3 通电，转子电路中 KM_3 常开触点闭合，切除最后一级电阻 R_3，电动机启动过程结束。

控制线路中设置了中间继电器 KA，是为了保证转子串入全部电阻后电动机才能启动。若没有 KA，当启动电流由零上升到尚未到达电流继电器的吸合电流值时，KI_1～KI_3 不能吸合，将使接触器 KM_1～KM_3 同时通电，则转子电路中的电阻（$R_1+R_2+R_3$）全部被切除，则电动机直接启动。设置 KA 后，在 KM 通电后才能使 KA 通电，KA 常开触点闭合，此时启动电流已达到欠电流继电器的吸合值，其常闭触点全部断开，使 KM_1～KM_3 均处于断电状态，确保转子电路中串入全部电阻，防止了电动机直接启动。

（二）转子绕组串接频敏变阻器启动控制

在绕线转子电动机的转子绕组串电阻启动过程中，由于逐级减小电阻，启动电流和转矩突然增加，故产生一定的机械冲击力。同时由于串接电阻启动线路复杂，工作不可靠，而且电阻本身比较笨重，能耗大，所以控制箱体积较大。

从 20 世纪 60 年代开始，我国开始推广应用自己研制的频敏变阻器。频敏变阻器的阻抗能够随着转子电流频率的下降自动减小，所以它是绕线转子异步电动机较为理想的一种启动设备。常用于较大容量的绕线式异步电动机的启动控制。

频敏变阻器实质上是一个铁芯损耗非常大的三相电抗器。它由数片 E 形钢板叠成，具有铁芯和线圈两个部分，分为三相三柱式，每个铁芯柱上套有一个绕组，三相绕组连接成星形，将其串接于电动机转子电路中，相当于转子绕组接入一个铁芯损耗较大的电抗器，频敏变阻器的等效电路如图 7-13 所示。图中 R_d 为绕组直流电阻，R 为铁损等效电阻，L 为等效电感，R、L 值与转子电流频率有关。

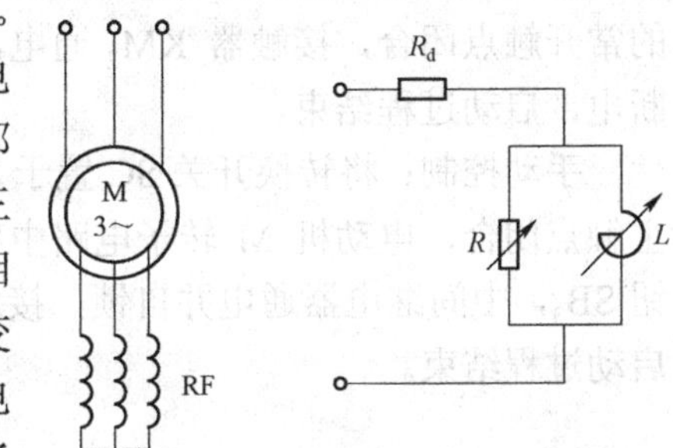

图 7-13　频敏变阻器的等效电路

在启动过程中，转子电流频率是变化的。刚启动时，转速等于 0，转差率 $s=1$，转子电流的频率 f_2 与电源频率 f_1 的关系为 $f_2=sf_1$，所以刚启动时 $f_2=f_1$，频敏变阻器的电感和电阻为最大，转子电流受到抑制。随着电动机转速的升高而 s 减小，f_2 下降，频敏变阻器的阻抗也随之减小。所以，绕线转子电动机转子串接频敏电阻器启动时，随着电动机转速的升高，变阻器阻抗也自动逐渐减小，实现了平滑的无级启动。此种启动方式在桥式起重机和空气压缩机等电气设备中获得广泛的应用。

转子绕组串接频敏变阻器的启动控制线路如图 7-14 所示。该线路可以实现自动和手动控制，自动控制时将转换开关 SC 扳至“自动”位置，手动控制时将转换开关 SC 扳至“手动”位置。在主电路中，TA 为电流互感器，作用是将主电路中的大电流变换成小电流进行测量。另外，在启动过程中，为避免因启动时间较长而使热继电器 FR 误动作，在主电路中用 KA 的常闭触点将 FR 的发热元件短接，启动结束投入正常运行时 FR 的发热元件才接入电路。

启动过程如下：

自动控制：将转换开关 SC 置于“Z”位置，合上刀开关 QK，按下启动按钮 SB_2，接触器 KM_1 和时间继电器 KT 同时得电，接触器 KM_1 主触点闭合，电动机 M 转子电路串入频敏

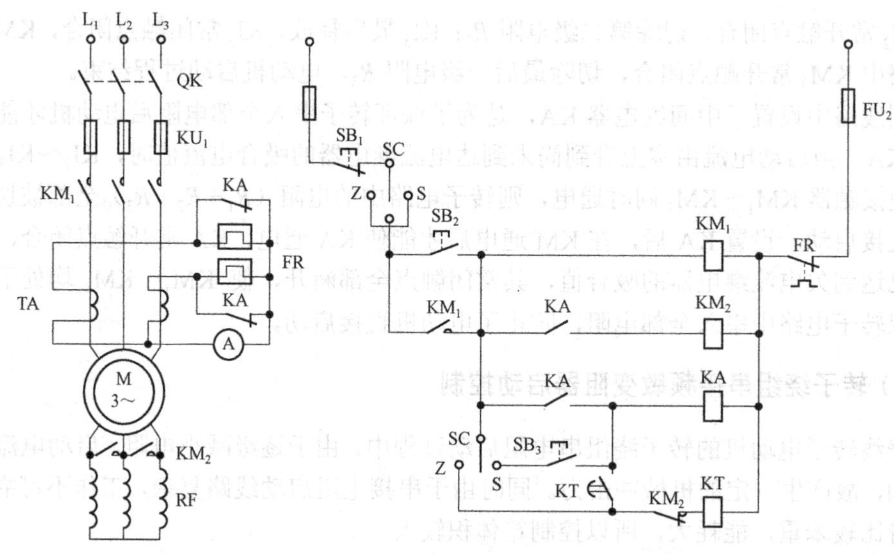

图 7-14　转子绕组串接频敏变阻器的启动控制线路

变阻器启动。时间继电器设置时间到达时延时常开触点闭合，中间继电器 KA 得到自锁，KA 的常开触点闭合，接触器 KM_2 通电，KM_2 主触点闭合，切除频敏变阻器，时间继电器 KT 断电，启动过程结束。

手动控制：将转换开关 SC 置于“S”位置，按下启动按钮 SB_2，接触器 KM_1 通电，KM_1 主触点闭合，电动机 M 转子电路中串入频敏变阻器启动，待电动机启动结束。按下启动按钮 SB_3，中间继电器通电并自锁，接触器 KM_2 通电，KM_2 主触点闭合，将频敏变阻器切除，启动过程结束。

任务 7.3　三相异步电动机的正反转控制

在实际应用中，往往要求生产机械能够实现可逆运行，如工作台前进与后退，主轴的正转和反转，吊钩的上升与下降，等等。这就要求电动机可以正反向工作，由三相异步电动机转动原理可知，若将接至电动机的三相电源进线中的任意两相对调，即可使电动机反转，所以可逆运行控制线路实质上是两个方向相反的单向运行线路，如图 7-15（b）所示。

若采用图 7-15（b）所示的控制线路，当误操作同时按下正反向启动按钮 SB_2 和 SB_3 时，将造成相间短路故障。为了避免误操作引起电源相间短路，在这两个相反方向的单向运行线路中加设了必要的互锁。按电动机可逆操作顺序的不同，有“正—停—反”和“正—反—停”两种控制线路。

一、电动机“正—停—反”控制

电动机“正—停—反”控制线路如图 7-15（c）所示。该图为利用两个接触器的常闭触点 KM_1、KM_2 起相互控制作用，即一个接触器通电时，利用其常闭辅助触点的断开来锁住对方线圈的电路。这种利用两个接触器的常闭辅助触点互相控制的方式，称为“电气互锁”

或“电气联锁”。而两对起互锁作用的常闭触点便称为互锁触点。另外，该线路只能实现“正一停一反”或者“反一停一正”控制，即电动机在正转或反转时必须按下停止按钮后，再反向或正向启动。

二、电动机“正—反—停”控制

在生产实际中，为了提高劳动生产率，减少辅助工时，往往要求直接实现正反转的变换控制。常利用复合按钮组成“正一反一停”的互锁控制，其控制线路如图 7-15（d）所示。复合按钮的常闭触点同样起到互锁的作用，这种互锁称为“机械互锁”或“机械联锁”。

在这个线路中，正转启动按钮 SB_2 的常开触点用来使正向接触器 KM_1 的线圈瞬时通电，其常闭触点则串联在反转接触器 KM_2 线圈的电路中，用来使之释放。反转启动按钮 SB_3 也按 SB_2 同样安排。当按下 SB_2 或 SB_3 时，首先是常闭触点断开，然后才是常开触点闭合。这样在需要改变电动机运转方向时，就不必按 SB_1 停止按钮了，可直接操作正反转按钮即能实现电动机正反转的改变。该线路既有接触器常闭触点的“电气互锁”，又有复合按钮常闭触点的“机械互锁”，即具有双重互锁。该线路操作方便，安全可靠，故应用广泛。

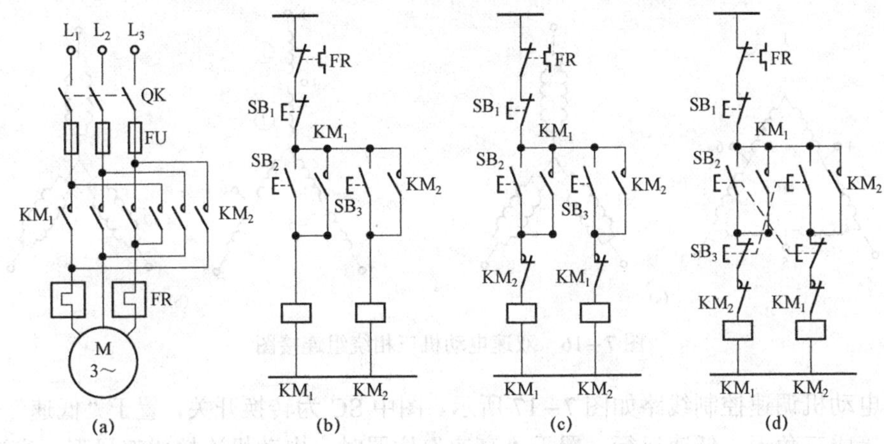

图 7-15 可逆运行控制线路

（a）可逆运行控制线路主电路；（b）两个方向相反的单向运行线路；（c）“正一停一反”控制线路；（d）“正一反一停”控制线路

任务 7.4 三相异步电动机的调速控制

异步电动机调速常用来改善机床的调速性能和简化机械变速装置。根据三相异步电动机的转速公式 $n=60f_1(1-s)/p$，三相异步电动机的调速方法有：改变电动机定子绕组的磁极对数 p，改变转差率 s，改变电源频率 f_1。改变转差率 s 调速又可分为：绕线转子电动机在转子电路串电阻调速，绕线转子电动机串级调速，异步电动机交流调压调速，电磁离合器调速。改变电源频率 f_1 调速，即变频调速。变频调速就是通过改变电动机定子绕组供电的频率来达到调速的目的。当前电气调速的主流是使用变频器。下面分别介绍几种常用的异步电动机调速控制线路。

一、三相异步电动机的变级调速控制

三相笼型电动机采用改变磁极对数调速，改变定子极数时，转子极数也同时改变，笼型转子本身没有固定的极数，它的极数随定子极数而定。

改变定子绕组极对数的方法有：

（1）装一套定子绕组，改变它的连接方式就得到不同的极对数；

（2）定子槽里装两套极对数不一样的独立绕组；

（3）定子槽里装两套极对数不一样的独立绕组，而每套绕组本身又可以改变其连接方式，得到不同的极对数。

多速电动机一般有双速、三速、四速之分。双速电动机定子装有一套绕组，三速和四速电动机则装有两套绕组。双速电动机三相绕组连接图如图 7-16 所示。图 7-16（a）所示为三角形与双星形连接法，图 7-16（b）所示为星形与双星形连接法。应当注意，当三角形或星形连接时，$p=2$（低速），各相绕组互为 240° 电角度；当双星形连接时，$p=1$（高速），各相绕组互为 120° 电角度。为保持变速前后转向不变，改变磁极对数时必须改变电源时序。

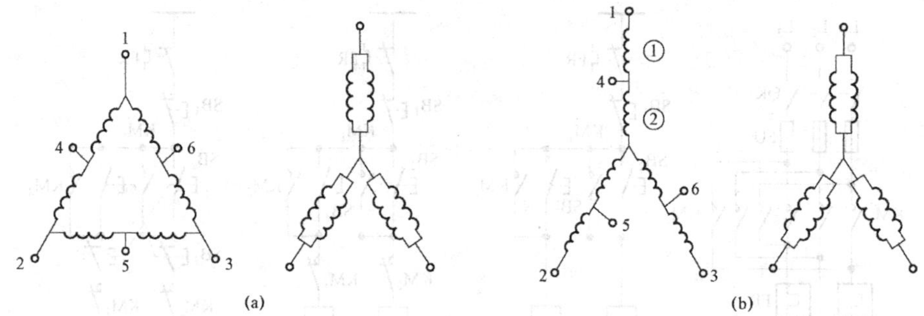

图 7-16　双速电动机三相绕组连接图

双速电动机调速控制线路如图 7-17 所示。图中 SC 为转换开关，置于“低速”位置时，电动机连接成三角形，低速运行；置于“高速”位置时，电动机连接成双星形，高速运行。

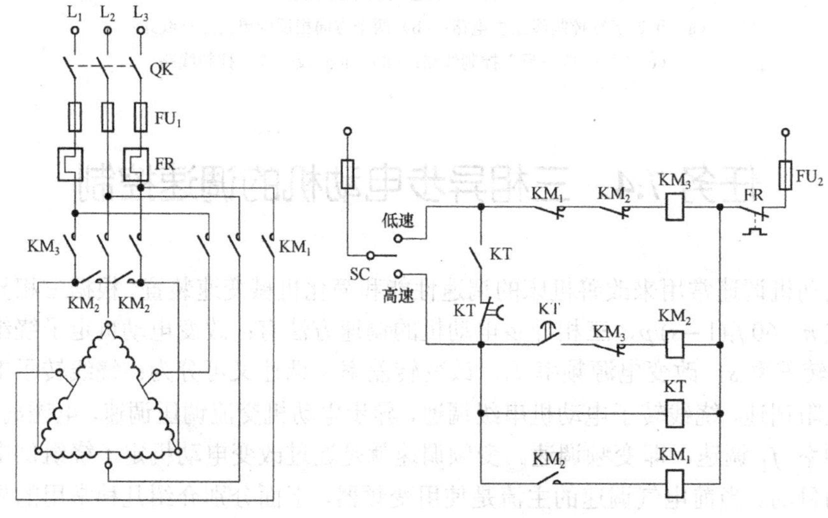

图 7-17　双速电动机调速控制线路

启动过程如下：

低速运行：合刀开关 QK，SC 置于“低速”位置，接触器 KM_3 通电，KM_3 主触点闭合，电动机 M 连接成三角形，低速启动运行。

高速运行：SC 置于“高速”位置，时间继电器 KT 通电，接触器 KM_3 通电，电动机 M 先连接成三角形低速启动，KT 设置延时值到达时，KT 延时常闭触点打开，KM_3 断电，KT 延时常开触点闭合，接触器 KM_2 通电，接触器 KM_1 通电，电动机连接成双星形高速运行。电动机实现低速启动、高速运行的控制，目的是限制启动电流。

二、绕线转子电动机串电阻的调速控制

绕线转子电动机可采用转子串电阻的方法调速。随着转子所串电阻的增大，电动机转速降低，转差率增大，使电动机工作在不同的人为特性上，以获得不同的转速，实现调速的目的。

绕线转子电动机一般采用凸轮控制器进行调速控制，目前在吊车、起重机一类的生产机械上仍被普遍采用。

图 7-18 所示为采用凸轮控制器控制的电动机正反转和调速的线路。在电动机 M 的转子电路中，串接三相不对称电阻，做启动和调速用。转子电路的电阻和定子电路相关部分与凸轮控制器的各触点相连。

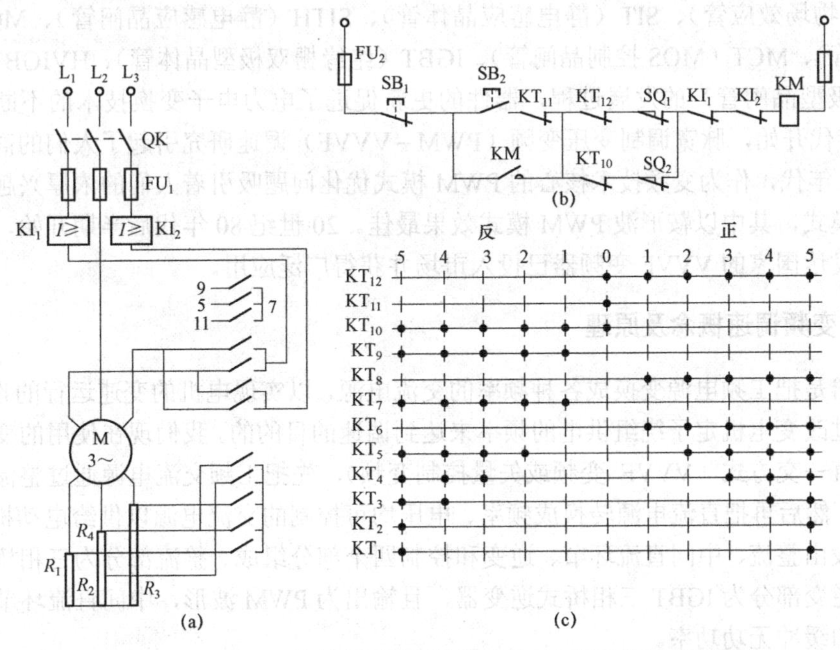

图 7-18 采用凸轮控制器控制的电动机正反转和调速的线路

凸轮控制器的触点展开图如图 7-18（c）所示，有黑点表示该位置触点接通，无黑点则表示该位置触点不通。触点 KT_1～KT_5 和转子电路串接的电阻相连接，用于短接电阻控制电动机的启动和调速。

启动过程如下：

凸轮控制器手柄置于“0”位，KT_{10}、KT_{11}、KT_{12} 三对触点接通，合上刀开关 QK，按

启动按钮 SB_2，接触器 KM 通电，接触器 KM 主触点闭合。把凸轮控制器手柄置正向“1”位，触点 KT_{12}、KT_6、KT_8 闭合，电动机 M 接通电源，转子串入全部电阻（$R_1+R_2+R_3+R_4$）正向低速启动；把手柄置正向“2”位，KT_{12}、KT_6、KT_8、KT_5 四对触点闭合，电阻 R_1 被切除，电动机转速上升。当手柄从正向“2”位依次置“3”“4”“5”位时，触点 KT_4～KT_1 先后闭合，电阻 R_2～R_4 被依次切除，电动机转速逐步升高，直至以额定转速运行。

当手柄由“0”位置反向“1”位时，触点 KT_{10}、KT_9、KT_7 闭合，电动机 M 电源相序改变而反向启动。手柄位置从“1”位依次置到“5”位时，电动机转子所串电阻依次切除，电动机转速逐步升高。过程与正转相同。

另外，为了安全运行，在终端位置设置了两个限位开关 SQ_1、SQ_2，分别与触点 KT_{12}、KT_{10} 串联，在电动机正转、反转过程中，当运动机构到达终端位置时，挡块压动位置开关，切断控制电路电源，使接触器 KM 断电，切断电动机电源而停止运行。

三、三相异步电动机变频器调速控制

（一）概述

变频技术是应交流电机无级调速的需要而诞生的。20 世纪 60 年代以后，电力电子器件经历了 SCR（晶闸管）、GTO（门极可关断晶闸管）、BJT（双极型功率晶体管）、MOSFET（金属氧化物场效应管）、SIT（静电感应晶体管）、SITH（静电感应晶闸管）、MGT（MOS 控制晶体管）、MCT（MOS 控制晶闸管）、IGBT（绝缘栅双极型晶体管）、HVIGBT（耐高压绝缘栅双极型晶闸管）的发展过程，器件的更新促进了电力电子变换技术的不断发展。20 世纪 70 年代开始，脉宽调制变压变频（PWM－VVVF）调速研究引起了人们的高度重视。20 世纪 80 年代，作为变频技术核心的 PWM 模式优化问题吸引着人们的浓厚兴趣，并得出诸多优化模式，其中以鞍形波 PWM 模式效果最佳。20 世纪 80 年代后半期开始，美、日、德、英等发达国家的 VVVF 变频器已投入市场并获得广泛应用。

（二）变频调速概念及原理

变频器是把工频电源变换成各种频率的交流电源，以实现电机的变速运行的设备。变频调速是通过改变电机定子绕组供电的频率来达到调速的目的的。我们现在使用的变频器主要采用交—直—交方式（VVVF 变频或矢量控制变频），先把工频交流电源通过整流器转换成直流电源，然后再把直流电源转换成频率、电压均可控制的交流电源以供给电动机。变频器的电路一般由整流、中间直流环节、逆变和控制四个部分组成。整流部分为三相桥式不可控整流器，逆变部分为 IGBT 三相桥式逆变器，且输出为 PWM 波形，中间直流环节为滤波，直流储能和缓冲无功功率。

变频器的分类方法有多种，按照主电路工作方式分类，可以分为电压型变频器和电流型变频器；按照开关方式分类，可以分为 PAM 控制变频器、PWM 控制变频器和高载频 PWM 控制变频器；按照工作原理分类，可以分为 V/f 控制变频器、转差频率控制变频器和矢量控制变频器等；按照用途分类，可以分为通用变频器、高性能专用变频器、高频变频器、单相变频器和三相变频器等。

（三）变频器控制方式的合理选用

控制方式是决定变频器使用性能的关键所在。目前市场上低压通用变频器品牌很多，包括欧、美、日及国产的共 50 多种。选用变频器时不要认为档次越高越好，而要按负载的特性，以满足使用要求为准，以便做到量才使用、经济实惠。表 7–5 中所列参数可供选用时参考。

表 7–5　变频器控制方式参数

控制方式	$V/f=C$ 控制		电压空间矢量控制	矢量控制		直接转矩控制
反馈装置	不带 PG	带 PG 或 PID	调节器	不要	不带 PG	带 PG 或编码器
速比 I	<1:40	1:60	1:100	1:100	1:1 000	1:100
启动转矩（在 3 Hz）	150%	150%	150%		零转速时为 150%	零转速时为 >150%～200%
静态速度精度/%	±（0.2～0.3）	±（0.2～0.3）	±0.2	±0.2	±0.02	±0.2
适应场合	一般风机、泵类等	较高精度调速，控制	一般工业上的调速或控制	所有调速或控制	伺服拖动、高精传动、转矩控制	负荷启动、起重负载转矩控制系统、恒转矩波动大负载

（四）变频器的选型原则

首先要根据机械对转速（最高、最低）和转矩（启动、连续及过载）的要求，确定机械要求的最大输入功率（电机的额定功率最小值）。有经验公式

$$P=nT/9\ 950\ (\text{kW})$$

式中　P——机械要求的输入功率，kW；

n——机械转速，r/min；

T——机械的最大转矩，N·m。

然后，选择电机的极数和额定功率。电机的极数决定了同步转速，要求电机的同步转速尽可能地覆盖整个调速范围，使连续负载容量高一些。为了充分利用设备潜能，避免浪费，可允许电机短时超出同步转速，但必须小于电机允许的最大转速。转矩取设备在启动、连续运行、过载或最高转速等状态下的最大转矩。最后，根据变频器输出功率和额定电流稍大于电机的功率与额定电流的原则来确定变频器的参数及型号。

（五）MICROMASTER 420 系列变频器

MICROMASTER 420 是用于控制三相交流电动机速度的变频器系列。本系列有多种型号，从单相电源电压、额定功率 120 W 到三相电源电压、额定功率 11 kW 可供用户选择。

本变频器由微处理器控制，并采用具有现代先进技术水平的绝缘栅双极型晶体管（IGBT）作为功率输出部件，因此，它们具有很高的运行可靠性和功能的多样性。其脉冲宽

度调制的开关频率是可以选择的，因而降低了电动机的噪声。全面而完善的保护功能为变频器和电动机提供了良好的保护，MICROMASTER 420 具有缺省的工厂设置参数，它是给数量众多的简单的电动机控制系统供电的理想变频驱动装置。由于 MICROMASTER 420 具有全面而完善的控制功能，在设置相关参数以后，它也可用于更高级的电动机控制系统。

MICROMASTER 420 既可用于单机驱动系统，也可集成到“自动化系统”中。

1. 特点

1）主要特性

（1）易于安装。

（2）易于调试。

（3）牢固的 EMC 设计。

（4）可由 IT（中性点不接地）电源供电。

（5）对控制信号的响应是快速的和可重复的。

（6）参数设置的范围广，确保它可对广泛的应用对象进行配置。

（7）电缆连线简单。

（8）采用模块化设计，配置非常灵活。

（9）脉宽调制的频率高，因而电动机运行的噪声低。

（10）详细的变频器状态信息和信息集成功能。

（11）有多种可选件供用户选用，如用于 PC 通信的通信模块，基本操作面板（BOP），高级操作面板（AOP），用于进行现场总线通信的 PROFIBUS 通信模块。

2）性能特征

（1）磁通电流控制（FCC）功能，改善了动态响应和电动机的控制特性。

（2）快速电流控制（FCL）功能，实现了正常状态下的无跳闸运行。

（3）内置的直流注入制动。

（4）复合制动功能改善了制动特性。

（5）加速/减速斜坡特性具有可编程的平滑功能。

（6）具有比例积分（PI）控制功能的闭环控制。

（7）多点 V/f 特性。

3）保护特性

（1）过电压/欠电压保护。

（2）变频器过热保护。

（3）接地故障保护。

（4）短路保护。

（5）I^2t 电动机过热保护。

（6）PTC 电动机保护。

2. 电源和电动机的连接

打开变频器的盖子后，就可以连接电源和电动机的接线端子。电源和电动机的接线必须按照图 7－19 所示的方法进行。

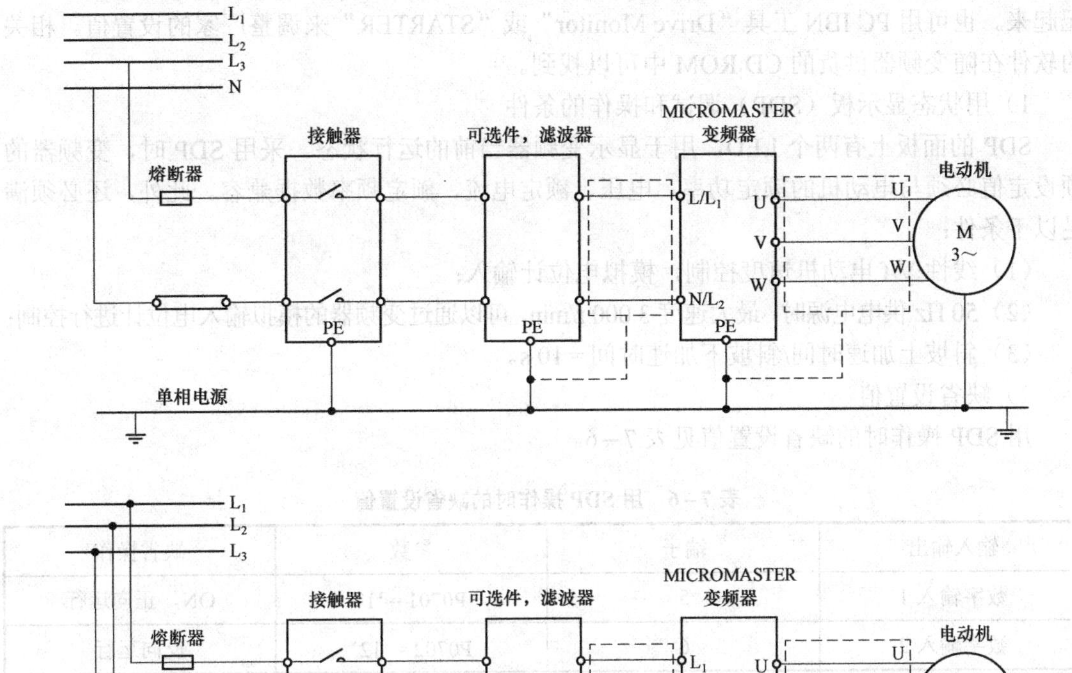

图 7－19　电源和电动机的连接方法

3. 电磁干扰的防护

变频器的设计允许它在具有很强电磁干扰（EMI）的环境下运行。通常，良好的安装质量，可确保安全和无故障运行。防电磁干扰的措施如下：

（1）机柜内的所有设备需用短而粗的接地电缆连接到公共接地点或公共接地母线；

（2）变频器连接的任何设备都需要用短而粗的接地电缆连接到同一个接地网；

（3）由电动机返回的接地线直接连接到控制该电动机的变频器的接地端子（PE）上；

（4）接触器的触点最好是扁平的，因为它们在高频时阻抗较低；

（5）截断电缆的端头时应尽可能整齐，保证未经屏蔽的线段尽可能短；

（6）控制电缆的布线应尽可能远离供电电源线，使用单独的走线槽；必须与电源线交叉时，采取 90° 直角交叉；

（7）无论何时，与控制回路的连接线都应采用屏蔽电缆。

4. 调试方法

MICROMASTER 420 变频器在标准供货方式时装有状态显示板（SDP），对一般用户利用 SDP 和厂家的缺省设置值，就可以使变频器正常地投入运行。如果厂家的缺省设置值不适合用户的设备情况，可使用基本操作版（BOP）或高级操作板（AOP）修改参数，使之匹配起来。也可用 PC IBN 工具“Drive Monitor”或“STARTER”来调整厂家的设置值。相关的软件在随变频器供货的 CD ROM 中可以找到。

1）用状态显示板（SDP）调试和操作的条件

SDP 的面板上有两个 LED，用于显示变频器当前的运行状态。采用 SDP 时，变频器的预设定值必须与电动机的额定功率、电压、额定电流、额定频率数据兼容。此外，还必须满足以下条件：

（1）线性 V/f 电动机速度控制，模拟电位计输入；

（2）50 Hz 供电电源时，最大速度 3 000 r/min，可以通过变频器的模拟输入电位计进行控制；

（3）斜坡上加速时间/斜坡下加速时间 = 10 s。

2）缺省设置值

用 SDP 操作时的缺省设置值见表 7 – 6。

表 7 – 6　用 SDP 操作时的缺省设置值

输入输出	端子	参数	缺省操作
数字输入 1	5	P0701 = ‘1’	ON，正向运行
数字输入 2	6	P0702 = ‘12’	反向运行
数字输入 3	7	P0703 = ‘9’	故障复位
输出继电器	10/11	P0731 = ‘52.3’	故障识别
模拟输出	12/13	P0771 = 21	输出频率
模拟输入	3/40	P0700 = 0	频率设定值
	1/2		模拟输入电源

3）用 SDP 进行的基本操作

使用变频器上装设的 SDP 可进行以下操作：

（1）启动和停止电动机；

（2）电动机反向；

（3）故障复位。

使用基本操作版（BOP）或高级操作板（AOP）进行修改参数、调试和操作，可参看 MICROMASTER 420 变频器使用大全。

任务 7.5　三相异步电动机的制动控制

三相异步电动机从切断电源到完全停止旋转，由于惯性的关系总要经过一段时间，这往往不能满足某些生产机械工艺的要求。在实际生产中，为了实现快速、准确停车，缩短时间，提高生产效率，若要求停转的电动机迅速停车，必须采取制动措施。

三相异步电动机的制动方法有机械制动和电气制动两种。

机械制动是利用机械装置使电动机迅速停转。常用的机械装置是电磁抱闸，抱闸装置由制动电磁铁和闸瓦制动器构成，分通电制动和断电制动。制动时，将制动电磁铁的线圈接通或断开电源，通过机械抱闸制动电动机。

电气制动有反接制动、能耗制动和电容制动等。

一、三相异步电动机反接制动控制

反接制动是利用改变电动机电源相序，使定子绕组产生的旋转磁场与转子旋转方向相反，因而产生制动力矩的一种制动方法。应当注意的是，当电动机转速接近零时，必须立即断开电源，否则电动机将反向旋转。

另外，由于反接制动电流较大，制动时需在定子回路中串入电阻以限制制动电流。反接制动电阻的接法分对称电阻和不对称电阻两种，如图 7－20 所示。

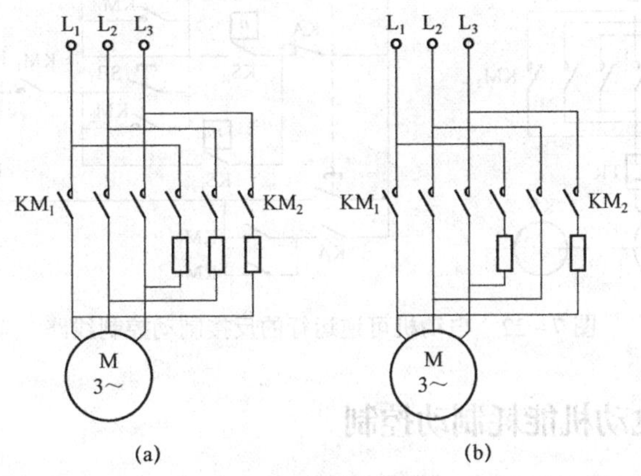

图 7－20　三相异步电动机反接制动电阻接法

（a）对称电阻接法；（b）不对称电阻接法

单向运行的三相异步电动机反接制动控制线路如图 7－21 所示。控制线路按速度原则实现控制，通常采用速度继电器。速度继电器与电动机同轴相连，在 120～3 000 r/min 范围内速度继电器触点动作，当转速低于 100 r/min 时，其触点复位。

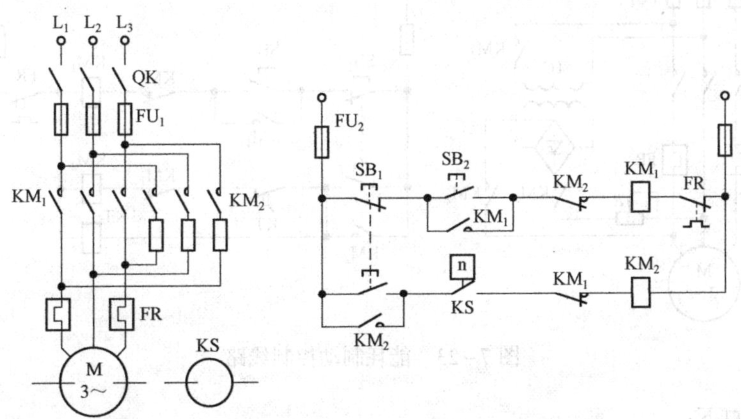

图 7－21　单向运行的三相异步电动机反接制动控制线路

工作过程如下：

合上刀开关 QK，按下启动按钮 SB_2，接触器 KM_1 通电，电动机 M 启动运行，速度继电器 KS 常开触点闭合，为制动做准备。制动时按下停止按钮 SB_1，KM_1 断电，KM_2 通电（KS 常开触点尚未打开），KM_2 主触点闭合，定子绕组串入制动电阻 R 进行反接制动，$n \approx 0$ 时，KS 常开触点打开，KM_2 断电，电动机制动结束。

电动机可逆运行的反接制动控制线路如图 7－22 所示。图中 KS_F 和 KS_R 是速度继电器 KS 的两组常开触点，正转时 KS_F 闭合，反转时 KS_R 闭合，启动过程请读者自行分析。

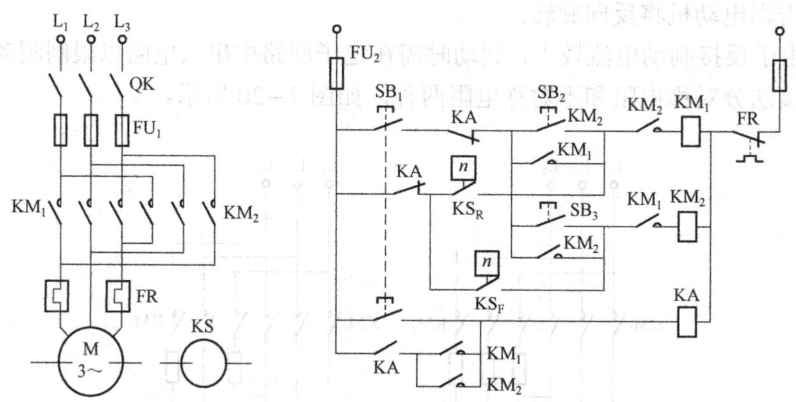

图 7－22　电动机可逆运行的反接制动控制线路

二、三相异步电动机能耗制动控制

三相异步电动机能耗制动时，切断定子绕组的交流电源后，在定子绕组任意两相通入直流电流，形成一固定磁场，与旋转着的转子中的感应电流相互作用产生制动力矩。制动结束后，必须及时切除直流电源。能耗制动控制线路如图 7－23 所示。

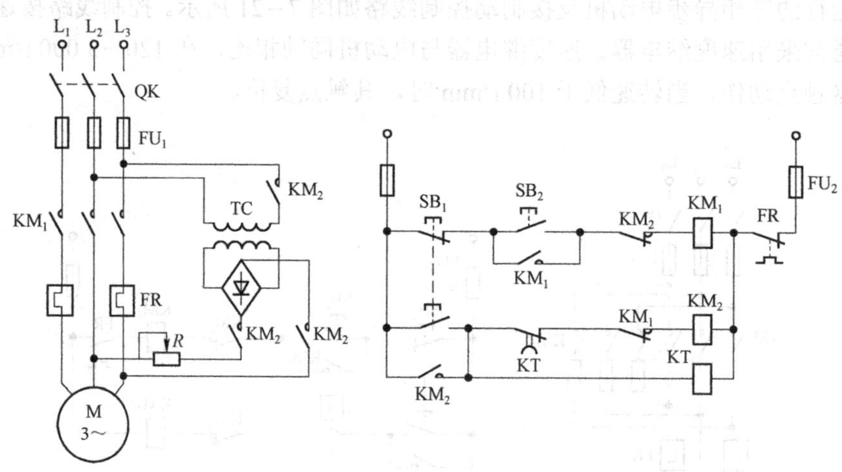

图 7－23　能耗制动控制线路

工作过程如下：

合上刀开关 QK，按下启动按钮 SB_2，接触器 KM_1 通电，电动机 M 启动运行。制动时，

按下复合按钮 SB_1，首先 KM_1 断电，电动机 M 断开交流电源，接着接触器 KM_2 和时间继电器 KT 同时通电，KM_2 主触点闭合，电动机 M 两相定子绕组通入直流电，开始能耗制动。当 KT 达到设定值时，延时常闭触点打开，KM_2 断电，切断电动机 M 的直流电，能耗制动结束。

该控制电路制动效果好，但对于较大功率的电动机要采用三相整流电路，则所需设备多，投资成本高。对于 10 kW 以下的电动机，在制动要求不高的场合，可采用无变压器单相半波整流控制线路，如图 7－24 所示。

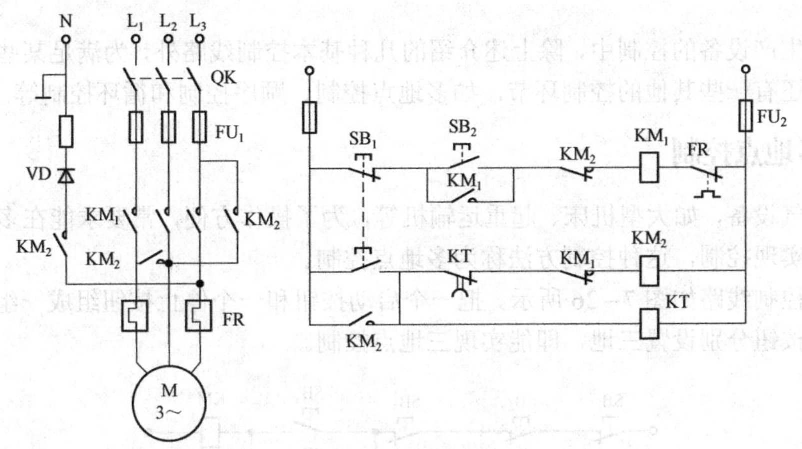

图 7－24　无变压器单相半波整流控制线路

三、三相异步电动机电容制动

电容制动是在切断三相异步电动机的交流电源后，在定子绕组上接入电容器，转子内剩磁切割定子绕组产生感应电流，向电容器充电，充电电流在定子绕组中形成磁场，该磁场与转子感应电流相互作用，产生与转向相反的制动力矩，使电动机迅速停转。电容制动控制线路如图 7－25 所示。

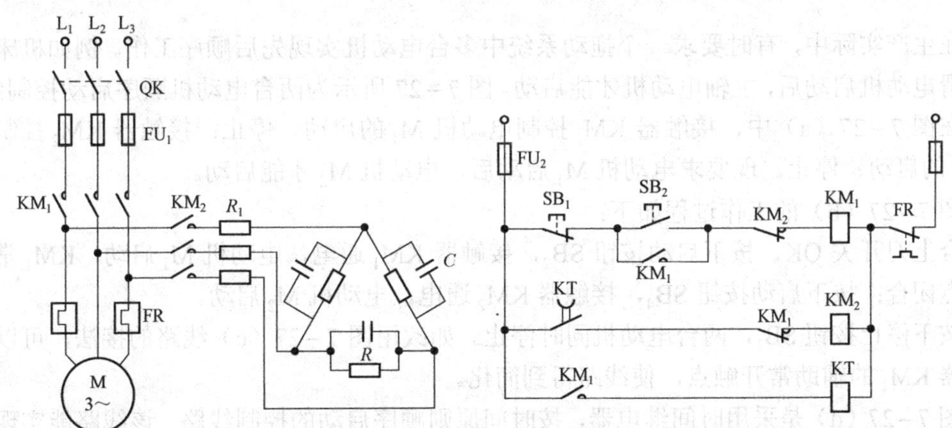

图 7－25　电容制动控制线路

工作过程如下：

合上刀开关 QK，按下启动按钮 SB_2，接触器 KM_1 通电，电动机 M 启动运行，时间继电器 KT 通电，KT 瞬时闭合延时打开，常开触点闭合。制动时，按下停止按钮 SB_1，KM_1 断电，电容器接入制动开始。由于 KM_1 断电，接着 KT 断电，当 KT 达到设定值时，延时常开触点打开，KM_2 断电，电容器断开，制动结束。

任务 7.6　其他典型控制环节

在实际生产设备的控制中，除上述介绍的几种基本控制线路外，为满足某些特殊要求和工艺需要，还有一些其他的控制环节，如多地点控制、顺序控制和循环控制等。

一、多地点控制

有些电气设备，如大型机床、起重运输机等，为了操作方便，常要求能在多个地点对同一台电动机实现控制，这种控制方法称为多地点控制。

三地点控制线路如图 7－26 所示。把一个启动按钮和一个停止按钮组成一组，并把三组启动、停止按钮分别设置三地，即能实现三地点控制。

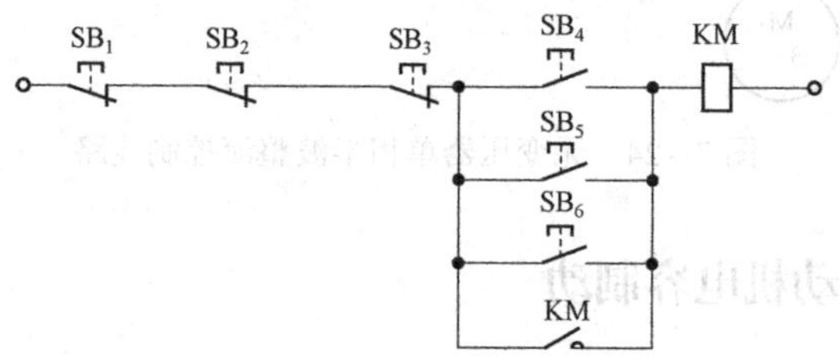

图 7－26　三地点控制线路

多地点控制的原则是：启动按钮应并联连接，停止按钮应串联连接。

二、多台电动机先后顺序工作的控制

在生产实际中，有时要求一个拖动系统中多台电动机实现先后顺序工作。例如机床中要求润滑电动机启动后，主轴电动机才能启动。图 7－27 所示为两台电动机顺序启动控制线路。

在图 7－27（a）中，接触器 KM_1 控制电动机 M_1 的启动、停止；接触器 KM_2 控制电动机 M_2 的启动、停止。现要求电动机 M_1 启动后，电动机 M_2 才能启动。

图 7－27（b）的工作过程如下：

合上刀开关 QK，按下启动按钮 SB_2，接触器 KM_1 通电，电动机 M_1 启动，KM_1 常开辅助触点闭合；按下启动按钮 SB_4，接触器 KM_2 通电，电动机 M_2 启动。

按下停止按钮 SB_1，两台电动机同时停止。如改用图 7－27（c）线路的接法，可以省去接触器 KM_1 的辅助常开触点，使线路得到简化。

图 7－27（d）是采用时间继电器，按时间原则顺序启动的控制线路。该线路能实现电动机 M_1 启动时间 t(s)后，电动机 M_2 自行启动。

图 7－28（e）可实现电动机 M_1 先启动，电动机 M_2 再启动；停止时，电动机 M_2 先停止，电动机 M_1 再停止的控制。

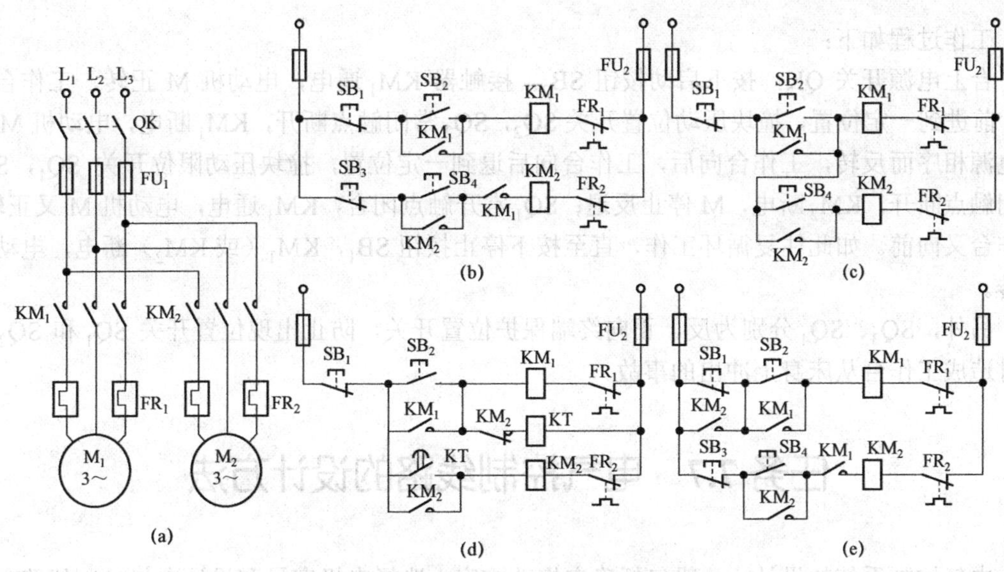

图 7-27 两台电动机顺序启动控制线路

电动机顺序控制的接线规律是：

（1）要求接触器 KM_1 动作后接触器 KM_2 才能动作，故将接触器 KM_1 的常开触点串接于接触器 KM_2 的线圈电路中。

（2）要求接触器 KM_2 先断电释放后方能使接触器 KM_1 断电释放，则需将接触器 KM_2 的常开触点并在接触器 KM_1 线圈电路中的停止按钮上。

三、自动循环控制

在机床电气设备中，有些是通过工作台自动往复工作的，如龙门刨床的工作台前进、后退。电动机的正反转是实现工作台自动往复循环的基本环节。自动循环控制线路如图 7-28 所示。

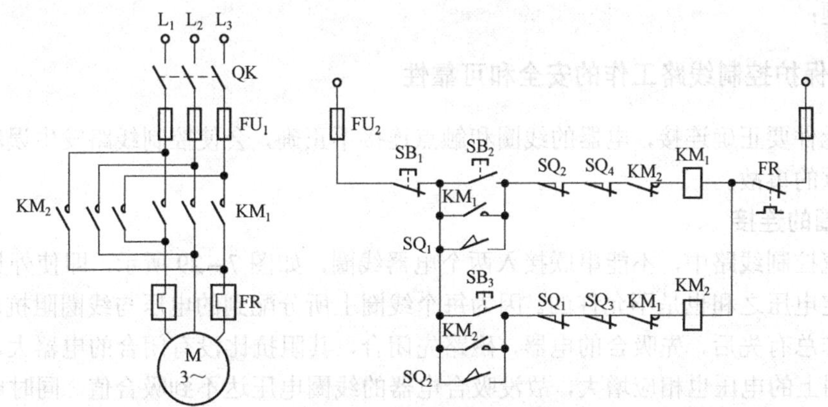

图 7-28 自动循环控制线路

控制线路按照行程控制原则，利用生产机械运动的行程位置实现控制，通常采用位置开关。

工作过程如下：

合上电源开关 QK，按下启动按钮 SB_2，接触器 KM_1 通电，电动机 M 正转，工作台向前，前进到一定位置，撞块压动位置开关 SQ_2，SQ_2 常闭触点断开，KM_1 断电，电动机 M 改变电源相序而反转，工作台向后，工作台向后退到一定位置，撞块压动限位开关 SQ_1，SQ_1 常闭触点断开，KM_2 断电，M 停止反退；SQ_1 常开触点闭合，KM_1 通电，电动机 M 又正转，工作台又向前。如此往复循环工作，直至按下停止按钮 SB_1，KM_1（或 KM_2）断电，电动机停转。

另外，SQ_3、SQ_4 分别为反、正向终端保护位置开关，防止出现位置开关 SQ_1 和 SQ_2 失灵时造成工作台从床身上冲出的事故。

任务 7.7　电气控制线路的设计方法

电气控制系统的设计，一般包括确定拖动方案、选择电机容量和设计电气控制线路。电气控制线路的设计方法通常有两种：一般设计法和逻辑设计法。

一、一般设计法

一般设计法是根据生产工艺的控制要求，利用各种典型的控制环节，直接设计控制线路。这种设计方法要求设计人员必须掌握和熟悉大量的典型控制线路，以及各种典型线路的控制环节，同时具有丰富的设计经验，由于这种设计方法主要是靠经验进行设计，因此又称经验设计法。经验设计法的特点是没有固定的设计模式，灵活性很大，对于具有一定工作经验的设计人员来说，容易掌握，因此在电气设计中被普遍采用。但用经验设计方法初步设计出来的控制线路可能有多种，也可能有一些不完善的地方，需要多次反复地修改、试验，才能使线路符合设计要求。即使这样，设计出来的线路可能也不是最简的，所用的电器及触点也不一定最少，所以得出的方案也不一定是最佳的。采用一般设计法设计控制线路时，应注意以下几个问题：

（一）保护控制线路工作的安全和可靠性

电器元件要正确连接，电器的线圈和触点连接不正确，会使控制线路发生误动作，有时会造成严重的事故。

1. 线圈的连接

在交流控制线路中，不能串联接入两个电器线圈，如图 7－29 所示，即使外加电压是两个线圈额定电压之和也是不允许的。因为每个线圈上所分配到的电压与线圈阻抗成正比，两个电器动作总有先后，先吸合的电器，磁路先闭合，其阻抗比没有闭合的电器大，电感显著增加，线圈上的电压也相应增大，故没吸合电器的线圈电压达不到吸合值。同时电路电流将增加，有可能烧毁线圈。因此两个电器需要同时动作时，线圈应并联连接。

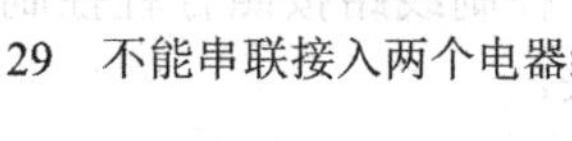

KA　KM_1　KM_2

图 7－29　不能串联接入两个电器线圈

2. 电器触点的连接

同一电器的常开触点和常闭触点位置靠得很近，不能分别接在电源的不同相上。不正确连接电器的触点如图7－30（a）所示，位置开关SQ的常开触点和常闭触点不是等电位，当触点断开产生电弧时，很可能在两触点之间形成飞弧而引起电源短路。正确连接电器的触点如图7－30（b）所示，则两电器电位相等，不会造成飞弧而引起电源短路。

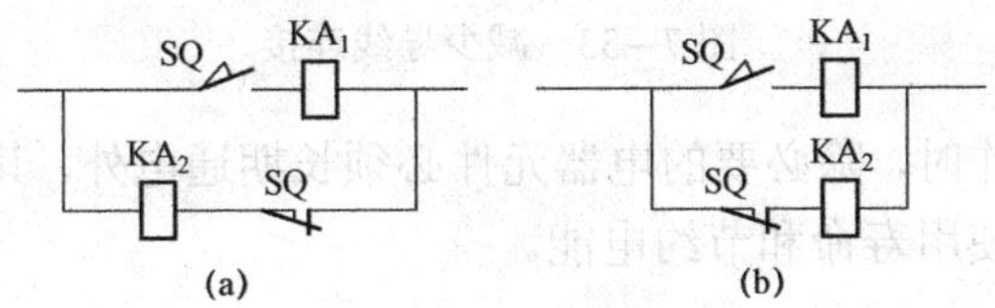

图7－30　电器触点的连接

（a）错误；（b）正确

3. 线路中应尽量减少多个电器元件依次动作后才能接通另一个电器元件的情况

在图7－31（a）中，线圈KA_3的接通要经过KA、KA_1、KA_2三对常开触点。若改为图7－31（b），则每一线圈的通电只需经过一对常开触点，工作较可靠。

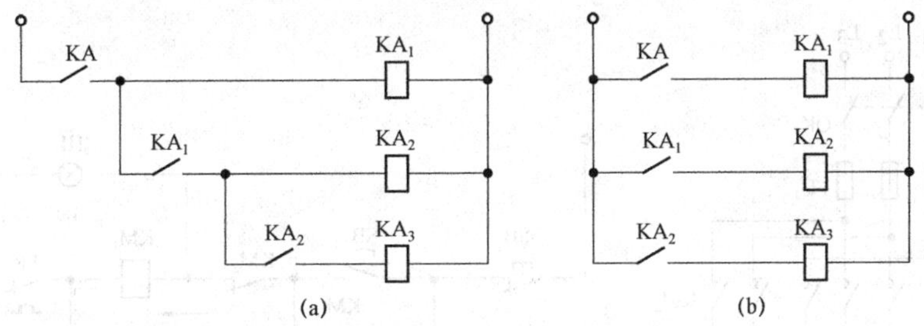

图7－31　多个电器元件的连接

4. 应考虑电气触点的接通和分断能力

若电气触点的容量不够，可在线路中增加中间继电器或增加线路中触点数目。增加接通能力用多触点并联连接，增加分断能力用多触点串联连接。

5. 应考虑电器元件触点“竞争”问题

同一继电器的常开触点和常闭触点有“先断后合”型和“先合后断”型。通电时常闭触点先断开，常开触点后闭合；断电时常开触点先断开，常闭触点后闭合，属于“先断后合”型。而“先合后断”型则相反，通电时常开触点先闭合，常闭触点后断开；断电时常闭触点先闭合，常开触点后断开。如果触点先后发生“竞争”，电路工作则不可靠。触点“竞争”线路如图7－32所示。若继电器KA采用“先合后断”型，则自锁环节起作用；若继电器KA采用“先断后合”型，则自锁环节不起作用。

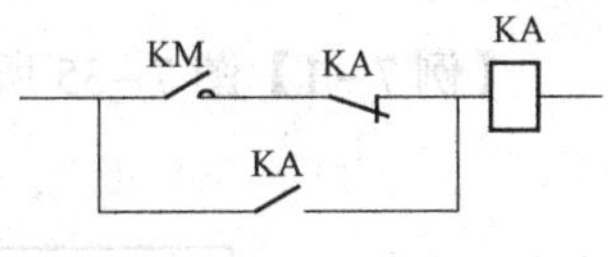

图7－32　触点“竞争”线路

（二）控制线路力求简单、经济

（1）尽量减少触点的数目。将电器元件触点的位置进行合理安排，可减少导线的根数和缩短导线的长度，以简化接线。如图7－33所示，启动按钮和停止按钮同放置在操作台上，而接触器放置在电器柜内。从按钮到接触器要经过较远的距离，所以必须把启动按钮和停止按钮直接连接，这样可减少连接线。

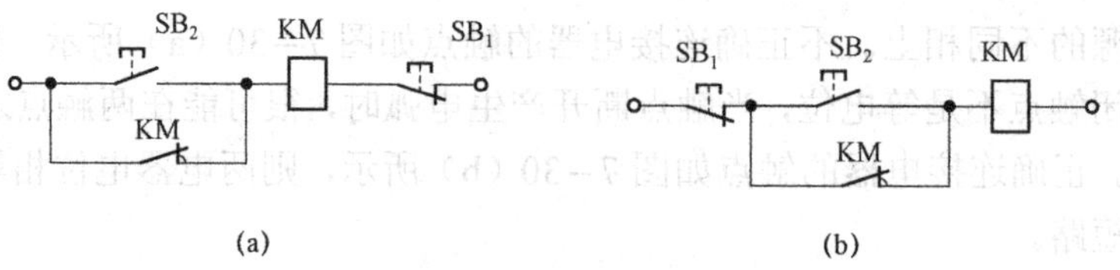

图 7－33　减少导线连接

（2）控制线路在工作时，除必要的电器元件必须长期通电外，其余电器应尽量不长期通电，以延长电器元件的使用寿命和节约电能。

（三）防止寄生电路

控制线路在工作中出现意外接通的电路称寄生电路。寄生电路会破坏线路的正常工作，造成误动作。图 7－34 所示为一个只具有过载保护和指示灯的可逆电动机的控制线路，电动机正转时过载，则热继电器动作时会出现寄生电路，如图中虚线所示，使接触器 KM_1 不能及时断电，延长了过载的时间，起不到应有的保护作用。

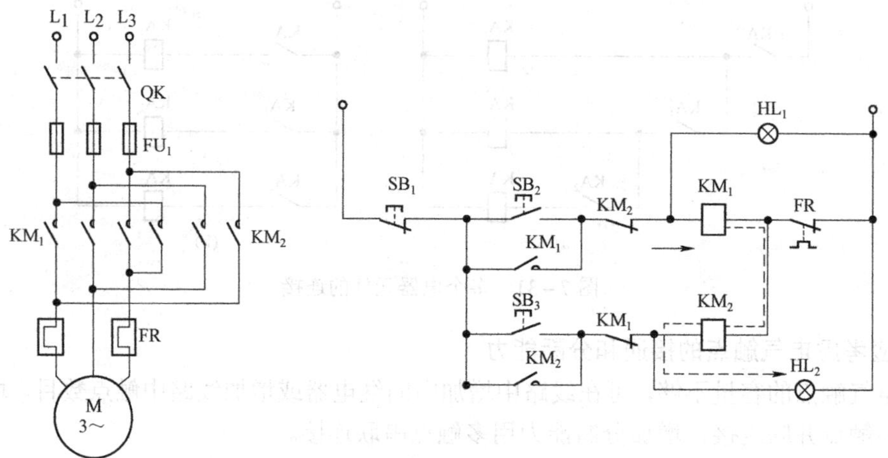

图 7－34　寄生电路

（四）设计举例

【例 7－1】图 7－35 所示为切削加工时刀架的自动循环工作过程示意图。其控制要求如下：

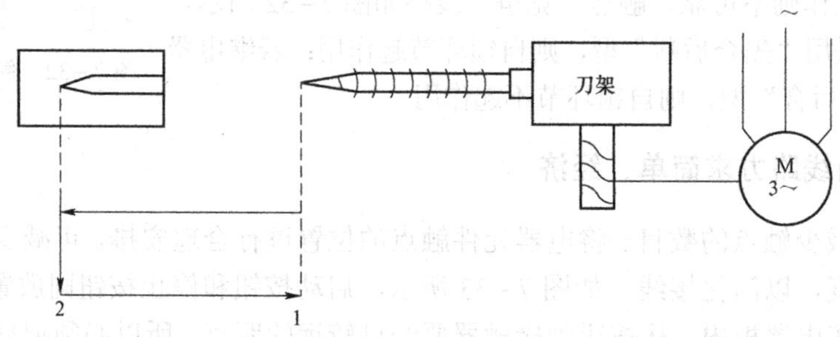

图 7－35　切削加工时刀架的自动循环工作过程示意图

（1）自动循环，即刀架由位置“1”移动到位置“2”，进行钻削加工后自动退回位置“1”，实现自动循环。

（2）无进给切削，即钻头到达位置“2”时不再进给，但钻头继续旋转进行无进给切削以提高工件加工精度。

（3）快速停车。停车时，要求快速停车以减少辅助时间。

了解清楚生产工艺要求后则可进行电气控制线路的设计。

1. 设计主电路

因要求刀架自动循环，故电动机实现正、反向运转，所以采用两个接触器以改变电源相序，主电路设计如图7-36（a）所示。

2. 确定控制电路的基本部分

设置由启动、停止按钮，正反向接触器组成的控制电动机“正—停—反”的基本控制环节，如7-37（b）所示。

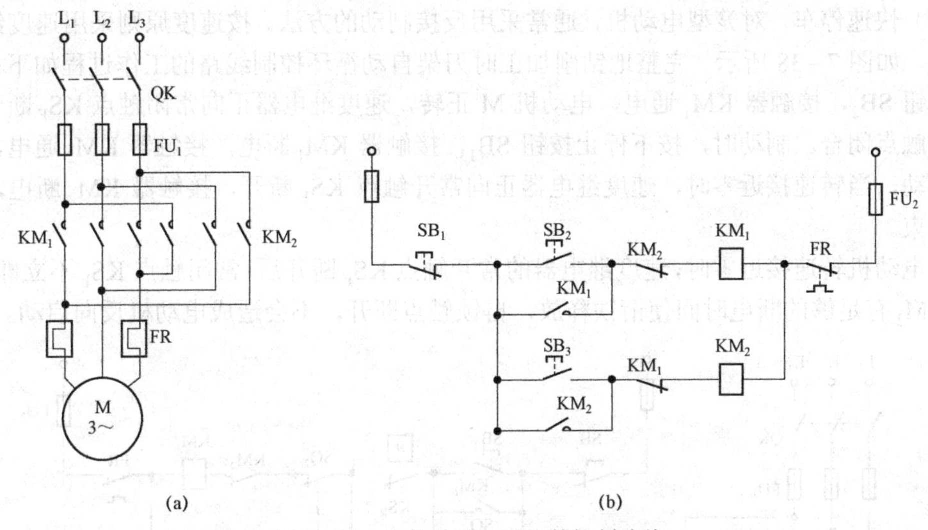

图7-36　刀架前进、后退的控制路线

（a）主电路；（b）基本控制电路

3. 设计控制电路的特殊部分

设计控制电路的特殊部分的工艺要求：

（1）实现刀架自动循环。应采用位置开关SQ_1和SQ_2分别作为测量刀架运动的行程位置的元件，其中SQ_1放置在“1”的位置，SQ_2放置在“2”的位置。将SQ_2的常闭触点串接于正向接触器KM_1线圈的电路中，SQ_2的常开触点与反向启动按钮SB_3并联连接。这样，当刀架前进到位置“2”时，压动位置开关 SQ_2，其常闭触点断开，切断正向接触器线圈电路的电源，KM_1断电；SQ_2常开触点闭合，使反向接触器KM_2通电，刀架后退，退回到位置“1”时，压动位置开关SQ_1，同样，把SQ_1的常闭触点串接于反向接触器KM_2线圈电路中，SQ_1的常开触点与正向启动按钮SB_2并联连接，则刀架又自动向前，实现刀架的自动循环工作。

（2）实现无进给切削。为了提高加工精度，要求刀架前进到位置“2”时进行无进给切削，即刀架不再前进，但钻头继续转动切削（钻头转动由另一台电动机拖动），无进给切削一段时间后，刀架再后退。故线路根据时间原则，采用时间继电器来实现无进给切削控制，如图 7-37 所示。

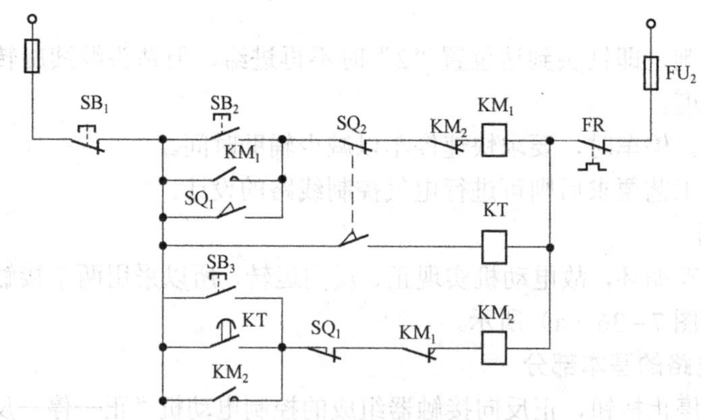

图 7-37　无进给切削控制线路

（3）快速停车。对笼型电动机，通常采用反接制动的方法。按速度原则采用速度继电器来实现，如图 7-38 所示。完整地钻削加工时刀架自动循环控制线路的工作过程如下：按下启动按钮 SB_2，接触器 KM_1 通电，电动机 M 正转，速度继电器正向常闭触点 KS_F 断开，正向常开触点闭合。制动时，按下停止按钮 SB_1，接触器 KM_1 断电，接触器 KM_2 通电，进行反接制动，当转速接近零时，速度继电器正向常开触点 KS_F 断开，接触器 KM_2 断电，反接制动结束。

当电动机转速接近零时，速度继电器的常开触点 KS_F 断开后，常闭触点 KS_F 不立即闭合，因而 KM_2 有足够的断电时间使衔铁释放，自锁触点断开，不会造成电动机反向启动。

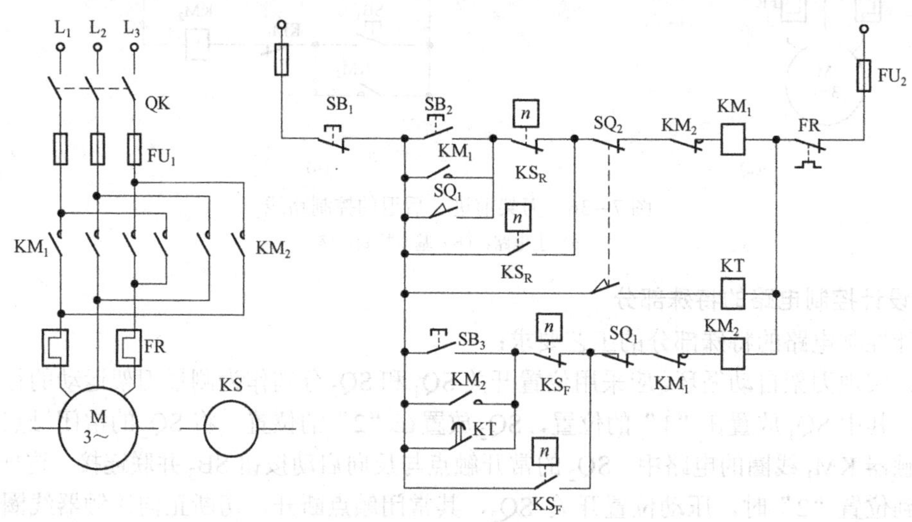

图 7-38　完整地钻削加工时刀架自动循环控制线路

电动机反转时的反接制动过程与正向的反向制动过程一样，不同的是反接制动时，速度继电器反向触点 KS_R 动作。

（4）设置必要的保护环节。该线路采用熔断器 FU 做短路保护，热继电器 FR 做过载保护。

二、逻辑设计法

（一）电气控制线路逻辑设计中的有关规定

逻辑设计法是利用逻辑代数这一数学工具来设计电气控制线路的，同时也可以用于线路的简化，把电气控制线路中的接触器、继电器等电器元件线圈的通电和断电，触点的闭合和断开看成逻辑变量，规定线圈的通电状态为“1”态，线圈的断电状态为“0”态；触点的闭合状态为“1”态，触点的断开状态为“0”态。上述规定采用的是“正逻辑”，但也可采用“负逻辑”，通常在逻辑设计方法中采用“正逻辑”。根据工艺要求将这些逻辑变量关系表示为逻辑函数的关系式，并运用逻辑函数基本公式和运算规律，对逻辑函数式进行化简，再由化简的逻辑函数式画出相应的电气原理图，最后再进一步检查、完善，以期得到既满足工艺要求，又经济合理、安全可靠的最佳设计线路。

（二）逻辑运算法则

用逻辑来表示控制元件的状态，实质上是以触头的状态作为逻辑变量，通过简单的“逻辑与”“逻辑或”“逻辑非”等基本运算，得出其运算结果，此结果表明电气控制线路的结构。

1. 逻辑与

如图 7－39 所示，常开触点 KA_1、KA_2 串联的逻辑与电路，当常开触点 KA_1 与 KA_2 同时闭合时，即 $KA_1=1$、$KA_2=1$，则接触器 KM 通电，即 KM＝1；当常开触点 KA_1 与 KA_2 任一不闭合，即 $KA_1=0$ 或 $KA_2=0$，则 KM 断电，即 KM＝0。图 7－39 可用逻辑“与”关系式表示为

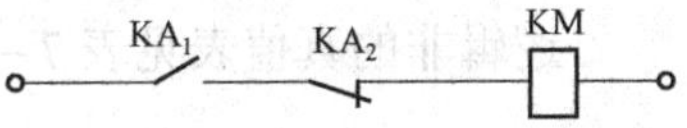

图 7－39　逻辑与电路

$$KM=KA_1\times KA_2 \tag{7-1}$$

逻辑与的真值表见表 7－7。

表 7－7　逻辑与的真值表

KA_1	KA_2	KM
0	0	0
0	1	0
1	0	0
1	1	1

2. 逻辑或

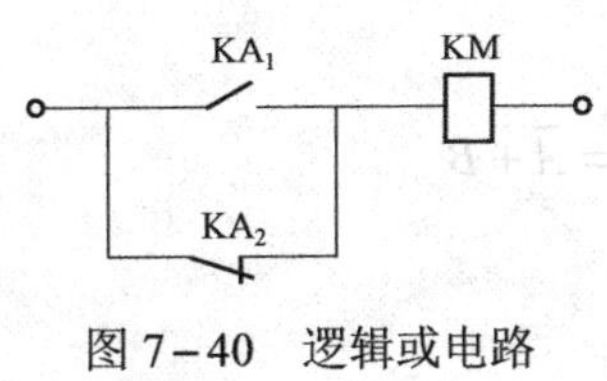

图 7－40　逻辑或电路

图 7－40 表示常开触点 KA_1 与 KA_2 并联的逻辑或电路，当常开触点 KA_1 与 KA_2 任一闭合或都闭合（$KA_1=1$、$KA_2=0$；$KA_1=0$、$KA_2=1$；或 $KA_1=KA_2=1$）时，则 KM 通电，即 KM＝1；当 KA_1、KA_2 均不闭合时，KM＝0。图 7－40 可用逻辑或关系式表示为

$$KM = KA_1 + KA_2 \tag{7-2}$$

逻辑或的真值表见表 7-8。

表 7-8 逻辑或的真值表

KA_1	KA_2	KM
0	0	0
0	1	1
1	0	1
1	1	1

3. 逻辑非

图 7-41 表示和继电器常开触点 KA 相对应的常闭触点 $\overline{KA}$ 与接触器线圈 KM 串联的逻辑非电路。当继电器线圈通电（KA=1）时，常闭触点 $\overline{KA}$ 断开（$\overline{KA}=0$），则 KM=0；当 KA 断电（KA=0）时，常闭触点 $\overline{KA}$ 闭合（$\overline{KA}=1$），则 KM=1。

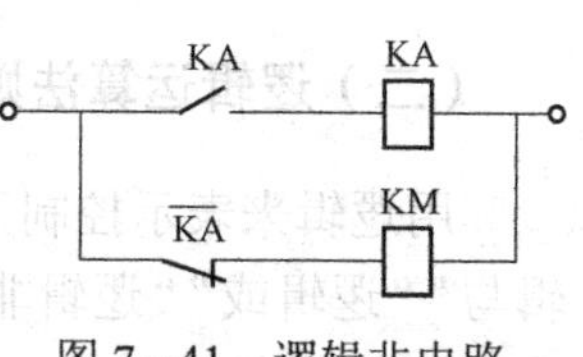

图 7-41 逻辑非电路

图 7-41 可用逻辑非关系式表示为

$$KM = \overline{KA} \tag{7-3}$$

逻辑非的真值表见表 7-9。

表 7-9 逻辑非的真值表

KA	KM
0	1
1	0

逻辑非有时也称 KA 对 KM 是“非控制”。

以上与、或、非逻辑运算，其逻辑变量不超过两个，但对多个逻辑变量也同样适用。

4. 逻辑代数定理

1）交换律

$$AB = BA \qquad A + B = B + A$$

2）结合律

$$A(BC) = (AB)C \qquad A + (B + C) = (A + B) + C$$

3）分配率

$$A(B + C) = AB + AC; A + BC = (A + B)(A + C)$$

4）吸收率

$$A + AB = A; A(A + B) = A; A + \overline{A}B = A + B; \overline{A} + AB = \overline{A} + B$$

5）重叠率

$$AA = A$$
$$A + A = A$$

6）非非率

$$\overline{A}=A$$

7）反演率（摩根定律）

$$\overline{A+B}=\overline{A}\times B;\ \overline{A\times B}=\overline{A}+B$$

以上基本定律都可用真值表或继电器电路证明，读者可自行证明。

（三）逻辑函数的化简

逻辑函数化简可以使继电接触器电路简化，因此有重要的实际意义。化简方法有两种，一种是公式法，一种是卡诺图法。这里介绍公式法化简，关键在于熟练掌握基本定律，综合运用提出因子、并项、扩项、消去多余因子、多余项等方法，并进行化简。

化简时经常用到常量与变量关系：

$$A+0=A \qquad A\times 1=A$$
$$A+1=1 \qquad A\times 0=0$$
$$A+\overline{A}=1 \qquad A\times\overline{A}=0$$

下面举几个例子说明如何化简。

（1） $F=ABC+\overline{A}B+AB\overline{C}=AB(C+\overline{C})+\overline{A}B=AB+\overline{A}B=(A+\overline{A})B=B$

（2） $F=\overline{\overline{A}B}+A\overline{B}C=A\overline{B}+A\overline{B}C=A\overline{B}(1+C)=A\overline{B}$

（3） $F=A\overline{B}+\overline{BC}+AC=A\overline{B}(C+\overline{C})+\overline{BC}+AC=A\overline{B}C+A\overline{BC}+\overline{BC}+AC$
$=(A+1)\overline{BC}+(\overline{B}+1)AC=\overline{BC}+AC$

对逻辑代数式的化简，就是对继电接触器线路的化简，但是在实际组成线路时，有些具体因素必须考虑：

（1）触点容量的限制。特别要检查担负关断任务的触点容量。触点的额定电流比触点电流分断能力约大 10 倍，所以在简化后要注意触点是否有此分断能力。

（2）在有多余接点，并且多用些接点能使线路的逻辑功能更加明确的情况下，不必强求化简来节省触点。

（四）逻辑组合电路设计

逻辑电路有两种基本类型：一种为逻辑组合电路；另一种为逻辑时序电路。逻辑组合电路没有反馈电路（如自锁电路），对于任何信号都没有记忆功能，控制线路的设计比较简单。

例如：某电动机只有在继电器 KA_1、KA_2、KA_3 中任何一个或两个继电器动作时才能运转，而在其他条件下都不运转，试设计其控制线路。

电动机的运转由接触器 KM 控制，根据题目的要求，列出接触器 KM 通电状态的真值表，见表 7－10。

表 7－10　接触器 KM 通电状态的真值表

KA_1	KA_2	KA_3	KM
0	0	0	0
0	0	1	1

续表

KA_1	KA_2	KA_3	KM
0	1	0	1
0	1	1	1
1	0	0	1
1	0	1	1
1	1	0	1
1	1	1	0

根据真值表，写出接触器 KM 的逻辑函数表达式。

$$f(\text{KM})=\overline{KA_1}\times\overline{KA_2}\times KA_3+\overline{KA_1}\times KA_2\times\overline{KA_3}+\overline{KA_1}\times KA_2\times KA_3+KA_1\times\overline{KA_2}\times\overline{KA_3}+KA_1\times\overline{KA_2}\times KA_3+KA_1\times KA_2\times\overline{KA_3}$$

利用逻辑代数基本公式（或卡诺图）进行化简得

$$f(\text{KM})=\overline{KA_1}\times(KA_2+KA_3)+KA_1\times(\overline{KA_2}+\overline{KA_3})$$

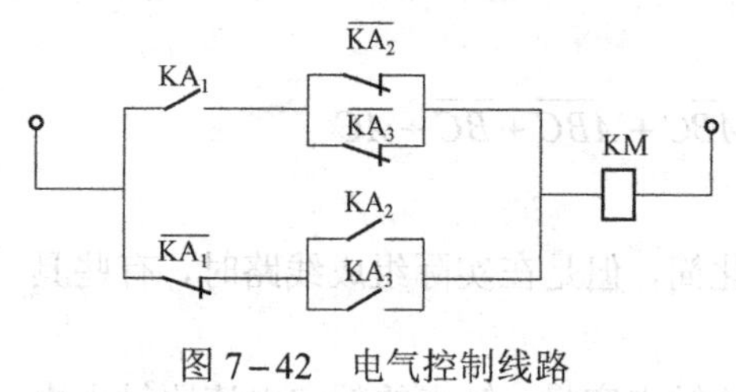

图 7－42　电气控制线路

根据简化的逻辑函数表达式，可绘制如图 7－42 所示的电气控制线路。

逻辑时序电路具有反馈电路，即具有记忆功能，设计过程较复杂，一般按照以下步骤进行：

（1）根据工艺要求，作出工作循环图；

（2）根据工作循环图作出执行元件和检测元件的状态表－转换表；

（3）根据转换表，确定中间记忆元件的开关边界线，设置中间记忆元件；

（4）列写中间记忆元件逻辑函数式及执行元件逻辑函数式；

（5）根据逻辑函数式绘出相应的电气控制线路；

（6）检查并完善所设计的控制电路。

任务 7.8　电气线路中的保护措施

电气控制系统必须在安全可靠的条件下来满足生产工艺的要求，因此在线路中还必须设有各种保护装置，避免由于各种故障造成电气设备和机械设备的损坏，以及保证人身安全。保护环节也是所有自动控制系统不可缺少的组成部分，保护的内容是十分广泛的，不同类型的电动机，生产机械和控制线路有不同的要求，本任务集中介绍低压电动机最常用的保护。电气控制线路中常用的保护环节有短路保护、过电流保护、过载保护、零电压和欠电压保护、弱磁保护以及超速保护等。

一、短路保护

电机、电器的绝缘损坏，或线路发生故障时，都可能造成短路事故。很大的短路电流和电动力可能使电气设备损坏或发生更严重的后果，因此一旦发生短路故障，控制线路能迅速地切除电源的保护称短路保护。而且，这种短路保护装置不应受启动电流的影响而动作。

1. 熔断器保护

由于熔断器的熔体受很多因素的影响，故其动作值不太稳定，因此通常熔断器比较适用于动作准确度要求不高和自动化程度较差的系统。如小容量的鼠笼型异步电动机及小容量直流电机中就广泛地使用熔断器。

对直流电动机和绕线式异步电动机来说，熔断器熔体的额定电流应选 1～1.25 倍电动机额定电流。

对鼠笼型异步电动机（启动电流达 7 倍额定电流），熔体的额定电流可选 2～3.5 倍电动机额定电流。

当鼠笼型异步电动机的启动电流不等于 7 倍额定电流时，熔体额定电流可按 1/2.5～1/1.6 倍电动机启动电流来选择。

2. 过电流继电器保护或低压断路器保护

当用过电流继电器或低压断路器做电动机的短路保护时，其线圈的动作电流可按下式计算：

$$I_{SK}=1.2I_{ST}$$

式中 I_{SK}——过电流继电器或低压断路器的动作电流；

I_{ST}——电动机启动电流。

应当指出，过电流继电器不同于熔断器和低压断路器，它是一个测量元件。过电流的保护要通过执行元件接触器来完成，因此为了能切断短路电流，接触器触点的容量不得不加大，低压断路器把测量元件和执行元件装在一起。熔断器的熔体本身就是测量和执行元件。

二、过电流保护

过电流保护广泛用于直流电动机或绕线转子异步电动机。对于三相笼型异步电动机，由于其短时过电流不会产生严重后果，故可不设置过电流保护。

过电流保护往往是由于不正确的启动和过大的负载引起的，一般此短路电流小，在电动机运行中产生过电流比发生短路的可能性更大，在频繁正反转启动的重复短时工作制电动机中更是如此。直流电动机和绕线转子异步电动机控制线路中，过电流继电器也起着短路保护的作用，一般过电流的动作值为启动电流的 1.2 倍。

必须指出，短路、过载、过电流保护虽然都是电流型保护，但由于故障电流、动作值以及保护特性、保护要求和使用元件的不同，它们之间是不能互相取代的。

三、过载保护

电动机长期超载运行，绕组温升将超过其允许值，造成绝缘材料变脆，寿命缩短，严重时还会使电动机损坏。过载电流越大，达到允许温升的时间就越短。常用的过载保护元件是热继电器。

由于热惯性的原因，热继电器不会受电动机短时过载冲击电流或短路电流的影响而瞬时动作，所以在使用热继电器做过载保护的同时，还必须有短路保护。做短路保护的熔断器熔体的额定电流不能大于 4 倍热继电器发热元件的额定电流。

四、零电压和欠电压保护

在电动机正常工作时，如果因为电源电压的消失而使电动机停转，那么在电源电压恢复时电动机就可能自启动，电动机的自启动可能造成人身事故或设备事故。对电网来说，许多电动机自启动会引起不允许的过电流及电压降。防止电压恢复时的电动机自启动的保护称零压保护。

在电动机运转时，电源电压过分降低会引起电动机转速下降甚至停转。同时，在负载转矩一定时，电流就要增加。此外，由于电压的降低将引起一些电器的释放，造成电路不正常工作，可能产生事故。因此需要在电压下降达到最小允许电压值时将电动机电源切除，这就称欠电压保护。

一般采用电压继电器来进行零电压和欠电压保护。电压继电器的吸合电压通常整定为（0.8～0.85）U_e，继电器的释放电压通常整定为（0.5～0.7）U_e。

五、弱磁场保护

电动机磁通的过度减小会引起电动机的超速，因此需要保护，弱磁场保护采用的元件为电磁式电流继电器。

对并励和复励直流电动机来说，弱磁场保护继电器吸合电流一般整定在 0.8 倍的额定激磁电流。这里已考虑了电网电压可能发生的压降和继电器动作的不准确度。至于释放电流，对于调速的并励电动机来说应该整定在 0.8 倍的最小激磁电流。

六、超速保护

有些控制系统为了防止生产机械运行超过预定允许的速度，如高炉卷扬机和矿井提升机，在线路中设置了超速保护。一般超速保护用离心开关或测速发电机来完成。

七、电动机常用的保护环节

图 7－43 所示为电动机常用保护环节的接线，图中熔断器 FU 做短路保护，过电流继电器 KI_1、KI_2 用作过电流保护，欠电压继电器 KV 用作主电路欠电压保护，热继电器 FR 用作过载保护，零压继电器 KL 通过它的常开触点与主令开关触点 LK_0 并联构成零位自锁环节，正反转接触器 KM_1、KM_2 的常闭触点构成电气联锁。

八、多功能一体化保护器

对电动机的基本保护，如过载保护、断相保护、短路保护等，最好能在一个保护装置内同时实现，多功能一体化保护器就是这种装置。电动机多功能保护装置品种很多，性能各异，图 7－44 所示为其中一种，图中保护信号由电流互感器 TA_1、TA_2、TA_3 串联后取得。这种互感器选用具有较低饱和磁密的磁环（如用软磁铁氧体 MX0－2000 型锰锌磁环）组成。电动机运行时磁环处于饱和状态，因此互感器二次绕组中的感应电动势，除基波外还有三次谐波成分。

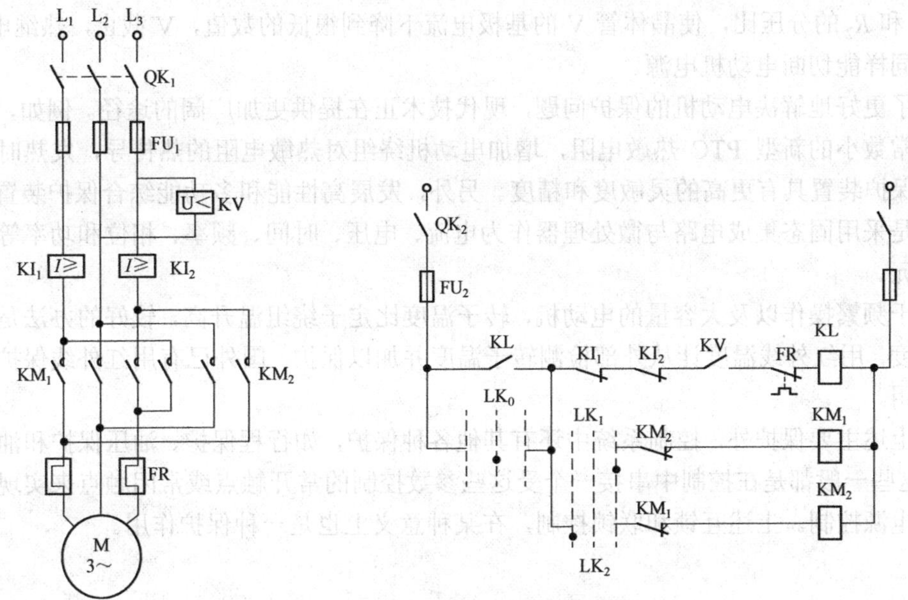

图 7-43 电动机常用保护环节的接线

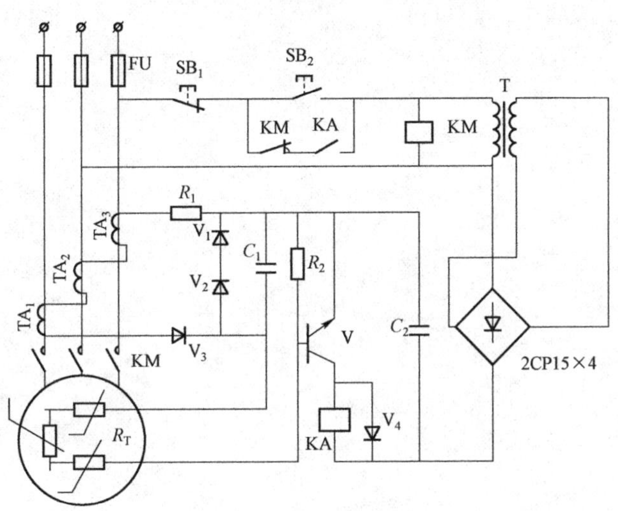

图 7-44 多功能一体化保护器原理图

电动机正常运行时，三相的线电流基本平衡（大小相等，相位互差 120°），因此在互感器二次绕组中的基波电动势合成为零，但三次谐波电动势合成后是每相电动势的 3 倍。取得三次谐波的电动势经过二极 V_3 整流，V_1、V_2 稳压，电容器 C_1 滤波，再经过 R_1 与 R_2 分压后，供给晶体管 V 的基极，使 V 饱和导通。于是继电器 KA 吸合，KA 常开触点闭合。按下启动按钮 SB_2 时，接触器 KM 通电。

当电动机电源断开一相时，互感器三个串联的二次绕组中只有两个绕组感应电动势，且大小相等，方向相反，结果互感器二次绕组总电动势为零，于是 V 的基极电流为零，V 截止，接在 V 集电极的继电器 KA 释放，接触器 KM 断电，KM 主触点断开，切断电动机电源。

当电动机由于过载或其他故障使其绕组温度过高时，热敏电阻 R_T 的阻值急剧上升，改

变了 R_1 和 R_2 的分压比，使晶体管 V 的基极电流下降到很低的数值，V 截止，热继电器 KA 释放，同样能切断电动机电源。

为了更好地解决电动机的保护问题，现代技术正在提供更加广阔的途径。例如，研制发热时间常数小的新型 PTC 热敏电阻，增加电动机绕组对热敏电阻的热传导，发热时间常数小，使保护装置具有更高的灵敏度和精度。另外，发展高性能和多功能综合保护装置，其主要方向是采用固态集成电路与微处理器作为电流、电压、时间、频率、相位和功率等检测和逻辑单元。

对于频繁操作以及大容量的电动机，转子温度比定子绕组温升高，较好的办法是检测转子的温度，用红外线温度计从外部检测转子温度并加以保护。国外已有用红外线保护装置的实际应用。

除上述主要保护外，控制系统中还有其他各种保护，如行程保护、油压保护和油温升保护等，这些一般都是在控制中串接一个受这些参数控制的常开触点或常闭触点来实现对控制电路的电源控制。上述互锁和联锁控制，在某种意义上也是一种保护作用。

项目 8　电动机检修

任务 8.1　三相交流异步电动机的拆卸与装配

8.1.1　三相交流异步电动机基础知识

三相交流异步电动机的种类繁多，若按转子绕组结构分类，有笼型异步电动机和绕线转子异步电动机两大类；若按机壳的防护形式分类，又有防护式、封闭式和开启式等，外形如图 8-1 所示。

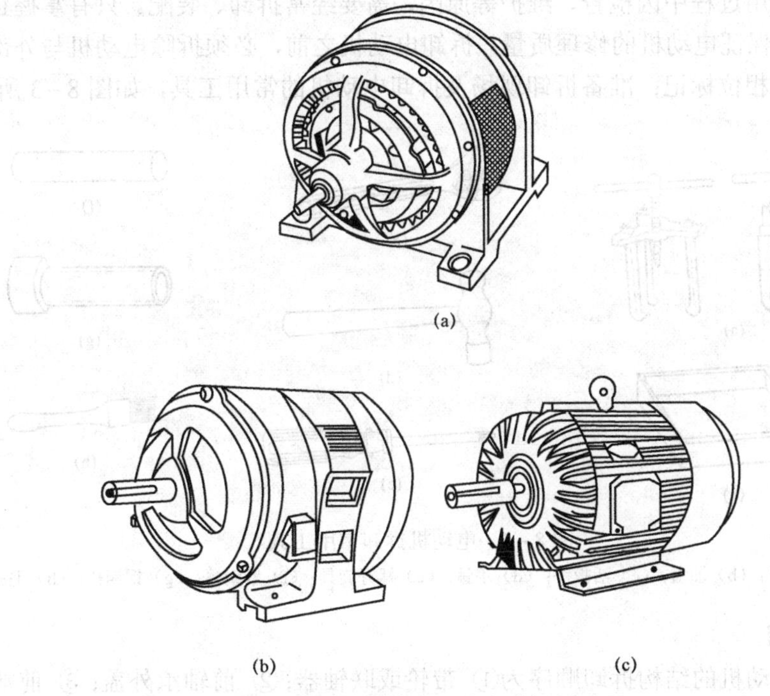

图 8-1　三相笼型异步电动机外形

（a）防护式；（b）封闭式；（c）开启式

不论三相交流异步电动机的分类方法如何，各类三相交流异步电动机的基本结构是相同的，它们都是由定子（包括定子铁芯、定子绕组和机座）和转子（转子铁芯、转子绕组和转轴）这两大基本部件组成的。在定子和转子之间具有一定的气隙。图 8-2 所示为一台封闭式三相笼型异步电动机的结构图。

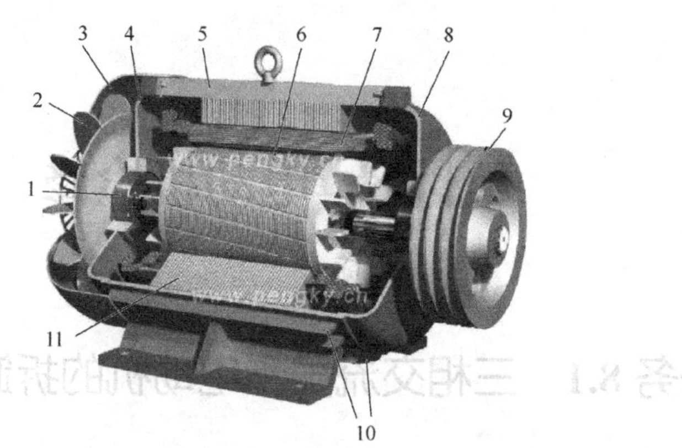

图 8－2　封闭式三相笼型异步电动机的结构图

1—轴承；2—风扇；3—风扇罩；4—内端盖；5—底座；6—笼型转子；7—定子绕组；8—前端盖；9—联轴器；10—机座散热片；11—定子铁芯

8.1.2　三相异步交流电动机的拆卸

电动机在使用过程中因检查、维护等原因，需要经常拆卸、装配。只有掌握正确的拆卸装配技术，才能保证电动机的修理质量。拆卸电动机之前，必须拆除电动机与外部电气连接的连线，并做好相位标记；准备拆卸现场及拆卸电动机的常用工具，如图 8－3 所示。

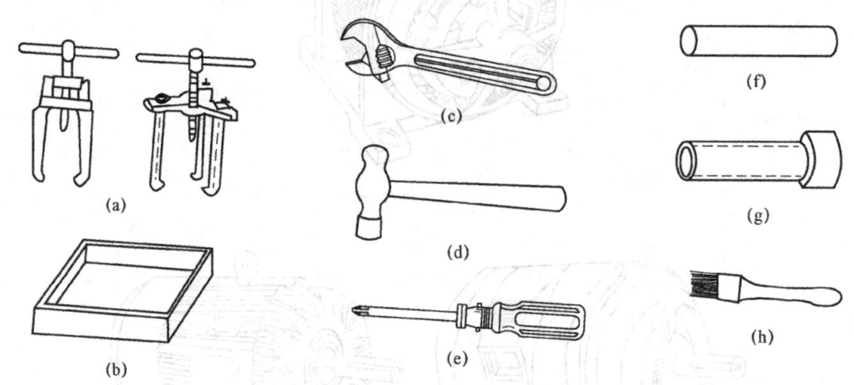

图 8－3　电动机拆卸常用工具

（a）拉具；（b）油盘；（c）活扳手；（d）手锤；（e）螺钉旋具；（f）紫铜棒；（g）钢铜棒；（h）毛刷

1. 拆卸步骤

三相异步电动机的结构拆卸顺序为① 带轮或联轴器；② 前轴承外盖；③ 前端盖；④ 风罩；⑤ 风扇；⑥ 后轴承外盖；⑦ 后端盖；⑧ 抽出转子；⑨ 前轴承；⑩ 前轴承内盖；⑪ 后轴承；⑫ 后轴承内盖。

2. 主要部件的拆卸方法

1）带轮或联轴器的拆卸

带轮或联轴器的拆卸如图 8－4 所示。

（1）用粉笔标记好带轮的正反面，以免安装时装反。

（2）在带轮（或联轴器）的轴伸端做好标记。

(3) 松下带轮或联轴器上的压紧螺钉或销子。

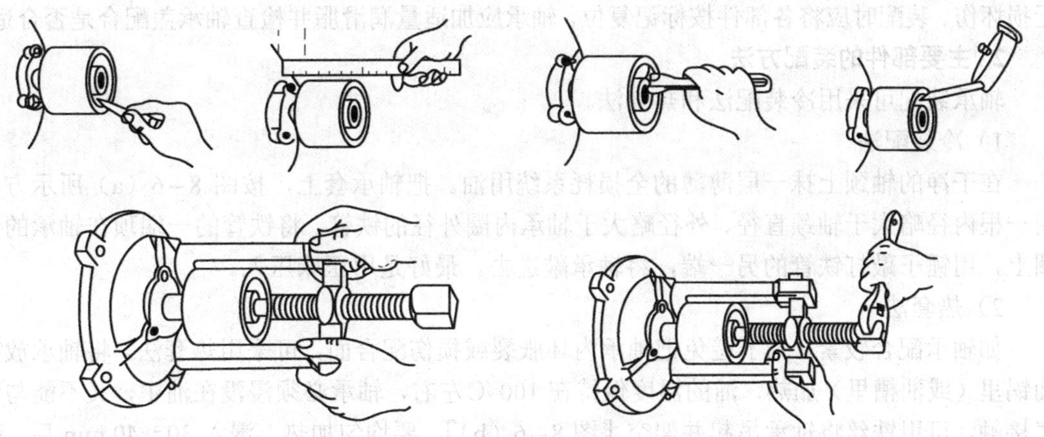

图 8-4　带轮或联轴器的拆卸

(4) 在螺钉孔内注入煤油。

(5) 按图 8-4 所示的方法安装好拉具，拉具螺杆的中心线要对准电动机轴的中心线，转动丝杠，掌握力度，把带轮或联轴器慢慢拉出，切忌硬拆，拉具顶端不得损坏转子轴端中心孔。在拆卸过程中，严禁用锤子直接敲击带轮，避免造成带轮或联轴碎裂，使轴变形、端盖受损。

(6) 拆除风罩、风叶卡环、风叶。拆除卡环时要使用专用的卡环钳，并注意避免弹出伤人；拆除风叶时最好使用拉具，避免风叶变形损坏。

2. 拆卸端盖、抽转子

拆卸前，先在机壳与端盖的接缝处（止口处）做好标记以便复位。均匀拆除轴承盖及端盖螺栓，拿下轴承盖，再用两个螺栓旋于端盖上两个顶丝孔中，两螺栓均匀用力向里转（较大端盖要用吊绳将端盖先挂上），将端盖拿下（无顶丝孔时，可用铜棒对称敲打，卸下端盖。但要避免过重敲击，以免损坏端盖）。对于小型电动机，抽出转子是靠人工进行的，为防手滑或用力不均碰伤绕组，应用纸板垫在绕组端部进行。

3. 轴承的拆卸、清洗

拆卸轴承应先用适宜的专用拉具。按如图 8-5 所示的方法夹持轴承，拉力应着力于轴承内圈，不能拉外圈，拉具顶端不得损坏转子轴端中心孔（可加些润滑油脂），拉具的丝杆顶点要对准转子轴的中心，缓慢匀速地扳动丝杆。在轴承拆卸前，应将轴承用清洗剂洗干净，检查它是否损坏，有无必要更换。

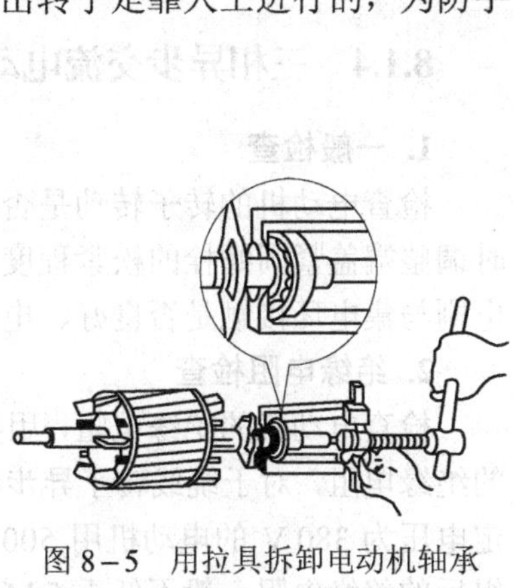

图 8-5　用拉具拆卸电动机轴承

8.1.3　三相异步交流电动机的装配

1. 装配步骤

(1) 用压缩空气吹净电动机内部灰尘，检查各部零件的完整性，清洗油污，并直观检查绕组有无变色、焦化、脱落或擦伤；检查线圈是否松动、接头有无脱焊，如有上述现象，该电机需另做处理。

（2）装配异步电动机的步骤与拆卸相反。装配前要检查定子内污物、锈是否清除，止口有无损坏伤。装配时应将各部件按标记复位，轴承应加适量润滑脂并检查轴承盖配合是否合适。

2. 主要部件的装配方法

轴承装配可采用冷装配法和热套法。

1）冷装配法

在干净的轴颈上抹一层薄薄的全损耗系统用油。把轴承套上，按图 8－6（a）所示方法用一根内径略大于轴颈直径、外径略大于轴承内圈外径的铁管，将铁管的一端顶在轴承的内圈上，用锤子敲打铁管的另一端，将轴承敲进去。最好是用压床压入。

2）热套法

如轴承配合较紧，为了避免把轴承内环胀裂或损伤配合面，可采用热套法。将轴承放在油锅里（或油槽里）加热，油的温度保持在 100 ℃左右，轴承必须浸没在油中，又不能与锅底接触，可用铁丝将轴承吊起并架空［图 8－6（b）］，要均匀加热，浸入 30～40 min 后，把轴承取出，趁热迅速将轴承一直推到轴颈。

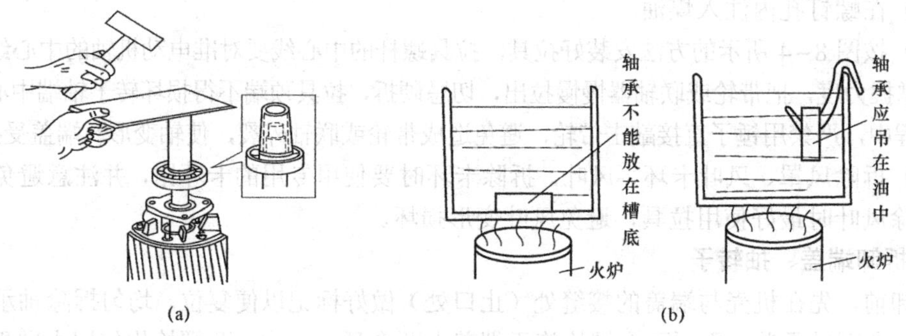

图 8－6　轴承的装配

（a）冷装配法；（b）热套法

8.1.4　三相异步交流电动机的检验

1. 一般检查

检查电动机的转子转动是否轻便灵活，如转子转动比较沉重，可用纯铜棒轻敲端盖，同时调整端盖紧固螺栓的松紧程度，使之转动灵活。检查绕线转子电动机的刷握位置是否正确、电刷与集电环接触是否良好、电刷在刷握内是否卡死、弹簧压力是否均匀等。

2. 绝缘电阻检查

检查电动机的绝缘电阻，用兆欧表摇测电动机定子绕组中相与相之间、各相对机壳之间的绝缘电阻，对于绕线转子异步电动机，还应检查各相转子绕组间及对地间的绝缘电阻。额定电压为 380 V 的电动机用 500 V 的兆欧表测量，绝缘电阻应不低于 0.5 MΩ。大修更换绕组后的绝缘电阻一般不低于 5 MΩ。

3. 通电检查

根据电动机的铭牌与电源电压正确接线，并在电动机外壳上安装好接地线，启动电动机。

（1）用钳形电流表分别检测三相电流是否平衡。

（2）用转速表测量电动机的转速。

（3）让电动机空转运行 0.5 h 后，检测机壳和轴承处的温度，观察振动和噪声。对于绕线式电机，在空载时，还应检查电刷有无火花及过热现象。

任务 8.2 三相交流异步电动机定子绕组故障的排除

8.2.1 三相交流异步电动机定子绕组故障的基础知识

绕组是电动机的心脏，又是容易出故障的部件。电动机受潮、暴晒、有害气体腐蚀、绕组绝缘老化、过载，均可造成定子绕组的故障。常见故障有三相交流电动机的单相运行，选择使用方法不当造成的接地、短路和断路，以及绕组的接线错误。

8.2.2 三相交流异步电动机定子绕组故障的检修方法

1. 定子绕组接地和绝缘不良故障的检修

绕组接地即绕组与机体相接。绕组接地后，会引起电流增大、绕组发热、外壳带电，严重时会造成绕组短路，使电动机不能正常运行，还常伴有震动和响声。

引起电动机绕组接地的主要原因是：电动机长期不用、周围环境潮湿或电动机受日晒雨淋，造成绕组受潮，使绝缘失去作用；电动机长期过载运行，使绝缘老化；金属异物进入绕组内部损坏绝缘；重嵌绕组线圈时擦伤绝缘，使导线和铁芯相碰等。

检查绕组接地的方法有兆欧表法和白炽灯法。

1）兆欧表法

根据电动机电压等级选择兆欧表的规格。380 V 的电动机一般应选用 550 V 的兆欧表。

用兆欧表测量电动机绕组对机座的绝缘电阻，可分相测量，也可以三相并在一起测量。如果测出的绝缘电阻在 0.5 MΩ 以上，说明该电动机的绝缘尚好，可继续使用；如果测得绝缘电阻为零，则绕组通地；如果测得绝缘电阻为 0.5～0.2 MΩ，说明电动机受潮，要进行干燥处理。

2）白炽灯法

先将绕组各相线头拆开，将一跟电源线经测试棒触及电动机外壳，灯泡一端接低压交流电电源，另一端通过测试棒逐相触绕组端子，检查灯泡是否发亮。绕组绝缘良好，则灯泡不亮；若灯泡发亮，说明该相绕组有接地故障；有时灯泡不亮，但测试棒接触电动机时出现火花，则说明绕组严重受潮。如图 8－7 所示为用白炽灯法检查定子绕组接地故障。

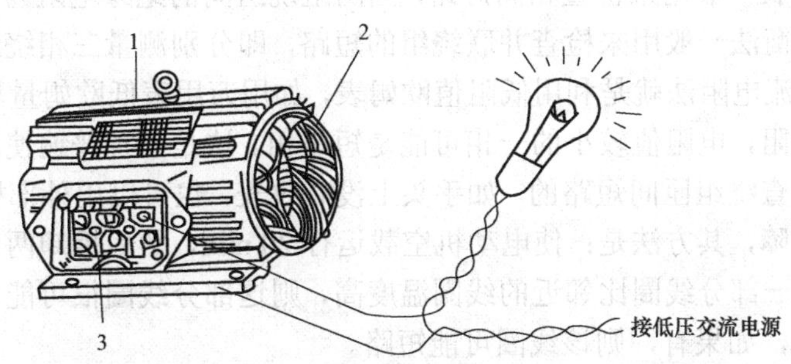

图 8－7 用白炽灯法检查定子绕组接地故障

1—机座；2—定子；3—接线盒

上叙两种方法判断出绕组有接地故障后，应进一步查找接地点，恢复绝缘，使导线与之隔离即可排除故障。

2. 定子绕组断路故障的检修

断路故障多数发生在电动机绕组的端部，各线圈元件的接线头或电动机引出线等处。引起电动机绕组断路的主要原因是：导线受外力的作用而损伤断裂，接线头焊接不良而松脱，导线短路或电流过大，导线过热而烧断。

检查绕组断路的方法有：一般用兆欧表、万用表或校验灯来检验，也可用三相电流平衡法或测量绕组电阻的方法进行检查。

用兆欧表、万用表或校验灯检查星形联结的电动机绕组时，应按图 8-8（a）所示的方法测试。三角形联结的电动机，必须把三相绕组的接线拆开后，按图 8-8（b）所示的方法对每相分别测试。

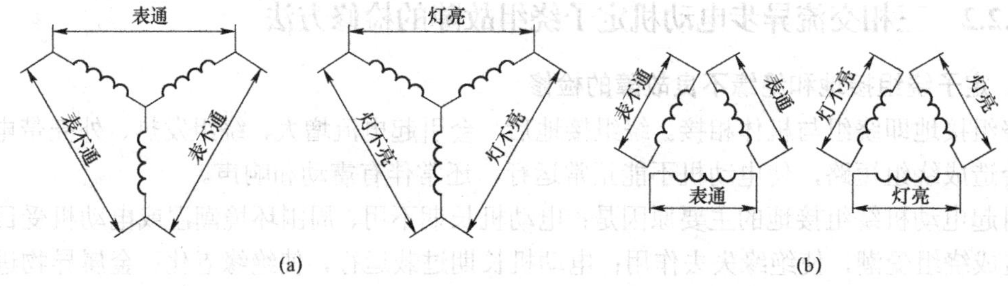

图 8-8　用兆欧表、万用表或校验灯检查绕组断路

（a）星形联结绕组；（b）三角形联结绕组

用上述方法判断出绕组有断路故障后，应进一步检查断路点。找到断路点后重新将断开的导线焊牢，并包好绝缘。如果断路处在铁芯线槽内，且是个别槽内的线圈，则可用穿绕修补法更换个别线圈。

3. 定子绕组短路故障的检修

绕组短路故障主要是由电动机过载运行造成电流过大、电压过高、机械损伤、绝缘老化脆裂、受潮及重新嵌绕时碰伤绝缘等原因引起的。绕组短路故障有绕组匝间短路、极相组短路和相间短路。

检查定子绕组短路故障的方法有兆欧表或万用表检查法、电流平衡法、直流电阻法、短路测试器法、外部检查法等。

兆欧表或万用表一般用来检查相间短路，当两组绕组间的绝缘电阻为零，则说明该两相绕组短路。电流平衡法一般用来检查并联绕组的短路，即分别测量三相绕组的电流，电流大的一相为短路。直流电阻法就是利用低阻值欧姆表，如用万用表低欧姆量程或电桥分别测量各相绕组的直流电阻，电阻值较小的一相可能是短路相。这是一种普遍使用的检查方法。短路测试器是用来检查绕组匝间短路的。如手头上没有仪表，也可以用外部检查法来大致判断定子绕组的短路故障，其方法是：使电动机空载运行 20 min，然后拆卸两边端部，用手摸线圈的端部，如果某一部分线圈比邻近的线圈温度高，则这部分线圈很可能短路；也可以观察线圈有无焦脆现象，如果有，则该线圈可能短路。

定子绕组短路故障的修理方法是：如能明显看出短路点的，则用竹楔插入两线圈间，把这两线圈短路部分分开，垫上绝缘，故障即可排除；如短路点发生在槽内，则先将该绕组加热软化以后，翻出受损绕组，换上新的槽绝缘，将导线损坏部位用薄的绝缘带包好，重新嵌入槽内，再进行必要的绝缘处理，故障即可排除；如个别线圈短路则可用穿绕修补法调换个别线圈。如果短路较严重，或进行绝缘处理的导线无法再嵌入槽内，就必须拆下整个绕组重新绕制；当电动机绕组损坏严重，无法局部修复时，就要把整个绕组拆去，调换新绕组。

4. 三相异步电动机定子绕组引出线首端和末端的识别

当三相定子绕组重绕以后或将三相定子绕组的连接片拆开以后，此时定子绕组的六个出线端往往不易分清，则首先必须正确判定三相绕组的六个出线端的首尾端，才能将电动机正确接线并投入运行。六个接线端的首尾端判别方法有以下三种：

1）低压交流电源法（36 V）

（1）用万用表欧姆挡先将三相绕组分开。

（2）给分开后的三相绕组的六个接线端进行假设编号，分别编为 U_1、U_2、V_1、V_2、W_1、W_2，然后按图 8－9 所示把任意两相中的两个接线端（设为 V_1 和 U_2）连接起来，构成两相串联绕组。

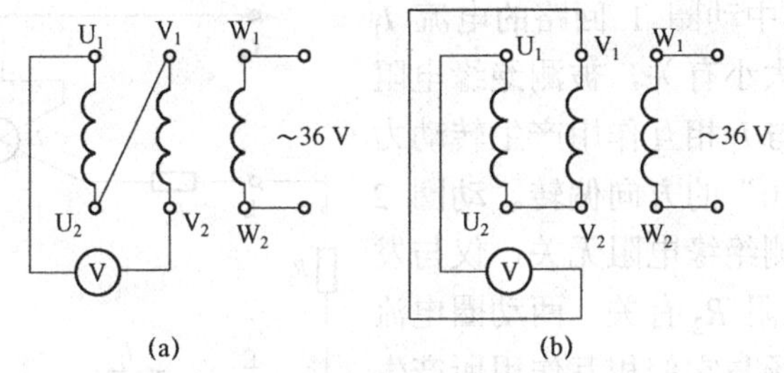

图 8－9 用低压交流电源法检查绕组首尾端

（a）有读数；（b）无读数

（3）在另外两个接线端 V_2 和 U_1 上接交流电压表。

（4）在另一相绕组 W_1 和 W_2 上接 36 V 交流电源，如果电压表有读数，那么说明 U_1、U_2 和 V_1、V_2 的编号正确。如果无读数，则把 U_1、U_2 或 V_1、V_2 的编号对调一下即可。

（5）用同样方法判定 W_1、W_2 的两个接线端。

2）发电机法

（1）用万用表欧姆挡先将三相绕组分开。

（2）给分开后的三相绕组做假设编号，分别编为 U_1、U_2、V_1、V_2、W_1、W_2。

（3）按图 8－10 所示接线，用手转动电动机转子。由于电动机定子及转子铁芯中通常均有少量的剩磁，当磁场变化时，在三相定子绕组中将有微弱的感应电动势产生，此时若并接在绕组两端的微安表（或万用表微安挡）指针不动，则说明假设的编号是正确的；若指针有偏转，说明其中有一相绕组的首尾端假设编号错误，应逐相对调重测，直至正确为止。

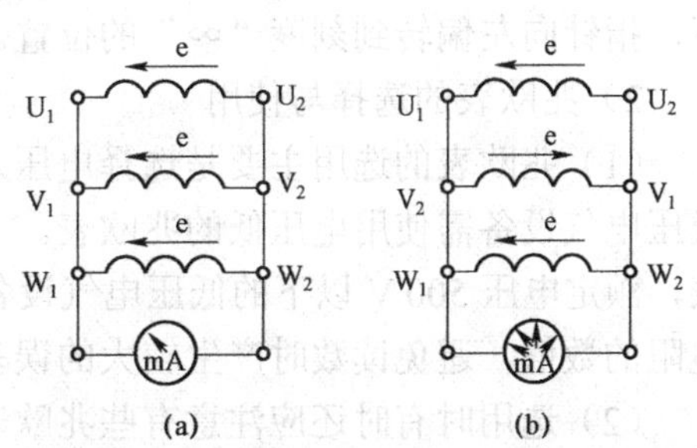

图 8－10 用发电机法检查绕组首尾端

（a）指针不动首尾端正确；（b）指针摆动首尾端不正确

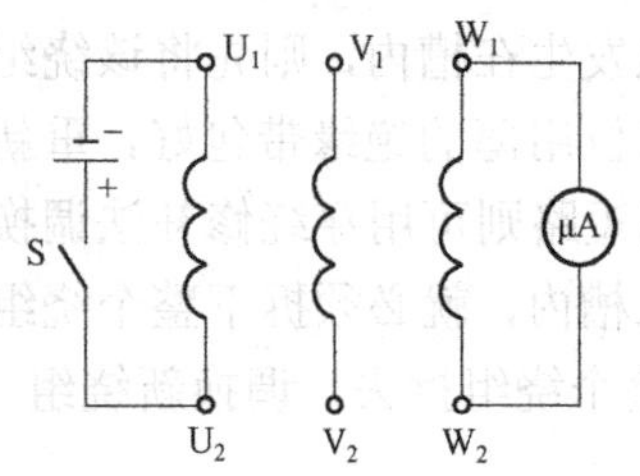

图 8－11　用于电池法检查绕组首尾端

3）干电池法

（1）首先用前述方法分开三相绕组，并进行假设编号。

（2）按图 8－11 所示接线，闭合电池开关的瞬间，若微安表指针摆向大于零的一侧，则连接电池正极的接线端与微安表负极所连接的接线端同为首端（或同为尾端）。

（3）再将微安表连接另一相绕组的两接线端，用上述方法判定首尾端即可。

8.2.3　三相交流异步电动机定子绕组故障的排除

1. 兆欧表的使用及电动机绝缘电阻的测量

1）兆欧表的结构与原理

兆欧表又称摇表，主要用来测量高压或低压电气设备和电气线路的绝缘电阻。它是由手摇发电机和磁电系流比计组成的。当摇动手摇发电机时，导体与永久磁场做相对运动，切割磁力线而产生感应电动势。表头部分是由交叉线圈式流比计组成的。其中动圈 1 回路的电流 I_1 与被测绝缘电阻 R_j 的大小有关，被测绝缘电阻越小，I_1 就越大，磁场与 I_1 相互作用产生转动力矩，使指针向标度尺“0”的方向偏转。动圈 2 所通过的电流 I_2 与被测绝缘电阻无关，仅与发电机电压及兆欧表附电阻 R_2 有关。两动圈电流的引入方向，应使得磁场与它们相互作用所产生的转动力矩 T_1 与反作用力矩 T_2 的方向相反，如图 8－12 所示。

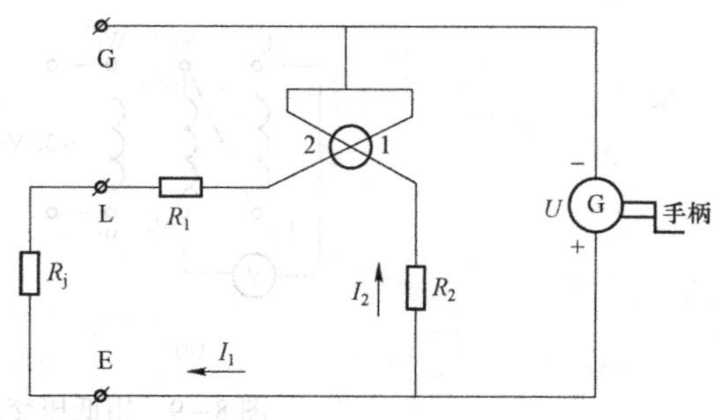

图 8－12　兆欧表的原理电路

由于气隙中磁场的分布是不均匀的，T_1 与 T_2 随着可动部分偏转的角度而变化。当接入被测绝缘电阻后，摇动发电机手柄时，由于 T_1、T_2 两个方向相反的力矩同时作用的结果，仪表可动部分转到 $T_1=T_2$ 的某一位置方可停止。当被测绝缘电阻的数值改变时，T_1、T_2 两力矩相互平衡的位置也相应改变。因此，兆欧表指针偏转到不同位置，指出不同的被测绝缘电阻的数值。

当被测绝缘电阻小到零时 I_2 最大，指针向右偏转到最大位置即“0”值；当被测绝缘电阻非常大，如外部开路时 I_1 为零，转动力矩也为零，则在 I_2 所产生的反作用力矩 T_2 的作用下，指针向左偏转到刻度“∞”的位置。

2）兆欧表的选择与使用

（1）兆欧表的选用主要是选择电压及测量范围，高压电气设备需使用电压高的兆欧表，低压电气设备需使用电压低的兆欧表。一般绝缘子、母线、刀开关要选用 2 500 V 以上兆欧表，额定电压 500 V 以下的低压电气设备，选用 500 V 兆欧表。要使测量范围适应被测绝缘电阻的数值，避免读数时产生较大的误差。

（2）选用时有时还应注意有些兆欧表的标度尺不是从零开始，而是从 1 MΩ 或 2 MΩ 开始，这种兆欧表不适用于测定处在潮湿环境中的低压电气设备的绝缘电阻值。因为此时的绝缘电阻较小，有可能小于 R_2，在仪表中找不到读数，容易误认为绝缘电阻值为零而得出错误结论。

（3）兆欧表的正确使用方法如下：

① 测量前应切断被测设备的电源，对于电容量较大的设备应接地进行放电，消除设备的残存电荷，防止发生人身和设备事故及保证测量精度。

② 测量前先将兆欧表进行一次开路和短路试验，若开路时指针不指“∞”处，短路时指针不指在“0”处，说明表不准，需要调换或检修后再进行测量。若采用半导体型兆欧表，不宜用短路法进行校验。

③ 从兆欧表到被测设备的引线，应使用绝缘良好的单芯导线，不得使用双股线，两根连接线不得绞缠在一起。

④ 同杆架设的双回路架空线和双母线，当一路带电时，不得测试另一路绝缘电阻，以免感应高电压危害人身安全和损坏仪表；对平行线路也要注意感应高压，若必须在这种状态下测试，应采取必要的安全措施。

⑤ 测量时要由慢逐渐加快摇动手柄，如发现指针为零，表明被测绝缘物存在短路现象，这时不得继续摇动手柄，以免表内动圈因发热而损坏。摇动手柄时，不得时快时慢，以免指针摆动过大而引起误差。手柄摇到指针稳定为止，时间约 1 min，摇动速度一般为 120 r/min 左右。

⑥ 测量电容性电气设备的绝缘电阻时，应在取得稳定读数后，先取下测量线，再停止摇动手柄，测完后立即将被测设备进行放电。

⑦ 在兆欧表未停止转动和被测设备未放电之前，不得用手触摸测量部分和兆欧表的接线柱或拆除导线，以免发生触电事故。

⑧ 将被测设备表面擦干净，以免造成测量误差。

⑨ 有可能感应出高电压的设备，在这种可能未消除之前，不可进行测量。

⑩ 放置地点应远离大电流的导体和有外磁场的场合，并放在平稳的地方，以免摇动手柄时影响读数。

兆欧表一般有三个接线柱，分别为“L”（线路）、“E”（接地）、“G”（屏蔽）。测量电力线路的绝缘电阻时，L 接被测线路，E 接地线；测量电缆的绝缘电阻时，还应将 G 接到电缆的绝缘层上，以得到准确结果。

3）三相交流异步电动机绝缘电阻的测量

在电动机中，绝缘材料的好坏对电动机正常运行和安全用电都有重大影响，而说明绝缘材料性能的重要标志是它的绝缘电阻值的大小。由于绝缘材料常因发热、受潮、老化等原因使绝缘电阻降低以至损坏，造成漏电或发生短路事故，因此，必须定期对电动机的绝缘电阻进行测量。绝缘电阻值越大，说明绝缘性能越好。若发现绝缘电阻值下降，就应分析原因，及时处理，保证电动机的正常运行。

三相交流异步电动机绝缘电阻的测量分为定子绕组相间绝缘电阻的测量和定子绕组对机壳绝缘电阻的测量。

（1）在进行三相定子绕组相间绝缘电阻的测量时，将三相定子绕组出线盒内的绕组连接片拆开，将兆欧表水平放置，把两支表笔中的一支接到电动机一相绕组的接线端上（如 U 相），另一支表笔待接于另一相绕组的接线端上（如 V 相）。顺时针由慢到快摇动兆欧表手柄至转速 120 r/min，将待接表笔接于绕组的接线端上，摇动手柄 1 min，读取数据。然后，先撤表笔后停摇。按以上方法再摇测U相与W相、V相与W相之间的绝缘电阻。将测量结果记入表8-1。

表8-1 三相定子绕组相间绝缘电阻的测量值

U-V相绝缘电阻/MΩ	U-W相绝缘电阻/MΩ	V-W相绝缘电阻/MΩ

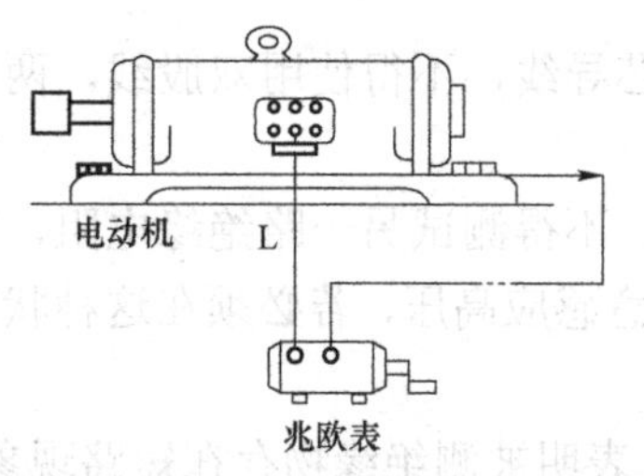

图8-13 电动机绝缘电阻的测量方法

（2）在进行三相定子绕组对机壳绝缘电阻的测量时应将兆欧表的黑色表笔（E）接于电动机外壳的接地螺栓上，红色表笔（L）待接于绕组的接线端上，如图8-13所示。摇动手柄转速至120 r/min，将红表笔接于绕组的接线端上（如U相），摇动手柄1/min，读取数据。然后，先撤表笔后停摇。按以上方法再摇测V相、W相对机壳的绝缘电阻。将测量结果记入表8-2。

表8-2 三相定子绕组对机壳绝缘电阻的测量

U相对机壳绝缘电阻/MΩ	V相对机壳绝缘电阻/MΩ	W相对机壳绝缘电阻/MΩ

新电动机绝缘电阻值不应小于1 MΩ；旧电动机定子绕组绝缘电阻值每伏工作电压不小于1 kΩ；绕线式电动机转子绕组每伏工作电压不小于0.5 kΩ。将测量数据与上述合格值进行比较，绝缘电阻值大于合格值的电动机可以使用。

在进行三相交流异步电动机绝缘电阻的测量时还应注意，做兆欧表短路试验时，表针指零后不要继续摇手柄，以防损坏兆欧表，不能使用双股绝缘导线或绞型线做测量线，以避免引起测量误差。

2. 定子绕组首末端子判别

（1）用万用表进行分相。

（2）把任两相绕组串联，串联的两相和另外一相分别接上交流电源和灯泡，如图8-11所示。若灯泡发亮，说明串联的两相绕组是一相的首端和另一相的末端相连；若灯泡不亮，可将其中一相的首末端对调，再进行实验，即可判断出绕组的首末端。

（3）将判断出的定子绕组首末端标上标签。

任务8.3 三相交流异步电动机定子绕组的拆换

8.3.1 三相交流异步电动机定子绕组基础知识

三相交流异步电动机的定子绕组主要有三相单层绕组和三相双层绕组两大类，其中三相单层绕组又主要有同心式绕组、链式绕组和交叉绕组等连接形式，三相双层绕组主要有三相

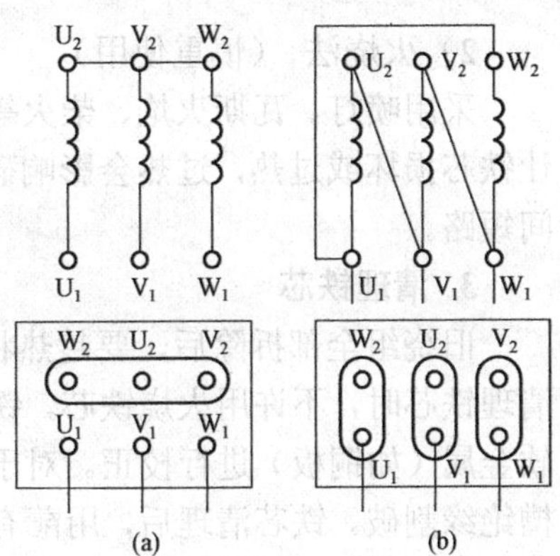

图 8－14 定子绕组引线端的排列次序
（a）星形联结；（b）三角形联结

双层叠绕组和三相双层波绕组等连接形式。

三相交流异步电动机在额定电压下运行时，其定子三相绕组可以接成星形（Y），也可以接成三角形（△），具体采用哪种接法取决于电源电压。但无论采用哪种接法，相绕组承受的电压应相等，即相电压相等。

定子三相绕组共有六组引线端。三相绕组的首端分别用 U_1、V_1、W_1 表示；三相绕组的末端分别用 U_2、V_2、W_2 表示。这六个引线端在机座上的接线盒中，其排列次序如图 8－14 所示。

定子三相绕组做星形（Y）联结时，其连接方法如图 8－14（a）所示；定子三相绕组做三角形（△）联结时，其连接方法如图 8－14（b）所示。

8.3.2 三相交流异步电动机定子绕组的拆换方法

1. 旧绕组拆除前的准备工作

拆除旧绕组前，应先记录以下数据，作为制作绕线模、选用导线规格、绕制线圈等的依据。

（1）铭牌数据：电动机的型号、制造厂名、产品编号、电动机的容量、电压、电流、相数、频率、接法、绝缘等级、转速等。

（2）铁芯数据：定子铁芯外径、定子铁芯内径、定子铁芯总长、气隙值、通风槽数和尺寸、槽数和槽形尺寸等。

（3）绕组数据：定子绕组型式、线圈节距、导线型号、导线规格、并绕根数、并联支路数、每槽匝数、线圈伸出铁芯长度等。

（4）槽绝缘材料、槽绝缘厚度、槽楔材料、槽楔尺寸等。

（5）绕组接线草图。

（6）引出线的材料、截面积和牌号。

2. 拆除旧绕组

绕组在冷态时较硬，拆除很困难，可采用大剪刀将绕组一端齐铁芯剪断，加热绕组至 200 ℃左右，使绕组绝缘软化后，趁热迅速用手钳拔出。如果是大电动机，可利用拔线机逐槽拔出。

加热旧绕组的方法有：

1）通电加热法

（1）如是 380 V 三角形联结的小型电动机，可改成星形联结，间断通入 380 V 电源加热。

（2）用三相调压器通入约 50%的额定电压，间断通电加热。

（3）将三相绕组接成开口三角形联结，间断通入单相 220 V 电压。

通电加热时通入电流较大，很快可使绝缘软化至冒烟，容易把旧绕线组拆出，用通电加热方法其温度容易控制，但要有足够容量的电源设备还须注意安全。对于有故障的线圈，在通电加热时，要使电动机可靠接地。

2）火烧法（慎重使用）

采用喷灯、瓦斯火焰、柴火等加热绕组时，要注意火势不要太猛，时间不可过长，不要让铁芯损坏或过热，过热会影响硅钢片导磁性能，或使绝缘漆变成碳质，起导体作用，使片间短路。

3. 清理铁芯

旧绕组全部拆除后，要趁热将槽内残余绝缘物清理干净，尤其是通风道处不准有堵塞。清理铁芯时，不许用火烧铁芯，铁芯槽口不齐时不许用锉刀锉大槽口，对有毛刺的槽口要用软金属（如铜板）进行校正。对于不整齐的槽形需要修正，否则嵌线困难，不齐的冲片会将槽绝缘割破。铁芯清理后，用蘸有汽油的擦布擦拭铁芯各部分，尤其是在槽内不许有污物存在。再用压缩空气吹净铁芯，使清理后的铁芯表面干净，槽内清洁整齐。

4. 绕线模的制作

绕制线圈前，应根据旧线圈的形状和尺寸或根据线圈的节距来制作绕线模。绕线模的尺寸应做得相当准确，因为尺寸太短，端部长度不足，嵌线就会发生困难，甚至嵌不进槽；如尺寸太长，既浪费导线，又影响电气性能，还影响通风，甚至碰触端盖。

因三相交流异步电动机种类、型号繁多，有条件的地方应配备通用绕线模，该绕线模调整方便，可节约修理时间。若无通用绕线模，则应配备常用电动机成套的绕线模。图 8－15～图 8－18 是一些常用绕组模型图。

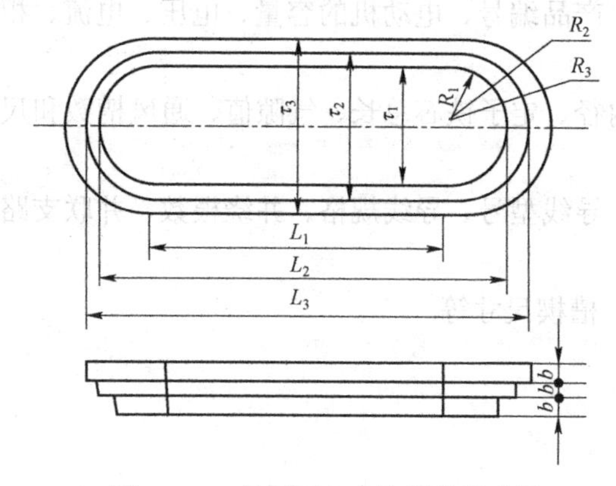

图 8－15 单层同心式绕组的模型图

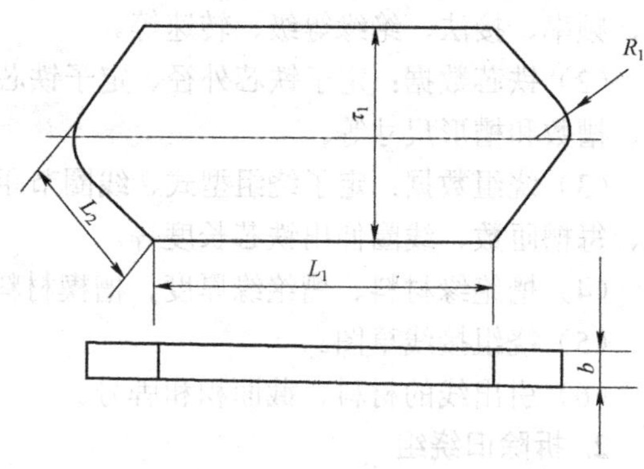

图 8－16 双层叠绕组的模型图

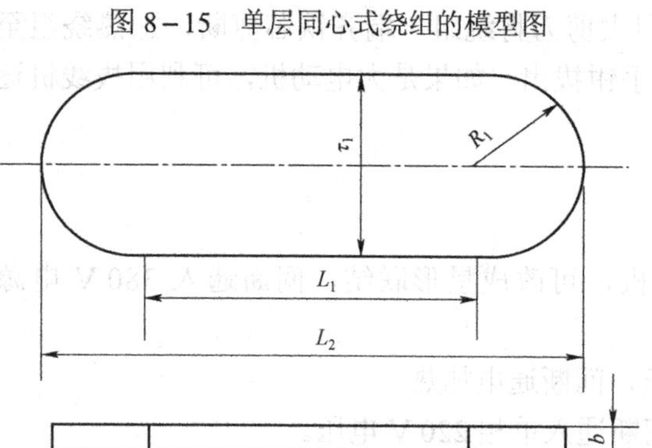

图 8－17 单层链式绕组的模型图

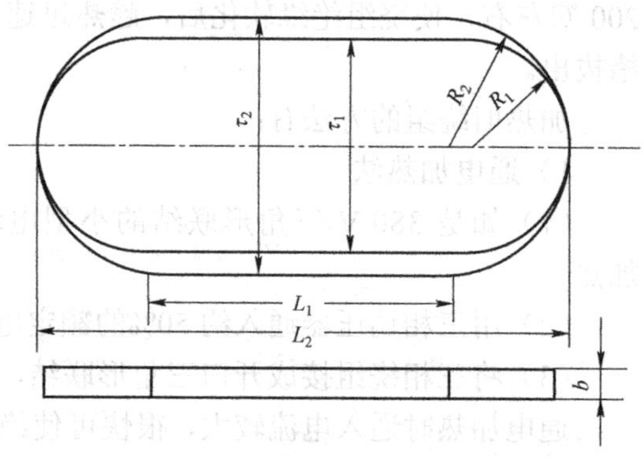

图 8－18 单层交叉式绕组的模型图

如遇到机壳无铭牌的三相交流异步电动机，且线圈绕组是软绕组形式的，可根据原线圈的形状和尺寸，按下列方法计算绕线模尺寸。

1）菱形绕线模尺寸的计算

菱形绕线模尺寸的计算公式如下：

$$A=[Y\times\pi(D_1-h_0)]/z-b_n \tag{8-1}$$

式中 A——模心宽度，mm；

Y——节距（如节距为1～9，则 $Y=8$）；

D_1——定子铁芯内径，mm；

h_0——铁芯槽高度，mm；

b_n——铁芯槽宽度，mm；

z——定子铁芯槽数。

$$B=L+2b \tag{8-2}$$

式中 B——模心直线部分长度，mm；

L——定子铁芯长度，mm；

b——线圈伸出铁芯的长度，mm。

b 一般在 10～25 mm 的范围，功率大、极数小的电动机应取较大值。

$$C=\frac{A}{0.82\times2} \tag{8-3}$$

式中 C——模心端部长度，mm。

$$D=0.574\times C \tag{8-4}$$

绕线模的厚度 D 一般为 10～25 mm，应能被绕制成线圈的绝缘导线的直径整除，以利于导线排列整齐。

2）多用活络绕线模

在拆除旧电动机定子绕组时，必须留下一个完整的线圈作为制作绕组模的依据。如遇到机壳无铭牌的三相交流异步电动机，且线圈绕组是软绕组形式的，可根据原线圈的形状和尺寸，选用或设计、制作绕线模。

由于电动机种类很多，修理时需准备各种类型的绕线模，不但费工费料，而且影响修理进度，应用多用活络绕线模可解决这一问题。

活络绕线模使用方便，它由绕线模底板［图 8－19（a）］、绕线模支架［图 8－19（b）］、两种垫圈［图 8－19（c）和图 8－19（d）］所组成，绕线前只需要根据尺寸调节线模上的 6 只螺栓位置就能应用。也可将活络框架掉头反撑，能同样得到调节，每个极相组几只一联可根据需要任意拆装，其部件尺寸如图 8－19 所示，总装图如图 8－20 所示。

绕线时，把导线放在线盘架上，线模固定在绕线机上，一次把属于一极相组的线圈连续绕成，引线放长一些，并套上套管。

5. 绝缘结构与绝缘材料的准备

交流异步电动机因线圈绕组结构上的不同而分成软嵌线绕组（散嵌绕组）绝缘结构与硬嵌线绕组绝缘结构两种。图 8－21 所示为两种典型结构的示意图。

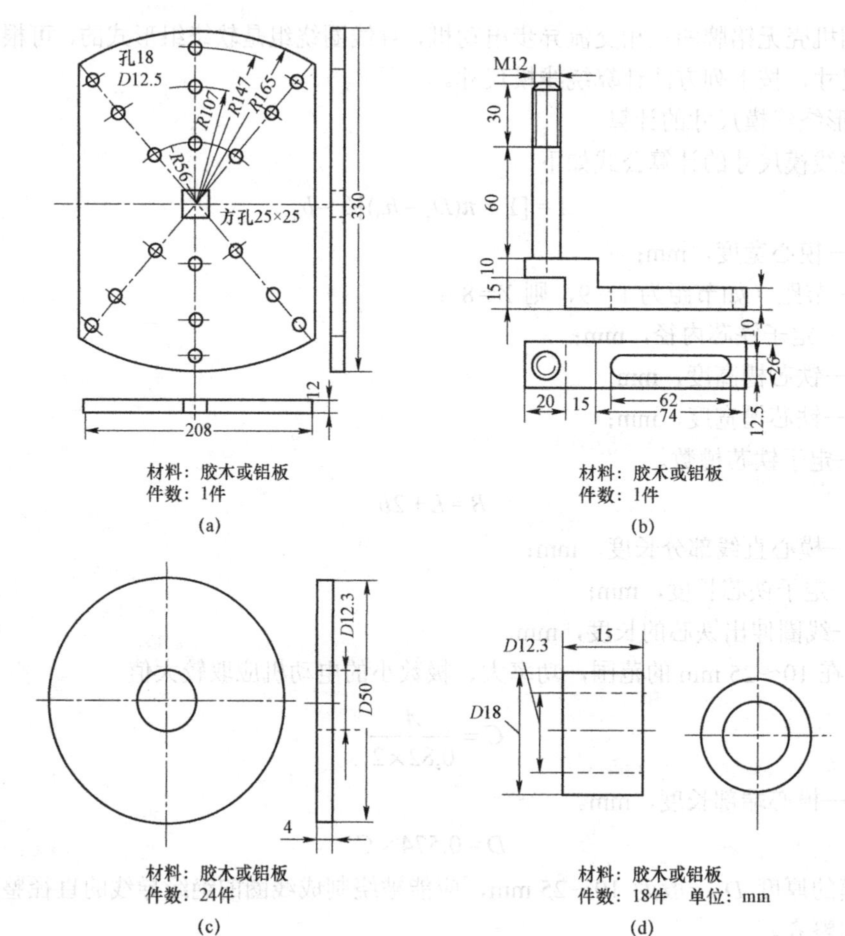

图 8－19　活络绕线模各部件尺寸

（a）绕线模底板；（b）绕线模支架；（c）垫圈；（d）垫圈

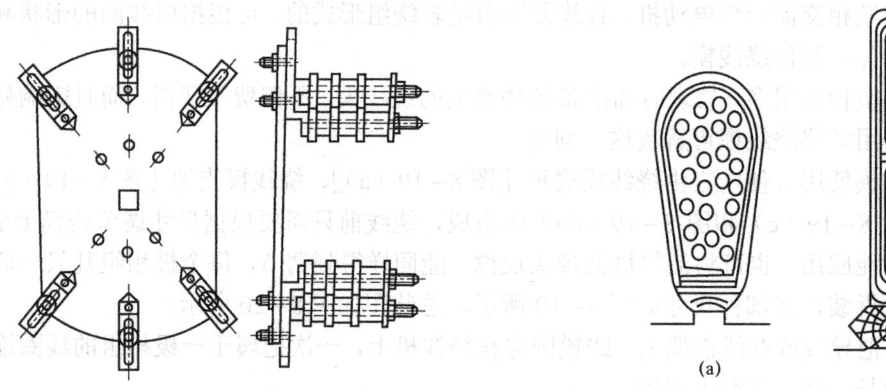

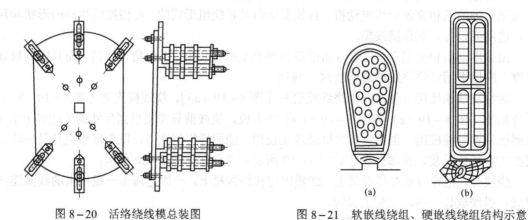

图 8－20　活络绕线模总装图

图 8－21　软嵌线绕组、硬嵌线绕组结构示意

（a）软嵌线绕组；（b）硬嵌线绕组

1）绝缘材料与绝缘结构

嵌线时所用的绝缘材料应与电动机铭牌上标志的绝缘等级相符合。绕组的槽绝缘（对地

绝缘）和相间绝缘、层间绝缘所使用的材料基本相同。散嵌绕组的槽绝缘是在嵌线之前插入槽内的，采用薄膜复合绝缘，比多层组合绝缘剪裁工艺简便，耐热性、黏结性较好，具有一定刚度，嵌线方便。

2）绝缘的作用及绝缘厚度的选择

槽绝缘的各层绝缘作用不同，靠近槽壁的绝缘主要起机构保护作用，防止槽壁损伤主绝缘，靠近导线的一层绝缘纸是保护在嵌线过程中不损伤主绝缘的，在这两层绝缘纸之间的绝缘（主绝缘）是承受电气击穿强度的，如聚酯薄膜主要承受电场强度的作用。槽绝缘承受的机械力随电动机容量和电压等级的提高而相应增加。表 8－3 是采用的 DMDM 或 DMD 复合绝缘纸厚度和伸出铁芯每端长度。表 8－4 是 Y 系列定子绕组槽绝缘规范。

表 8－3　DMDM 或 DMD 复合绝缘纸厚度、伸出铁芯每端长度

机座号	槽绝缘型式及总厚度/mm			槽绝缘伸出铁芯每端长度/mm
	DMDM	DMD＋M	DMD	
1～3 号	0.25	0.25（0.20＋0.05）	0.25	6～7
4～5 号	0.30	0.30（0.25＋0.05）	—	7～10
6～9 号	0.35	0.35（0.30＋0.05）	—	12～15

表 8－4　Y 系列定子绕组槽绝缘规范

外壳防护等级	中心高度/mm	槽绝缘形式及总厚度/mm				槽绝缘均匀伸出铁芯每端长度
		DMDM	DMD＋M	DMD	DMD＋DMD	
IP44	80～112	0.25	0.25（0.20＋0.05）	0.25		6～7
	132～160	0.30	0.30			7～10
	180～280	0.35	0.35			12～15
	315	0.50			0.50	20
IP23	160～225	0.35	0.35			11～12
	250～280		0.40		0.40	12～15

因此，应根据电动机容量的大小及防护等合理选择绝缘材料及绝缘材料的厚度。

3）绝缘材料的裁剪

裁剪绝缘材料时，要注意纤维的方向。玻璃漆布应与纤维成 45° 的方向裁，以获得最高的机械强度；绝缘的纤维方向应同槽绝缘的宽度方向一致，否则封槽时较困难。

4）槽楔的使用

槽楔的作用是固定槽内线圈并防止外部机械损伤。常用槽楔及垫条列在表 8－5 内。

MDB 复合槽楔厚度为 0.5～0.8 mm、中心高度为 80～160 mm 电动机，选用 0.5～0.6 mm；中心高度为 180～280 mm 电动机，选用 0.6～0.8 mm。应用 MDB 复合槽楔，可以提高槽利用率。修理时也可用薄环氧板代用。竹楔厚度通常是 3 mm，各种层压板槽楔厚度为 2 mm 左右。槽内垫条厚度为 0.5～1.0 mm。

表 8－5　常用槽楔及垫条

耐热等级	槽绝缘及垫条的材料名称、型号、长度
A	竹（经油煮处理）、红钢纸、电工纸板（比槽绝缘短 2～3 mm）
E	酚醛层压纸板 3020，3021，3022，3023；酚醛层压布板 3025，3027（比槽绝缘短 2～3 mm）
B	酚醛层压玻璃布板 3230，3231（比槽绝缘短 4～6 mm）；MDB 复合槽楔（长度等于槽绝缘）
F	环氧酚醛玻璃布板 3240（比槽绝缘短 4～6 mm）；F 级 MDB 复合槽楔（等于槽绝缘长度）
H	有机硅环氧层压玻璃布板 3250 有机硅层压玻璃布板 聚二苯醚层压玻璃布板 338（比槽绝缘短 4～6 mm）

6. 绕制线圈

将绕线模具紧固在绕线机上，把线轴上的漆包线端头拉至绕线模上固定，并在模具挡板槽上放置扎线，如图 8－22 所示。

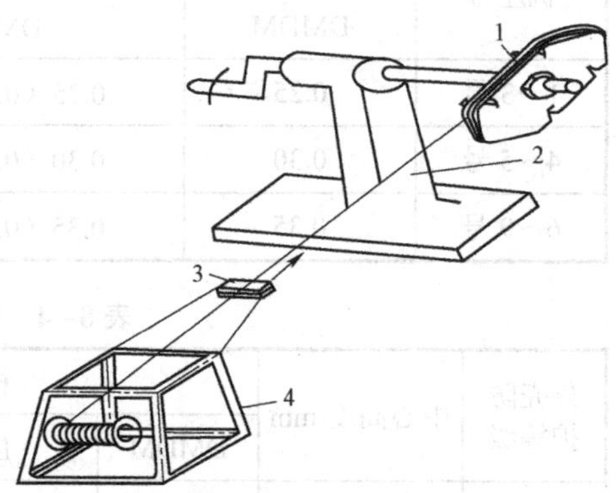

图 8－22　线圈绕制示意图

1—扎线；2—绕线机；3—夹板；4—线盘架

绕制线圈时应注意以下几点：

（1）绕线圈前应检查电磁线的质量和规格，检查的项目如下。

① 外观检查。漆包线表面应光滑清洁，无气泡和杂质，纱包线的纱层无断头和脱落现象。

② 线径和绝缘厚度检查。可用明火烧或用溶剂除去绝缘层，用千分尺测量线径和绝缘厚度是否符合要求。

（2）检查绕线机运转情况，要放好绕线模，调好计数器。

（3）为了不使导线弯曲，要有专用的放线架，绕线时对导线的拉力应适当。

（4）线匝要排列整齐，不得交叉混乱。

（5）随时注意导线的绝缘，如发现绝缘损坏，须用同级的绝缘材料进行修补；如果中途断线，应在线圈端部的斜边位置上接头，并用锡焊好后包上绝缘，不能在线圈直线部分或鼻端附近接头。多根并绕的线圈接头要注意错开，不能在一处接头。

（6）线圈的引出线要留在端部，不能留在直线部分。

（7）线圈绕好后应仔细核对匝数，以免产生差错。

（8）如无绝对把握，在绕制好一个线圈组后应先试嵌线，以确定线圈大小是否合适，如不合适，则可调整绕线模，重新绕制，以免造成重大返工。

7. 嵌线

嵌线是一道很重要的工序，与电动机绕组的修理质量关系很大。嵌线前，应检查槽绝缘的尺寸是否正确、安放是否恰当。为使线圈能顺利入槽，嵌线前必须将导线理齐。嵌线时线圈的引出线端要放在靠近机座出线盒的一端（拆除旧绕组时要做好标记）。线圈入槽时，要防止定子铁芯槽口刮破导线绝缘。线圈入槽后，应随时用理线板［图 8－23（a）］将槽内的导线理直，并用压线板［图 8－23（b）］将导线压实；线圈端部要理齐，使导线相互平行，以保持线圈绕制时的形状。使用理线板及压线板时，用力要适当，以免损伤导线绝缘。嵌线过程中，应注意线圈两端伸出铁芯的长度，使其基本相等。绕组端部的相间绝缘要垫好；对于双层绕组还要放好层间绝缘。最好将伸出槽口的槽绝缘剪掉，并覆好槽绝缘，打入槽楔。功率较大的电动机，其绕组端部要用扎线扎紧，使绕组端部连成整体。线圈全部嵌好后，剪去相间绝缘伸出线端部的多余部分（应留一定的余量），并将线圈端部敲成喇叭口，使线圈端部的内表面不致高出定子铁芯内孔，以防电动机运行时，定子绕组端部与转子相擦，并使其通风流畅。敲喇叭口时，用力要轻巧均匀。喇叭口不能过大，以免定子绕组端部碰端盖。

8. 接线

嵌线完毕后，需要将线圈连接成三相绕组，同时将各组绕组的始末端引出，这道工序称为接线。它包括以下几项内容：

（1）将每个线圈元件按每极每相槽数和线圈分配规律连成极相组。

（2）将属于同相的极相组进行串联、并联、混联，接成相绕组，图 8－24 所示为一典型的三相四极电动机端部接线图。

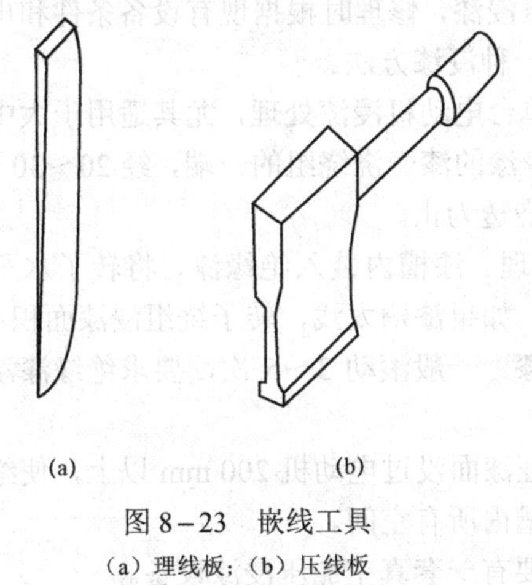

图 8－23 嵌线工具

（a）理线板；（b）压线板

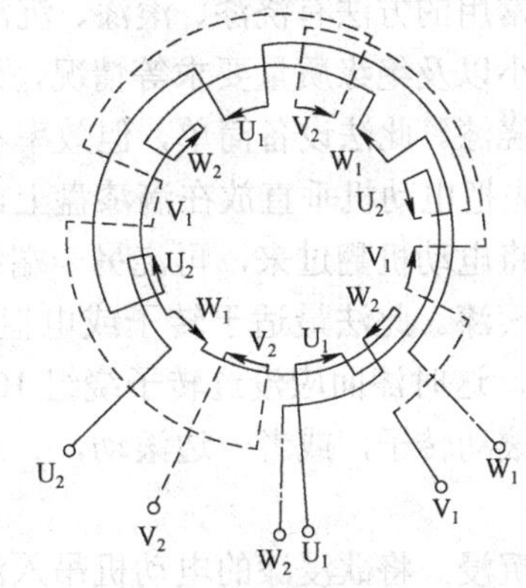

图 8－24 三相四极电动机端部接线图

（3）将三相绕组按铭牌规定的接法接好。

（4）将三相绕组的首末端用电线（或电缆）引到出线盒的接线板上。电动机引出线截面应符合电流要求，一般按电流密度为 4 A/mm^2 选择。

接线时应将接线头剥去漆膜、砂光。扁铜线头、并头套、铜楔、接线鼻等要事先挂好锡面。

对于引接线直径在 1.35 mm 及以下并有 2 根及以下并绕，以及引出线截面积在 6 mm^2 及以下者，可采用并绞接法连接；对于引接线直径在 1.5 mm 及以下并有 4 根及以下并绕，以及引出线截面积在 16 mm^2 及以下者，可采用对绞接法连接；对于引接线直径在 1.5 mm 以上并有 4 根及上并绕，以及引出线截面积在 16 mm^2 以上或扁铜线者，可采用辅助绑扎接法连接。当引出线截面积大于 25 mm^2 时，要分两股绑扎连接。采用并头套连接时，并头套长度应为 20～25 mm。使用接线鼻时要包合并压紧，在中间部位要轧压紧固，线鼻距引出线绝缘 5～10 mm。所有连接点都要采用焊接，要求焊接严密牢固、表面光洁。引出线的绝缘包扎应按交流电动机绕组绝缘规范进行。要求包扎紧密，无空隙。

9. 浸漆

电动机绕组浸漆的目的是提高绕组的绝缘强度、耐热性、耐潮性以及导热能力，此外也增加了绕组的机械强度和耐腐蚀能力。电动机绕组浸漆的步骤与方法如下：

1）预烘

电动机浸漆前应进行预烘，预烘的目的是使绕组在浸漆前，将绕组内潮气和挥发物驱除，并加热绕组，使其便于浸渍。预烘的方法是，一般电动机预烘的升温速度为 20～30 ℃/h，受潮严重的电动机的升温速度应控制在 8 ℃/h 左右，或者先加热至 50～60 ℃，保持 3～4 h，待大量潮气驱除后，再正常加温烘干。

预烘温度高低取决于电动机绕组绝缘等级和结构，不可超过电动机本身温升所规定的允许值。

预烘时间与绝缘受潮程度、绝缘材料性质、烘干条件等有关，一般以绕组热态绝缘电阻持续 3 h 基本保持稳定为准，即在 3 h 内所测得的绝缘电阻值相互不差于 10%。

2）浸漆

浸漆常用的方法有浇漆、滚漆、沉浸和真空加压浸漆，修理时根据现有设备条件和电动机体积大小以及绝缘质量要求等情况，选择其中的一种浸漆方法。

（1）浇漆。此法设备简单，但效率不高。适于单台电动机浸漆处理，尤其适用于大中型电动机。先把电动机垂直放在滴漆盘上，用装有绝缘漆的漆壶浇绕组的一端，经 20～30 min 滴漆后，将电动机翻过来，再浇另一端绕组，直到浇透为止。

（2）滚漆。此法最适于转子或电枢绕组浸漆处理。漆槽内装入绝缘漆，将转子水平放入漆槽内，这时漆面应没过转子绕组 100 mm 以上。如果漆槽太浅，转子绕组浸漆面积小，需要多次滚动转子，或者一边滚动，一边用刷子刷漆。一般滚动 3～5 次，要求绝缘漆浸透绝缘。

（3）沉浸。将欲浸漆的电动机吊入漆罐中，保证漆面没过电动机 200 mm 以上，使绝缘漆涌透到所有绝缘孔隙内，填满线圈各匝之间以及槽内所有空间。

（4）真空加压浸漆。真空加压浸漆的特点是需要有一套真空加压浸漆设备。

3）烘干

烘干的目的是将漆中的溶剂和水分挥发掉，使绕组表面形成较坚固的漆膜。烘干可以在余漆滴干后进行。烘干过程最好分两个阶段进行，第一是低温阶段，温度控制在 70～80 ℃，烘 2～4 h，如果这时温度太高，会使溶剂挥发太快，在绕组表面形成许多小孔，影响浸漆质量；同时过高的温度使工件表面的漆很快结膜，渗入内部的溶剂受热后产生的气体无法排出，也会影响浸漆质量。第二是高温阶段，温度控制在 130 ℃左右，烘 8～16 h（根据电动机尺寸大小而定），目的是在绕组表面形成坚固的漆膜。

烘干时，通常要求最后 3 h 内绝缘电阻基本稳定，数值一般要在 5 MΩ以上，绕组才算烘干。

在实际操作中，由于烘干设备和方法不同，烘干的温度和时间都会有所差异，需按具体情况决定，总之应使绕组对地绝缘电阻稳定而且合格。

常用的烘干设备有循环热风干燥室、红外线干燥室和远红外线烘干室等。

任务 8.4 三相交流异步电动机修复后的试验

8.4.1 三相交流异步电动机修复试验的基础知识

电动机修复后试验的目的在于检查修复后的电动机是否符合产品说明书的数据、修理的质量要求和标准等。三相交流异步电动机修复后的试验项目，取决于电动机修理情况，详见表 8-6。

表 8-6 三相异步电动机修复后的试验项目

试验名称	电动机修理情况		
	不修理绕组	局部或整个修理绕组	变更计算数据重绕线圈
绝缘电阻测定	*	*	*
绕组在实际冷却状态下直流电阻测定	+	*	*
绝缘耐电压试验	+	*	*
超速试验	−	*	*
温升试验	+	+	*
转子绕组开路电压的测定（仅对绕线转子电动机及换向器式调速电动机）	−	*	*
空载检查和空载试验	+	*	*
堵转试验	−	*	*
效率、功率因数及转差率的测定	+	+	*

注：*为必须进行的试验；+为推荐进行的试验；−为不必进行的试验。

8.4.2 三相交流异步电动机修复试验方法

1. 试验前的准备及要求

试验前应做好准备并进行必要的检查，以保证试验不发生人身或设备事故，并使试验能顺利完成。

1）一般检查

试验前应检查电动机的装配质量，主要检查以下几项：

（1）电动机各种标志检查。其包括出线端标志、接地标志及其他特殊标志（如防爆电动机有的特殊标志）。

（2）紧固件检查。其包括紧固用螺钉、螺栓及螺帽是否齐全和拧紧。

（3）机械检查。其包括转子转动是否灵活，轴伸的径向偏摆是否在所规定的允许范围内。

2）气隙大小及其对称性检查

一般仅对中大型交直流电动机及凸极同步电动机进行。对装配好的封闭式小型电动机直接测量气隙有一定困难，一般由零件加工精度来保证气隙。

3）轴承运行情况和电动机振动情况检查

检查应在电动机空载运行时进行，轴承运转应平稳、轻快、无停滞现象，声音均匀无杂声；滑动轴承应无漏油及温度过高等不正常现象；电动机应无振动。

2. 绝缘电阻测定

绝缘电阻测定是电动机试验中最重要的非破坏性试验，在各种电动机的试验方法标准中，第一项试验便是测定电动机绕组各相之间及其对机壳（地）的绝缘电阻。因为电动机绕组的绝缘电阻可以反映电动机绕组绝缘处理的质量，可以反映电动机绕组绝缘受潮和表面污染情况。当绝缘电阻降低到一定值时，不仅会影响电动机的耐压试验，也会影响电动机启动和正常运行，甚至会危及使用者的人身安全并损坏电动机。

测量电动机绕组绝缘电阻通常选用兆欧表。根据被试电动机绕组不同的额定电压，采用不同的规格，一般额定电压在 36 V 及以下电动机选用 250 V 兆欧表，500 V 及以下电动机选用 500 V 兆欧表，500 V 以上电动机选用 1 000 V 兆欧表。

测量绝缘电阻时，如各组绕组的始末端均引出，应分别测量每相绕组对机壳及其相互间的绝缘电阻。如三相绕组已在电动机内部连接仅引出三个出线端时，则测量所有绕组对机壳的绝缘电阻。对绕线转子异步电动机，应分别测量定子绕组和转子绕组的绝缘电阻。对多速多绕组的电动机，各绕组对机壳的绝缘电阻必须逐个进行测量，并逐个测量组间的绝缘电阻。测完后应使绕组对地放电。

各类电动机绕组在热状态时或温升试验后的绝缘电阻限值，在其相应的产品技术条件中有规定。通常规定为不低于式（8－5）所求得的数值：

$$R=\frac{U}{1000+\frac{P}{100}} \tag{8-5}$$

式中 R——电动机绕组的绝缘电阻，MΩ；

U——电动机绕组的额定电压，V；

P——电动机额定功率，直流电动机及交流电动机，kW；交流发电动机，kVA；调相机，kvar[①]。

3. 绕组在实际冷却状态下直流电阻的测定

绕组在实际冷却状态下直流电阻的测定，就是测量交流电动机的每相绕组的直流电阻。如果交流电动机的每相绕组都从始末端引出，直接测量每相绕组的电阻。如三相绕组已在电动机内部连接，仅引出三个出线端，则在每两个出线端间测量电阻。

测量绕组在实际冷却状态下的直流电阻时，应注意：

（1）绕组的直流电阻用双臂电桥或单臂电桥测量。电阻在 1Ω及以下时，必须采用双臂电桥测量。

（2）当采用自动检测装置或数字式微欧计等仪表测量绕组的电阻时，通过被测绕组的试

① kvar 即千乏（无功千伏安），无功功率的单位符号和名称。

验电流，应不超过其正常运行时电流的10%，通电时间不应超过1 min。

（3）测量交流电动机的直流电阻时，转子静止不动，定子绕组的电阻应在电动机的出线端上测量。对绕线转子电动机，转子绕组的电阻应尽可能在绕组与集电环连接的接线片上测量。

4. 对地绝缘耐压试验

1）耐压试验的一般要求

试验前应先测定绕组的绝缘电阻，在冷却状态下测得的绝缘电阻，按绕组的额定电压计算应不低于1 MΩ/kV。如需进行温升试验，则本项试验应在温升试验后立即进行。

试验应在电动机静止状态下进行。

试验时，电压应施加于绕组与机壳之间，其他不参与试验的绕组和铁芯均应与机壳连接，对额定电压在1 kV以上的多相电动机，若每相的两端均单独引出，试验电压应施加于每相（两端并接）与机壳之间，此时其他不参与试验的绕组和铁芯均应与机壳连接。

2）试验电压和时间

对于功率小于1 kW（或kVA）且额定电压低于100 V的电动机绝缘绕组，其试验电压（有效值）为500+2倍额定电压；对功率小于10 kW（或10 kVA）的电动机绝缘绕组，其试验电压（有效值）为1 000 V+2倍额定电压，但最低电压不能小于1 500 V。

试验时，施加的电压应从不超过试验电压全值的一半开始，然后以不超过全值的5%均匀或分段增加至全值，电压自半值增加至全值的时间应不少于10 s。全值电压试验时间应持续1 min。

5. 超速试验

超速试验的目的是检验转动部分零部件及绝缘体的机械强度能否承受超速情况下的离心力作用。超速试验时的转速，对三相交流异步电动机而言，为额定转速的1.2倍；对于多速电动机，应取其中最高转速作为额定转速。持续时间为2 min。电动机的超速可根据具体情况采用变速法或原动机拖动法来获得。由于超速试验的危险性比较大，试验时的安全性尤为重要，因此，做超速试验时，要特别注意如下事项：

（1）超速试验前，应仔细检查被试电动机的装配质量，特别是轴承和油封的装配质量，以避免因不正常的摩擦而引起事故。

（2）电动机的最薄弱部位是绕组端部的绑扎线，在封闭式和防护式电动机中，绑扎线断裂后一般不会飞出机外，而在开启式电动机中，断裂的绑扎带有可能飞出而对周围人员和设备造成损伤。因此，试验时应要求所有人员离开试验场地。如果电动机转子装有风翼等可移零件，超速时也需特别注意，防止这些零件飞出。

（3）被试电动机的控制以及转速、振动和油温的测量，应在远离被试电动机的安全区域内进行。

（4）在升速过程中，当电动机达到额定转速时观察转速、振动、油温以及电流、电压等运行情况，如无异常现象，才可继续均匀地升到规定的转速。

（5）试验持续到规定的时间后，便可均匀地降低转速直至完全停止（一般来说，切断试验线路的电源即可）。

（6）试验结束后，应仔细检查电动机的转动部分是否有损坏或变形，紧固件是否松动及有无其他不正常现象。如电动机具有换向器或集电环，则应测量这些部件的偏摆情况。

6. 温升试验

电动机某部分温度与冷却介质温度之差即为该部分的温升。电动机温升通常是指在额定负载下绕组的温升。

电动机的温升是电动机的一项关键指标。温升过高，超过了所用绝缘材料的温度限值，将使绕组受到损害，降低使用寿命；温升过低，表示电动机有效材料利用率低，经济性差。

温升试验方法有直接负载法和等效负载法两种，在工程中一般优先采用直接负载法。

直接负载法的温升试验应在额定频率、额定电压、额定功率或铭牌电流下进行连续。试验时，被试三相异步电动机应保持额定负载，直到电动机各部分温升达到热稳定状态为止。试验过程中，每隔半小时记录被试电动机的电压、电流和输入功率以及定子铁芯、轴承、风道进出口的冷却介质和周围冷却介质的温度。

温升试验时，可用电阻法、埋置检温计（ETD）法、温度计法和叠加法（亦称双桥带电测量法）测量电动机绕组和其他各部分的温度。

电动机绕组温度的测量方法一般选用电阻法。

用电阻法测取绕组的温度时，冷热态电阻必须在相同的出线端上测量。此时绕组的平均温升Δt（K）按下式计算：

$$\Delta t=\frac{R_2-R_1}{R_1}(K_a+t_1)+t_1-t_0 \qquad (8-6)$$

式中 R_2——试验结束时的绕组电阻，Ω；

R_1——试验开始时的绕组电阻，Ω；

t_1——试验开始时的绕组温度，℃；

t_0——试验结束时的冷却介质温度，℃；

K_a——常数，铜 235，铝 225。

用温度计测量温度时，温度计应紧贴在被测点表面，并用绝热材料覆盖好温度计的测温部分，以免受周围冷却介质的影响。有交变磁场的地方，不能采用水银温度计。

连续定额电动机试验时，被测电动机应保持额定负载，直到电动机各部分温升达到热稳定状态为止。

试验期间，应采取措施，尽量减少冷却介质温度的变化。

为缩短时间，温升试验开始时，可以适当过载。

7. 空载检查和空载试验

电动机检修总装后都要进行空载检查，检查转动时的振动、响声及轴承、电刷和电刷提升装置的运行情况，并调整到完好状态。空转检查的持续运转时间为 10～30 min。外施电压可低于额定电压（约 $0.5U_N$），这样既可简化启动装置，也可改善电网功率因数。

空载试验的目的是测定额定频率和额定电流下的空载电流与空载损耗，检查三相电流的平衡度。若要确定铁耗和机械损耗，则要测取空载特性曲线，即测试不同外加电压与空载电流和空载损耗的关系。

绕线转子异步电动机的空载试验要将转子绕组在出线端短路，多速电动机应对每一种转速都进行空载试验。为使电动机的机械损耗达到稳定，空载试验在电动机空载运转 30 min 后才开始记录数据，要记录三相电压、三相电流和三相输入功率。三相电流中任一相不得大于平均值的10%。若三相电压相等，且改换电源相序后三相空载电流不平衡情况不变（某相电流仍大），且运转时有嗡嗡声，则表明被试电动机有缺陷。一般中小型异步电动机的空载电流是电动机额定电流的30%～60%，高速大容量电动机的空载电流百分率要小些，低速及小容量电动机则大些。空载损耗是电动机额定功率的3%～8%。同规格异步电动机空载电流波动值在15%以内，空载损耗的波动值在20%以内。空载电流大，主要会使电动机的功率因数降低，空载损耗大，会使电动机效率下降。

空载试验结束后，应立即在两个出线端间测量定子绕组的电阻。

任务8.5　单相交流异步电动机的故障检修

8.5.1　单相交流异步电动机的基础知识

小功率单相交流异步电动机以其结构简单、噪声小、只需要单相交流电源等特点，广泛使用在小型机电设备和家用电器等场合。尽管单相交流异步电动机种类繁多，但其结构与三相笼型异步电动机基本相似，转子是笼型的，定子槽内嵌放着定子绕组，所不同的是定子只有单相绕组。但实际上，为了帮助单相交流异步电动机启动，定子上一般都有两个绕组。一个是主绕组，也称为工作绕组，通电后产生主磁场；另一个是副绕组，也称为启动绕组，用来帮助电动机启动。一般工作绕组与启动绕组在空间互差90°电角度。图8-25所示为单相异步电动机基本结构。

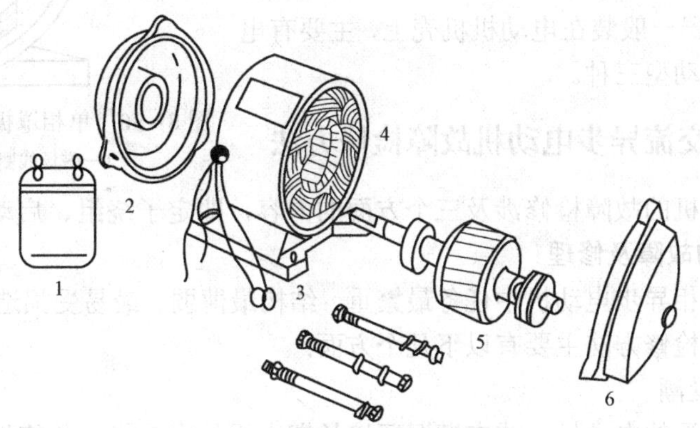

图8-25　单相异步电动机结构

1—电容器；2，6—端盖；3—电源接线；4—定子；5—转子

单相异步电动机主要由定子（机座、铁芯、绕组）和转子（转轴、铁芯、绕组）两大部分组成，有的还附有启动装置（离心开关式和启动继电器式两大类）。

单相异步电动机不能自行启动，必须依靠外力来完成启动过程。不过它一旦启动即可朝启动方向连续不断地运转下去。根据启动方式的不同，单相异步电动机可以分为许多不同的类型，常用的有分相式电动机（图8-26）、罩极式电动机（图8-30）和电容式电动机三种，其中电容式电动机又可分为电容启动式（图8-27）、电容运转式（图8-28）和电容启动运转式（图8-29）三种。

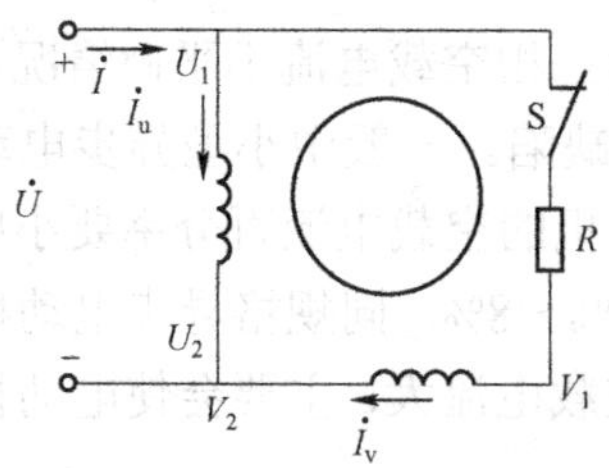

图 8－26　单相电阻分相式电动机

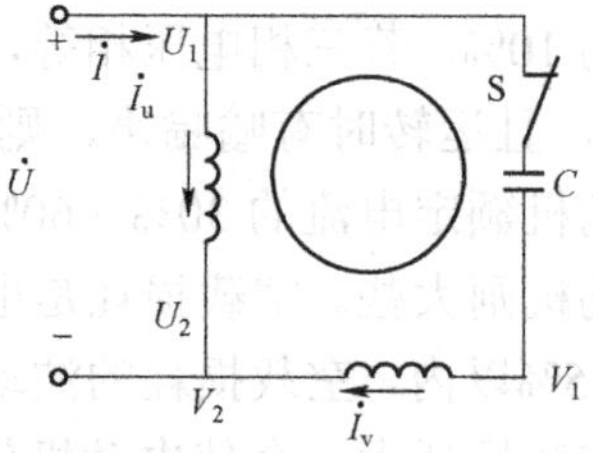

图 8－27　单相电容启动式电动机

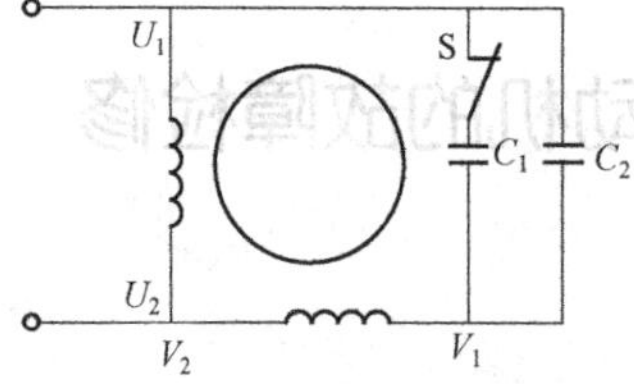

图 8－28　单相电容运转式电动机

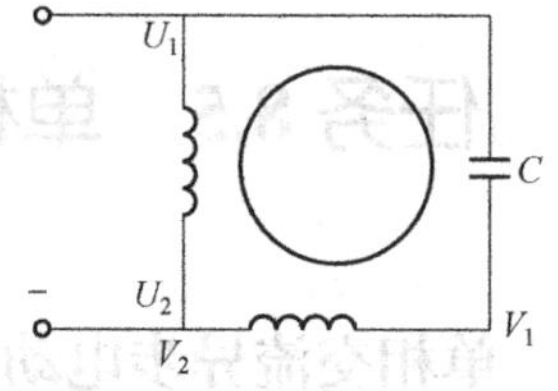

图 8－29　单相电容启动运转式电动机

除电容运转式电动机和罩极式电动机外，一般单相异步电动机在启动结束后辅助绕组都必须脱离电源，以免烧坏，因此，为保证单相异步电动机的正常启动和安全运行，就需配有相应的启动装置。启动装置主要分为离心开关式和启动继电器式两大类。离心开关式是由安装于转轴上的旋转部分和安装于前端盖内的固定部分组成的。启动继电器一般装在电动机机壳上，主要有电压型、电流型和差动型三种。

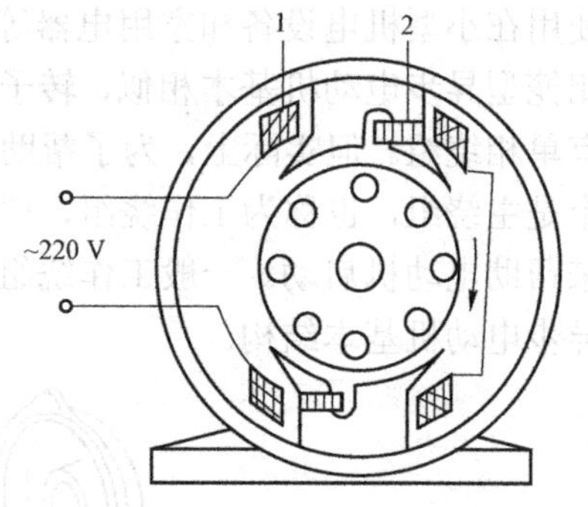

图 8－30　单相罩极式电动机结构示意图

1—磁场线圈；2—短路铜环

8.5.2　单相交流异步电动机故障检修方法

单相异步电动机的故障检修涉及三个方面的内容，即定子绕组、启动装置和电容器。

1. 定子绕组的故障及修理

定子绕组是单相异步电动机中任务最繁重、结构最薄弱、最易受损造成故障的部件。定子绕组常见故障与检修方法主要有以下几个方面：

1）绕组绝缘受潮

受过雨淋、水浸的电动机，或在潮湿环境长期未用的电动机，其绕组绝缘均可能受潮。这类电动机在重新使用前，必须用 500 V 兆欧表检查绕组的绝缘电阻，主绕组、辅助绕组对机壳的绝缘均要检测。测得的绝缘电阻若小于 0.5 MΩ，则说明电动机绕组绝缘受潮严重，需要烘干处理以后才能使用。电动机绕组绝缘的加热烘干可用灯泡、电炉、电吹风和烘箱进行。有些电动机由于使用日久，绕组绝缘老化，可在烘干后再浸漆处理一次，以增强其绝缘能力。

2）绕组通地故障

电动机长期超载运行，将因温升过高而导致绝缘老化，或因受潮，腐蚀，定子、转子相擦，机械损伤，制造工艺不良等，产生绕组通地故障。绕组通地时整个电动机都会带电，这将会造成电气设备的损坏，甚至引起人身伤亡的严重事故。单相异步电动机绕组通地故障的检查有以下几种方法：

（1）外观检查法。仔细目测电动机定子铁芯内外侧、槽口、绕组直线部分、端接部分，引出线端等，查看有无绝缘破损、烧焦、电弧痕迹的现象，以及绝缘的烧焦气味。仔细观察找出故障处。

（2）兆欧表检查法。对额定电压 220 V 及以下的单相异步电动机，可用 500 V 兆欧表检测。测量时，兆欧表的 L 端接电动机绕组，E 端接电动机金属外壳，按照兆欧表规定的转速（通常为 120 r/min）转动手柄，如指针指零，表示绕组通地。当指针在零附近摇摆不定时，则说明它尚具有一定的电阻值。用兆欧表检查绕组通地故障的方法如图 8－31 所示。

（3）220 V 试灯检查法。如没有兆欧表，可用 220 V 电源串接灯泡进行检查，如图 8－32 所示。测试时，如灯泡发亮，表明绕组绝缘损坏已直接通地。这时可拆出端盖和转子，查找绕组的通地故障点。采用这种方法要特别注意安全，以防触电。

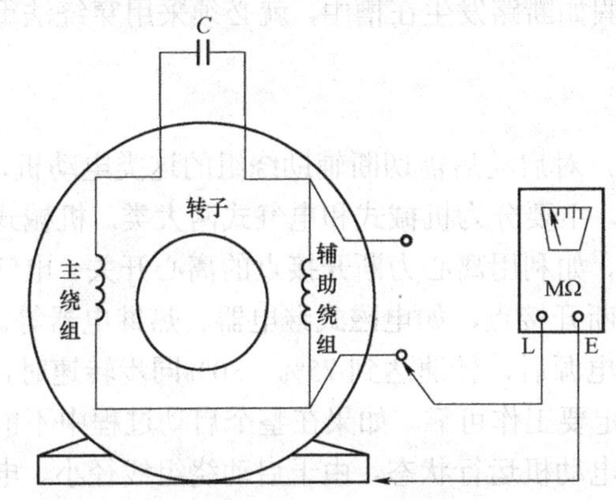

图 8－31 用兆欧表检查绕组接地故障

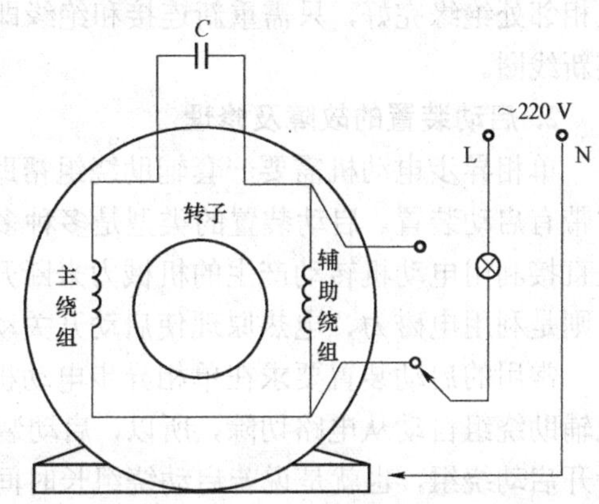

图 8－32 用试灯检查绕组接地故障

（4）万用表检查法。可用万用表 $R\times10$ k 挡检测绕组接地故障。测量时，万用表的一根表笔接绕组的出线端，另一根表笔接电动机外壳。如测出的电阻为零，则绕组已直接通地。测出有电阻数值时，则要根据经验分析判断电动机是受潮还是击穿故障。

（5）绕组通地故障的修理。用以上方法找到通地故障点后，如故障点在槽外，可采用局部修理；如故障点在槽内，根据具体情况做局部或重换绕组的处理。

3）绕组短路故障

单相异步电动机由于启动装置失灵、电源电压波动大、机械碰撞、制造工艺差等，导致电动机电流过大，线圈绝缘损坏而产生短路。绕组短路及检查方法通常有以下几种：

（1）外观检查法。绕组短路故障可分为匝间短路、线圈间短路、极相组间短路以及主、辅绕组间短路。发生短路时，由于短路线圈内产生很大的环流，线圈迅速发热、冒烟、发出焦臭气味以及绝缘因高温变色。除一些轻微的匝间短路外，较严重的线圈间、极相组间、各绕组间的短路，经仔细目测大多能找到故障点。

（2）空转检查法。对于小功率的单相电动机的短路故障，如手头一时没有仪表，则可让电动机空载运转 15～20 min（如出现烧熔体、冒烟等异常情况时应立即停止运行），然后迅速拆开电动机两端，用手依次触摸绕组端部的各个线圈，对温度明显高于其他地方的线圈应仔细查看，直至找出故障点。这种方法很简便，但对轻微的匝间短路却难以奏效。

（3）电桥检查法。先确定主绕组、辅助绕组中是哪套绕组短路，然后用电桥逐一测量该套绕组各极相组的电阻值，其阻值明显比其他极相组小时，即可能为短路线圈。

（4）短路测试器法。这是查找单相（及三相）定子绕组匝间短路或线圈间短路的最常用方法。

（5）绕组短路故障的修理。如绕组绝缘未整体老化且短路绕组线圈的导线还没有烧坏，则可以局部修补，否则，最好做局部或重换绕组的处理。

4）绕组断路故障

机械碰撞、焊接不良、严重短路等都可能使绕组线圈产生断路故障。绕组断路的检查较容易，可以用兆欧表、万用表、电桥或试灯检查。用万用表检查时，将开关转至电阻挡，先从电动机接线板查起，找出断相的是哪套绕组。然后采用分组淘汰的办法，拆开断相绕组测量各极相组电阻值，不通的即为断路极相组，最后找出断路线圈。断路故障点如发生在端部且相邻处绝缘完好，只需重新连接和绝缘即可。假如断路发生在槽中，就必须采用穿绕法重换新线圈。

2. 启动装置的故障及修理

单相异步电动机需要一套辅助绕组帮助启动，对启动后需切断辅助绕组的这类电动机，常带有启动装置。启动装置的类型是多种多样的，主要分为机械式和电气式两大类。机械式是直接利用电动机转动产生的机械力来断开接点，如利用离心力断开接点的离心开关。电气式则是利用电磁力、电热原理使启动开关动作并断开接点，如电磁式继电器、热继电器等。

常用的启动装置要求在单相异步电动机接入电源后，转速达到75%～80%同步转速时，把辅助绕组自动从电路切除，所以，启动装置一定要工作可靠。如果在整个启动过程中不能断开启动绕组，也就是说若启动绕组长时间进入电动机运行状态，由于启动绕组线径小、电流密度较高，则有可能使电动机辅助绕组烧毁，因此，启动装置对电动机的可靠运行是极为重要的，常见的启动装置故障及修理如下所述：

1）离心开关的故障及修理

这种启动开关结构复杂，而且要装在电动机端盖内侧，不便于检查维护。由于它在单相异步电动机中的使用日益减少，逐渐为其他型式的启动装置所取代。限于篇幅，请参阅有关资料。

2）启动继电器的故障及修理

单相异步电动机用启动继电器有多种型式，它们常见的主要故障有：继电器工作失灵、继电器触头烧坏、线圈故障等。对启动继电器的故障，一般不做修理，更换一个同型号的启动继电器即可。

3. 电容器的故障及检查

电容器是单相电容式电动机不可缺少的一个重要元件，由于采用了电容器移相，单相启动式、运转式、启动运转式电动机才获得了优良的启动和运转特性。电容器损坏后一般不能修复，只能更换，故掌握电容器的故障类型和检查方法十分重要。

1）电容器的类型

单相电容式电动机用的电容器，按结构和类型可分为纸介电容器、油浸电容器和电解电容器三类。电容器的容量单位是“法拉”，简称“法”，用符号F表示。但这个单位太大，日常经常使用的为“微法”。1 法 $=1\times10^6$ 微法（$1\ \text{F}=1\times10^6\ \mu\text{F}$）。单相电容式电动机的电容器容量一般均不大于 150 μF。

2）电容器的故障

长期使用或存放，均会使电容器的质量受到一定影响而引起故障，常见的故障有以下几种：

（1）过电压击穿。电动机如长期工作在超过额定值的过高电压下，会使电容器的绝缘介质被击穿而发生短路或断路。

（2）电容量消失。电解电容器经长期使用或长期放置在干燥高温的地方，则可能因其电解质干结，电容量自然消失。

（3）电容器断路。电容器经长期使用或保管不当，使引线、引线端头等受潮腐蚀、霉烂，引起接触不良或断路故障。

3）电容器的检查

电容器常用的检查方法有以下几种：

（1）电容器的容量检查。检查电容器容量时，可将被测电容接入 50 Hz 交流电路中，测量出通过电容器两端的电压和电流，此时可由式（8－7）算出电容器的电容量：

$$C=(I/2\pi fU)\times10^6\quad(\mu\text{F})\tag{8-7}$$

式中 U——电容器两端外加试验电压，V；

I——电容电路中的电流，A；

f——试验电源频率，Hz。

（2）伏安法检查电容器的断路和短路故障。用图 8－33 所示方法检查电容器的断路和短路故障，因为断路时电流表的读数为零。而短路时电压表的读数为零。但是这时必须在电路中串入一个熔体，以保护电路中的仪表。

（3）万用表检查电容器断路和短路。将万用表转到 10 kΩ 或 1 kΩ 挡，为确保安全，先将电容器的残余电量放光，然后再测量电容器的故障。测量时，用万用表测电容器两极之间的电阻，若阻值很大，即表针不动且无充放电现象，则为线端与极片脱离的断路故障；若电阻极小且表针不返回，则是极间短路。

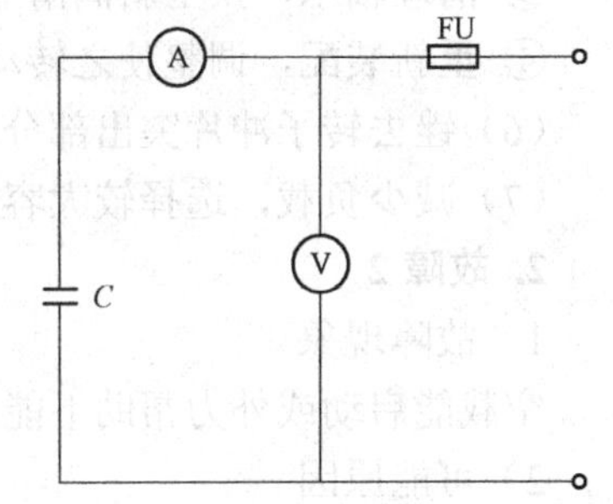

图 8－33 电容器电压—电流表检测法

4）电容器的更换

当电容器损坏后，虽然也可以通过较为繁复的方法算出来，但算出来的电容值还得在电动机的试运行中验证和调整。因此，最简便可靠的方法是按厂家所配电容器的规格进行更换。如原来所配电容器遗失，则可参照同类型的电动机选用。

8.5.3 单相交流异步电动机常见故障的判断与检修

1. 故障 1

1）故障现象

电源电压正常，通电后电动机不能启动。

2）可能原因

（1）引线开路。

（2）主绕组或辅绕组开路。

（3）离心开关触头合不上。

（4）电容器开路。

（5）轴承卡住。

① 轴承已坏。

② 轴承进入杂物。

③ 润滑脂干固。

④ 轴承装配不良。

（6）定、转子相碰。

（7）过载。

3）处理方法

（1）用万用表查找出断路并修理好。

（2）用万用表确定故障，重新换线圈。

（3）检查离心开关触头是否已坏，或者不灵活，加以调整。

（4）更换电容器。

（5）清理或更换轴承。

① 更换轴承。

② 需清理干净。

③ 清理轴承，换上新润滑脂，润滑脂的容量不得超过轴承室容积的 70%。

④ 重新装配，调整使之转动灵活。

（6）锉去转子冲片突出部分。

（7）减少负载，选择较大容量的电动机。

2. 故障 2

1）故障现象

空载能启动或外力帮助下能启动，但启动迟缓且转向不定。

2）可能原因

（1）副绕组开路。

（2）离心开关触头合不上。

（3）电容器损坏。

3）处理方法

（1）查出断路并加以修复。

（2）检查离心开关触点是否已坏或不灵活，加以调整、修理或更换。

（3）更换电容器。

3. 故障 3

1）故障现象

电动机转速低于正常转速。

2）可能原因

（1）电源电压过低。

（2）转子电阻太大。

（3）主绕组内有部分绕组反接或接线错误。

（4）轴承摩擦加大。

（5）负载过大。

3）处理方法

（1）调整电源电压至额定值。

（2）更换转子。

（3）改正绕组的接线错误。

（4）清理轴承，加上适当的润滑脂。

（5）查找原因或更换容量较大的电动机。

4. 故障4

1）故障现象

启动后电动机很快发热，甚至烧坏绕组。

2）可能原因

（1）主绕组短路或接地。

（2）主、副绕组短路。

（3）启动后离心开关触头断不开。

（4）主、副绕组接错。

（5）电动机的负载选择不当，过大或过小。

（6）电压不准确。

3）处理方法

（1）用万用表测量电阻的大小。

（2）用万用表检查电阻值，改换绕组。

（3）测量总电流或副相回路电流。检修或更换离心开关。

（4）测量其电阻或复查接头符号，改正一次、二次绕组接线。

（5）应按电容运转和分相启动的特点选择负载。

（6）用电压表校准。

5. 故障5

1）故障现象

启动后电动机发热，输入功率大。

2）可能原因

（1）电动机过载。

（2）绕组短路或接地。

（3）定、转子相擦。

（4）轴承有毛病。

3）处理方法

（1）调整电动机负载。

（2）用万用表测量电阻值的大小，用兆欧表测量绕组是否接地。
（3）检查转子铁芯是否变形，轴是否弯曲，端盖的止口是否过松。
（4）保养或更换轴承。

6. 故障 6

1）故障现象

电动机转动时噪声太大。

2）可能原因

（1）绕组短路或接地。
（2）离心开关损坏。
（3）轴承损坏。
（4）轴向间隙太大。
（5）电动机内落入杂物。

3）处理方法

（1）测量电阻值和绝缘电阻，排除故障。
（2）修理或更换离心开关。
（3）修理或更换轴承。
（4）将间隙调至适当值。
（5）拆开电动机，消除杂物。

7. 故障 7

1）故障现象

通电后熔丝熔断。

2）可能原因

（1）绕组短路或接地。
（2）引出线接地。

3）处理方法

（1）测量电阻和绝缘电阻，排除故障。
（2）把引出线接好。

8. 故障 8

1）故障现象

电动机有不正常的振动。

2）可能原因

（1）转子不平衡。
（2）带盘不平衡。
（3）轴身弯曲。

3）处理方法

（1）校动平衡。
（2）校静平衡。
（3）校直或更换转轴。

9. 故障9

1）故障现象

轴承过热。

2）可能原因

（1）轴承损坏。

（2）轴承内外圈配合不当。

（3）润滑油过多、过少或油太脏，混有铁屑土。

（4）带过紧或联轴器装得不好。

3）处理方法

（1）更换轴承。

（2）选择适当配合，使内外圈配合处不相对滑动。

（3）加油或清洗换油，使油脂的容量不超过轴承室容积的70%。

（4）调整带张力。

任务8.6　直流电机的维修

8.6.1　直流电机的基础知识

直流电机是一种能将直流电能和机械能相互转换的旋转电机。将机械能转换为直流电能的是直流发电机，将直流电能转换为机械能的是直流电动机。

直流电机根据可逆运行的原理，既可作为发电机又可作为电动机使用。图8－34所示为直流电机外形。

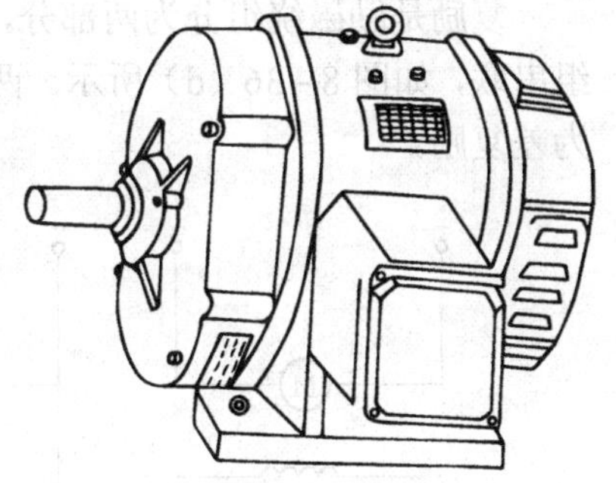

图8－34　直流电机外形

直流电机是一种旋转电器。通常把产生磁场的部分做成静止的，称定子；把产生感应电势或电磁转矩的部分做成旋转的，称转子（又叫电枢）。定子由主磁极、换向磁极、机座、端盖和电刷装置等组成，转子由铁芯、绕组、换向器、转轴和风扇等组成。直流电机剖面图如图8－35所示。

直流电机在进行能量转换时，不论是将机械能转换为电能的发电机，还是将电能转换为机械能的电动机，都是以气隙中的磁场作为媒介的。除了采用磁钢制成主磁极的永磁式直流电机以外，直流电机都是在励磁绕组中通以励磁电流产生磁场的。励磁绕组获得电流的方式称作励磁方式。

直流电机常用的励磁方式如下：

1. 他励

他励是励磁绕组的电流由单独的电源供给，如图8－36（a）所示（永磁式也是他励的一种形式）。

2. 并励

并励是励磁绕组与电枢绕组并联，如图8－36（b）所示。

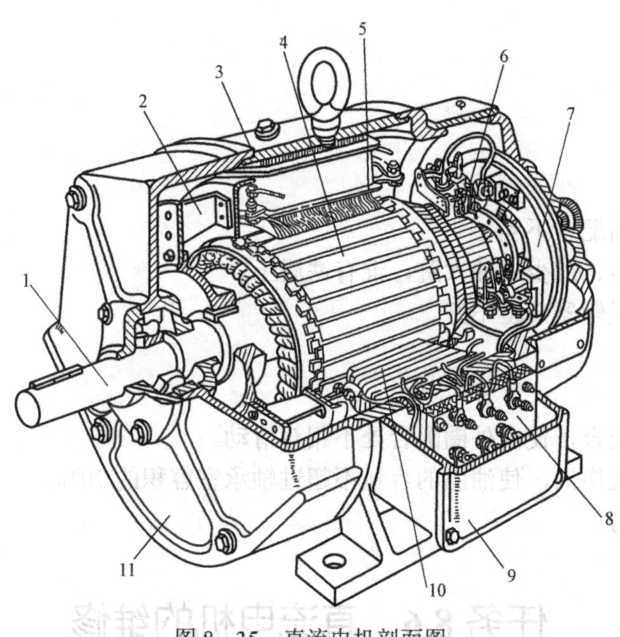

图 8－35　直流电机剖面图

1—转轴；2—风扇；3—机座；4—电枢；5—主磁极；6—换向器；7—刷架；8—接线板；9—出线盒；10—换向磁极；11—端盖

3. 串励

串励是励磁绕组与电枢绕组串联，如图 8－36（c）所示。

4. 复励

复励是励磁绕组分为两部分，一部分与电枢绕组并联，是主要部分，另一部分与电枢绕组串联，如图 8－36（d）所示。两部分励磁绕组的磁通量方向相同称为积复励，方向相反称为差复励。

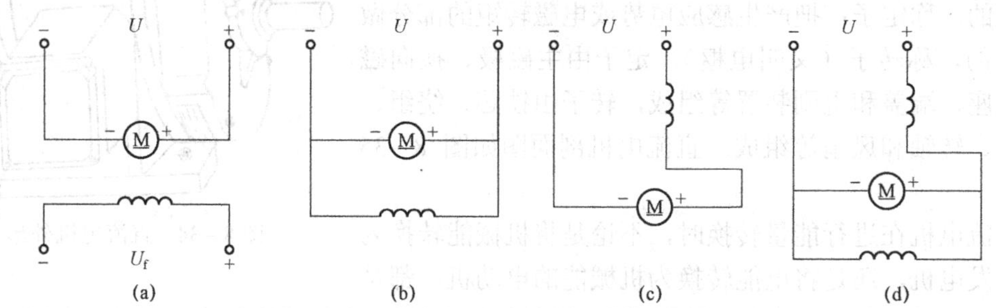

图 8－36　直流电机各种励磁方式接线图

（a）他励；（b）并励；（c）；串励；（d）复励

对于直流电机，由于电枢绕组为输出直流电的部分，因此，并励、复励式励磁绕组的电流都由自己的电枢电动势所提供，统称为自励电机。

8.6.2　直流电机的拆卸和装配方法

与三相交流异步电机一样，直流电机也因发生故障或需维修保养等原因，经常需要拆卸，待维修保养完毕后，又要将其装配起来。由于直流电机在结构上除具有电刷装置与换向器（这一点其实与三相转子绕线型异步电机在结构上相似）外，其他均与三相交流异步电机一样，8.1.2 节所介绍的有关三相交流异步电机拆装的方法与注意事项同样完全适用于直流电机的拆装。因此，在进行直流电机拆装时，必须完全按照执行。除此以外，针对直流电机在结构上与三相异步电机相比具有电刷装置与换向器等部件的特点，在直流电机拆装时还应补充下面几点：

（1）在直流电机拆卸时，应特别注意标明直流电机外部接线中的并励绕组、电枢绕组与外部接线的对应标记，不可遗漏。

（2）在拆卸直流电机的端盖时，应注意先拆下换向器端盖的螺钉、轴承盖螺钉，取下轴承外盖，再拆下换向器的端盖。

（3）拆卸电刷时，应先将电刷从刷握中取出，再拆掉接到电刷装置上的连接线。要特别注意将电刷中性线的位置做上标志。

（4）当直流电机修理维护完毕后，需将其装配还原，这个过程是拆卸的逆过程。只需要按标记将部件及接线复位即可。但是，在装配过程中要特别注意电刷的安装位置，因为它十分重要，其安装位置的准确与否直接影响电机的性能。在可逆的直流电机中，电刷位置一般都处在几何中性线上；而直流发电机或单方向旋转的直流电动机，电刷的位置原则上也应该在几何中性线上，但有时为了调整电机的某些工作特性，往往将电刷位置在几何中性线左右偏移一个角度，但偏移的角度不宜过大。总之，电刷处的位置应该使换向器上的火花等级、电动机的转速调整率都在规定范围内。

电刷中性位置是指当电机作为发电机空载运转时，在其励磁电流及转速保持不变的情况下，在换向器上测得最大感应电动势时的位置。确定电刷中性位置的方法有感应法、正反转发电机法、正反转电动机法和零转矩法四种。限于篇幅，本节仅介绍磁电式毫伏表来确定电刷中性位置的感应法，其他方法请参阅有关文献。

感应法是最常用的一种确定电刷中性位置的方法，如图 8－37 所示。

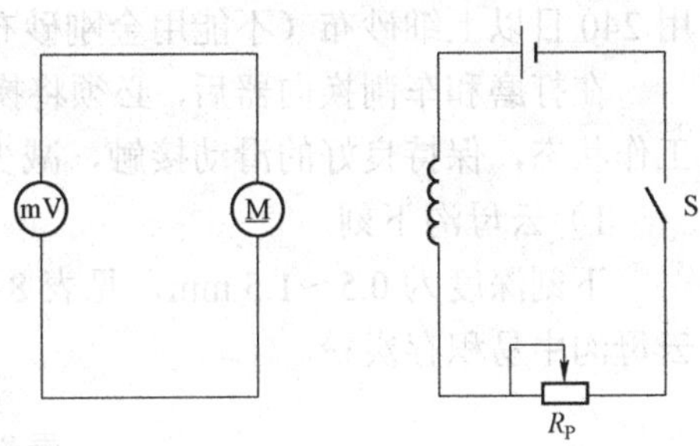

图 8－37　利用毫伏表确定电刷中性位置

当电枢静止时，将毫伏表接到相邻的两组电刷上（电刷与换向器接触一定要良好）。励磁绕组通过开关 S 接到 1.5～3 V 的直流电源上。当打开和闭合开关时，也就是交替接通和断开励磁绕组的电流时，毫伏表的指针左右摆动，这时将刷架顺电机旋转方向或逆电机旋转方向移动，直至毫伏表上指针几乎不动，这时电刷的位置就是中性位置。

8.6.3　直流电机换向器及电刷装置的基础知识

换向器是直流电机的重要部件，它用来实现电枢绕组中的交变电动势、电流和电刷间的直流电动势，电流之间的相互转换。换向器的结构如图 8－38 所示。电刷安装固定在以刷杆座为转动中心的刷杆上的刷握中，如图 8－39 所示。其作用是将旋转的电枢与固定不动的外电路相连，把直流电压和直流电流引入或引出。

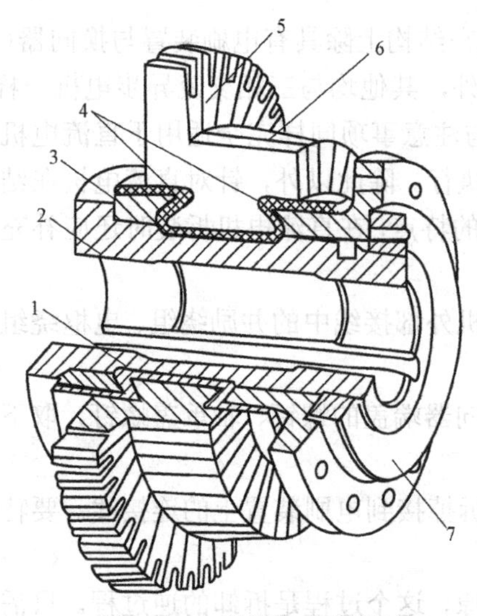

图 8－38 普通换向器的结构

1—绝缘套筒；2—钢套；3—V 形钢环；4—V 形云母环；5—云母片；6—换向片；7—螺旋压圈

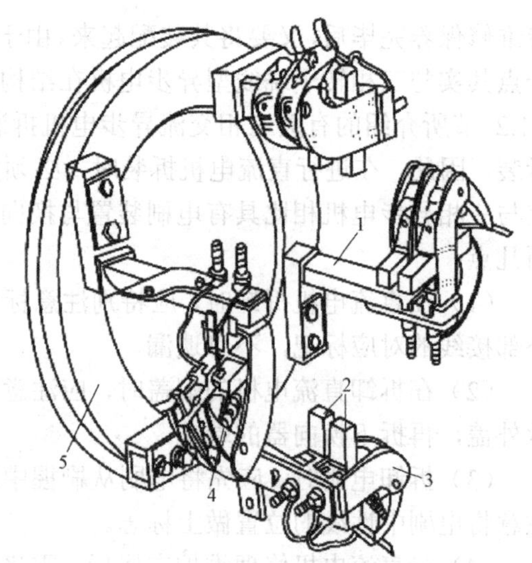

图 8－39 电刷装置

1—刷杆；2—电刷；3—刷握；4—弹簧压板；5—刷杆座

8.6.4 直流电机换向器及电刷装置的检修方法

1. 换向器表面有伤痕及磨损的修理

换向器在长期运行后，常被电刷在表面磨出高低不平的深沟，有时由于电刷下火花严重，也会使换向器表面烧成斑点。对于这种故障，应将转子架在车床上，将换向器表面精车一刀。通常车削时，换向器圆周速度为 2～2.5 m/s，进刀量为 0.2～0.33 mm/r；精车时进刀量为 0.1～0.15 mm/r。切削后，至少应达到 $Ra1.6\ \mu m$ 的表面粗糙度。切削结束后，可适当提高转速，用 240 目以上细砂布（不能用金刚砂布）打磨一次。

在打磨和车削换向器后，必须将换向器云母沟下刻和换向片倒棱，以改善换向器表面的工作状态，保持良好的滑动接触，减少电刷磨损和防止片间闪络。

1）云母沟下刻

下刻深度为 0.5～1.5 mm，见表 8－7。下刻深度太小，云母片易突出；下刻深度过大，云母沟中易积存炭粉。

表 8－7 换向器云母下刻深度 mm

换向器直径	云母下刻深度	换向器直径	云母下刻深度
50 以下	0.5	150～300	1.2
50～150	0.8	＞300	1.5

云母沟下刻要求光滑平直，两边残存云母片必须弄净。云母沟下刻工具可用钢锯条改制，也可用手持式电动工具或风动工具下刻云母沟。

2）换向片倒角

换向片倒角能减少电刷磨损和云母沟积灰，对于防止换向片铜毛刺和闪络的发生，也是有效的。换向片倒角通常要求 0.5×45°，均匀平直，倒角工具一般是用锯片磨制而成的。

换向器下刻和倒角操作时，用力要均匀，操作要细心，特别要防止划伤换向器表面。图 8-40 所示为换向器云母片的挖削方法。

2. 换向器片间短路的修理

当换向器片间的沟槽被电刷粉、金属屑或其他导电物质填满，或有腐蚀性物质与灰尘等侵入使云母片碳化时，会造成换向器片间短路。特别是片间电压较高时，更容易导致换向器片间短路，从而引起火花或产生电弧，损坏换向片。

修理时先清除杂物，用毫伏表检查确定无短路后，再用云母与绝缘漆填补，待干燥后即可装配。毫伏表检查法如图 8-41 所示。

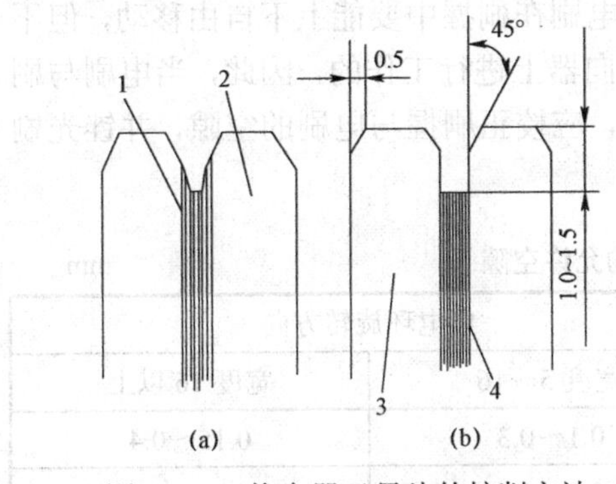

图 8-40 换向器云母片的挖削方法

（a）不正确的挖削；（b）正确的挖削

1，4—云母片；2，3—换向片

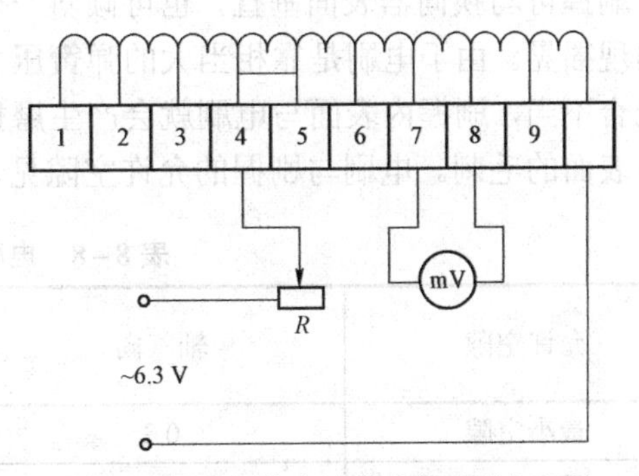

图 8-41 用毫伏表法检查换向片间短路（或电枢绕组短路）

用 6.3 V 交流电压（用直流也可以），加在相隔 $K/2$ 或 $K/4$（K 为换向片数）两片换向片上，用毫伏表两支表笔依次测相邻两片换向片之间的电压。若发现毫伏表读数突然变小，如图 8-41 中 4 与 5 两片换向片，则说明该两片换向片间短路，或与该两片换向片相连的电枢绕组元件有匝间短路。

3. 换向器接地的修理

V 形云母环尖角端在压装时绝缘损坏或金属屑、灰尘等未清除干净，都会造成换向器接地故障。修理方法是，先清除换向器击穿烧坏处的斑点、灰尘等，然后用云母绝缘材料及虫胶干漆填补，最后用 0.25 mm 厚的可塑云母板覆贴 1、2 层，并加热压入。如果换向器接地是因换向片 V 形角配合不当使压装时绝缘损坏而造成的，则应改变换向片的 V 形角或者调换 V 形压环。

4. 换向器凸片的修理

换向器过热、短路或装配不良等，都会引起换向器松弛而导致换向片过高。检查时用手抚摸换向器表面，即可发现换向片过高处形成凸片。修理时，可用锤轻敲凸片，将其调整到正确位置后再拧紧螺母，然后用车床将换向器表面车光。车削时，进刀量控制为 0.1~0.15 mm/r。切削后，至少应达到 $Ra=1.6\ \mu m$ 的表面粗糙度。切削结束后，可适当提高转速，用 240 目以上细砂布（不能用金刚砂布）打磨一次。若换向器已装在电动机上而无法拆下，也可用磨石来磨光。转动电枢并将磨石压在换向器上，直到换向器表面光滑为止，然后用细砂纸（240 目以上）进行精修。

5. 换向器修复后的检查

换向器修复后应做以下检查：

（1）用小铁锤轻敲换向片，依据发出的声音来判断安装是否牢固。若发出较清脆的声音，表明换向器装置牢固；若发出空壳声，则表明换向器松弛，应重新装配。

（2）检查换向片的轴向平行度，使换向片沿轴线的偏斜度不超过片间云母片的厚度，否则会造成换向不良。

（3）做对地耐压试验，试验电压通常为两倍的额定电压加 1 000 V，持续时间为 1 min。

（4）用 220 V 检验灯逐片检查片间是否短路，若有短路应加以排除。

6. 刷握故障的修理

刷握可与换向器表面垂直，也可倾斜一个角度。电刷在刷握中要能上下自由移动，但不应出现摇晃。由于电刷是靠相当大的弹簧压力压在换向器上进行工作的，因此，当电刷与刷握配合不当，刷握内表面与电刷就会产生磨损，此时，应校正刷握与电刷的空隙，并锉光刷握内表面的毛刺。电刷与刷握的允许空隙见表 8－8。

表 8－8　电刷与刷握的允许空隙　mm

允许空隙	轴　向	集电环旋转方向	
		宽度 5～16	宽度 16 以上
最小空隙	0.2	0.1～0.3	0.15～0.4
最大空隙	0.5	0.3～0.6	0.4～1.0

刷握与换向器的距离要保持 2～4 mm，刷握前后两端与换向器的距离必须相等，不能倾斜。

当电动机绝缘不良时，流过弹簧的电流过大，会使弹簧退火而失去弹性，应及时更换已失去弹性的弹簧。

7. 电刷的研磨与更换

由于电刷的磨损导致电刷与换向器的接触面小于 70%时，就应对电刷进行研磨，研磨后电刷的接触面应在 90%以上。

电刷磨损超过 60%时即要更换，更换电刷时，应确定电刷的规格，原则上应更换相同规格的电刷，若尺寸稍大，可做适当的加工，但如果相差过大则不能选用。

使用电刷时的注意事项：

（1）同一台电动机应采用同一型号的电刷，否则会使各个电刷的电流不均匀，造成个别电刷过热及火花过大等问题。

（2）电刷在刷握内应能活动自如，既不能过松，也不能过紧。电刷过松会晃动，容易引起火花；而电刷太紧则会卡死。

（3）更换电刷时不宜一次全部更新，否则会引起电流分布不均匀。

（4）更换电刷时，应采用 00 号玻璃砂纸沿电动机的转动方向研磨电刷，使电刷与换向器的接触面积达到 80%左右。研磨时不能用粗的金刚砂布，以防金刚砂粒嵌入换向槽内，擦伤电刷表面。

（5）更换电刷后要及时调整弹簧的压力，使每只电刷的压力基本均匀，以免引起电流分布不均匀。电刷的压力因电动机工作条件及电刷型号的不同而有所差异，一般在 15 000～25 000 Pa 范围。

项目9　电气控制线路故障诊断与维修

任务9.1　电气控制线路图的绘制原则及识图方法

9.1.1　电气控制线路图

用电气图形符号、带注释的围框或简化外形表示电气系统或设备中组成部分之间相互关系及其连接关系的一种图，即为电气图。广义地说，表明两个或两个以上变量之间关系的曲线，用以说明系统、成套装置或设备中各组成部分的相互关系或连接关系，或者用以提供工作参数的表格、文字等，也属于电气图之列。

电气控制系统是由各种控制电器和执行元件（如电动机、电磁阀等）组成的，用以完成某一特定控制任务。为了表达电气控制系统的设计意图，便于分析系统工作原理，安装、调试和检修控制系统，必须按照国家标准采用统一的图形符号和文字符号根据需要来绘制相应的电气原理图和电气安装图（包括电器布置图和电气安装接线图）。

1. 电气原理图

用图形符号和项目代号表示电路中各个电器元件连接关系和电路工作原理的图称为电气原理图。它是按照电流经过的路径，将所有的触点、线圈、电阻、信号灯、按钮等元件展开绘制的。它只是清晰地表明各电器元件之间的电路联系，而不表示相互间实际的位置关系。由于电气原理图结构简单、层次分明、适用于研究和分析电路工作原理，在设计部门和生产现场都得到了广泛的应用。因此，它是电气图中最重要的一种，图 9-1 所示为三相交流异步电动机能耗制动控制电路电气原理图。

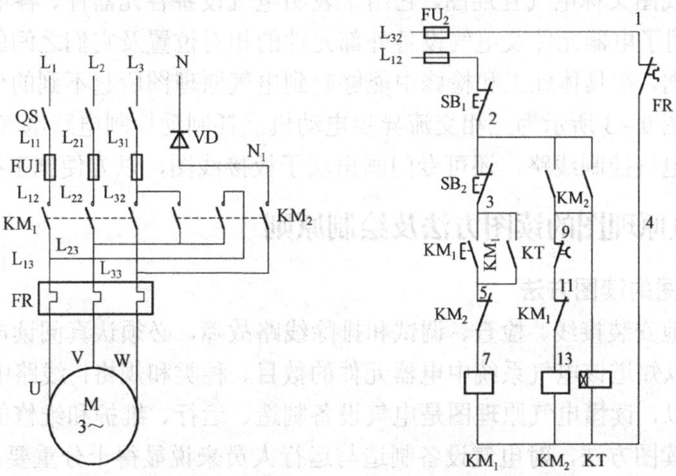

图 9-1　三相交流异步电动机能耗制动控制电路电气原理图

2. 电器布置图

电器布置图又称电器位置图，主要用来表征电气设备、零件在面板上的安装布置位置。其绘制方法是，在电气位置图中表示面板的图形符号内，一般用实体绘制简单的外形轮廓并辅以文字符号来表示，着重注意的是，图中各电气设备、零件、文字符号应与有关电路图和电气设备清单上所对应的元器件相同。在图中往往留有10%以上的备用面积及导线管（槽）的位置，以供改进设计布线时用。图 9－2 所示为三相交流异步电动机能耗制动控制电路电器布置图。

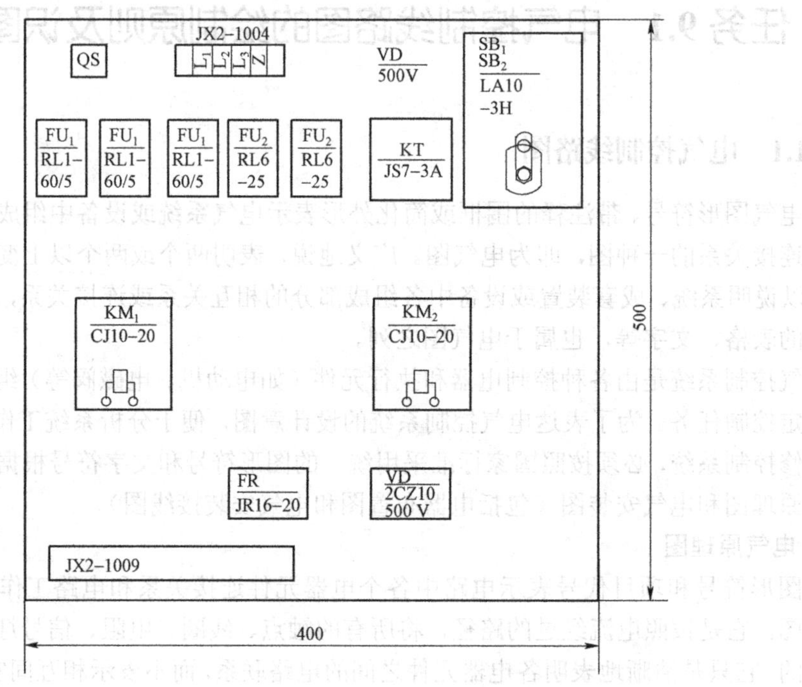

图 9－2　三相交流异步电动机能耗制动控制电路电器布置图

3. 电气安装接线图

电气安装接线图又称电气互连图，它用来表明电气设备各元器件、各单元之间的接线关系。它清楚地表明了电器元件及电气设备外部元件的相对位置及它们之间的电气连接，是实际安装接线的依据，在具体施工和检修中能够起到电气原理图所起不到的作用，在生产现场得到广泛应用。图 9－3 所示为三相交流异步电动机能耗制动控制电路电气安装接线图。

对于复杂的电气控制线路，还可专门画出端子板接线图，以方便施工接线和检修。

9.1.2　电气原理图的读图方法及绘制原则

1. 电气原理图的读图方法

为了能顺利地安装接线、检查、调试和排除线路故障，必须认真阅读电气原理图。读懂电气原理图，可以知道该电气系统中电器元件的数目、种类和规格；线路中各电器元件之间的控制关系。所以，读懂电气原理图是电气设备制造、运行、维护和维修的基础，熟悉和掌握电气原理图的读图方法，对电气设备制造与运行人员来说显得十分重要。

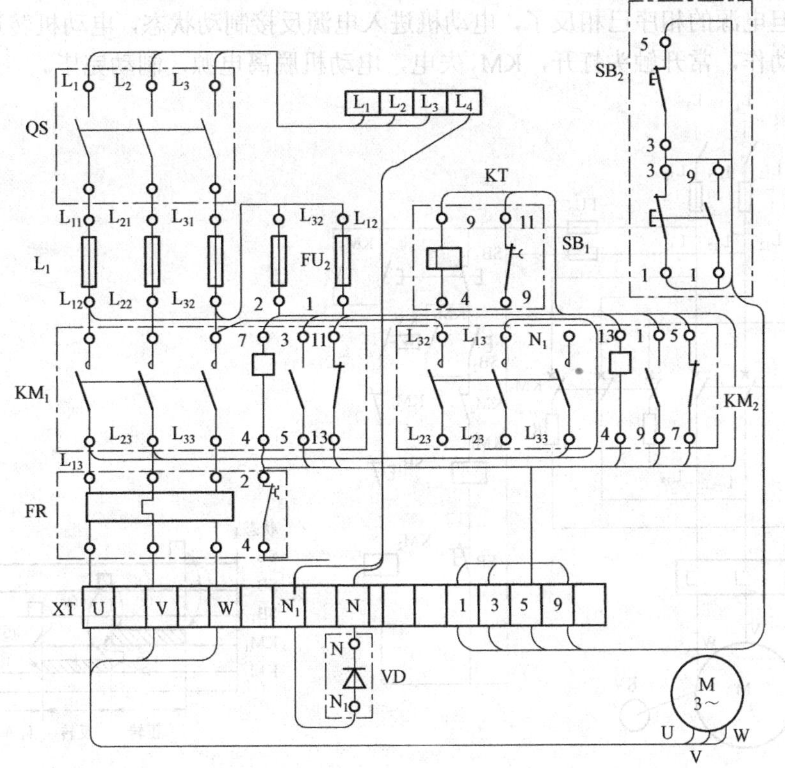

图 9-3 三相交流异步电动机能耗制动控制电路电气安装接线图

电气原理图的阅图方法有查线读图法、图示读图法和逻辑代数读图法三种，但工程上常使用的方法只有查线读图法和图示读图法这两种。

1）查线读图法

查线读图法是分析继电器-接触器控制电路的最基本方法。继电器-接触器控制电路主要由信号元件、控制元件和执行元件组成。

用查线读图法阅读电气控制原理图时，一般先分析执行元件的线路（主电路）。查看主电路有哪些控制元件的触点及电器元件等，根据它们大致判断被控制对象的性质和控制要求等，然后根据主电路分析的结果所提供的线索及元件触点的文字符号，在控制电路上查找有关的控制环节，结合元件表和元件动作位置图进行读图。读图时假想按动操作按钮，跟踪线路，观察元件的触点信号是如何控制其他控制元件动作的。再查看这些被带动的控制元件的触点又是怎样控制其他控制元件或执行元件动作的。如果有自动循环控制，则要观察执行元件带动机械运动将使哪些信号元件状态发生变化，又引起哪些控制元件状态发生变化。

查线读图法的优点是直观性强，容易被接受。缺点是分析复杂电路时易出错，因此，在用查线读图法分析线路时，一定要认真细心。下面用查线读图法分析图 9-4 所示带速度继电器的三相交流异步电动机反接制动控制线路电气原理图。动作过程如下：

按起动按钮 SB_2，接触器 KM_1 得电并自锁，电动机直接启动运行，随着转速升高，速度继电器 KV 的动合触头闭合，为停车反接制动准备了条件。当按动停止按钮 SB_1 后，KM_1 线圈失电，电动机先脱离电源。与此同时，接触器 KM_2 得电，定子绕组通过制动限流电阻 R

接入电源。但电源的相序已相反了，电动机进入电源反接制动状态，电动机转速下降，速度继电器 KV 动作，常开触头打开，KM_2 失电，电动机脱离电源，制动完毕。

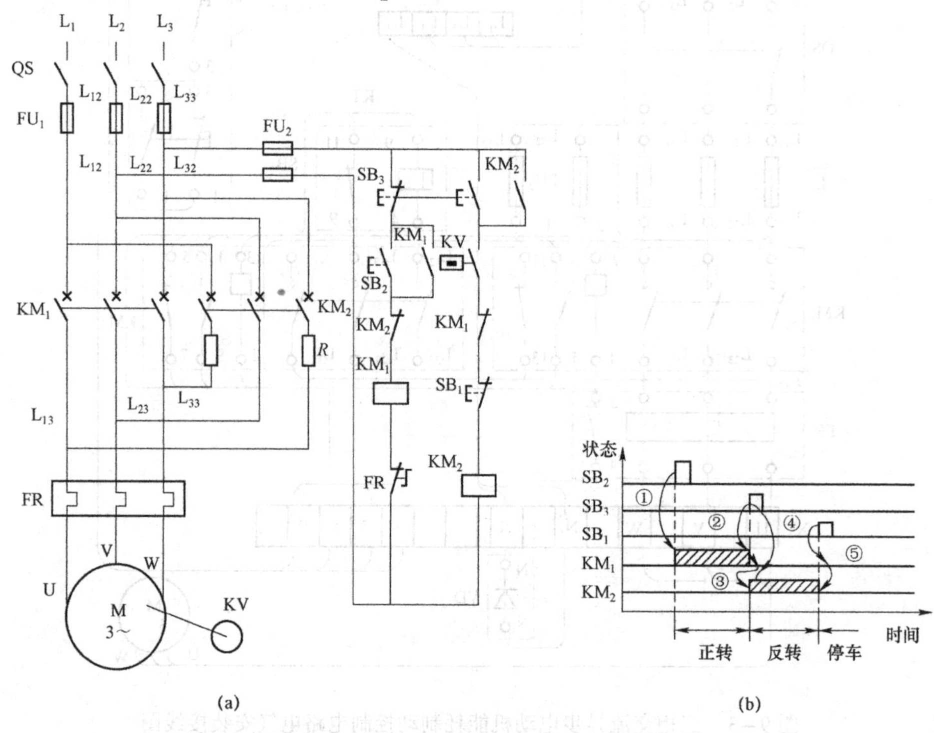

图 9-4 反接制动控制线路电气原理图

为分析问题方便，用↑表示电磁线圈通电或开关受外力作用而动作，用↓表示电磁线圈失电或开关上的外力撤销。

用查线读图法，可以得到如下流程。

启动过程：

SB_2↑→ KM_1↑→M 直接启动并运行
自锁
→ KV↑→为制动准备通路
n↑

制动过程：

SB_1↑→KM_1↓→M脱离电源
→ KM_2↑→M↓→M反接制动
→ KV↓→M脱离电源制动完毕
n↓

查线读图法最大的优点是可以用控制电器的动作顺序（动作流程）来表示，从而可以免去冗长的文字叙述。

2）图示读图法

图示读图法的形式是以纵坐标表示控制电器的工作状态，称为状态坐标轴；以横坐标表示控制作用的时间，称为时间坐标轴或程序坐标轴。再借助查线读图法，一边读图一边画图。用此图可将整个线路的工作过程表示清楚，避免冗长的文字叙述。

下面采用图示读图法分析图 9-5 所示的采用手动控制的三相交流异步电动机可逆运行电路电气原理图。先用查线法读图，边查边画。从主电路看，电动机的正反转由接触器 KM_1 及 KM_2 控制。再查看控制电路，当按动正转按钮 SB_2 并立即松开时，在图 9-5（b）上，在元件 SB_2 的横轴线上画一脉冲形的信号。这时接触器 KM_1 得电，在 KM_1 的横轴线上也画一个矩形波，并用箭头①表示出它们的从动关系。KM_1 得电后电动机 M 就正转，其状态标注在横轴下方。当按下 SB_3 时，KM_1 线圈失电，电动机 M 先脱离电源，同时又使反转接触器 KM_2 得电。它们的动作因果关系用箭头②、③及④表示。KM_2 得电，电动机 M 反转，如要停车，只要按一下停止按钮 SB_1 即可。图示读图法中的箭头表示控制元件之间动作的因果关系，箭头的号码基本上表示出动作的先后次序。

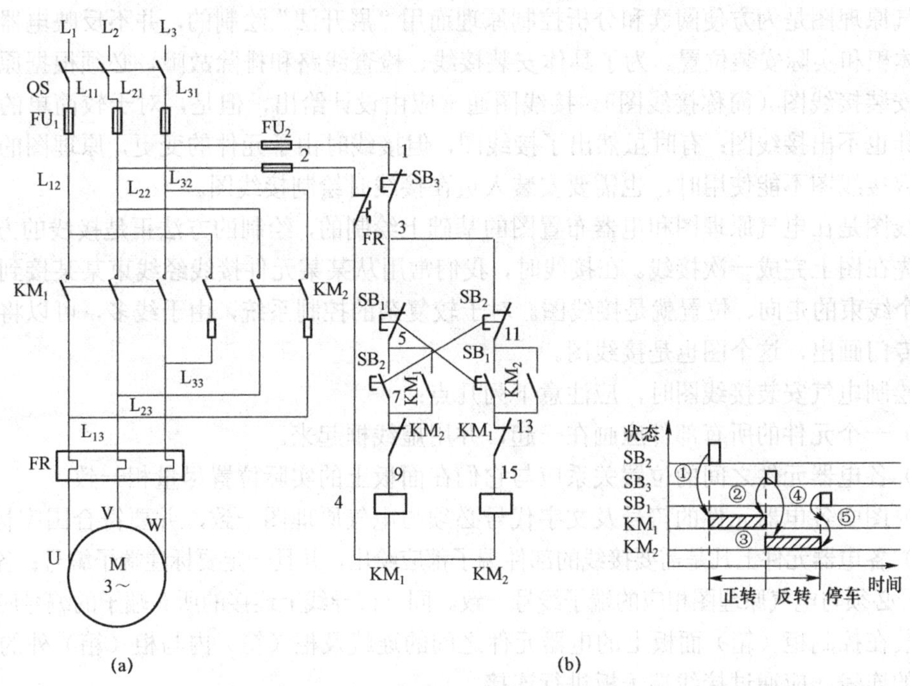

图 9-5 采用手动控制的三相交流异步电动机可逆运行电气原理图

2. 电器布置图及其绘制

电器元件要固定在柜（箱）内的铁板或绝缘板上，通常把这块板称作面板，其几何尺寸的大小、板厚以及柜（箱）体的几何尺寸、板厚都是由元件的多少、元件几何尺寸的大小、重量以及元件合理的排列所决定的。如何表述电器元件在面板上的安装位置及安装工艺要求，就要由布置图来完成。布置图是反映电器元件在面板上的安装位置及安装工艺要求的图纸。布置图通常由设计绘出，有时设计也不绘出，由安装人员在施工时设计、绘制。绘制电气布置图的一般方法是：

（1）初选一标准柜（箱），查出该柜（箱）面板的长、宽等尺寸。

（2）在电器设备手册或设备说明书中查出元件的几何尺寸并标注在面板图上。在实际工作中常常是把元件按规定间距排列在平台上，然后实测实量并标注在面板上。

（3）设计时，一般情况下总开关装在最上方，其次是互感器、接触器，最下部为限流装置，如频敏变阻器，启动电阻、自耦变压器等。

（4）继电器宜装在总开关的两侧，但有些继电器为了便于取得信号，也可装在总开关和接触器之间的主回路中，如电流继电器、热继电器等，而通过互感器的热继电器也宜装在总开关的两侧。

（5）接线端子板应装在便于更换和接线的地方，一般宜置于面板的两侧或下方。

（6）元件间的排列应整齐、紧凑并便于接线；元件间的距离应适于元件的散热和导线的固定排列。元件和元件左右的间距一般为 50 mm，至少不得小于 30 mm；上下的间距应大于 100 mm；面板边缘的元件距边至少 50 mm。

（7）布置图中各电器元件代号应与其电气原理图和电气设备清单上所标注的元器件代号相同。

3. 电气安装接线图及其绘制

电气原理图是为方便阅读和分析控制原理而用“展开法”绘制的，并不反映电器元件的结构、体积和实际安装位置。为了具体安装接线、检查线路和排除故障，必须根据原理图绘制电气安装接线图（简称接线图）。接线图通常应由设计给出，但是，对于较简单的系统，有时设计也不出接线图；有时虽然出了接线图，但接线时由于元件的变更，原理图的变更等原因导致接线图不能使用时，也需要安装人员在接线时绘制接线图。

接线图是在电气原理图和电器布置图的基础上绘制的，绘制的方法正是接线的方法，也就是说先在图上完成一次接线。在接线时，我们常用从某某元件接线经线束某某接到某某元件，这个线束的走向、位置就是接线图。对于较复杂的控制系统，由于线多，可以将端子板的接线专门画出，这个图也是接线图。

在绘制电气安装接线图时，应注意下列几点：

（1）一个元件的所有部件应画在一起，并用虚线框起来。

（2）各电器元件之间的位置关系应与它们在面板上的实际位置尽量相一致。

（3）图中各电器元件的符号及文字代号必须与电气原理图一致，并要符合国家标准。

（4）各电器元件上凡是需要接线的部件端子都应绘出，并且一定要标注端子编号；各接线端子的编号必须与电气原理图相应的端子线号一致。同一根导线上连接的所有端子的编号应相同。

安装在控制柜（箱）面板上的电器元件之间的连线及柜（箱）内与柜（箱）外的电器元件之间的连线，应通过接线端子板进行连接。

任务 9.2　低压电器元件的检测及维修

9.2.1　低压电器检测

低压电器通常是指工作在额定电压 AC 1 200 V 或 DC 1 500 V 及以下的电器。它广泛地应用于输配电系统、电气控制系统中，在电路中起着开关、转换、控制、保护和调节作用。在机械设备电气控制系统中，考虑到控制方便、安全及设备的通用性等因素，一般均选用380 V、220 V电压标准。

低压电器种类繁多，用途广泛，但根据它所控制的主要对象，可分为两大类：

1. 用于传动控制系统中

传动控制系统对电器的要求是：工作准确可靠，操作频率高，寿命长，尺寸小。主要电器有：继电器、接触器、行程开关、主令电器、变阻器、控制器、电磁铁等。

2. 用于低压配电系统及动力装备中

配电系统对电器的要求是：在系统发生故障的情况下，动作准确，工作可靠，有足够的热稳定性（指电器能承受一定的电流值的平方与通电时间的乘积 i^2t 值，其所有零部件应不引起热损伤）和电动稳定性（指电器能承受一定的电流值下的电动力作用，其所有的零部件应无损坏和无永久变形）。主要电器有：刀开关、熔断器、断路器等。

低压电器产品通常分为十二大类，它们分别是：刀开关和刀形转换开关、熔断器、断路器、控制器、接触器、启动器、控制继电器、主令电器、电阻器及变阻器、调整器、电磁铁、其他低压电器。

正确选用低压电器应注意以下两个原则：

1）安全性

选用低压电器必须保证电路及用电设备安全可靠运行。

2）经济性

选择低压电器要合理、适用。

为满足以上两个原则，选用时应注意以下几点：

（1）控制对象的类型和使用环境。

（2）确认控制对象的有关技术数据，如额定电压、额定电流、额定功率、负载性质、操作频率、工作制等。

（3）了解所选用的低压电器的正常工作条件，如环境温度、相对湿度、海拔高度、允许安装方位角度、抗冲击振动、有害气体、导电尘埃、雨雪侵袭的能力。

（4）了解所选用的低压电器的主要技术性能或技术条件，如用途、分类、额定电压、额定电流、额定功率、允许操作频率、接通分断能力、工作制和使用电寿命等。

为保证电气装配的质量，所有电器元件在上板前应做必要的检查及试验。内容主要有一般性检验和通电试验。

1）一般性检验

（1）所有元件必须有产品合格证书、使用说明书、接线图，仪表还必须有计量检定部门出示的检定证书。断路器、接触器、频敏变阻器、过流继电器、热继电器还应有厂家产品制造许可证的复印件。元件的铭牌应清晰、规则。

（2）检查外观应无破损和机械损伤，可动部分灵活无卡，附件完整齐全，线圈参数清楚可见，铁件无锈蚀，铁芯截面光滑整洁、无毛刺。仪表表门完整，指针可动，接线螺丝坚固。

（3）用500 V兆欧表测试空气开关、继电器、接触器等元件的相与相、相与外壳（上下闸口都要测）以及频敏变阻器或元件的线圈等正常工作时通电部件端子对金属外壳的绝缘电阻，其阻值应大于2 MΩ。

2）通电试验

通电试验就是给元件的工作线圈通电，然后测量其触点的开关性能和接触电阻。其方法是使用升流器给开关的主触点或电流线圈通以电流，测量触点在额定电流或过载电流下的工作状态，以及电流线圈的工作状态，进而证明元件的可靠性和稳定性，保证柜（箱）的质量。

通电试验时，先从电源上引下临时电源，用单相闸接好，并装好熔丝。电源的电压应和元件的线圈电压相符。

（1）接触器试验。

用绝缘导线将接触器线圈的两端接好（将剥开绝缘的线芯压紧在线圈端子的瓦片下即可），另一端接在单相闸的下闸口，取下接触器的灭弧罩，并将一小条强度较大的薄纸条放在静触头和动触头之间的缝隙上。检查无误后，即可将单相闸合上，接触器立即吸合。这时用力抽取小纸条，如触头接触紧密，压力实足，小纸条则抽不出，或者用力抽，则撕破；如接触不好，小纸条则容易抽出，这样的触头运行中易烧坏。

同时可根据纸条撕破的痕迹判断触头的接触面积，如小于 90%，则应用 0#砂纸打磨或更换新触头。

将闸拉掉，接触器应立即释放，再合闸应立即吸合，否则说明阻卡或铁芯粘连，如阻卡应找出阻卡的位置并修复，用棉丝蘸酒精或汽油将铁芯截面擦洗干净。线圈通电后，接触器应无声响或声响微小。

（2）中间继电器试验。

中间继电器试验和接触器试验基本相同。

（3）电流继电器试验。

电流继电器一般采用空投试验的方法，即用手将电磁铁的衔接按下，使电磁铁在压力下吸合，这相当于负载电流大于整定电流，产生的磁势使电磁铁吸合。这时可用万用表欧姆挡测试其微动开触点的状况，常开闭合，常闭打开；当手松开时，衔铁在弹簧的作用下复位，这相当于负载电流小于整定电流，产生的磁势克服不了弹簧的拉力，使电磁铁释放。这时用万用表测量，常开打开，常闭闭合。也可用两只万用表分别跨接在动合接点和常闭接点上，重复上述试验，观察触点打开和闭合的情况。

（4）空气阻尼时间继电器空投试验。

空气阻尼时间继电器空投试验同样是用手按下衔铁，使其在压力下吸合，这相当于线圈通电。对通电延时的时间继电器来讲，手按下衔铁时，其动合点应延时闭合，动断点应延时打开；当手松开后（相当于线圈断电），动合点应立即打开，动断点应立即闭合。对断电延时的时间继电器来讲，手按下衔铁时，其动合点应立即闭合，动断点应立即打开；当手松开后（相当于线圈断电），动合点应延时打开，动断点应延时闭合。对通电和断电都延时的时间继电器来讲，手按下衔铁时，其动合点应延时闭合，动断点应延时打开；当手松开后（相当于断电），动合点应延时打开，动断点应延时闭合。我们可根据微动开点动作的声音判断触点的动作情况，同样也可以用万用表欧姆挡来观察触点的开闭及延时情况。空投正常后，即可将时间继电器的线圈接到额定的单相电源上，同时将两只万用表分别接在动合点和动断点上，然后把闸合上，接点的开闭情况可通过表针来显示，应和空投相同。同时由改锥调节时间整定螺丝，应看到延时有变化，并可测出最大延时时间和最小延时间；否则，时间继电器器不能使用。

（5）其他元件的试验。

① 电压表。

电压表可接在调压器的输出端和标准电压表比对进行试验，其误差不应超过表本身的精度等级。

误差$=\dfrac{\text{示值误差}}{\text{示值}}$≤表精度等级（%），示值误差为标准表的读数减去被校表的读数，示值为标准表的读数。试验时至少应取三点进行比较，一般取 0 点、1/2 刻度和满刻度，试验前应调零位。

② 电流表。

电流表可接在升流器的二次回路里和标准电流表进行比对校验，其误差不应超过表本身的精度等级，其他同电压表。

③ 按钮。

按钮可接在万用表欧姆挡的回路里试验，按动按钮，观察指针的变化；按动后应稳定一小段时间再松手，其指针不能晃动。也可通以 5 A 的电流进行电流试验。

④ 指示灯。

指示灯应加以额定电压试亮。

⑤ 接线端子板。

接线端子板应用万用表欧姆挡对其测试，其中螺钉不得有脱扣现象，也可做 5 A 电流试验。必要时应用兆欧表摇测相邻端子的绝缘电阻，一般应≥2 MΩ。

3）电器元件的安装固定

元件在面板上的安装固定包括划线、钻孔、套丝、垫绝缘、固定等工序。

（1）划线定位。

将面板置于平台上，把板上的元件（空开、接触器、继电器、端子板、单相闸、互感器等）按布置图设计排列的位置、间隔、尺寸摆放在面板上，摆放必须方正，并核对间距。对原设计有无修正和更变，必须在划线定位前确定下来，划线定位后，不得再进行更改。

（2）划线。

按照元件在面板上的排列位置，用划针划出元件底座的轮廓和安装螺丝孔的位置，划线前再次复核元件摆放是否方正。

（3）开孔及攻丝。

断路器和接触器一般用ϕ8 mm 或ϕ10 mm 的螺丝固定，开孔则用ϕ6.7 mm 或ϕ8.4 mm 的钻头，然后用ϕ8 mm 或ϕ10 mm 的螺丝锥攻丝。其他元件应用ϕ4 mm 螺钉固定，用ϕ3.3 mm 的钻头开孔，用ϕ4 mm 的丝锥攻丝，元件直接固定在面板上。对于体积较大，重量较重的元件，除在面板上固定外，其板后应加电气梁加固。

（4）元件的固定。

准备 0.1～0.2 mm 厚的青壳纸或玻璃纸，油笔和剪子，将元件放在纸上，然后用油笔沿元件底座的轮廓画出元件的底座轮廓线，并用剪子将其剪下。再用冲子在纸上冲出元件固定的螺钉孔。选择和攻丝相应规格的螺钉，先把剪好的绝缘纸垫好，再把元件用螺钉紧固于面板上。

元件全部装好后，应用 500 V 兆欧表，再次测量元件正常工作时带电部分及不带电部件、底座与面板的绝缘电阻，应分别大于 2 MΩ 及 0.5 MΩ。

9.2.2 低压电器常见故障及维修

各种电器元件经过长期使用或因使用不当会造成损坏，这时就必须及时进行维修。电气线路中使用的电器很多，结构繁简程度不一，这里首先分析各电器所共有的各零部件常见故障及维修方法，然后再分析一些常用电器的常见故障及维修方法。

1. 电器零部件共有的常见故障及维修

1）触头的故障及维修

（1）触头过热。触头接通时，有电流通过便会发热，正常情况下触头是不会过热的。当动静触头接触电阻过大或通过电流过大，则会引起触头过热，当触头温度超过允许值时，会使触头特性变坏，甚至产生熔焊。产生触头过热的具体原因分析如下：① 通过动、静触头间的电流过大。任何电器的触头都必须在其额定电流值下运行，否则触头会过热。造成触头电流过大的原因有系统电压过高或过低、用电设备超载运行、电器触头容量选择不当和故障运行四种可能。② 动静触头间的接触电阻变大。接触电阻的大小关系到触头的发热程度，其增大的原因有：一是触头压力不足。弹簧失去弹力而造成压力不足或触头磨损变薄，针对这种情况应更换弹簧或触头。二是触头表面接触不良，例如在运行中，粉尘、油污覆盖在触头表面，加大了接触电阻；再如，触头闭合分断时，电弧会使触头表面烧毛、灼伤，致使残缺不平和接触面积减小而造成接触不良。因此应注意对运行中的触头加强保养：对铜制触头、表面氧化层和灼伤的各种触头可用刮刀或细锉修正；对大、中电流的触头，表面不求光滑，重要的是平整；对小容量触头则要求表面质量好；对银制触头，只需用棉花浸汽油或四氯化碳清洗即可，其氧化层并不影响接触性能。

在修磨触头时，切记不要刮削、销削太过，以免影响使用寿命，同时不要使用砂布或砂轮修磨，以免石英砂粒嵌于触头表面，反而影响触头接触性能。

对于触头压力的测试可用纸条凭经验来测定。将一条比触头略宽的纸条（厚 0.01 mm）夹在动、静触头间，并使开关处于闭合位置，然后用手拉纸条，一般小容量的电器稍用力，纸条即可拉出；对于较大容量的电器，纸条拉出后有撕裂现象。以上现象表示触头压力合适。若纸条被轻易拉出，则说明压力不够；若纸条被拉断，则说明触头压力太大。

触头压力可通过调整触头弹簧来解决。如触头弹簧损坏可更换新弹簧或按原尺寸自制。触头压力弹簧常用碳素钢弹簧丝来制造，新绕制的弹簧要在 250～300 ℃的条件进行回火处理，保持时间为 20～40 min，钢丝直径越大，所需时间越长。镀锌的弹簧要进行去氧处理，在 200 ℃左右温度中保持 2 h，以便去脆性。

（2）触头磨损。触头磨损有两种：一种是电磨损，是触头间电火花或电弧的高温使触头金属气化所造成的；另一种是机械磨损，是触头闭合时的撞击、触点接触面滑动摩擦等原因造成的。

触头在使用过程中因磨损会越来越薄，当剩下原厚度的 1/2 左右时，就应更换新触头。若触头磨损太快，应查明原因，排除故障。

（3）触头熔焊。动静触头表面被熔化后焊在一起而分断不开的现象，称为触头的熔焊。当触头闭合时，由于撞击和产生振动，在动静触点间的小间隙中产生短电流、电弧温度高达 3 000～6 000 ℃，可使触头表面被灼伤或熔化，使动、静触头焊在一起。发生触头熔焊的常见原因是选用不当使触头容量太小、负载电流过大、操作频率过高、触头弹簧损坏、初压力减小。触头熔焊后，只能更换新触头，如果因触头容量不够而产生熔焊，则应选用容量大一些的电器。

2）电磁系统的故障及维修

（1）铁芯噪声大。电磁系统在工作时发出一种轻微的“嗡嗡”声，这是正常的。若声音过大或异常，可判断电磁机构出现了故障。① 衔铁与铁芯的接触面接触不良或衔铁歪斜。铁芯与衔铁经过多次磁撞后端面会变形和磨损，或因接触面上积有尘垢、油污、锈蚀等，造成相互间接触不良而产生振动和噪声。铁芯的振动会使线圈过热，严重时会烧毁线圈，对 E 形铁芯，铁芯中柱和衔铁之间留有 0.1～0.2 mm 的气隙，铁芯端面变形会使气隙减小，也会增大铁芯噪声。铁芯端面若有油垢，应拆下清洗端面。若有变形或磨损，可用细砂布平铺在平板上，修复端面。② 短路环损坏。铁芯经过多次碰撞后，装在铁芯槽内的短路环，可能会出现断裂或脱落。短路环断裂常发生在槽外的转角和槽口部分，维修时可将断裂处焊牢，两端用环氧树脂固定；若不能焊接，也可换短路环或铁芯，短路环跳出时，可先将短路环压入槽内。③ 机械方面的原因。如触头压力过大或因活动部分运动受阻使铁芯不能完全吸合，都会产生较强振动和噪声。

（2）线圈的故障及维修。① 线圈的故障。当线圈两端电压一定时，它的阻抗越大，通过的电流越小。当衔铁在分离位置时，线圈阻抗最小，通过的电流最大。铁芯吸合过程中，衔铁与铁芯间的间隙逐渐减小，线圈的阻抗逐渐增大；当衔铁完全吸合后，线圈电流最小，如果衔铁与铁芯间不管是何原因，不完全吸合，会使线圈电流增大、线圈过热甚至烧毁。如果线圈绝缘损坏或受机械损伤而形成匝间短路或对地短路，在线圈局部就会产生很大的短路电流，使温度剧增，直至使整个线圈烧毁。另外，如果线圈电源电压偏低或操作频率过高，都会造成线圈过热烧毁。② 线圈的修理。线圈烧毁一般应重新绕制。如果短路的匝数不多，短路又在接近线圈的端头处，其他部分尚完好，则可拆去已损坏的几圈，其余的可继续使用，这时对电器的工作性能的影响不会很大。

（3）灭弧系统的故障及维修。灭弧系统的故障是指灭弧罩破损、受潮、炭化、磁吹线圈匝间短路、弧角和栅片脱落等，这些故障均能引起不能灭弧或灭弧时间延长等问题。若灭弧罩受潮，烘干即可使用。炭化时可将积垢刮除。磁吹线圈短路时可用一字改锥拨开短路处。弧角脱落时应重新装上。栅片脱落和烧毁时可用铁片按原尺寸配做。

2. 常用电器故障及维修

1）接触器的故障及维修

除去上边已经介绍过的触头和电磁系统的故障分析和维修外，其他常见故障如下所述：

（1）触头断相。因某相触头接触不好或连接螺钉松脱造成断相，使电动机缺相运行。此时，电动机也能转动，但转速低并发出较强的“嗡嗡”声。发现这种情况，要立即停车检修。

（2）触头熔焊。接触器操作频率过高、过载运行、负载侧短路、触头表面有导电颗粒或触头弹簧压力过小等原因，都会引起触头熔焊。发生此故障即使按下停止按钮，电动机也不会停转，应立即断开前一级开关，再进行检修。

（3）相间短路。由于接触器正反转联锁失灵，或因误动作致使两台接触器同时投入运行而造成相间短路；或因接触器动作过快，转换时间短，在转换过程中，发生电弧短路。凡此类故障，可在控制线路中采用接触器、按钮复合联锁控制电动机的正反转。

2）热继电器的故障及维修

热继电器的故障一般有热元件烧坏、不动作和误动作等现象。

（1）热元件烧断。热继电器动作频率太高，负载侧发生短路或电流过大，致使热元件烧断。欲排除此故障应先切断电源，检查电路排除短路故障，再重新选用合适的热继电器，并重新调整定值。

（2）热继电器误动作。这种故障的原因是：整定值偏小，以致未过载就动作；电动机启动时间过长，使热继电器在启动过程中就有可能脱扣；操作频率过高，使热继电器经常受启动电流冲击；使用场所强烈的冲击和振动，使热继电器动作机构松动而脱扣；另外如果连接导线太细也会引起热继电器误动作。针对上述故障现象应调换适合上述工作性质的热继电器，并合理调整整定值或更换合适的连接导线。

（3）热继电器不动作。由于热元件烧断或脱落，电流整定值偏大，以致长时间过载仍不动作；导板脱扣、连接线太粗等原因，使热继电器不动作，因此对电动机也就起不到保护作用。根据上述原因，可进行针对性修理。另外，热继电器动作脱扣后，不可立即手动复位，应过 2 min，待双金属片冷却后，再使触头复位。

3）时间继电器的故障维修

空气式时间继电器的气囊损坏或密封不严而漏气，使延时动作时间缩短，甚至不产生延时。气室内要求极清洁，若在拆装过程中灰尘进入气道，气道将会阻塞，时间继电器的延时时间会变得很长。针对上述情况，拆开气室，更换橡胶薄膜或清除灰尘即可解决故障。空气式时间继电器受环境温度变化影响和长期存放都会发生延时时间变化，可针对具体情况适当调整。

4）速度继电器的故障和维修

速度继电器发生故障后，一般表现为电动机停车时不能制动停转。此故障如果不是触头接触不良，就可能是调整螺钉调整不当或胶木摆杆断裂引起的。只要拆开速度继电器的后盖进行检修即可。

任务 9.3　电气控制线路布线

9.3.1　电气控制线路布线基础知识

1. 配制主回路母线

主回路母线常用铝母带、铜母带制作，对于主回路容量较小的系统也可用铜导线制作。

1）铜（铝）母线的制作

（1）母线模型的制作——截两段长度一定的单根独股 2.5～4 mm 的导线线芯并将其抻直，然后从两个元件的结线螺栓孔开始比试，再将导线煨成一定的形状，如图 9－6 所示。图 9－6 中所示为空气开关到电流继电器的模型及制成母线的示意图。模型煨制两个，其中一个用作模型，比照其制作母线；另一个抻直后作为该段

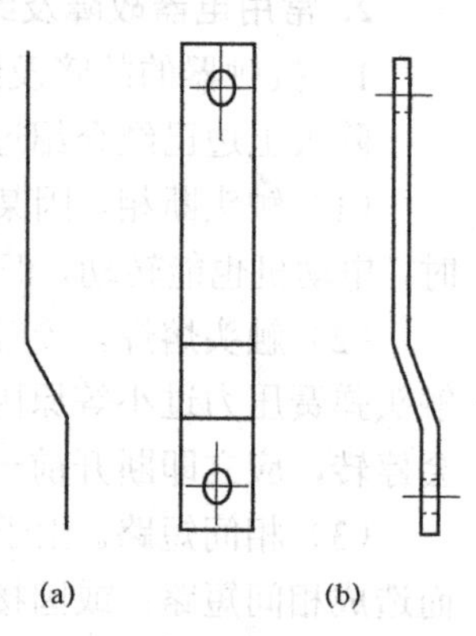

图 9－6　母线模型及制作

母线长度的下料尺寸。

（2）母线的下料——将抻直模型的长度再加上两倍的母线厚度（一个弯加一个）即为该段母线的下料尺寸。下料应用手工钢锯锯割，不得用扁铲或气割。注意观察所下的料不得有砂眼、气泡等不妥之处。

（3）弯曲成型——将母带夹在台钳上比照模型进行煨制成型，其弯曲的角度应和模型一致。任何时候、任何条件下，不准将煨好的母带弯平直后再重新煨弯，因为这样弯平直后母线已有损伤，今后运行时容易烧断或发热。

（4）钻孔。先将煨好的母线在两个元件间进行比试并画出钻孔的位置，然后再在台钻上钻孔。钻好孔后应用锉将锯口和钻孔部位的毛刺、棱角锉光，使其形成圆弧状，避免尖端放电。

（5）刷漆。将煨制好的母线两面按 U、V、W 相序分别刷上黄、绿、红色的调和漆，其端部和元件接触部分不刷，应留出 30 mm（一个板宽），也可用彩色涤纶不干胶带标出相序。

2）铜（铝）母线的安装

铜（铝）母线的安装在刷漆干后即可进行，安装前应在母线和元件接触部分的两侧抹上导电膏，不要太多，然后用螺栓紧固好，同时应配以平光垫和弹簧垫。紧固时必须用套筒扳手，并用 0.05 mm×10 mm 塞尺检查，塞入部分应≤4 mm。

3）制作安装注意事项

（1）主回路的母线必须悬空安装，距面板以及相与相之间最小距离为 30 mm，距门的距离应大于 100 mm。

（2）主回路母线安装好后，应用 500 V 兆欧表测量其绝缘电阻，应大于 2 MΩ。

（3）紧固母线的螺栓，其螺母应露 2～3 扣，最多不超过 5 扣，且应一致。

（4）对应母线的弯曲应一致，力求美观。

2. 配制二次控制回路导线布线材料的准备

1）布线材料的准备

配制二次控制回路导线应用 1.5～2.5 mm^2、500 V 的单股塑料铜线，一般用黑色导线，不得用铝芯导线配线。如果有电子线路、弱电回路等可用满足电流要求的细塑料铜线配制，但要求正极用棕色，负极用蓝色，接地中线用淡蓝色；三极管的集电极用红色，基极用黄色，发射极用蓝色；二极管、晶闸管的阳极用蓝色，阴极用红色，控制极用黄色等。

配线前要准备好剥线钳和端子号管。成品端子号管的主要型号有 FH1、FH2、PGH 和 PKH 系列。其中 FH1 和 PGH 为管状接线号，使用时可在导线压接端头以后，利用引导杆将接线号套入导线上，也可直接采用打号机在线上打号。

如采用自制端号管，其方法是采用白色异型管并用医用紫药水按设计图上的编号书写。每隔 15 mm 写一组端子的一个号，一组为两个相同编号的端子号，写好后在电炉上烘烤 3～5 min 即可，永不褪色。使用时用剪子剪下，一对一对地使用，分别套在一根导线的两端。写号一般用专用写号笔。

2）二次回路的配线及工艺

二次回路的配线是控制柜（箱）制造中的重要环节，技术性强，工艺要求较高。不但要求接线正确可靠，还要求有规则且美观大方，才能达到较高的安装质量。二次回路的配线工艺要求如下：

（1）应从控制电源的始端开始接线，直至第一个回路接完，并使回路最后回到控制电源的末端，然后按回路编号再接第二回路、第三回路直到最后一个回路。如果一个元件有几个得电的通路，应按顺序一一接完，才算完成该回路的接线。

（2）每接完一个回路，应将控制电源的开关合上，使控制回路有电，并操作该回路或通路中的能使回路通电的部件，如按钮、继电器的有关接点等。有时需接临时按钮试验，然后拆掉。继电器接点的动作可用手压下电磁铁的衔铁，使其接点闭合或打开。然后根据电路的原理，看其动作是否正确。若动作不正确或不动作，则说明接线有错误、导线折断、接线松动或者元件损坏等，应立即查出并修复。

（3）接往门上各个元件的导线应将其先接在端子板上。面板上的二次线全部接完以后，再将柜门上各个元件的导线接至柜门上的端子板，然后对照编号用 2.5 mm^2 的单芯多股软塑料绝缘铜线将两个端子板上的端子对应连接起来，最后将软铜塑线用绝缘布包扎好。接线时同样应按回路进行试验，以免错误。

（4）每接一根导线时，无论接到任何部件上都应套上接线号，一端一个，最后把接线号固定在元件的端子一端，字符朝外，任何导线中间不得有接头。端子板或元件的接线端子一般接一根导线，最多不得超过两根。

（5）每个接线端子都应用平光垫或瓦型片及弹簧垫。用瓦型片压接的接线螺钉处，导线剥掉绝缘直接插入瓦片下，用螺钉紧固即可如 π 型线；用圆型垫片压接的接线螺钉处，导线剥掉绝缘后需弯制顺时针的小圆环，直径略大于螺钉直径，穿在平垫的螺钉上，拧紧即可。

（6）二次导线应从元件的结线螺钉接出，然后拐弯至面板并沿着板面走竖直或水平直线到另一元件的结线螺钉。用上述方法接到另一元件的端子上，一般不悬空走线，但同一元件的接点连接，或者距离很近的元件之间的连接可以悬空接线。二次导线应横平竖直，避免交叉，拐弯处应为 90° 角，但应有足够的弧度，以免折断导线。

（7）二次导线应从元件的下侧走线，送至端子板或其他元件，并尽力使两列元件之间（上下之间、左右之间）的导线走同一路径，并用线卡或捆线带捆紧，使其成为一束，不得用金属线捆扎。一束导线的截面应为长方形、正方形、三角形、梯形等规则图形，如图 9－7 所示。线束横向 300 mm、纵向 400 mm 应有一固定点，使其不能晃动。二次导线在上述条件的约束下应尽可能地走捷径。

（8）接线前应将整盘的导线用放线架放开，接线时按需截下一节，然后用钳子夹住端部把导线抻直，不得有任何死弯，打扭的线抻直后不得再用。在绝缘导线可能遭到油类腐蚀的地方应采用耐油的绝缘导线或采取防油措施。

3）用行线槽配线的工艺方法

行线槽，顾名思义就是放导线的槽子。市场上出售的行线槽主要有 TC 系列。采用行线槽配线，比上述配线方法简单，其基本工艺方法是：

（1）柜内元件直接固定在称为电器梁的角钢架或者钢板做成的电器横板上；

（2）把行线槽固定在电器板、梁架的后面、元件的下边或端子板的侧面。

接线顺序、方法和前述相同。只是将导线置于行线槽内。用行线槽配线的工艺方法如图 9－8 所示。

4）配线的修整

装配好的控制柜应进行修整，修整的内容主要有捆扎线束、紧螺钉、过门软线处理及其他不妥之处等。

（1）捆扎线束。

捆扎线束主要是线束的拐角处和中间段，捆扎长度一般为10～20 mm，方法有两种，一种是用塑料或尼龙小绳，另一种是用专用的成品件，型号为PKD1型捆线带，如图9-9所示。采用塑料或尼龙小绳捆扎，具体方法如图9-10所示。不得使用金属性的扎头，如钢精扎头等。

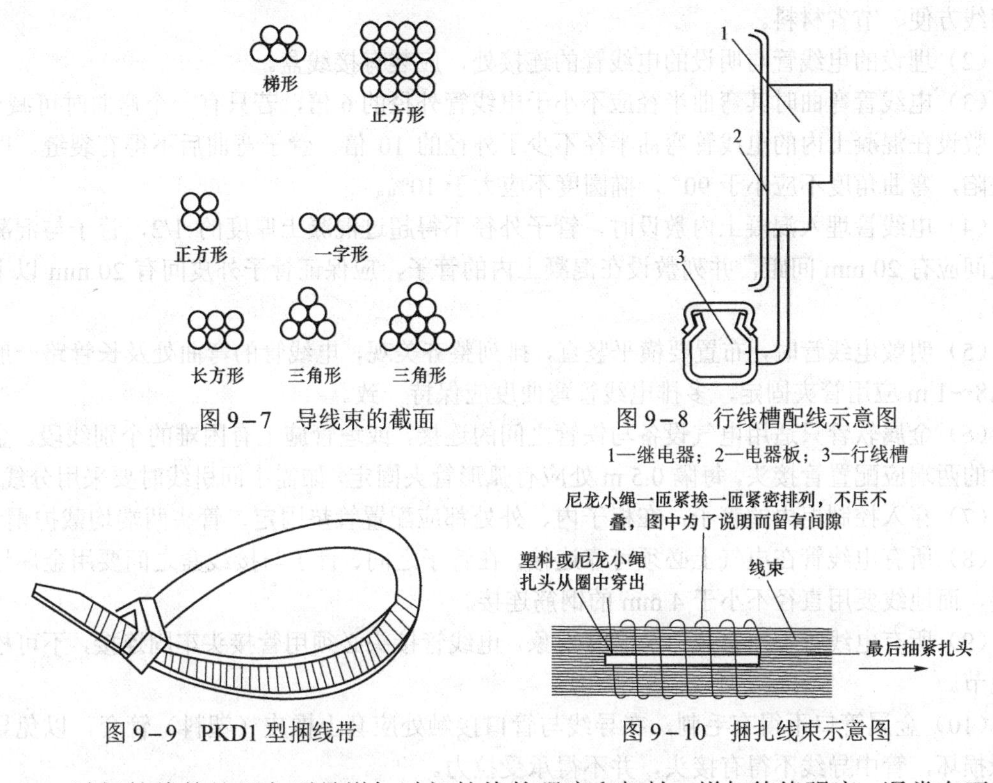

图9-7　导线束的截面

图9-8　行线槽配线示意图

1—继电器；2—电器板；3—行线槽

图9-9　PKD1型捆线带

图9-10　捆扎线束示意图

（2）过门软线的处理主要是增加过门软线的强度和韧性，增加绝缘强度，通常有两种方法。一种方法是先用小绳隔段捆扎，然后再用塑料带统包两层，最后用卡子将过门软线的两端分别固定在柜侧和柜门上。另一种方法是采用是PQG缠绕管。将过门线先用小绳扎住几道，然后将PQG缠绕管包在外面。PQG缠绕管如图9-11所示。规格按直径分有 4 mm、6 mm、10 mm、12 mm、16 mm、20 mm六种。

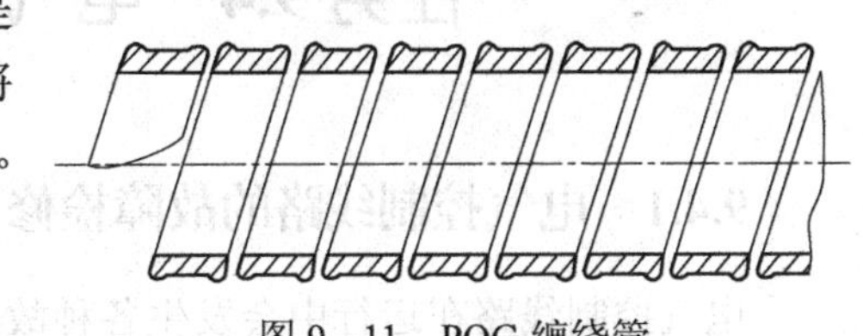

图9-11　PQG缠绕管

（3）紧固螺钉。将柜内主回路、二次回路所有的螺钉紧固一遍，并将螺钉漏装的平垫圈和弹簧垫圈补齐。

（4）修整其他不妥之处。

9.3.2　电气控制系统的软布线

1. 基本知识

在机械设备电力拖动系统中，其电气控制系统是由各种各样的低压电器元件所构成的，它们对执行元件（如电动机、电磁阀等）进行有效的控制和保护，在工程上一般将它们安装、固定在控制柜（箱）的柜（箱）内。电气控制柜（箱）与执行机构（如电动机、电磁阀行程开关等）之间、电气控制柜（箱）与电气控制柜（箱）之间的布线称为软布线。

2. 软布线的方法及工艺

软布线的方法及工艺要求如下：

（1）引向执行机构与控制柜（箱）的电线管，应尽量沿最短路径敷设，并减少弯曲，以便穿线方便、节省材料。

（2）埋设的电线管与明设的电线管的连接处，应装有接线盒。

（3）电线管弯曲时其弯曲半径应不小于电线管外径的 6 倍，若只有一个弯曲时可减至 4 倍。敷设在混凝土内的电线管弯曲半径不少于外径的 10 倍。管子弯曲后不得有裂缝、凹凸等缺陷，弯曲角度不应小于 90°，椭圆度不应大于 10%。

（4）电线管埋入混凝土内敷设时，管子外径不得超过混凝土厚度的 1/2，管子与混凝土模板间应有 20 mm 间距，并列敷设在混凝土内的管子，应保证管子外皮间有 20 mm 以上的间距。

（5）明敷电线管时，布置要横平竖直，排列整齐美观，电线管的弯曲处及长管路一般每隔 0.8～1 m 应用管夹固定，多排电线管弯曲度应保持一致。

（6）金属软管只适用电气设备与铁管之间的连接，或埋管施工有困难的个别线段。金属软管的两端应配置管接头，每隔 0.5 m 处应有弧形管夹固定，如需中间引线时要采用分线盒。

（7）穿入控制柜内的管子，在柜子内、外处都应配置管垫固定，管头两端均戴护帽。

（8）所有电线管在电气上必须可靠连接，在管子之间、管子与接线盒之间要用金属地线连接，而地线要用直径不小于 4 mm 的钢筋连接。

（9）所有电线管不得有裂口及脱开现象，电线管接头必须用管接头牢固连接，不可松动或脱节。

（10）金属管口不得有毛刺，在导线与管口接触处应套上橡皮（塑料）管套，以免导线绝缘损坏，管中导线不得有接头，并不得承受拉力。

任务 9.4　电气控制线路的故障排除

9.4.1　电气控制线路的故障检修基础知识

电气控制线路在运行中会发生各种故障，造成停机而影响生产，严重时还会造成事故。常见的电气故障有断路性故障、短路性故障、接地故障等。电气设备的故障检修包含检测和修理，检测主要是判断故障产生的确切部位，修理是对故障部分进行修复。

电气控制线路的故障检修范围包括电动机、电器元件及电气线路等，电气线路检修时常用的工具有试电笔、试灯、电池灯、万用表、兆欧表等。

1. 试电笔

试电笔是检验导线、电器和电气设备是否带电的一种电工常用测试工具，只要带电体与大地之间的电位差超过 60 V，电笔中的氖管就会发光，低压试电笔的测试电压范围为 60～

500 V。

使用试电笔时应以手指触及笔尾的金属体，使氖管小窗背光朝向自己。试电笔仅需要很小的电流就能使氖管发亮，一般绝缘不好而产生的漏电流及处在强电场附近都能使氖管发亮，这些情况要与所测电路是否确实有电加以区别。

试电笔除用来测试火线与地线之外，还可以根据氖管发光的强弱来估计电压的高低，根据氖管一端还是两端发光来判断是直流还是交流等。

2. 试灯

试灯又称“校灯”。利用试灯可检查线路的电压是否正常，线路有否断路或接触不良等故障。使用试灯时要注意使灯泡的电压与被测部位的电压相符，电压相差过高会烧坏灯泡，相差过低时灯泡不亮。

检查时将试灯接在被测线路两端，如果试灯亮说明线路两端有电压，同时根据灯泡的明亮程度可以进一步估计电压的高低。一般检查线路是否断路采用 10～60 W 小容量的灯泡，而查找接触不良的故障时应采用 150～200 W 的大灯泡，这样可以根据灯泡的明亮程度来分析故障情况。

3. 电池灯

电池灯又称“对号灯”，由两节 1 号电池和一个 2.5 V 的小灯泡组成，常用来检查线路的通断及线号等。

测量时将电池灯接在被测电路两端，如果线路开路（或线路中有 KM 线圈等电阻较大)，则电池灯不亮；如果线路通，则灯泡亮。

如果线路中串接有电感元件（如接触器、继电器及变压器线圈等)，则用电池灯测试时应与被测回路隔离，防止在通电的瞬间因电动势过高而使测试者产生麻电的感觉。

4. 万用表

万用表可以测量交、直流电压及直流电流和电阻，有的万用表还可以测量交流电流、电感及电容等。

电气线路检修时通常使用万用表的电压挡及电阻挡。使用时应注意选择合适的挡位及量程，使用完毕应及时将选择开关放到空挡或交流电压量程的最高挡。长期不用应将万用表中的电池取出。

5. 兆欧表

兆欧表可以用来测量电气设备的绝缘电阻，使用时应注意兆欧表的额定电压必须与被测电气设备或线路的工作电压相适应，在低压电气设备的维修中，通常选择额定电压为 500 V 的兆欧表。

兆欧表接线柱有三个：“线”（L)、“地”（E）和“屏”（G)。在进行一般测量时，只要把被测绝缘电阻接在 L－E 之间即可。当绝缘电阻本身不干净或潮湿时，必须在绝缘层表面加接 G 接线柱，以保证测出绝缘体内部的电阻值。

9.4.2 电气控制线路的故障检修方法

1. 电气控制线路故障的检修步骤

1）故障调查

故障调查就是在处理故障前，通过“问、嗅、看、听、摸”来了解故障前后的详细情况，以便迅速地判断出故障的部位，并准确地排除故障。

问：向操作者详细了解故障发生的前后情况。一般询问的内容是：故障是经常发生还是偶尔发生？有哪些现象？故障发生前有无频繁启动、停止或过载？是否经历过维护、检修或改动线路？等等。

嗅：就是要注意电动机和电器元件运行中是否有异味出现。当发生电动机、电器绕组烧损等故障时，就会出现焦臭味。

看：就是观察电动机运行中有否异常现象（如电动机是否抖动、冒烟、接线处打火等），检查熔体是否熔断，电器元件有无发热、烧毁、触点熔焊、接线松动、脱落及断线等。

听：就是要注意倾听电动机、变压器和电器元件运行时的声音是否正常，以便帮助寻找故障部位。电动机电流过大时，会发出“嗡嗡”声；接触器正常吸合时声音清脆，有故障时常听不到声音或听到“哒哒”抖动声。

摸：就是在确保安全的前提下，用手摸测电动机或电器外壳的温度是否正常，如觉温度过高，就是电动机或电器绕组烧损的前兆。

“问、嗅、看、听、摸”是寻找故障的第一步，有些故障还应做进一步检查。

2）电路分析

简单的机床控制线路，对每个电器元件及每根导线逐一进行检查，固然能找出故障部位，但复杂的机床控制线路，往往有上百个电器元件及成千条连线，逐一检查不仅耗费大量的时间，而且也容易发生遗漏，故往往根据调查结果，参考该电气设备的电气原理图进行分析，初步判断出故障产生的部位，然后逐步缩小故障范围，直至找到故障点并加以消除。

分析故障时应有针对性，如接地故障一般先考虑电器柜外面的电气装置，后考虑电器柜内的电器元件，断路和短路故障应先考虑动作频繁的元件，后考虑其余元件。

3）断电检查

检查前先断开机床总电源，然后根据故障可能产生的部位，逐步找出故障点。检查时应先检查电源线进线处有无碰伤而引起的电源接地、短路等现象，螺旋式熔断器的熔断指示器是否跳出，热继电器是否动作等，然后检查电器外部有无损坏，连接导线有无断路、松动，绝缘有否过热或烧焦。

4）通电试验检查

在外部检查发现不了故障时，可对机床做通电试验检查：

（1）通电试验检查时，应尽量使电动机和传动机构脱开，调节器和相应的转换开关置于零位，行程开关还原到正常位置。若电动机和传动机构不易脱开，可将主电路熔体或开关断开，先检查控制电路，待其正常后，再恢复接通电源检查主电路。开动机床时，最好在操作者配合下进行，以免发生意外事故。

（2）通电试验检查时，应先用校灯或万用表检查电源电压是否正常，有无缺相或严重不平衡情况。

（3）通电试验检查，应先易后难、分步进行。每次检查的部位及范围不要太大，范围越小、故障情况越明显。检查的顺序是：先控制电路后主电路，先辅助系统后主传动系统，先开关电路后调整电路，先重点怀疑部位后一般怀疑部位。较为复杂的机床控制线路检查时，应拟定一个检查步骤，即将复杂线路划分成若干简单的单元或环节，按步骤、有目的地进行检查。

（4）通电试验检查也可采用分片试送法，即先断开所有的开关，取下所有的熔体，然后按顺序逐一插入要检查部位的熔体。合上开关，观察有无冒烟、冒火及熔断器熔断现象，如无异常现象，给以动作指令，观察各接触器和继电器是否按规定的顺序动作，即可发现故障。

2. 电气控制线路的检修方法

电气控制线路是多种多样的，它们的故障又往往和机械、液压、气动系统交错在一起，较难分辨。不正确的检修甚至会造成人为事故，故必须掌握正确的检修方法。一般的检查和分析方法有通电检查法、断电检查法等。通常应根据故障现象，先判断是断路性故障还是短路性故障，然后再确定具体的检修方法。

1）通电检查法

通电检查法主要用来检修断路性故障。如果按下启动按钮后接触器不动作，用万用表测量线路两端电压正常，则可断定为断路性故障。检修时合上电源开关通电，适当配合一些按钮等的操作，用试电笔检修法、校灯检修法、电压的分阶测量法、电压的分段测量法、短接法等进行检修。

（1）试电笔检修法。

试电笔检修断路故障的方法如图 9－12 所示。

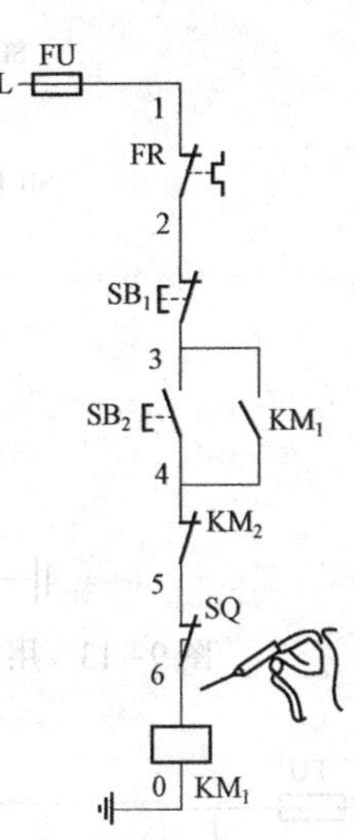

图 9－12 试电笔检修断路故障的方法

检修时用试电笔依次测试 1、2、3、4、5、6 各点，并按下 SB_2，测量到哪一点试电笔不亮即为断路处。在机床控制线路中，经常直接用 380 V 或经过变压器供电，用试电笔测试断路故障应注意防止由于电源通过另一相熔断器而造成试电笔亮，影响故障的判断。同时应注意观察试电笔的亮度，防止由于外部电场泄漏电流造成氖管发亮，而误认为电路没有断路。

（2）校灯检修法。

用校灯检修断路故障的方法如图 9－13 所示。

检修时将校灯一端接 0 上，另一端依 1、2、3、4、5、6 次序逐点测试，并按下 SB_2，如接至 4 号线上校灯亮，而接至 5 号线上校灯不亮，则说明 KM_2（4－5）断路。

用校灯检修故障时灯泡的额定电压和灯泡的容量要合适。

（3）电压的分阶测量法。

电压的分阶测量法如图 9－14 所示。检查时把万用表旋到交流电压 500 V 挡位上。

检查时，首先用万用表测量 7～1 之间的电压，若电路正常应为 380 V，然后按下按钮 SB_2 不放，依次测 7－2、7－3、7－4、7－5、7－6 之间的电压，正常情况下各阶的电压值均为 380 V，如测到 7－2 电压为 380 V，而 7－3 无电压，则说明按钮 SB_1 的动断触点（2－3）断路。

这种测量方法像台阶一样，所以称为分阶测量法。

（4）电压的分段测量法。

电压的分段测量法如图 9－15 所示。

检查时把万用表旋到交流电压 500 V 挡位上。

如按下启动按钮 SB_2，接触器 KM_1 不吸合，说明发生断路故障，用电压表逐段测试各相邻两点间的电压。检查时先用万用表测 1－7 两点电压，看电源是否正常，然后依次测量 1－2、

2–3、3–4、4–5、5–6、6–7 间的电压，如电路正常，按下 SB_2 后除 6–7 之间电压为 380 V 外，其余相邻各点之间的电压均应为零。

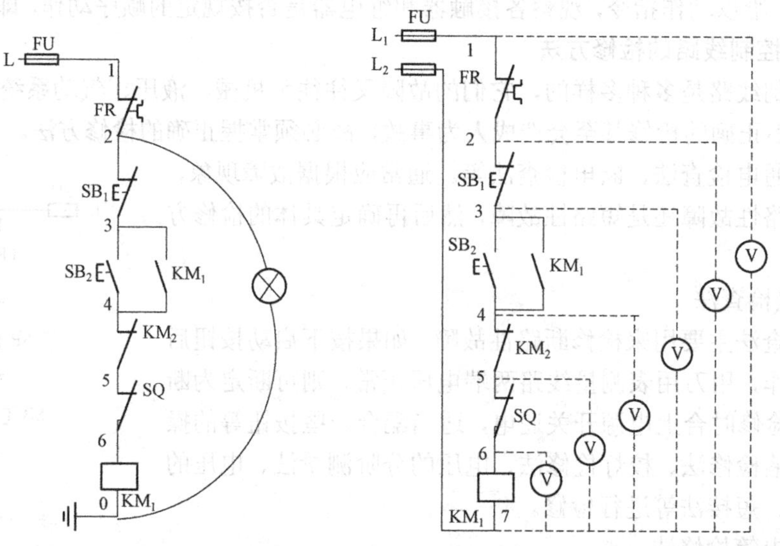

图 9–13　用校灯检修断路故障的方法　　　图 9–14　电压的分阶测量法

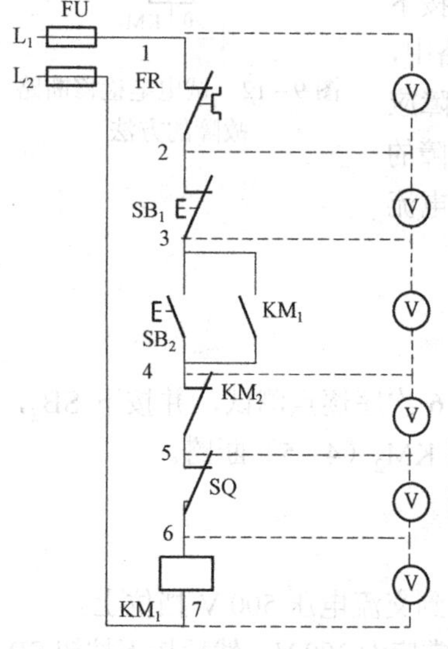

图 9–15　电压的分段测量法

（5）短接法。

短接法是接通电源，用一根绝缘良好的导线，把所怀疑的断路部位短接，如短接过程中，电路被接通，就说明该处断路。这种方法便于快速寻找断路性故障，缩小故障范围。

① 局部短接法。

局部短接法检查断路故障如图 9–16 所示。

检查时先用万用表电压挡测量 1～7 两点间电压值，若电压正常，可按下启动按钮 SB_2 不放，然后用一根绝缘良好的导线，分别短接 1–2、2–3、3–4、4–5、5–6。当短接到某两点时，若接触器 KM_1 吸合，说明断路故障就在这两点之间。

② 长短接法。

长短接法检查断路故障如图 9–17 所示。

长短接法是指一次短接两个或多个触点来检查断路故障的方法。

当 FR 的动断触点和 SB_1 的动断触点同时接触不良，如用局部短接法短接 1–2 点，按下启动按钮 SB_2，KM_1 仍然不会吸合，可能会造成判断错误。而采用长短接法将 1–6 短接，如 KM_1 吸合，说明 1–6 段电路中有断路故障，然后再短接 1–3 和 3–6 等，进一步判断故障部位。

短接法检查断路故障时应注意以下几点：首先，短接法是用手拿绝缘导线带电操作的，所以一定要注意安全，避免发生触电事故。其次，短接法只适用于检查压降极小的导线和触点之间的断路故障。对于压降较大的电器，如电阻、接触器和继电器的线圈等断路故障，不能采用短接法，否则会出现短路故障。最后，对于机床的某些要害部位，必须在保障电气设备或机械部位不会出现事故的情况下才能使用短接法。

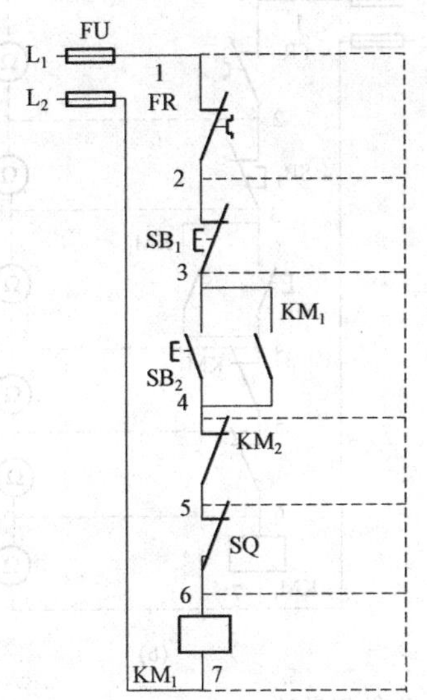

图 9-16 局部短接法检查断路故障

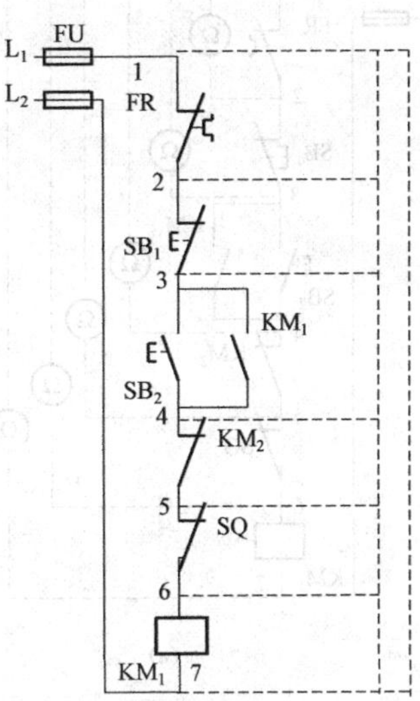

图 9-17 长短接法检查断路故障

2）断电检查法

断电检查法既可检修断路性故障又可检修短路性故障。合上电源开关，操作时发生熔断器熔断、接触器自行吸合或吸合后不能释放等问题都表明控制线路中存在短路性故障。尤其对短路性故障，采用断电检查法检修可以防止故障范围的扩大。

断电检查法必须先切断电源，并保证整个电路无电，然后用万用表电阻挡、电池灯等判断故障点。

（1）电阻法。

对断路性故障一般可以采用电阻的分阶测量法和分段测量法，而短路性故障采用直接测量可疑线路两端的电阻并配合适当的操作（断开某些线头等）进行分析。测量时通常使用万用表的 $R\times1\ \Omega$ 挡。

① 分阶测量法。

电阻的分阶测量法如图 9-18（a）所示。先断开电源，然后按下启动按钮 SB_2 不放，测量 1-7 之间的电阻，如阻值为无穷大，说明 1-7 之间的电路断路。然后分阶测 1-2、1-3、1-4、1-5、1-6 各点间的电阻值。若电路正常，则该两点间的电阻值为“0”；当测量到某标号间的电阻值为无穷大，则说明表棒刚跨过的触点或连接导线断路。

② 分段测量法。

电阻的分段测量法如图 9-18（b）所示。

检查时先切断电源，按下启动按钮 SB_2，然后依次逐段测量相邻两点 1-2、2-3、3-4、4-5、5-6、6-7 间的电阻。如测得两点间电阻为无穷大，说明这两点间的元件或连接导线断路。

电阻测量法的优点是安全，缺点是测得的电阻值可能是回路电阻，容易造成判断错误，为此必要时应注意将该电路与其他电路断开。

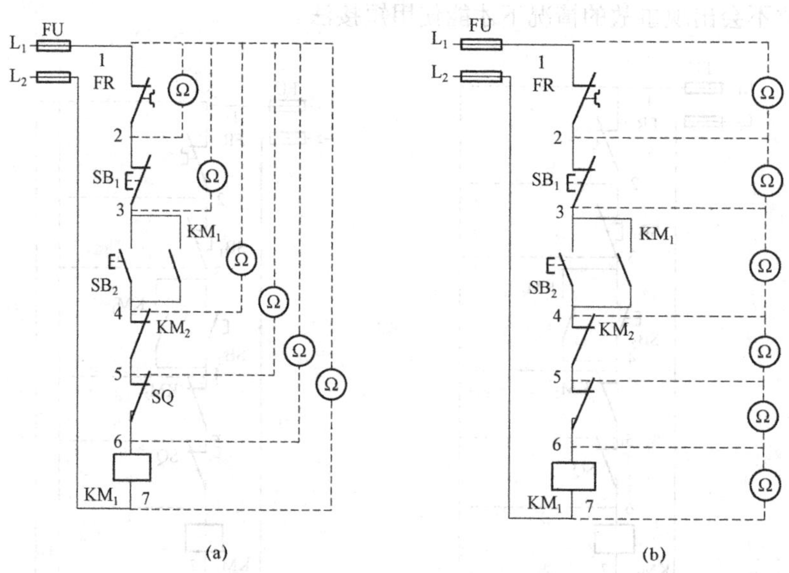

图 9－18　电阻分阶、分段测量法

（2）电阻法检修短路故障。

如图 9－19 所示，设接触器 KM_1 的两个辅助触点在 3 号和 8 号线间因某种原因而短路，这样合上电源开关，接触器 KM_2 就自行吸合。

将熔断器 FU 拔下，用万用表的电阻挡测 2～9 间的电阻，若电阻为“0”，则表示 2－9 之间有短路故障；然后按下按钮 SB_1，若电阻为“∞”，说明短路不在 2 号；再将 SQ_2 断开，若电阻为“∞”，则说明短路也不在 9 号；然后将 7 号断开，电阻为“∞”，则可确定短路故障点在 3 号和 8 号。

（3）电池灯检修法。

电池灯检修时的原理、方法与电阻法一样，测量时电阻为“0”对应电池灯“亮”，电阻为“∞”对应电池灯“灭”。

下面以电源间短路故障的检修为例，说明电池灯法检修的应用。

电源间短路故障一般是通过电器的触点或连接导线将电源短路，如图 9－20 所示。设行程开关 SQ 中的 2 号线与 0 号线因某种原因连接将电源短路。合上电源，按下按钮 SB_2 后，熔断器 FU 就熔断，说明电源间短路。

断开电源，去掉熔断器 FU 的熔芯，将电池灯的两根线分别接到 1－0 线上，如灯亮，说明电源间短路。依次拆下 SQ 上的 0 号线、SQ 上的 9 号线、KM_2 线圈上的 9 号线、KM_2 上的 8 号线……SB_1 上的 3 号线、SQ 上的 3 号线、SQ 上的 2 号线……如果拆到某处时电池灯灭，则该处即为要找的短路点。

机床控制线路的故障不是千篇一律的，就是同一故障现象，发生的部位也不尽相同，故应理论与实践密切结合，灵活处理，切不可生搬硬套。故障找出后，应及时进行修理，并进行必要的调试。

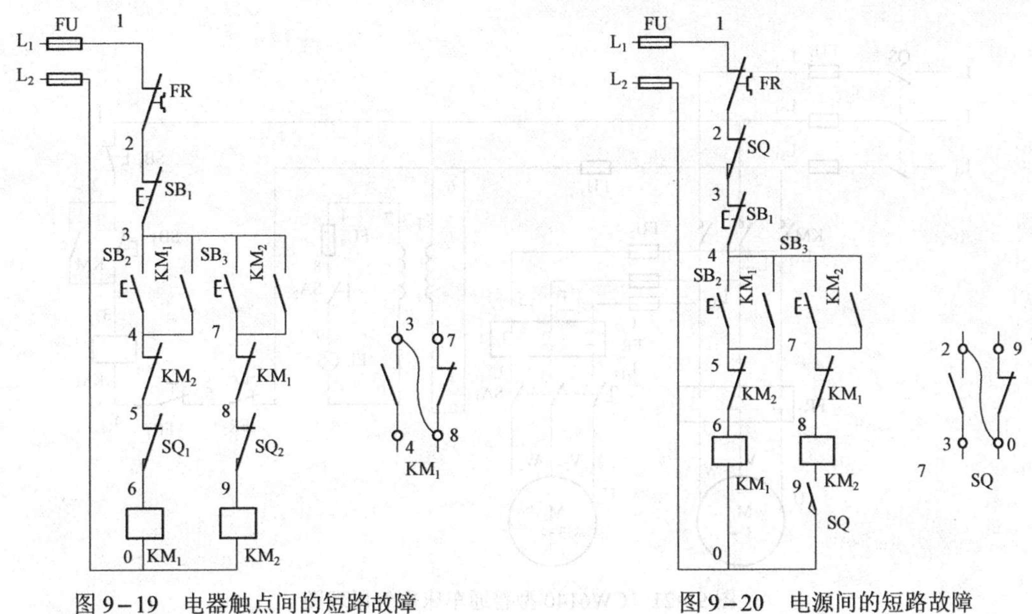

图 9－19　电器触点间的短路故障　　　图 9－20　电源间的短路故障

任务 9.5　典型机床电气控制线路的故障及排除

9.5.1　CW6140 型普通车床电气控制线路基础知识

CW6140 型普通车床的应用极为普遍，在机床总数中占比最大，主要用于加工各种回转表面（内外圆柱面、圆锥面、成型回转面等）和回转体的端面，是一种用途广泛的金属切削机床。

CW6140 型普通车床主要由床身、主轴箱、进给箱、溜板箱、刀架和尾座等部件组成。加工时通常由工件旋转形成主运动，而刀具平行或垂直于工件旋转轴线移动，完成进给运动。机床除了主运动和进给运动之外的其他运动称为辅助运动，如刀架的快速移动、工件的夹紧和放松等。

CW6140 型普通车床车削加工一般不要求反转，只在加工螺纹时，为避免乱扣，要求反转退刀再纵向进刀加工，这就要求主轴能够正反转。另外该车床带有冷却泵，为车削加工时输送冷却液用，只要求单方向启动。CW6140 型普通车床电气原理图如图 9－21 所示。

1. 主电路分析

主电路有两台电动机：M_1 为主轴电动机，由接触器 KM 的主触点来控制 M_1 的启动和停止，在拖动主轴旋转的同时，通过进给机构实现车床的进给运动，主轴的正反转由机械摩擦离合器实现。M_2 为冷却泵电动机，冷却泵电动机必须在主轴电动机启动后才能工作，受转换开关 SA 控制，QS 为机床电源总开关。热继电器 FR_1、FR_2 分别对电动机 M_1 和 M_2 进行长期过载保护。FU_1 对 M_2 实现短路保护。

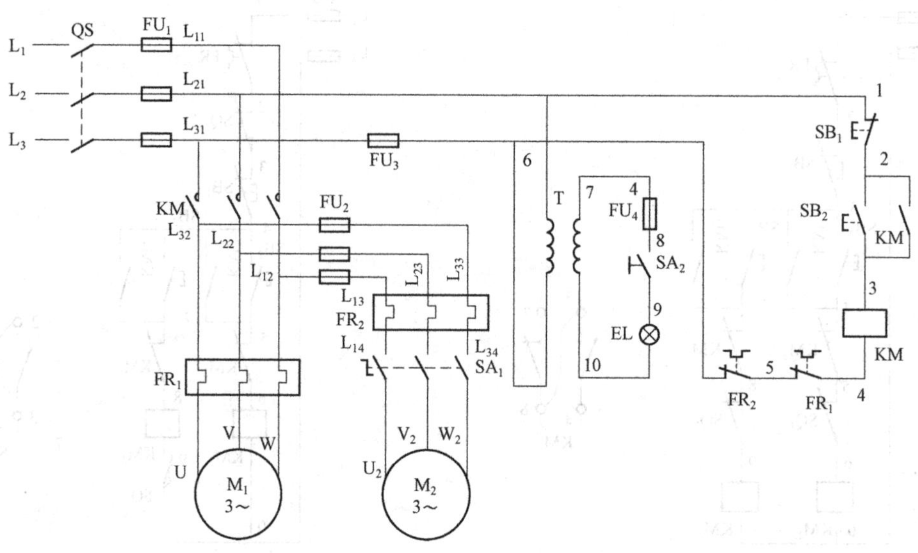

图 9-21　CW6140 型普通车床电气原理图

2. 控制电路分析

控制电路采用 380 V 交流电源供电，由于电动机 M_1 和 M_2 都小于 10 kW，故采用全压直接启动。

1）主轴电动机的控制

按下启动按钮 SB_2，KM 线圈便得电自锁，M_1 启动。按下停止按钮 SB_1，KM 线圈断电，主轴电动机停转。

2）冷却泵电动机的控制

电动机 M_2 的功率很小，采用转换开关 SA_1 在主电路直接控制电动机的启动和停止。M_2 和 M_1 是联锁的，只有主轴电动机 M_1 运转后，冷却泵电动机 M_2 才能运转提供冷却液。

3. 辅助照明电路

机床照明由 380/36 V 变压器 T 提供安全电压，经熔断器 FU_3 及照明开关 SA_2 构成二次低压照明电路，使用时合上 SA_2 即可。

9.5.2　CW6140 型普通车床电气控制线路故障及排除

检修 CW6140 型普通车床电气线路故障时，应先根据故障现象进行必要的分析以及适当的操作，以缩小故障范围，然后再着手检修。常见故障的分析与处理方法有如下：

1. 接触器不吸合，主轴电动机不启动

合上电源开关 QS，按下启动按钮 SB_2，若接触器 KM 不动作，则故障必定在控制电路或电源电路中，并且是断路性故障，以电压法和电阻法为例说明检修步骤。

1）电压法检修

先检查电源电压及熔断器 FU_2 是否正常。用万用表交流 500 V 挡测量 FU_2 进线及出线电压，如果进线没有电压，则为电源故障；如果进线有而出线没有电压，则为 FU_2 的熔断或接触不良（注意，测量电源电压时，因空间狭小，切勿因表笔造成短路，万用表的挡位一定要正确，以免损坏万用表）。

如没有发现故障，如图9－21所示，继续用分阶测量法检查1－2－3－4－5－6线路间电路是否正常。先以6号线为基准，测量2－6之间的电压，如有380 V，则为正常，否则SB_1按钮动断触点没接通或两端接线故障。然后以1号线为基准，依次测1－3、1－4、1－5电压，如1－5有380 V而1－4没有电压，则故障是4、5点之间有断路，可进行修复。有时也可以固定以6号线为基准，配合按钮SB_2的操作，测量各点电压来判断故障位置。

2）电阻法检修

在切断电源电压的情况下，用万用表的$R\times 1\ \Omega$电阻挡测量各点的电阻值也可以找到故障点。如图9－21所示，测量1－2、3－4、4－5、5－6间的电阻值，除3－4间有低值电阻外，其余几点间的电阻应为零。如果出现某两点间的电阻为无穷大，则这两点间为断路，可修复之。

但是要注意的是，为了缩小判断范围，应充分利用断点（必要时可以去掉熔体、某一线头等），防止测量到回路电阻而引起错误判断。如测量2－3间电阻，不是无穷大而是一个低值电阻，原因在于测到了变压器T和接触器KM的线圈电阻，如果先去掉变压器上的6号线头再测量，就不会出现上述现象。

若所有各点的电压值（或电阻值）均正常，则是接触器KM的动铁芯卡死。当电源开关QS合闸，按下启动按钮SB_2，接触器KM应在线圈通电的情况下有微微抖动及电磁噪声，这时可以断电，拆下接触器KM检查，或修理，或更换。

本节所讲的检修方法，在机床检修中应用非常广泛，有时在测量的同时配合一些按钮等的操作，可以更方便地找出故障点。

2. 主轴电动机能启动，但不能自锁

按下SB_2，主轴电动机启动运转；松开SB_2，主轴电动机随之停转。其故障原因是接触器KM的自锁触点（2－3）接头松动或接触不良。检修如下：

1）接触器KM自锁功能的测试

断开开关 QS，用螺钉旋具顶压接触器动触点，使接触器呈吸合状态，再用万用表的$R\times 1\ \Omega$挡测量2－3间的电阻值。如电阻值不为零，则属自锁触点故障，修复后即可排除。

2）导线连接状况的检测

仍然在切断电源的情况下，人工压合接触器。如自锁触点接触良好，则用万用表$R\times 1\ \Omega$挡测量按钮SB_1的2号与KM自锁触点的3号间的电阻、KM的3号与SB_2的3号及KM线圈的3号间的电阻。它们的阻值均应为零。如发现电阻有无穷大的情况，则是导线断裂、连接处脱落等造成自锁回路断路，找出后修复。

3. 接触器能吸合，但主轴电动机不启动

这种故障必定发生在主电路，如接触器KM主触点是否接触不良、电源和电动机及热继电器是否断线等，仔细检查即能排除。

如要采用通电检查法，应先拆下主轴电动机的三个线头，然后用电压法或校灯查主电路各点电压，寻找故障点。

4. 主轴电动机不能停转

按下停止按钮SB_1，电动机不停转。可能的故障原因是：接触器主触点熔焊、衔铁部位有异物卡住，或新调换的接触器未擦去铁芯的防锈油致使衔铁黏住等。这时只有切断电源开关 QS，电动机才能停转。

断开 QS 后仔细观察接触器，应能发现接触器没有复位，拆下后将其修复。

5. 主轴电动机缺相运行

按下启动按钮 SB_2 后，主轴电动机不能启动或转速极慢，且发出“嗡嗡”声，或在运转中突然出现“嗡嗡”声并伴随较强烈的振动，均为缺相运行。此时，应立即按停止按钮 SB_1 或关断电源总开关 QS，切断电源，以免烧毁电动机。其故障原因有：进线电源缺相、开关或接触器有一相接触不良，热继电器电阻丝烧断，以及电动机内部断线、损坏等。

检测时，合上电源开关（但不要启动电动机），用万用表交流 500 V 挡测量电源开关 QS 进线及出线电压应为 380 V±10%。如果是电源进线缺相，可检修电源；若是出线缺相，则是开关 QS 损坏，可拆修或更换。

如进线及出线电压正常，可以先断开电源开关，拆下电动机 M_1、M_2 的接线，再合上 QS，按下 SB_2，测量接触器 KM 主触点进线及出线电压，如是进线缺相，则为线路断路；如是出线缺相，则为接触器 KM 主触点损坏。

6. 主轴电动机在运行过程中自动停转的检修

先检查热继电器 FR_1、FR_2 的状况。电动机在运行过程中自动停止的故障通常是热继电器动作所致。这时，可在电动机运行时用钳形电流表测量电动机 M_1 及 M_2 的定子电流，然后判断发生故障的原因后进行排除。

（1）如电动机电流达到或超过额定值的 120%，则电动机为过载运行，应减小负载。

（2）电动机定子电流接近或稍大于额定值，使热继电器动作，这是因为电动机运行时间过长、环境温度过高或机床有振动的缘故，从而使热继电器产生误动作。

（3）若电动机定子电流小于额定值，这可能是热继电器的整定值偏移过大。这时可拆下热继电器送有关部门进行校验。

7. 一按启动按钮熔丝立即爆断的检修

这是典型的短路性故障，往往是由于线路短路、开关短路或电动机短路所致。可切断总电源，拆去电动机 M_1、M_2 接线盒中的连接导线（注意：自始至终要确保设备无电），进行检查。

1）对地短路故障点的检查

（1）用兆欧表检测进线的绝缘电阻。如导线对地电阻或线间电阻为零，则必须更换导线。这种电源线通常是暗管埋地敷设的，更换时先将两端从连接端上拆下，将一端剥去一段绝缘层，与已剥去绝缘层的同截面积的新导线绞接，用绝缘带略加包扎，从另一端将对地短路的导线抽出，同时穿进新线。如果用这种带线方式抽不动旧线，则只能抽出四根导线，重新穿线。

（2）用兆欧表测量线路对地和线间的绝缘电阻。合上 QS，卸掉 FU_2 熔体，要求所检查的线段到接触器 KM 及熔断器 FU_2 的进线处为止。

（3）断开 Q_1 后测量 KM 出线的对地绝缘电阻及线间电阻。合上 Q_1，测量线间及对地绝缘电阻。

（4）如在导线上没有发现故障点，则检查开关 QS、Q_1。拆去开关所有接线端，检查开关各接线端的对地和接线端之间的绝缘电阻。

（5）在安装开关的空间较狭窄时，接线端部分碰地的可能性也是很大的，在用仪表检测的同时，也必须加以观察。

2）电动机转子是否堵转的检查

电动机转子堵转也能造成电源熔丝在电动机启动瞬间立即爆断。检查时先切断电源，再用人工转动电动机转轴，电动机应能转动。如若纹丝不动，则为电动机转子卡死或传动机构卡死。若传动机构卡死，应由钳工修理。电动机转子本身卡死（普通车床用的电动机都用滚动轴承，卡死可能性不大，但对于滑动式轴承的其他设备，则有可能使电动机转轴卡死），其原因大多是轴承磨损或滚珠碎裂，可拆修电动机更换轴承。

3）电动机定子绕组是否短路的检查

断电后用万用表的电阻挡分别测量定子绕组U－V、V－W、W－U之间的电阻值，看是否对称并且阻值在合理范围。

8. 控制回路熔体爆断的检修

测量控制回路和照明回路是否短路或对地短路。如果 Q_2 断开，故障消失，则为照明电路有短路或对地短路。若 Q_2 断开故障依旧，则短路点在控制回路。控制回路短路的检测常用电阻法。

（1）QS、Q_2 断开，用万用表 $R\times1\ \Omega$ 挡测量接触器KM线圈两端间的电阻，这时应有较大的电阻值。如为零则是线圈短路，需更换线圈；如电阻值很小，而且线圈发烫，并有焦臭味，则可能是线圈存在匝间短路，也要拆下更换。

（2）用 $R\times1\ \mathrm{k}\Omega$ 挡测量 FU_2 出线端的6号对“地”及 V_{11} 号对“地”电阻，其电阻值应保持在无穷大处。如发现某点对地电阻值极小或为零，则存在对地短路。例如检查6号线对地短路，这时可拆去KM线圈上的4号线，若故障依旧，再拆去热继电器 FR_1 上的4号线后测量，直到故障消除为止。

9. 照明灯不亮

一般是灯泡EL损坏，熔断器 FU_3 熔断，灯头接触片短路，变压器T的一、二次绕组断线或松脱、短路等原因引起的。此时首先检查灯泡，若灯泡已坏，必须更换36 V电压的专用灯泡。

1）短路点的检查

如果 Q_2 合闸后 FU_2 熔断，说明照明回路存在短路及对地短路的故障。

（1）若 Q_2 断开，故障消失，则是照明灯存在短路。可取下灯泡，检查灯座中心的铜片有无与灯座内另一导电螺纹圈电极相碰。通常是中心导电极紧固螺钉松动引起位置偏移而短路。将电极铜片拨正，紧固螺钉后即可排除。

（2）若 Q_2 断开，故障依旧，应切断电源，拆去变压器T一、二次侧的全部接线，用万用表 $R\times1\ \Omega$ 挡测量7、8、9、10对地电阻值。如其中某一点对地电阻为零，则为该导线对地短路，这时只需更换导线即可排除故障。

（3）如未发现线路、灯具等存在任何接地故障，则属变压器一次或二次侧绕组内部短路。这种情况通常表现为变压器过热及有焦臭味。

2）开路点的检查

当照明回路（包括变压器一、二次侧绕组）存在导线折断、联结脱落、熔体熔断及变压器绕组开路等故障时，照明灯不亮。

（1）合上电源开关后，用万用表测量变压器一次、二次侧电压及灯座中心对外圈的电压。如某一级有正常电压而后一级没有电压，则开路点为这一段。可针对故障情况予以修复。

（2）若各级电压都正常，则通常是灯座中心接触铜片变形内陷。切断电源后将灯座中心铜片挑高，以保证与灯泡接触。

项目 10　变频器的使用与维修

任务 10.1　变频器操作与认识

10.1.1　变频器的初步认识

通常，把电压和频率固定不变的交流电变换为电压或频率可变的交流电的装置称作“变频器”。

随着大功率电力晶体管和计算机控制技术的发展，通用变频器被广泛应用于三相交流异步电动机的无级调速、工业自动化和节能改造等方面，极大地提高了设备的自动化程度，满足了生产工艺的调速要求，应用前景十分广阔。

1. 变频器的外部结构

变频器一般由外壳、散热器/冷却风扇、电路板、显示/操作盘、电源接线端子、信号接线端子等组成。

变频器从外部结构来看有开启式和封闭式两种。图 10－1 所示为变频器实物。

图 10－1　西门子 MM420 变频器实物

2. 变频器的内部结构

变频器的内部结构框图如图 10－2 所示，主要包括整流器、逆变器、中间储能环节、采样电路、驱动电路、主控电路和控制电源。

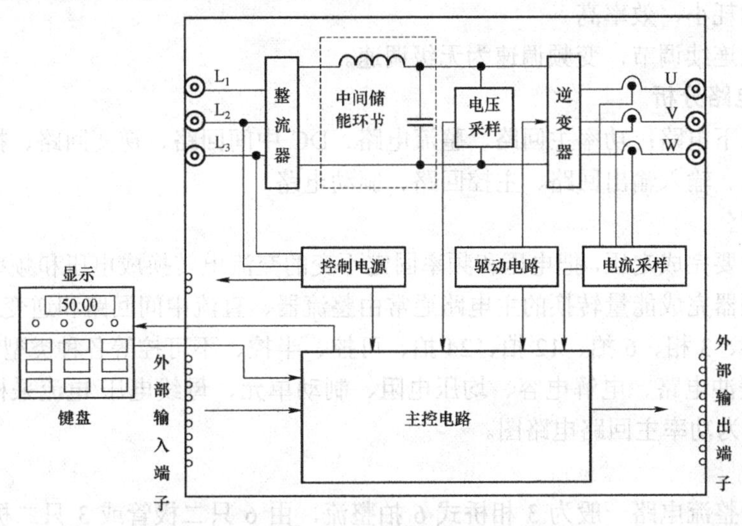

图 10－2　变频器的内部结构框图

3. 变频器的工作原理

1）三相交流异步电动机调速的基本原理

调速就是在同一负载下用人为的方法得到不同的转速，以满足生产过程的要求。

三相交流异步电动机的转速公式如下：

$$n=(1-s)n_1=(1-s)\frac{60f_1}{p}$$

式中 n_1——磁场转速；

f_1——电源频率；

p——极对数；

s——转差率。

三相交流异步电动机的调速方法有以下三种：

（1）改变电源频率 f_1；

（2）改变极对数 p；

（3）改变转差率 s。

前两种是鼠笼型异步电动机的调速方法，第三种是绕线式电动机的调速方法。

2）变频调速

变频调速就是改变电源电压的频率，从而改变电动机的转速。整流器先将 50 Hz 的交流电变换为直流电，再由逆变器变换为频率可调、电压有效值也可调的三相交流电供给鼠笼型异步电动机。调速的范围和平滑性都取决于变频电源。

改变三相交流异步电动机电源频率，可以改变旋转磁通势的同步转速，达到调速的目的。额定频率称为基频，变频调速时，可以从基频向上调，也可以从基频向下调。

三相交流异步电动机变频调速具有以下几个特点。

（1）从基频向下调速，为恒转矩调速方式；从基频向上调速，近似为恒功率调速方式。

（2）调速范围大。

（3）转速稳定性好。

（4）运行时功耗小，效率高。

（5）频率可以连续调节，变频调速为无级调速。

4. 变频器的电路分析

变频器含有以下电路：功率主回路、整流电路、DC 中间回路、逆变回路、控制电源回路、检测保护回路、输入输出回路、主控回路、驱动电路。

1）功率主回路

功率主回路主要完成定压，把电压和频率固定不变的交流电转换成电压和频率可协同变化的交流电。变频器完成能量转换的主电路通常由整流器、直流中间回路和逆变器组成。

整流器有 2 相、3 相、6 拍、12 拍、24 拍、可控、半控、不可控等各种类型。

中间回路由缓冲电路、电解电容、均压电阻、制动单元、母线电压/电流采样电路等组成。图 10－3 所示为功率主回路电路图。

2）整流电路

普通变频器的整流电路一般为 3 相桥式 6 拍整流，由 6 只二极管或 3 只二极管和 3 只

SCR 构成，四象限变频器的整流器则全部由可关断器件如 GTR、IGBT 组成。直流输出电压最高达 $V_{max}=V_i\times 1.35$。

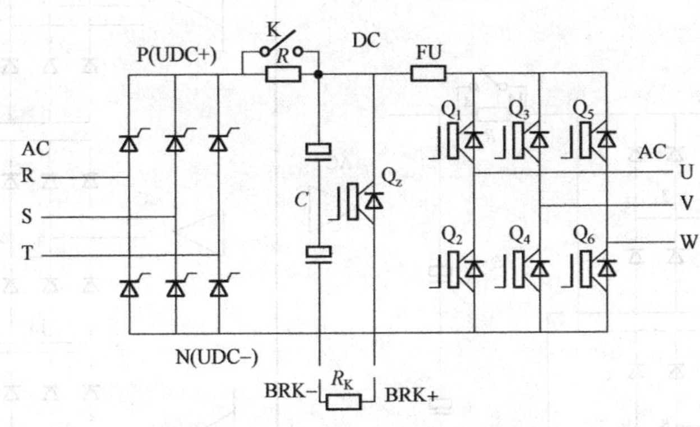

图 10－3　功率主回路电路图

三相 220 V 的直流峰值电压最高达 290 V。

三相 380 V 的直流峰值电压最高达 510 V。

为了保护整流电路和满足 EMC 要求，一般还有压敏电阻组成的浪涌吸收电路和电容。

图 10－4 所示为 ABB ACS600 R9 变频器整流模块。

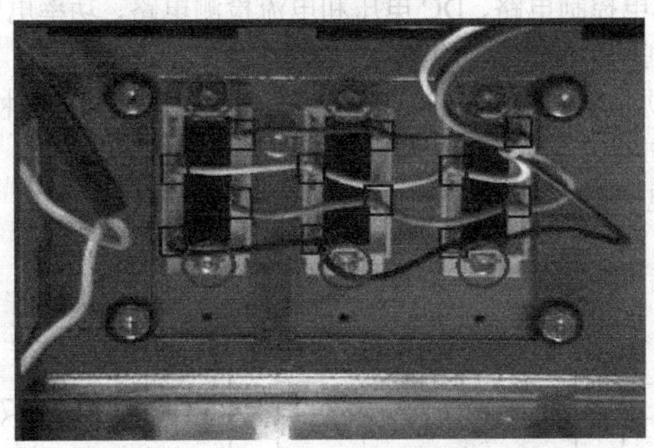

图 10－4　ABB ACS600 R9 变频器整流模块

整流分不可控整流和可控整流。

（1）不可控整流：二极管器件。适用通用型变频器。

优点：简单价廉，功率因素高。

缺点：不能关断，功能较少。

（2）可控整流：使用可关断器件，如 GTR、IGBT 等。常用于大功率变频器和四象限变频器。

优点：具有保护和逆变功能，能在功率回路器件发生短路时关断主回路的电源，以保护变频器和电源。

缺点：电路复杂，价格高。

图 10－5 所示为 3 相 12 拍整流电路，图 10－6 所示为 18 拍整流电路。

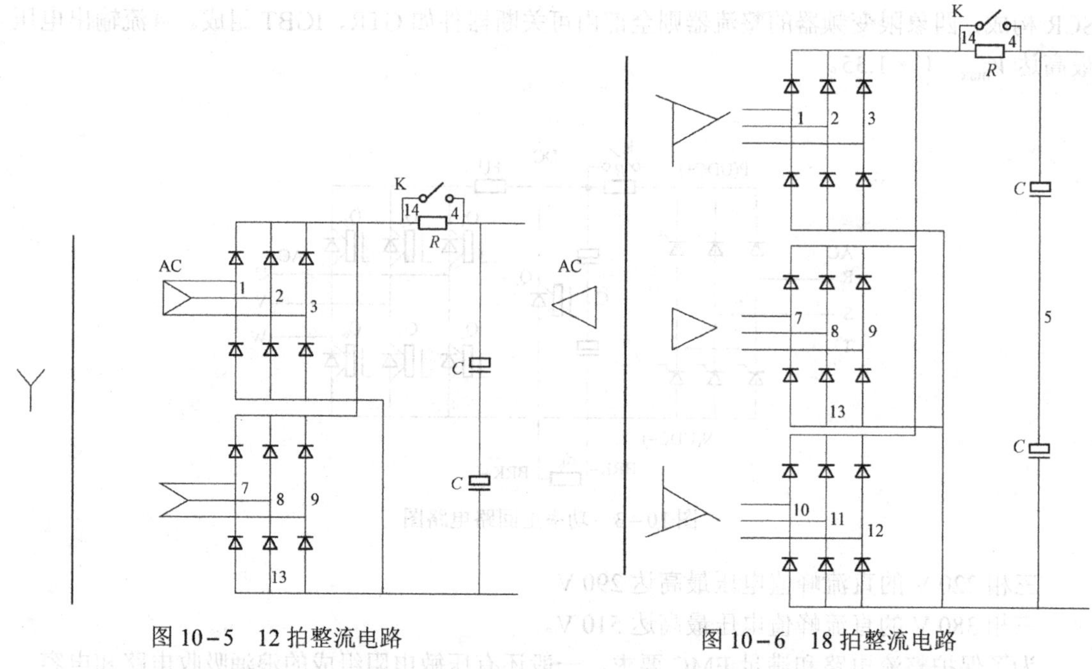

图 10－5　12 拍整流电路　　图 10－6　18 拍整流电路

3）DC 中间回路

DC 中间回路由充电控制电路、DC 电压和电流检测电路、功率电容器、均压/放电电路、浪涌吸收电路、再生制动单元和电阻组成。

大功率变频器有预充电电路，为的是给控制电源提前供电，使自检电路检测确认主回路故障后再通电，否则立即关断主回路，确保变频器的安全。

图 10－7 所示为电容器充电缓冲控制电路。

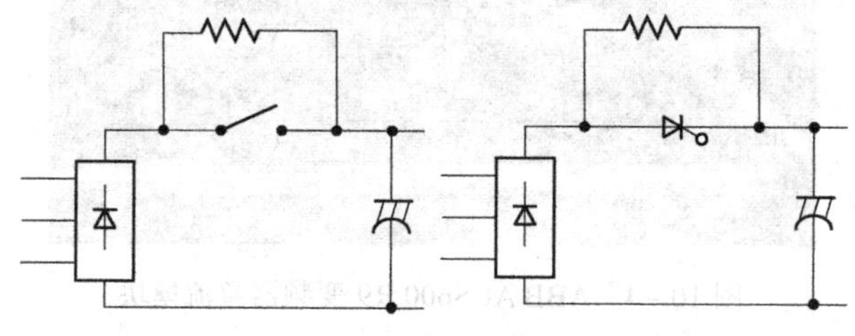

图 10－7　电容器充电缓冲控制电路

4）逆变回路

逆变回路主要由逆变模块、吸收电路组成。

逆变模块是逆变器的心脏，常用模块有 GTR、GTO、IGBC、IGCT、IPM 等，是故障发生概率最高的器件，也是最昂贵的器件之一。

吸收电路由快恢复二极管、高频电容、功率电阻构成，用来吸收半导体开关（模块）强迫关断时的反电动势能量，以保护模块。

5）控制电源回路

控制电源是给变频器内部控制电路提供各种电压的直流电源，以保证控制电路的正常工作，是变频器的心脏。

控制电源现已普遍采用 DC－DC 开关电源，因体积小、对电源波动不敏感、效率高等优点而被广泛采用。

6）检测保护回路

检测保护回路检测主回路上的输入电压和电流、DC 母线电压和电流、输出电压和电流、功率器件温度，以提供给主控制板计算，再根据控制指令执行保护动作，是变频器可靠工作的保证，也是变频器高质量和技术水平的反映。

7）输入输出回路

输入输出回路负责外部指令的接受和预处理、变频器实时参数的输出，包含网络通信电路、配套的电源等。收发的信号有 AI、AO、DI、DO，全部经光耦隔离。要求高的信号也用光纤传送。I/O 口非常娇嫩，对接入的信号和输出负载均有严格的要求，是变频器故障发生概率较高的部分。I/O 接口的形式有端子、RI54 等。输入输出电路常常与主控制板集成在一块板上。

8）主控回路

主控板上有 CPU 单元、DSP 单元、ROM、EPROM 等，是变频器的大脑。ROM 里有变频器的核心技术及数据，比较娇嫩，特别要防止静电和高电压的损伤，电尘埃、腐蚀性气体、水汽等均要注意隔离。

9）驱动电路

驱动电路能将控制单元发出的开关指令信号加工成逆变器半导体开关器件所要求的波形电路，它还含有强弱电隔离电路、温度检测电路、逆变器保护电路。小功率的会做成厚膜电路模块，甚至与逆变器组合成智能功率器件，如 IPM 模块。

图 10－8 所示为 ABB ACS600 R9 变频器驱动板。

图 10－8 ABB ACS600 R9 变频器驱动板

5. 变频器的分类

1）按变换环节分类

按变换环节，变频器可分为以下两种：

（1）交–直–交变频器。

（2）交–交变频器。

2）按直流环节的储能方式分类

按直流环节的储能方式，变频器可分为以下两种：

（1）电压型变频器。

电压型变频器是按电压源方式工作的变频器，它对负载没有特殊要求，可以接多台电动机同时工作，只要总电流不超过变频器的额定电流即可。

因为对电流的控制能力较差，输出不可短路，否则将烧毁功率模块。

电压型变频器电路图如图 10－9 所示。

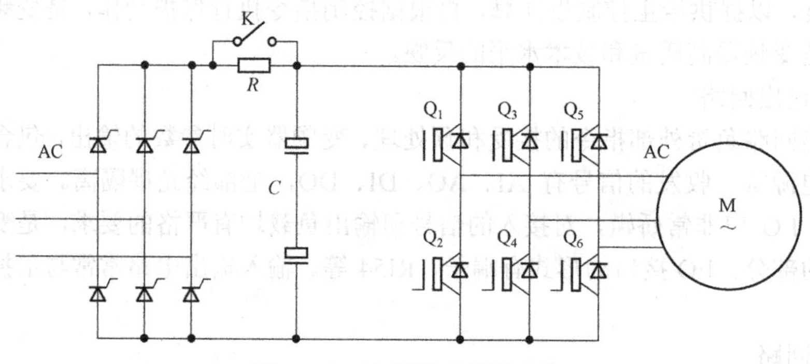

图 10－9　电压型变频器电路

（2）电流型变频器。

电流型变频器按电流源工作，输出不怕短路，但不能开路，保护简单可靠。

它的输出与负载特性有关，变频器是按实际负载特性设计制造的。

它适用于单台运行、频繁加/减速和正反转的电动机。

电流型变频器电路图如图 10－10 所示。

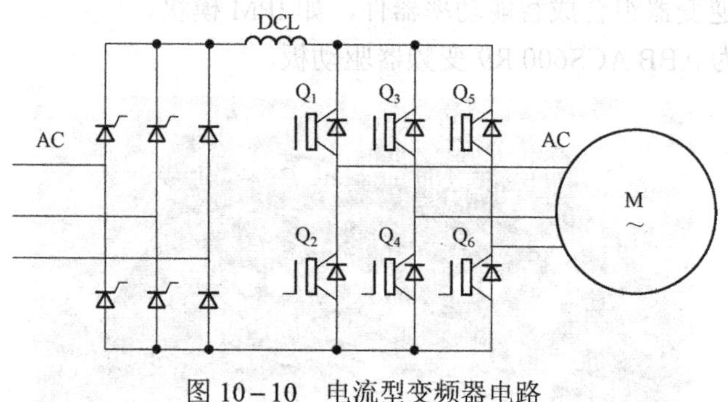

图 10－10　电流型变频器电路

3）按控制方式分类

按控制方式，变频器可分为以下四种：

（1）*V*/*f* 控制变频器。

V/*f*= 常数控制，是恒磁通控制，即恒转矩控制，理论上可使变频器驱动的电动机输出恒转矩，但是，由于定子压降几乎是恒定的，在低频（低速）时所占输出的比例已不可忽略，使得低频输出的转矩变小，启动困难，因此在低频段须提高电压，以满足启动要求，称之为转矩提升（或补偿）功能。但电压不能超过 30%，且不能长期在低频下运行，否则会烧毁电动机。

V/*f* 为常数的控制特点：*V*/*f* 控制以恒磁通为目标，是一种标量、平均值控制，对电动机及负载的变化响应较慢。适合于负载平稳的风机、水泵类控制要求不高的设备使用。它的特点是运行平稳，不易发生震荡等事故。它的适应性很好，对所接电动机的参数及台数均无限

制，只要在其额定电流之下即可安全工作，是应用最广泛的一种控制模式。

V/f 协调变化的实现方法有两种：PAM 和 PWM 方式。

（2）转差频率控制变频器。

用速度传感器检测电动机的运行速度，以求出转差角频率，再把它与 f 设定值叠加以得到新的逆变器的频率设定值 f_2，实现转差补偿。

控制器将给定信号分解成两个互相垂直且独立的直流信号，然后通过“直/交变换”将它们变换成两相交流电流信号，再经过“2/3 变换”，将两相交流系统变换为三相交流系统，以得到三相交流控制信号去控制逆变器。

（3）VC（Vector Control）矢量控制变频器。

矢量控制方式是基于电动机的动态数学模型，通过分别控制电动机的转矩电流和励磁电流，基本上可以达到和直流电动机一样的控制特性，使变频调速的动态性能得到提高。

矢量控制的基本原理是通过测量和控制异步电动机定子电流矢量，根据磁场定向原理分别对异步电动机的励磁电流和转矩电流进行控制，从而达到控制异步电动机转矩的目的。具体是将异步电动机的定子电流矢量分解为产生磁场的电流分量（励磁电流）和产生转矩的电流分量（转矩电流）分别加以控制，并同时控制两分量间的幅值和相位，即控制定子电流矢量，所以称这种控制方式为矢量控制方式。

VC 矢量控制方式的特点：

矢量控制的控制性能与直流电动机相当，在低速转矩和动态性能方面比 *V/f* 控制有很大的提高，但是这一性能在电动机装有测速装置时才能达到，并且必须提供电动机的实时准确的电磁参数，因此，对电动机有严格的对应关系。另外在负载波动较大的工况下，控制会不太稳定。

VC 矢量控制模式实例：无传感器矢量控制变频器。

由于矢量控制要求提供电动机的实时的、精确的电动机参数供程序计算，需安装转子位置传感器，这既增加了成本又使用不便，因此省掉传感器成为对调速精度、范围、动态要求不高的用户的希望。无传感器矢量控制变频器就是顺应这种市场需要的产品。它是一种对矢量控制的简化，而在性能上优于 *V/f* 变频器的中间产品。

（4）直接转矩控制变频器（DTC）。

直接转矩控制技术，是利用空间矢量、定子磁场定向的分析方法，直接在定子坐标系下分析异步电动机的数学模型，计算与控制异步电动机的磁链和转矩，采用离散的两点式调节器（Band-Band 控制），直接对逆变器的开关状态进行控制，以获得高动态性能的转矩输出。

DTC 控制的特点：DTC 控制模型较直观简单，对电动机电磁参数的准确度要求不高，在不装速度检测装置的情况下也能达到较高的性能。但输出转矩的波动较大，对波动大的负载控制不太稳定。

4）按输出电压调节方式分类

按输出电压调节方式，变频器可分为以下两种：

（1）PAM 输出电压调节方式变频器。

PAM（Pulse Amplitude Modulation，脉冲幅度调制）是在整流回路通过可控整流或直流斩波来调节电压 U，在逆变回路调节频率 f，再设一个控制电路来控制 U 和 f 间的协调。因中间回路有大电容，从而使 U 的调节不灵敏，降低了动态性能，目前已不常应用。

图 10－11 所示为 PAM 电路。

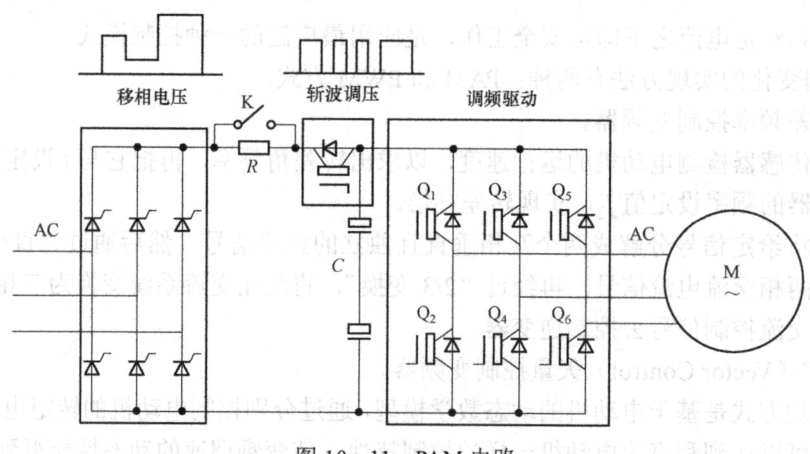

图 10-11　PAM 电路

（2）PWM 输出电压调节方式变频器。

PWM（Pulse Width Modulation，脉冲宽度调制）是一种新技术，能在逆变回路的同时完成 U 和 f 的调节，控制简单，动态性能比 PAM 好，是最常用的技术。

图 10-12 所示为 PWM 电路，图 10-13 所示为 SPWM（极性正弦波脉宽调制）波形。

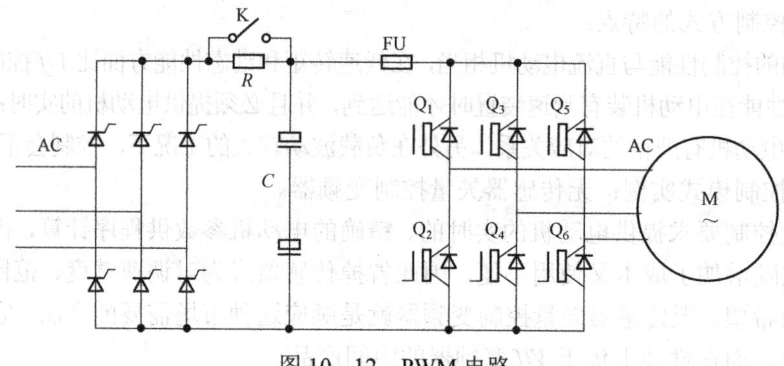

图 10-12　PWM 电路

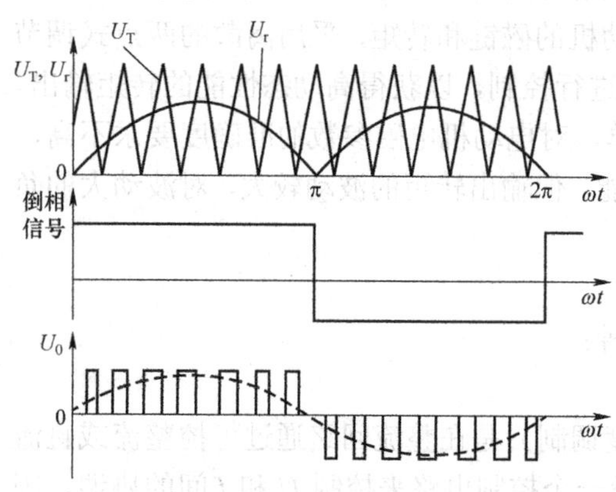

图 10-13　SPWM（极性正弦波脉宽调制）波形

5）按功能分类

按功能，变频器可分为以下几种：

（1）恒转矩（恒功率）通用型变频器；

（2）平方转矩风机水泵节能型变频器；

（3）简易型变频器；

（4）迷你型变频调速器；

（5）通用型变频器；

（6）纺织专用型变频器；

（7）高频电主轴变频器；

（8）电梯专用变频器；

（9）直流输入型矿山电力机车用变频器；

（10）防爆变频器。

变频器还有按供电电压、供电电源的相数、主开关器件、机壳外型、输出功率大小、商标所有权等分类的。

10.1.2 变频器的安装与接线

变频器属于精密设备。为了确保其能够长期、安全、可靠地运行，安装时必须充分考虑变频器工作场所的条件。

1. 工作场所要求

安装变频器的场所应具备以下条件：

（1）无易燃、易爆、腐蚀性气体和液体，灰尘少。

（2）结构房或电气室应湿气少，无浸水。

（3）变频器易于安装，并有足够的空间便于维修检查。

（4）应备有通风口或换气装置，以排出变频器产生的热量。

（5）应与易受变频器产生的高次谐波和无线电干扰影响的装置隔离。

（6）若安装在室外，须单独安装户外配电装置。

2. 使用环境要求

变频器长期、安全、可靠运行的条件如下：

1）周围温度、湿度

周围温度：变频器的工作环境温度范围一般为 $-10\sim+40$ ℃，当环境温度大于变频器规定的温度时，变频器要降额使用或采取相应的通风冷却措施。

周围湿度：变频器工作环境的相对湿度为5%～90%（无结露现象）。

2）周围环境

变频器应安装在不受阳光直射、无灰尘、无腐蚀气体、无可燃气体、无油污、无蒸气滴水等环境中。

3）海拔高度

变频器安装的海拔高度应低于 1 000 m。海拔高度大于 1 000 m 的场合，变频器要降额使用。

4）振动

变频器安装场所的周围振动加速度应小于 $0.6g$（$g=9.8\ \mathrm{m/s^2}$），超过变频器的容许值时，将产生部件的紧固部分松动以及继电器和接触器等的可动部分器件误动作，往往导致变频器不能稳定运行。对于机床、船舶等事先能预见振动的场合，应考虑变频器的振动问题。

3. 安装方式

（1）为便于通风、散热，变频器应垂直安装，不可倒置或平放；变频器四周要保留一定的空间距离；

（2）变频器的安装底板与背面板须为耐温材料；

（3）安装在柜内时，须注意通风。

4. 西门子 MM420 变频器的基本配线图

变频器与外界的联系是通过接线端子来实现的。西门子 MM420 变频器基本配线图如图 10－14 所示，主要是主电路接线端子，另一部分是控制电路接线端子。

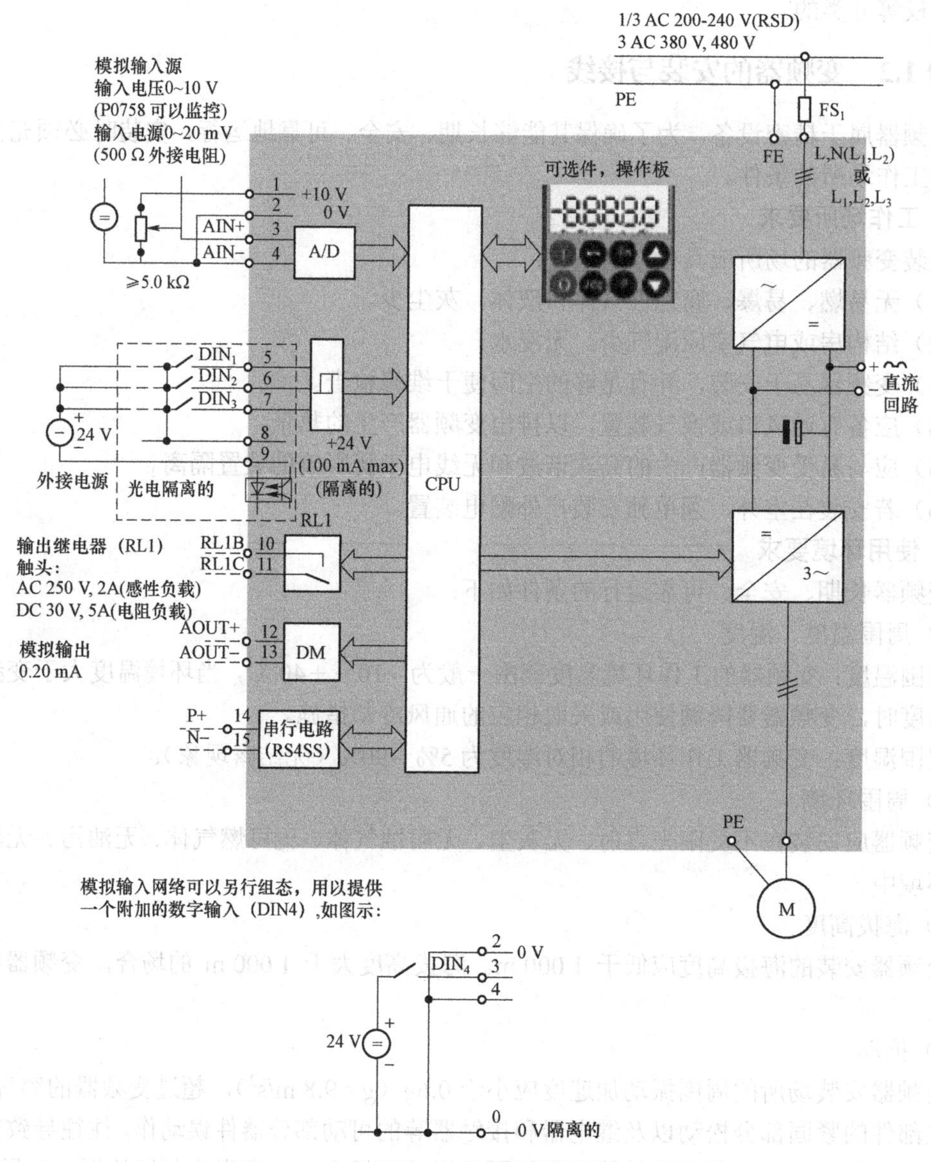

图 10－14　西门子 MM420 变频器基本配线图

任务 10.2　变频器功能参数设置与操作

10.2.1　基本操作面板的认知与操作

图 10－15 所示为基本操作面板（BOP）。

图 10－15　基本操作面板

10.2.2　基本操作面板功能说明

基本操作面板功能说明见表 10－1。

表 10－1　基本操作面板功能说明

显示/按钮	功　能	功　能　说　明
r0000	状态显示	LCD 显示变频器当前的设定值
I	启动变频器	按此键启动变频器。缺省值运行时此键是被封锁的。为了使此键的操作有效，应设定 P0700＝1
0	停止变频器	OFF1：按此键，变频器将按选定的斜坡下降速率减速停车。缺省值运行时此键被封锁；为了允许此键操作，应设定 P0700＝1 OFF2：按此键两次（或一次，但时间较长），电动机将在惯性作用下自由停车。此功能总是“使能”的
	改变电动机的转动方向	按此键可以改变电动机的转动方向。电动机的反向用负号（－）表示或用闪烁的小数点表示。缺省值运行时此键是被封锁的，为了使此键的操作有效，应设定 P0700＝1
jog	电动机点动	在变频器无输出的情况下按此键，将使电机启动，并按预设定的点动频率运行。释放此键时，变频器停车。如果电动机正在运行，按此键将不起作用

续表

显示/按钮	功　能	功　能　说　明
Fn	功能键	1. 此键用于浏览辅助信息。 变频器运行过程中，在显示任何一个参数时按下此键并保持不动 2 s，将显示以下参数值（在变频器运行中，从任何一个参数开始）： （1）直流回路电压（用 d 表示，单位：V） （2）输出电流（A） （3）输出频率（Hz） （4）输出电压（用 o 表示，单位：V）。 （5）由 P0005 选定的数值（如果 P0005 选择显示上述参数中的任何一个，这里将不再显示）。 连续多次按下此键，将轮流显示以上参数。 2. 跳转功能 在显示任何一个参数（r×××× 或 P××××）时短时间按下此键，将立即跳转到 r0000，如果需要，可以接着修改其他的参数。跳转到 r0000 后，按此键将返回原来的显示点。 3. 故障确认 在出现故障或报警的情况下，按下此键可以对故障或报警进行确认
P	访问参数	按此键即可访问参数
▲	增加数值	按此键即可增加面板上显示的参数数值
▼	减少数值	按此键即可减少面板上显示的参数数值

10.2.3　用基本操作面板更改参数的数值

改变参数 P0004 的操作见表 10－2。

表 10－2　改变参数 P0004

操作步骤		显示的结果
1	按 P 访问参数	r0000
2	按 ▲ 直到显示出 P00004	P0004
3	按 P 进入参数数值访问级	0
4	按 ▲ 或 ▼ 达到所需要的数值	3
5	按 P 确认并存储参数的数值	P0004
6	按 ▼ 直到显示出 r0000	r0000
7	按 P 返回标准的变频器显示（有用户定义）	

改变下标参数 P0719 的操作见表 10-3。

表 10-3 改变下标参数 P0719

操作步骤		显示的结果
1	按 P 访问参数	r0000
2	按 ▲ 直到显示出 P0719	P0719
3	按 P 进入参数数值访问级	in000
4	按 P 显示当前的设定值	0
5	按 ▲ 或 ▼ 选择运行所需要的最大频率	3
6	按 P 确认并存储 P0719 的设定值	P0719
7	按 ▼ 直到显示出 r0000	r0000
8	按 P 返回标准的变频器显示（有用户定义）	

修改参数的数值时，基本操作面板有时会显示 P----，表明变频器正忙于处理优先级更高的任务。

为了快速修改参数的数值，可以一个个地单独修改显示出的每个数字，操作步骤如下：

（1）按 Fn，最右边的一个数字闪烁。

（2）按 ▲/▼，修改这位数字的数值。

（3）再按 Fn，相邻的下一个数字闪烁。

（4）执行步骤（2）至（3），直到显示出所要求的数值。

（5）按 P，退出参数数值的访问级。

10.2.4 变频器快速调试

P0010 的参数过滤功能和 P0003 选择用户访问级别的功能在调试时是十分重要的，由此可以选定一组允许进行快速调试的参数。电动机的设定参数和斜坡函数的设定参数都包括在内。在快速调试的各个步骤都完成以后，应选定 P3900，如果它置为 1，将执行必要的电动机计算，并使其他所有的参数（P0010=1 不包括在内）恢复为缺省设置值。只有在快速调试方式下才能进行这一操作。

快速调试的流程如下：

P0010 开始快速调试
0 准备运行
1 快速调试
30 工厂的缺省设置值
说明
在电动机投入运行之前，P0010 必须回到“0”。但是，如果调试结束后选定 P3900=1，那么，P0010 回零的操作是自动进行的

↓

P0100 选择工作地区是欧洲/北美
0 功率单位为kW：f的缺省值为50 Hz
1 功率单位为hp：f的缺省值为60 Hz
2 功率单位为kW：f的缺省值为60 Hz
说明
P0100的设定值0和1应该用DIP开关来更改，使其设定的值固定不变

↓

P0304 电动机的额定电压
10～2 000 V
根据铭牌键入的电动机额定电压（V）

↓

P0305 电动机的额定电流
0～2 倍变频器额定电流（A）
根据铭牌键入的电动机额定电流（A）

↓

P307 电动机的额定功率
0～2 000 kA
根据铭牌键入的电动机额定功率（kW）
如果 P0100=1，功率单位应是hp

↓

P0310 电动机的额定频率
12～650 Hz
根据铭牌键入的电动机额定频率（Hz）

↓

P0311 电动机的额定速度
0～40 000 r/min
根据铭牌键入的电动机额定速度r/min

↓

P0700 选择命令源
接通/断开/反转（on/off/reverse）
0 工厂设置值
1 基本操作面板（BOP）
2 输入端子/数字输入

↓

P1000 选择频率设定值
0 无频率设定值
1 用BOP控制频率的升降
2 模拟设定值

↓

P1080 电动机最小频率
本参数设置电动机的最小频率（0～650 Hz）；达到这一频率时电动机的运行速度将与频率的设定值无关。这里设置的值对电动机的正转和反转都是使用的

↓

P1082 电动机最大频率
本参数设置电动机的最大频率（0～650 Hz）；达到这一频率时电动机的运行速度将与频率的设定值无关。这里设置的值对电动机的正转和反转都是适用的

↓

P1120 斜坡上升时间
0～650 s
电动机从静止停车加速到最大电动机频率所需的时间

↓

P1121 斜坡下降时间
0～650 s
电动机从其最大频率减速到静止停车所需的时间

↓

P3900 结束快速调试
0 结束快速调试，不进行电动机计算或复位为工厂缺省设置值
1 结束快速调试，进行电动机计算和复位为工厂缺省设置值（推荐的方式）
2 结束快速调试，进行电机计算和 I/O复位。
3 结束快速调试，进行电动机计算，但不进行 I/O复位

① 1 hp（米制马力）=735 W。

10.2.5 变频器复位为工厂的缺省设定值

为了把变频器的全部参数复位为工厂的缺省设定值，应按照下面的数值设定参数：

（1）设定 P0010＝30；

（2）设定 P0970＝1。

完成复位过程至少要 3 min。

任务 10.3 多段速度选择变频调速

10.3.1 控制要求

（1）正确设置变频器输出的额定频率、额定电压、额定电流、额定功率、额定转速。

（2）通过外部端子控制电动机多段速度运行，开关 K_1、K_2、K_3 按不同的方式组合，可选择七种不同的输出频率。

（3）运用基本操作面板改变电动机启动的点动运行频率和加减速时间。

10.3.2 参数功能表及接线图

多段速度选择变频调速参数功能表见表 10－4。

表 10－4 多段速度选择变频调速参数功能表

序号	变频器参数	出厂值	设定值	功 能 说 明
1	P0304	230	380	电动机的额定电压（380 V）
2	P0305	3.25	0.35	电动机的额定电流（0.35 A）
3	P0307	0.75	0.06	电动机的额定功率（60 W）
4	P0310	50.00	50.00	电动机的额定频率（50 Hz）
5	P0311	0	1 430	电动机的额定转速（1 430 r/min）
6	P1000	2	3	固定频率设定
7	P1080	0	0	电动机的最小频率（0 Hz）
8	P1082	50	50.00	电动机的最大频率（50 Hz）
9	P1120	10	10	斜坡上升时间（10 s）
10	P1121	10	10	斜坡下降时间（10 s）
11	P0700	2	2	选择命令源（由端子排输入）
12	P0701	1	17	固定频率设值（二进制编码选择＋ON 命令）
13	P0702	12	17	固定频率设值（二进制编码选择＋ON 命令）
14	P0703	9	17	固定频率设值（二进制编码选择＋ON 命令）

续表

序号	变频器参数	出厂值	设定值	功能说明
15	P0704	0	1	ON/OFF1（接通正转/停车命令1）
16	P1001	0.00	5.00	固定频率1
17	P1002	5.00	10.00	固定频率2
18	P1003	10.00	20.00	固定频率3
19	P1004	15.00	25.00	固定频率4
20	P1005	20.00	30.00	固定频率5
21	P1006	25.00	40.00	固定频率6
22	P1007	30.00	50.00	固定频率7

注：（1）设置参数前先将变频器参数复位为工厂的缺省设定值；

（2）设定P0003=2允许访问扩展参数；

（3）设定电动机参数时先设定P0010=1（快速调试），电动机参数设置完成，设定P0010=0（准备）。

变频器外部接线图如图10-16所示。

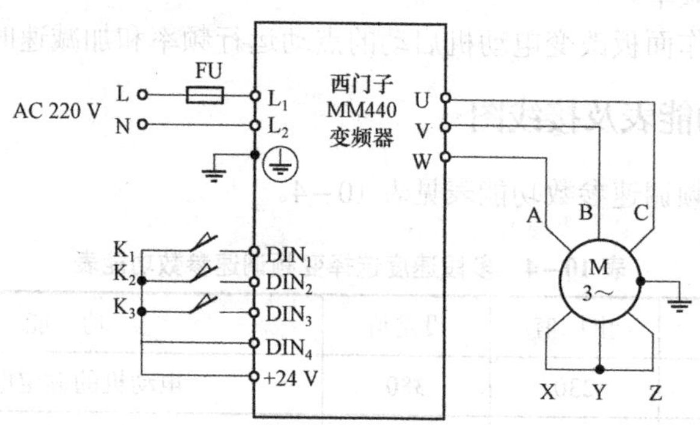

图10-16 变频器外部接线图

10.3.3 操作步骤

（1）检查实训设备中器材是否齐全。

（2）按照变频器外部接线图完成变频器的接线，认真检查，确保正确无误。

（3）打开电源开关，按照参数功能表正确设置变频器参数。

（4）切换开关“K_1”“K_2”“K_3”的通断，观察并记录变频器的输出频率。各个固定频率的数值根据表10-5选择。

表10-5 各个固定频率的数值

K_1	K_2	K_3	输出频率
OFF	OFF	OFF	OFF
ON	OFF	OFF	固定频率1
OFF	ON	OFF	固定频率2
ON	ON	OFF	固定频率3

续表

K_1	K_2	K_3	输出频率
OFF	OFF	ON	固定频率 4
ON	OFF	ON	固定频率 5
OFF	ON	ON	固定频率 6
ON	ON	ON	固定频率 7

任务 10.4 外部端子点动控制

10.4.1 控制要求

（1）正确设置变频器输出的额定频率、额定电压、额定电流、额定功率、额定转速。

（2）通过外部端子控制电动机启动/停止、正转/反转；按下按钮 S_1，电动机正转启动，松开按钮 S_1，电机停止；按下按钮 S_2，电动机反转，松开按钮 S_2，电动机停止。

（3）运用基本操作面板改变电动机启动的点动运行频率和加减速时间。

10.4.2 参数功能表及接线图

外部端子点动控制参数功能表见表 10－6。

表 10－6 外部端子点动控制参数功能表

序号	变频器参数	出厂值	设定值	功 能 说 明
1	P0304	230	380	电动机的额定电压（380 V）
2	P0305	3.25	0.35	电动机的额定电流（0.35 A）
3	P0307	0.75	0.06	电动机的额定功率（60 W）
4	P0310	50.00	50.00	电动机的额定频率（50 Hz）
5	P0311	0	1 430	电动机的额定转速（1 430 r/min）
6	P1000	2	1	用基本操作面板控制频率的升降
7	P1080	0	0	电动机的最小频率（0 Hz）
8	P1082	50	50.00	电动机的最大频率（50 Hz）
9	P1120	10	10	斜坡上升时间（10 s）
10	P1121	10	10	斜坡下降时间（10 s）
11	P0700	2	2	选择命令源（由端子排输入）
12	P0701	1	10	正向点动
13	P0702	12	11	反向点动

续表

序号	变频器参数	出厂值	设定值	功能说明
14	P1058	5.00	30	正向点动频率（30 Hz）
15	P1059	5.00	20	反向点动频率（20 Hz）
16	P1060	10.00	10	点动斜坡上升时间（10 s）
17	P1061	10.00	5	点动斜坡下降时间（5 s）

注：（1）设置参数前先将变频器参数复位为工厂的缺省设定值；

（2）设定 P0003＝2 允许访问扩展参数；

（3）设定电动机参数时先设定 P0010＝1（快速调试），电动机参数设置完成，设定 P0010＝0（准备）。

变频器外部接线图如图 10－17 所示。

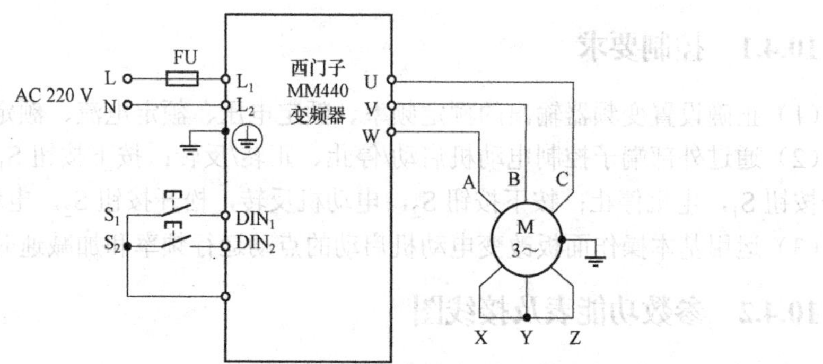

图 10－17　变频器外部接线图

10.4.3　操作步骤

（1）检查实训设备中器材是否齐全。

（2）按照变频器外部接线图完成变频器的接线，认真检查，确保正确无误。

（3）打开电源开关，按照参数功能表正确设置变频器参数。

（4）按下按钮 S_1，观察并记录电动机的运转情况。

（5）松开按钮 S_1，待电动机停止运行后，按下按钮 S_2，观察并记录电动机的运转情况。

（6）松开按钮 S_2，观察并记录电动机的运转情况。

（7）改变 P1058、P1059 的值，重复步骤（4）～（6），观察电动机运转状态有什么变化。

（8）改变 P1060、P1061 的值，重复步骤（4）～（6），观察电动机运转状态有什么变化。

任务 10.5　变频器无级调速

10.5.1　控制要求

（1）正确设置变频器输出的额定频率、额定电压、额定电流、额定功率、额定转速。

（2）通过基本操作面板控制电动机启动/停止、正转/反转。

（3）运用基本操作面板改变电动机的运行频率和加减速时间。

10.5.2 参数功能表及接线图

变频器无级调速参数功能表见表 10－7。

表 10－7 变频器无级调速参数功能表

序号	变频器参数	出厂值	设定值	功能说明
1	P0304	230	380	电动机的额定电压（380 V）
2	P0305	3.25	0.35	电动机的额定电流（0.35 A）
3	P0307	0.75	0.06	电动机的额定功率（60 W）
4	P0310	50.00	50.00	电动机的额定频率（50 Hz）
5	P0311	0	1 430	电动机的额定转速（1 430 r/min）
6	P1000	2	1	用基本操作面板控制频率的升降
7	P1080	0	0	电动机的最小频率（0 Hz）
8	P1082	50	50.00	电动机的最大频率（50 Hz）
9	P1120	10	10	斜坡上升时间（10 s）
10	P1121	10	10	斜坡下降时间（10 s）
11	P0700	2	1	BOP（键盘）设置

注：（1）设置参数前先将变频器参数复位为工厂的缺省设定值；

（2）设定 P0003＝2 允许访问扩展参数；

（3）设定电动机参数时先设定 P0010＝1（快速调试），电动机参数设置完成，设定 P0010＝0（准备）。

变频器外部接线图如图 10－18 所示。

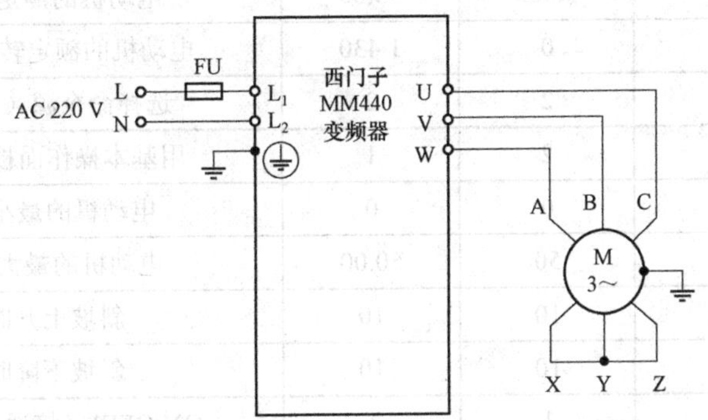

图 10－18 变频器外部接线图

10.5.3 操作步骤

（1）检查实训设备中器材是否齐全。

（2）按照变频器外部接线图完成变频器的接线，认真检查，确保正确无误。

（3）打开电源开关，按照参数功能表正确设置变频器参数。

（4）按下基本操作面板按钮Ⓘ，启动变频器。
（5）按下基本操作面板按钮▲/▼，增加、减小变频器输出频率。
（6）按下基本操作面板按钮⟲，改变电动机的运转方向。
（7）按下基本操作面板按钮⓪，停止变频器。

任务 10.6 变频器控制电动机正反转

10.6.1 控制要求

（1）正确设置变频器输出的额定频率、额定电压、额定电流、额定功率、额定转速。

（2）通过外部端子控制电动机启动/停止、正转/反转，打开 K_1、K_3 电动机正转，打开 K_2 电动机反转，关闭 K_2 电动机正转；在正转/反转的同时，关闭 K_3，电动机停止。

（3）运用基本操作面板改变电动机启动的点动运行频率和加减速时间。

10.6.2 参数功能表及接线图

变频器控制电动机正反转参数功能表见表 10－8。

表 10－8 变频器控制电动机正反转参数功能表

序号	变频器参数	出厂值	设定值	功 能 说 明
1	P0304	230	380	电动机的额定电压（380 V）
2	P0305	3.25	0.35	电动机的额定电流（0.35 A）
3	P0307	0.75	0.06	电动机的额定功率（60 W）
4	P0310	50.00	50.00	电动机的额定频率（50 Hz）
5	P0311	0	1 430	电动机的额定转速（1 430 r/min）
6	P0700	2	2	选择命令源（由端子排输入）
7	P1000	2	1	用基本操作面板控制频率的升降
8	P1080	0	0	电动机的最小频率（0 Hz）
9	P1082	50	50.00	电动机的最大频率（50 Hz）
10	P1120	10	10	斜坡上升时间（10 s）
11	P1121	10	10	斜坡下降时间（10 s）
12	P0701	1	1	ON/OFF1（接通正转/停车命令 1）
13	P0702	12	12	反转
14	P0703	9	4	OFF3（停车命令 3）按斜坡函数曲线快速降速停车

注：（1）设置参数前先将变频器参数复位为工厂的缺省设定值；
（2）设定 P0003＝2 允许访问扩展参数；
（3）设定电动机参数时先设定 P0010＝1（快速调试），电动机参数设置完成，设定 P0010＝0（准备）。

变频器外部接线图如图 10－19 所示。

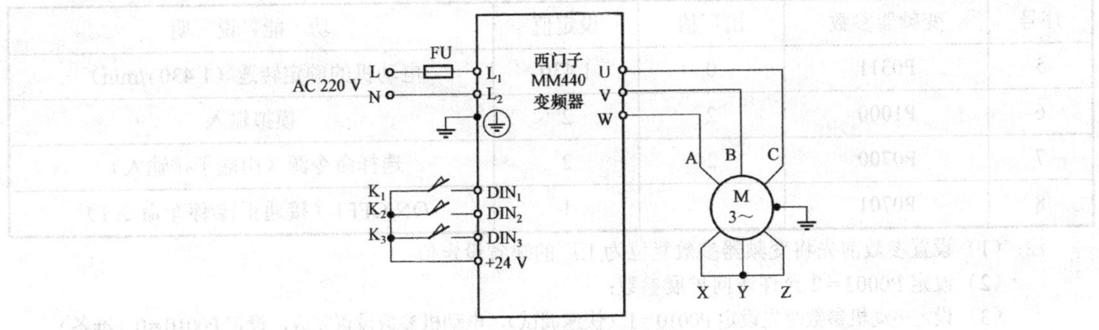

图 10－19　变频器外部接线图

10.6.3　操作步骤

（1）检查实训设备中器材是否齐全。

（2）按照变频器外部接线图完成变频器的接线，认真检查，确保正确无误。

（3）打开电源开关，按照参数功能表正确设置变频器参数。

（4）打开开关 K_1、K_3，观察并记录电动机的运转情况。

（5）按下基本操作面板按钮▲，增加变频器输出频率。

（6）打开开关 K_1、K_2、K_3，观察并记录电动机的运转情况。

（7）关闭开关 K_3，观察并记录电动机的运转情况。

（8）改变 P1120、P1121 的值，重复步骤（4）～（7），观察电动机运转状态有什么变化。

任务 10.7　外部模拟量（电压/电流）方式的变频调速控制

10.7.1　控制要求

（1）正确设置变频器输出的额定频率、额定电压、额定电流、额定功率、额定转速。

（2）通过外部端子控制电动机启动/停止。

（3）通过调节电位器改变输入电压来控制变频器的频率。

10.7.2　参数功能表及接线图

外部模拟量（电压/电流）方式的变频调速控制参数功能见表 10－9。

表 10－9　外部模拟量（电压/电流）方式的变频调速控制参数功能表

序号	变频器参数	出厂值	设定值	功能说明
1	P0304	230	380	电动机的额定电压（380 V）
2	P0305	3.25	0.35	电动机的额定电流（0.35 A）
3	P0307	0.75	0.06	电动机的额定功率（60 W）
4	P0310	50.00	50.00	电动机的额定频率（50 Hz）

续表

序号	变频器参数	出厂值	设定值	功能说明
5	P0311	0	1 430	电动机的额定转速（1 430 r/min）
6	P1000	2	2	模拟输入
7	P0700	2	2	选择命令源（由端子排输入）
8	P0701	1	1	ON/OFF1（接通正转/停车命令 1）

注：（1）设置参数前先将变频器参数复位为工厂的缺省设定值；

（2）设定 P0003＝2 允许访问扩展参数；

（3）设定电动机参数时先设定 P0010＝1（快速调试），电动机参数设置完成，设定 P0010＝0（准备）。

变频器外部接线图如图 10－20 所示。

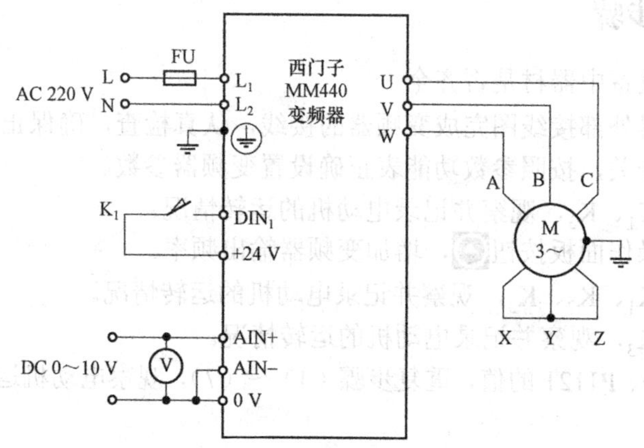

图 10－20　变频器外部接线图

10.7.3　操作步骤

（1）检查实训设备中器材是否齐全。

（2）按照变频器外部接线图完成变频器的接线，认真检查，确保正确无误。

（3）打开电源开关，按照参数功能表正确设置变频器参数。

（4）打开开关 K_1，启动变频器。

（5）调节输入电压，观察并记录电动机的运转情况。

（6）关闭开关 K_1，停止变频器。

任务 10.8　PID 变频调速控制

10.8.1　控制要求

（1）正确设置变频器输出的额定频率、额定电压、额定电流、额定功率、额定转速。

（2）通过基本操作面板控制电动机启动/停止。

（3）通过基本操作面板改变 PID 控制的设定值。

（4）通过外部模拟量改变 PID 的反馈值（反馈用外部给定模拟）。

10.8.2 参数功能表及接线图

PID 变频调速控制参数功能表见表 10－10。

表 10－10 PID 变频调速控制参数功能表

序号	变频器参数	出厂值	设定值	功能说明
1	P0304	230	380	电动机的额定电压（380 V）
2	P0305	3.25	0.35	电动机的额定电流（0.35 A）
3	P0307	0.75	0.06	电动机的额定功率（60 W）
4	P0310	50.00	50.00	电动机的额定频率（50 Hz）
5	P0311	0	1 430	电动机的额定转速（1 430 r/min）
6	P1080	0	0	电动机的最小频率（0 Hz）
7	P1082	50	50.00	电动机的最大频率（50 Hz）
8	P1120	10	10	斜坡上升时间（10 s）
9	P1121	10	10	斜坡下降时间（10 s）
10	P0700	2	1	基本操作面板（键盘）设置
11	P2200	0	1	允许 PID 控制
12	P2240	10	25	PID－MOP 的设定值
13	P2253	0.0	2 250	已激活的 PID 设定值（目标值）
14	P2264	755.0	755	模拟输入 1 设置（反馈信号）
15	P2280	3.000	10.00	PID 比例增益系数
16	P2285	0.000	3	PID 积分时间

注：（1）设置参数前先将变频器参数复位为工厂的缺省设定值；

（2）设定 P0003＝2 允许访问扩展参数；

（3）设定电动机参数时先设定 P0010＝1（快速调试），电动机参数设置完成，设定 P0010＝0（准备）。

变频器外部接线图如图 10－21 所示。

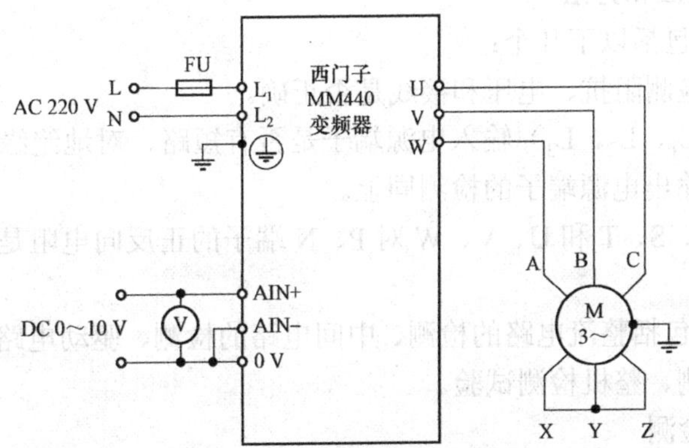

图 10－21 变频器外部接线图

10.8.3 操作步骤

（1）检查实训设备中器材是否齐全。

（2）按照变频器外部接线图完成变频器的接线，认真检查，确保正确无误。

（3）打开电源开关，按照参数功能表正确设置变频器参数。

（4）按下基本操作面板按钮Ⅰ，启动变频器。

（5）调节输入电压，观察并记录电动机的运转情况。

（6）改变P2280、P2285的值，重复步骤（4）、（5），观察电动机运转状态有什么变化。

（7）按下基本操作面板按钮O，停止变频器。

任务10.9 变频器维护与维修

10.9.1 变频器的检测与试验

变频器的检测与试验包括检测仪器的选择、检测部位及方法两部分内容。

1. 检测所必需的仪器

（1）20MHz以上的示波器。用来检测驱动电路工作波形是否正常。

（2）500 V绝缘摇表。用来检测输入输出端子及控制变压器绕组间及对地绝缘是否良好。

（3）模拟万用表，或真有效值电压/电流表。用来检测变频器输入输出电流和电压。

（4）交直流试验电源，如恒流和恒压源，交直流调压电源等。用来做板级和整机试验。

变频器的检测注意事项如下：

（1）必须尽可能地多了解该机的使用电源、环境、负载、时间等。再问清故障发生前后的情况、显示的故障代码等。

（2）全面清洁。先扫除灰尘，查看冷却风扇和散热器是否正常；是否有缺件、未拧紧的螺丝、烧焦变形的器件等异常情况，以便心中有数。

（3）关机后要等5 min以上，待指示灯完全熄灭后才能打开机壳进行检测，必要时用万用表检测器件上的电压，确认安全后才能接触器件。

2. 电气检测的部位和方法

电气检测的部位包括以下几个：

（1）I/O端子：检测阻抗、电压和接线是否正确。

（2）R、S、T（L_1、L_2、L_3）输入电源端子是否有短路、对地绝缘不良等。

（3）U、V、W输出电源端子的检测同上。

（4）分别检测R、S、T和U、V、W对P、N端子的正反向电阻是否正常，P对N之间的电阻是否正常。

电气检测的方法包括整流电路的检测、中间电路的检测、驱动电路的检测、逆变模块的检测、I/O接口的检测、整机检测试验。

1）整流电路的检测

整流电路的检测就是对6只二极管的检测，每只二极管的正反向电阻应对称，正反向电阻之比应大于100。其次，整流模块的5个引出线对地绝缘的测量值应大于5 MΩ。

整流器测量的正常值见表10－11。

表10－11 整流器测量的正常值

	红笔	
	P	N
R	>100 kΩ	<10 kΩ
S		
T		

2）中间电路的检测

（1）大电容的检测：用电容专用测量仪。

外观应无变形、漏液、异味等，容量应大于85%。

（2）接触器的检测：线包电阻、触头的接触电阻、限流电阻的检测。

（3）制动单元、制动电阻的检测。

3）驱动电路的检测

驱动电路的检测主要是驱动波形的检测。波形必须形状相同，幅值大于1 V。用示波器测量时要将联至逆变模块的线脱开，以免碰到P、N线，发生短路危险。其检测流程如图10－22所示。

驱动电路参考波形（正常波形）如图10－23所示。

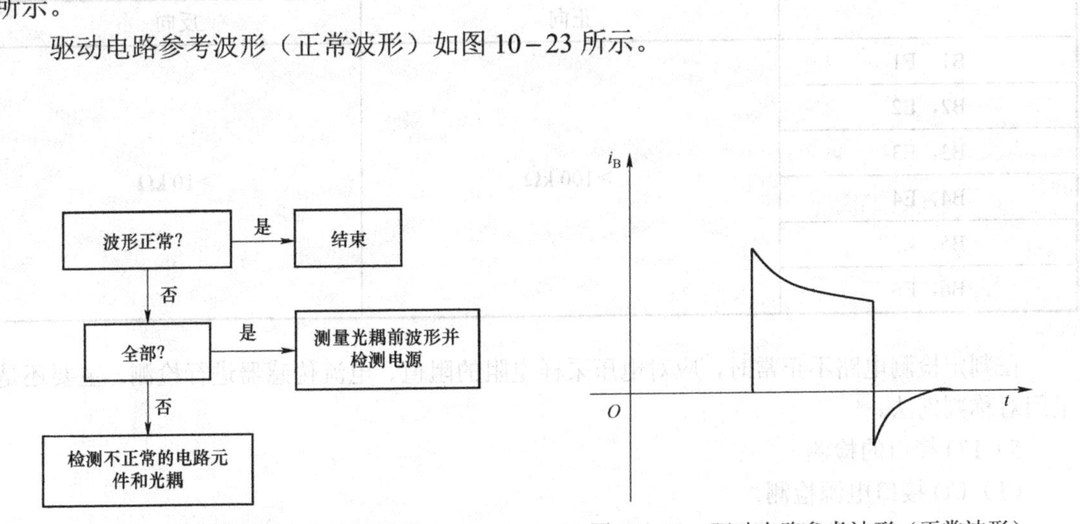

图10－22 驱动电路的检测流程

图10－23 驱动电路参考波形（正常波形）

4）逆变模块的检测

目前常见的逆变模块有GTR、IGBT两种，它们的测量值也不同。IGBT触发端的电阻值比GTR要大约100倍，并且电阻值测量法不能最终判定好坏，最好用触发信号来测量。图10－24所示为ABB ACS600 R9变频器的IGBT模块。

图 10－24　ABB ACS600 R9 变频器的 IGBT 模块

逆变模块的测试值见表 10－12、表 10－13。

表 10－12　逆变模块的测试值（一）

	红笔	
	P	N
U	>500 kΩ	<10 kΩ
V		
W		

表 10－13　逆变模块的测试值（二）

	正向	反向
B1，E1	>100 kΩ	>10 kΩ
B2，E2		
B3，E3		
B4，E4		
B5，E5		
B6，E6		

在判定检测电路不正常时，应对电压采样电阻的阻值、电流传感器进行检测。主要还是采用对称判别法。

5）I/O 接口的检测

（1）I/O 接口电源检测。

（2）DI、AI 口电阻值测量，每个口电阻值应相当。

（3）AO 口的电流/电压值应符合说明书。

（4）DO 口的继电器动作正常，触头接触电阻合格；否则检测励磁电路的信号和电源是否正常。

6）整机检测试验

所有单元电路和器件经检测合格就可通电试验。在通电前最好在直流母线中串接一只 200 W 电灯，起限流保护作用。待正常后再去除电灯，或者用三相自耦调压器逐步提高电压，同时观察变频器的状态，直至电压正常为止。

负载运行 1 h 后如仍正常，对有过载、过流故障的机器，还应做额定负载（电流）下的运行试验。标准的方法要用测功机，其费用较高，简易的方法可以用大功率电炉做负载。

10.9.2 变频器损坏的常见原因

变频器损坏的常见原因包括使用环境不良和维护不善、参数设置不当、输入信号错误或接线不当、负载不匹配或系统设计有误、变频器部件器件隐患。

1. 使用环境不良和维护不善

（1）电源的容量、电压、电压平衡度不合格。

（2）阳光直射，靠近热源、水源、汽源及腐蚀性气体，导电性尘埃，通风不良。

（3）不清灰、不紧固螺丝。

2. 参数设置不当

（1）$F_{max}<F_{min}$

（2）max = 0

（3）电动机功率、电流、电压值与设定值不符。

（4）使能设定与实际不符。

3. 输入信号错误或接线不当

（1）AI 口输入信号类型不符。

（2）应短接的端子未接或接错。

（3）DI 端子接线错误。

4. 负载不匹配或系统设计有误

（1）电动机功率虽符合，但极数较多；电流超额定值，造成过流。

（2）同步电动机电流比感应电动机大很多，电流要放 1.5 倍。

（3）电动机与变频器间的接触器在运行时动作。

（4）电动机电缆太长。

5. 变频器部件器件隐患

（1）接线端子松动。

（2）功率电容老化、容量变小。

（3）冷却风扇堵转、损坏。

10.9.3 变频器故障代码释意

变频器故障包括以下内容：OC——过电流故障、OV——过电压故障、UV——欠电压故障、OTH——过热故障、UL——欠载故障、OL——过载故障、短路故障、通信故障、接地故障等。

1. OC——过电流故障分析

（1）加速过电流：加速太快，将加速时间减小。

（2）减速过电流：减速太快，将减速时间减小。

（3）恒速过电流：负载波动太大，谐波干扰。

（4）出现短路：检查电动机电缆，电动机线包的电阻值和绝缘电阻。

（5）逆变模块和驱动电路故障。

（6）电流传感器或采集电路失调、损坏。

（7）电缆太长，电动机接法错误（Y/△）。

（8）输出接的接触器在变频器运行时动作。

2. OV——过电压故障分析

（1）减速时间太短，制动单元和电阻太小。

（2）输入电压太高，调整变压器输出电压。

（3）同一电网上有大用电设备下网，造成瞬时过电压。

（4）加减速太频繁。

（5）谐波干扰。

3. OTH——过热故障分析

（1）冷却风扇堵转、损坏。

（2）散热器脏堵。

（3）温度开关位移失灵、损坏，连接线折断、松脱。

（4）环境温度过高、通风不良。

（5）模块未压紧在散热器上、接合面有沙粒等脏物、未涂导热胶。

4. UV——欠电压故障分析

（1）线路电压太低。

（2）滤波电容容量变小。

（3）缓冲接触器触头接触不良。

（4）电压采样电阻变小、电路故障。

（5）三相电源缺相、熔断器开路。

5. ErC CPU 及通信故障分析

（1）控制板电路、CPU、EPROM 及其他 IC 损坏。

（2）通信电路接口损坏、通信设置错误。

6. OL——过载故障分析

过载是长时间的过流，一般按 120%过电流持续超过 2 min 作为阈值。原因是电动机负载过大、超速行驶；负载惯量太大、启动时间太长。

7. 其他故障分析

（1）欠载。

（2）控制盘丢失。

（3）给定信号丢失。

（4）启动使能、互锁信号丢失。

（5）接地故障。

（6）变频器过温。

（7）缺相故障。

10.9.4 变频器故障修理与流程

变频器故障包括：充电灯亮但显示器不亮，变频器（或缺相，三相不平衡）无输出、变频器不能启动电动机、变频器不能调速、变频器不能带额定负载（常跳过流或电动机脉动）、变频器无故停车等。

1. 无显示故障

（1）电源未接通。

（2）整流器损坏。

（3）电阻损坏。

（4）显示器损坏。

（5）开关电源损坏。

（6）PU 损坏。

无显示故障检测流程如图 10－25 所示。

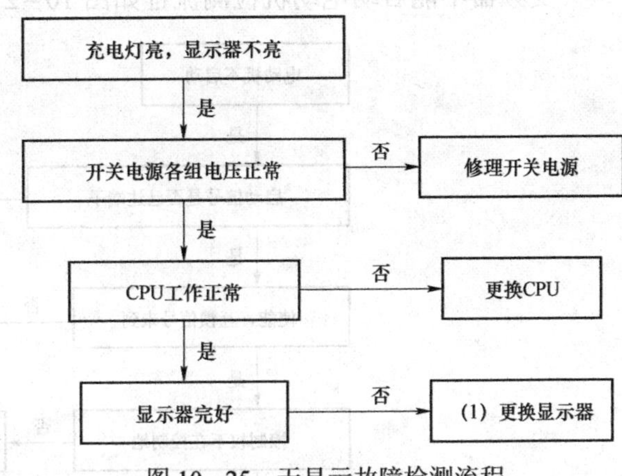

图 10－25　无显示故障检测流程

2. 变频器（或某一相）无输出

（1）逆变模块损坏。

（2）驱动电路损坏。

（3）变频器启动信号未到。

（4）停车信号端子故障。

（5）使能、互锁信号丢失。

有显示无输出故障检测流程如图 10－26 所示。

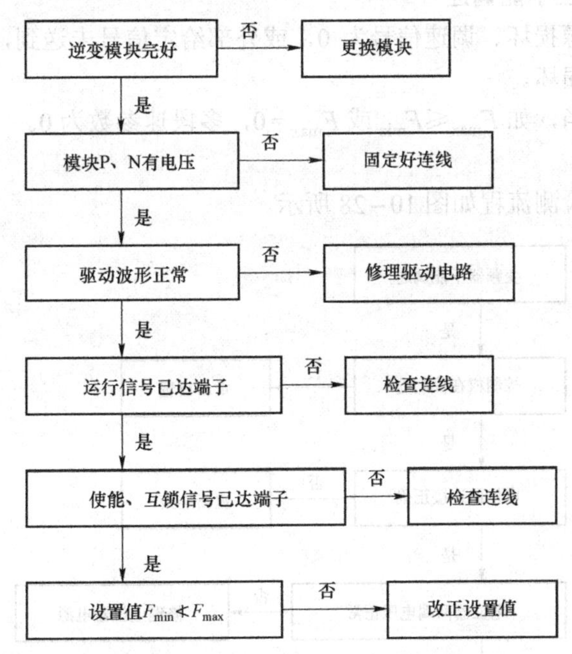

图 10－26　有显示无输出故障检测流程

3. 变频器不能启动电动机

（1）变频器的运转指令权不在操作地。检查相关参数。

（2）运转信号未达到相关控制端子。检查连接电路。

（3）启动转矩太小，负载惯量太大。将转矩提升参数设置值加大。

（4）使能端子信号未到。检查该参数设置值和该端子的连接状态。

变频器不能启动电动机检测流程如图 10－27 所示。

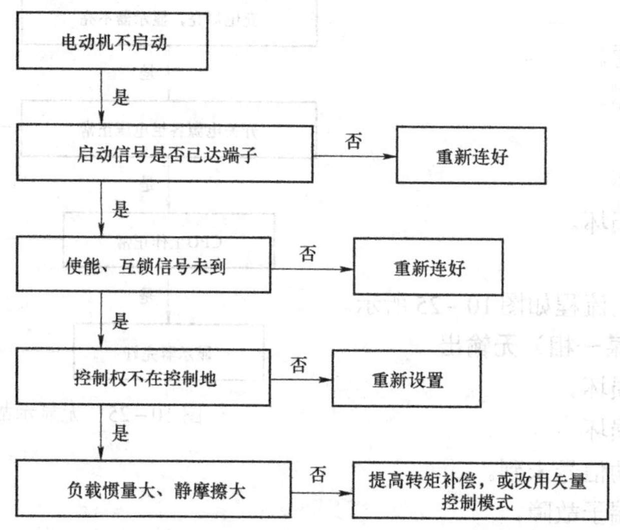

图 10－27　变频器不能启动电动机检测流程

4. 变频器能运行但不能调速

（1）电位器用电源损坏、调速信号为 0，或外部给定信号未送到，或 AI 输入（电路）端子损坏，或操作盘损坏。

（2）参数设置不当，如 $F_{max} \leqslant F_{min}$ 或 $F_{max}=0$，多段速参数为 0。

（3）谐波干扰。

变频器不能调速检测流程如图 10－28 所示。

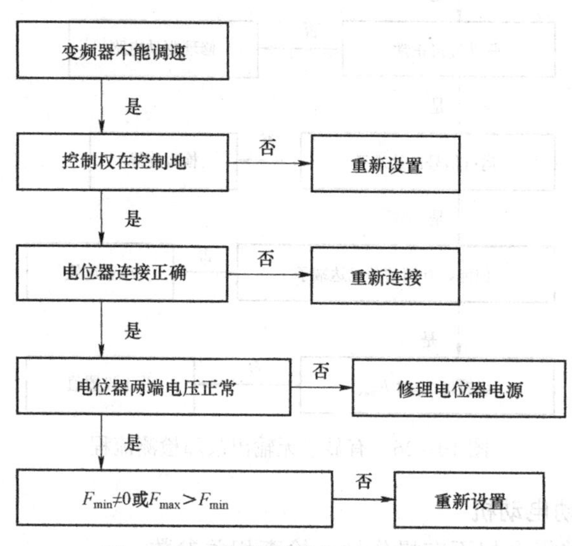

图 10－28　变频器不能调速检测流程

5. 变频器不能带额定负载（常跳过流或电动机脉动）

（1）变频器逆变桥有一桥臂损坏，或功率电容老化、容量下降引起电流波纹增大、转矩下降。

（2）负载波动太大或发生机械共振。

（3）电动机电缆太长。

（4）谐波干扰。

变频器不能带额定负载检测流程如图 10－29 所示。

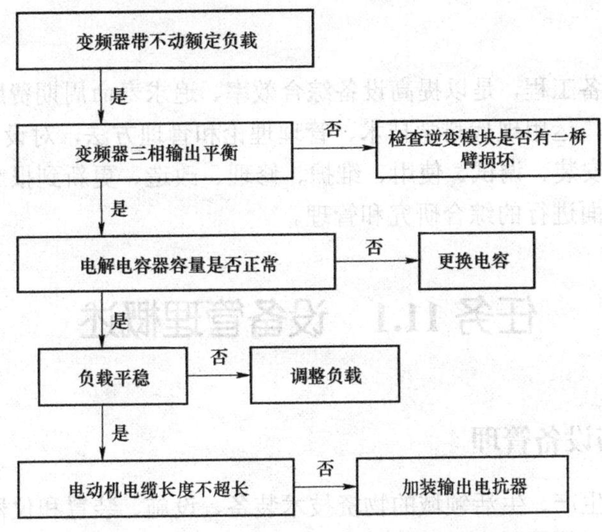

图 10－29 变频器不能带额定负载检测流程

6. 变频器无故停车

由继电器控制的变频器无故停车的检测流程如图 10－30 所示。

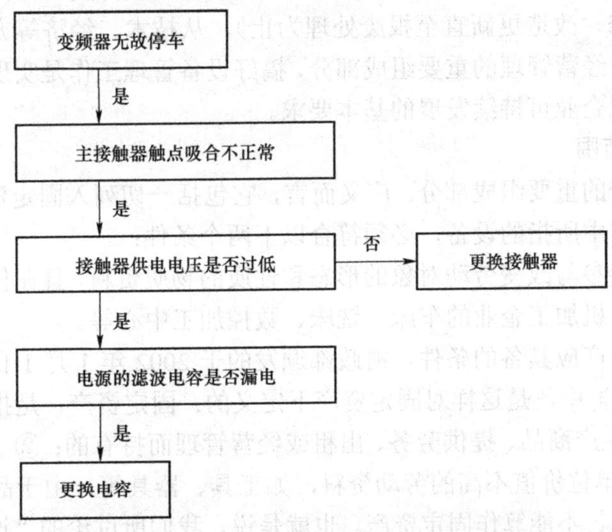

图 10－30 继电器控制的变频器无故停车检测流程

项目 11　设 备 管 理

设备管理又称设备工程，是以提高设备综合效率、追求寿命周期费用经济性、实现企业生产经营目标为目的，运用现代科学技术、管理理论和管理方法，对设备寿命周期（规划、设计、制造、购置、安装、调试、使用、维护、修理、改造、更新到报废）的全过程，从技术、经济、管理等方面进行的综合研究和管理。

任务 11.1　设备管理概述

11.1.1　设备与设备管理

设备通常是泛指生产、生活领域的物资技术装备、设施、装置和仪器等可长期使用，且基本保持原有实物形态的物质资料。设备是企业的主要生产工具，在现代企业的生产经营活动中居于极其重要的地位，是企业现代化水平的重要标志。

设备管理是指以设备为研究对象，追求设备综合效率与寿命周期费用经济性，运用现代科学技术、管理理论与方法对设备寿命周期的全过程（从规划决策、设计制造、选型采购、安装调试、使用维修、改造更新直至报废处理为止），从技术、经济等方面进行科学管理。设备管理是企业生产经营管理的重要组成部分，搞好设备管理工作是实现企业生产经营目标的重要保障，是实现企业可持续发展的基本要求。

1. 设备管理的范围

设备是固定资产的重要组成部分。广义而言，它包括一切列入固定资产的劳动资料。但在我国企业管理工作中所指的设备，必须符合以下两个条件：

（1）直接或间接参与改变劳动对象的形态和性质的物质资料，且在使用中基本保持原有的实物形态。例如，机加工企业的车床、铣床、数控加工中心等。

（2）符合固定资产应具备的条件。财政部颁发的于 2002 年 1 月 1 日起施行的《企业会计准则——固定资产》中，是这样对固定资产下定义的：固定资产，是指同时具有以下特征的有形资产：① 为生产商品、提供劳务、出租或经营管理而持有的；② 使用年限超过一年；③ 单位价值较高。单位价值不高的劳动资料，如工具、器具等，由于品种复杂，消耗较快只能作为低值易耗品，不能算作固定资产。也就是说，我们所讨论的“设备”是指符合固定资产条件的，直接将投入的劳动对象加以处理，使之转化为预期产品的机器和设施，以及维持这些机器和设施正常运行的附属装置，即生产工艺设备和辅助设备。大型综合性企业，拥有成千上万种设备，设备管理工作范围也很广，包括工艺设备，如精馏塔、合成塔、加热炉、裂解炉、压缩机、泵等；机加工设备，如车床、铣床、磨床等；动力设备，如锅炉、给排水装置、变压器等；运输设备，如车辆、桥式起重机等；传导设备，如管网、电缆等；以及化验、科研用的设备等。

2. 设备管理的内容

设备管理主要包括两方面内容，即设备的实物形态管理和价值形态管理。实物形态是价值形态的物质载体，价值形态是实物形态的货币表现。在整个设备寿命周期内，设备都处于这两种形态的运动之中。

（1）实物形态管理。设备从规划设置直至报废的全过程即为设备实物形态运动过程。设备的实物形态管理就是从设备实物形态运动过程出发，研究如何管理设备实物的可靠性、维修性、工艺性、安全性、环保性及使用中发生的磨损、性能劣化、检查、修复、改造等技术业务，其目的是使设备的性能和精度处于良好的技术状态，确保设备的输出效能最佳。实物形态管理称为设备的技术管理，主要由企业设备主管部门负责。

（2）价值形态管理。在整个设备寿命周期内包含的最初投资、使用费用、维修费用的支出，折旧、改造、更新资金的筹措与支出等，构成了设备价值形态运动过程。设备的价值形态管理就是从经济效益角度研究设备价值的运动，即新设备的研制、投资及设备运行中的投资回收，运行中的损耗补偿，维修、技术改造的经济性评价等经济业务，其目的就是使设备的寿命周期费用最经济。价值形态管理一般称为设备的经济管理，主要工作由财务部门承担。

现代设备管理强调综合管理，其实质就是设备实物形态管理和价值形态管理相结合，追求在输出效能最大的条件下使设备的综合效率最高。只有把两种形态管理统一起来，并注意不同的侧重点，才能实现这个目标。

3. 设备管理的基本任务

设备管理的基本任务是根据国家及各部委、总公司颁布的设备管理相关法规、制度，通过技术、经济和管理措施，对生产设备进行综合管理。做到全面规划、合理配置、择优选型、正确使用、精心维护、科学检修、适时改造和更新，使设备经常处于良好技术状态，以达到设备寿命周期费用最经济、综合效能高和适应生产发展需要的目的。

11.1.2 我国设备管理的发展概况

中华人民共和国成立以来，我国工业交通企业的设备管理工作大体上经历了从事后维修、计划预修到综合管理，即从经验管理、科学管理到现代管理三个发展阶段。

（1）经验管理阶段（1949—1952 年）。从 1949 年到第一个五年计划开始之前的三年经济恢复时期，我国工业交通企业一般沿袭旧中国的设备管理模式，采用设备坏了再修的做法，处于事后维修的阶段。

（2）科学管理阶段（1953—1978 年）。从 1953 年开始，全面引进了苏联的设备管理制度，把我国的设备管理从事后维修推进到定期计划预防修理阶段。由于实行预防维修，设备的故障停机次数大大减少，有力地保证了我国工业骨干建设项目的顺利投产和正常运行。其后，在以预防为主，维护保养和计划检修并重方针的指导下，创造了“专群结合，专管成线，群管成网”“三好四会”“润滑五定”“定人定机”“分级保养”等一系列具有中国特色的好经验、好办法，使我国的设备管理与维修工作在计划预修制的基础上有了重大的改进和发展。

（3）现代管理阶段（1979 年— ）。从 1979 年开始，国家有关部委以多种形式介绍英国设备综合工程学、日本全员生产维修等现代设备管理理论和方法，组织一批企业试点推行，逐渐形成了一套有中国特色的设备综合管理思想。

现代设备管理强调以设备一生为研究对象，以设备寿命周期费用最经济和设备效能最高为目标，动员全员参加，应用现代科学知识和管理技能，通过计划、组织、指挥、协调、控制等行动，进行设备综合管理。

11.1.3 我国设备管理的发展趋势

现代设备正朝着大型化、高速化、精密化、电子化、自动化等方向发展，而我国社会经济正逐步实现市场化、国际化。我们必须适应这一大趋势，运用现代管理的思想、理论和方法，遵循市场规律，充分利用社会资源，做好设备管理工作。

1. 设备管理的社会化

设备管理社会化是指适应社会化大生产的客观规律，按市场经济发展的客观要求，组织设备运行各环节的专业化服务，形成全社会的设备管理服务网络，使企业设备运行过程中所需要的各种服务由自给转变为由社会提供。其主要内容为：完善设备制造企业的售后服务体系，建立健全设备维修与改造专业化服务中心、备品配件服务中心、设备润滑技术服务中心、设备交易中心、设备诊断技术中心、设备技术信息中心和设备管理教育培训中心。

2. 设备管理的市场化

设备管理市场化是指通过建立完善的设备要素市场，为全社会设备管理提供规范化、标准化的交易场所，以最经济合理的方式为全社会设备资源的优化配置和有效利用提供保障，促使设备管理由企业自我服务向市场提供服务转化。

培育和规范设备要素市场，充分发挥市场机制在资源优化配置中的作用，是实现设备管理市场化的前提。设备要素市场由五部分组成，即设备维修市场、备品配件市场、设备租赁市场、设备调剂市场和设备技术信息市场。

培育和规范设备要素市场，主要应做好下述五个方面的工作：

（1）制定设备要素市场进入规则；

（2）制定设备要素市场的监督管理办法；

（3）加强设备要素市场的价格管理；

（4）加强设备要素市场的合同管理；

（5）建立和健全设备要素市场监督或仲裁机构。

3. 设备管理的现代化

设备管理现代化是为了适应现代科学技术和生产力发展水平，遵循社会主义市场经济发展的客观规律，把现代科学技术的理论、方法、手段系统地、综合地应用于设备管理中，充分发挥设备的综合效能，适应生产现代化的需要，创造最佳的设备投资效益。设备管理的现代化是指设备管理的综合发展过程和趋势，是一个不断发展的动态过程，它的内容体系随科学技术的进步将不断更新和发展。

设备现代化管理的基本内容主要有以下几个方面：

（1）管理思想现代化。这是设备管理现代化的灵魂。树立系统管理观念，树立对设备一生的全系统、全过程、全员综合管理的思想；树立管理是生产力的思想；树立市场、经营、竞争、效益观念；树立以人为本观念，充分调动员工的积极性和创造性。

（2）管理目标现代化。以追求设备寿命周期费用最经济、综合效率最高为目标，努力使设备一生各阶段的投入最低，产出最高。

（3）管理方针现代化。坚持“安全第一方针”，消灭人身事故，做到以人为本，努力做到安全性、可靠性、维修性与经济性相统一。

（4）管理组织现代化。努力做到设备管理的组织机构、管理体制、劳动组织以及管理机制现代化。要以管理有效为原则，实现管理层次减少，管理职能下放、管理重心下移，实现组织结构扁平化。

（5）管理制度现代化。推行设备一生的全过程管理，推动设备制造与使用的结合。实行设备使用全过程的全员管理与社会化维修管理相结合的全过程管理。

（6）管理标准现代化。实行企业管理标准化作业，建立完善的技术、管理和安全保证标准体系等。

（7）管理方法现代化。主要运用系统工程、可靠性分析、维修工程、价值工程、目标管理、全员维修、网络技术、决策技术、ABC 管理法和技术经济分析等方法实施综合管理。

（8）管理手段现代化。采用计算机与信息管理技术，设备状态监测与故障诊断技术，对设备进行全方位动态管理。

（9）管理人才现代化。培养一批掌握现代化管理理论、方法、手段和技能，勇于探索、敢于创新的现代化人才队伍。这是实施设备现代化管理的根本所在。

任务 11.2　设备的管理

11.2.1　设备初期管理

1. 设备初期管理的含义

设备初期管理，是指设备安装投产运转后初期使用阶段的管理，包括从安装试运转到稳定生产这一观察时期内的设备调整试车、使用、维护、状态检测、故障诊断、操作人员的培训、维修技术信息的收集与处理等全部管理工作。

加强设备初期的管理是为了使投产的设备尽可能达到稳定的良好状态，满足生产效率和质量要求，同时可发现设备前半生管理中存在的问题，对发现的设备设计与制造中的问题进行信息反馈，提出新设备的设计质量问题和进行设备改造选型工作，并为今后的规划、决策提供可靠的依据。

2. 设备使用初期管理

设备使用初期管理的主要内容：① 做好初期使用中的设备调试，以达到原设计的功能；② 对操作、维修工人进行维修技术培训；③ 观察设备使用初期运行状态的变化，做好记录与分析；④ 查看设备结构、传动装置、操纵控制系统的稳定性和可靠性；⑤ 设备加工质量，性能是否能达到设计规范和工艺要求；⑥ 设备生产的适用性和生产效率情况；⑦ 设备的安全防护装置及能耗情况；⑧ 对初期发生故障部位、次数、原因及故障间隔期进行记录分析；⑨ 要求使用部门做好实际开动台时、使用条件、零部件损伤和失效记录，对典型故障和零部件的失效进行分析，提出对策；⑩ 若发现设备原设计或制造不足，采取改善维修措施。

设备使用部门及其维修单位对新投产的设备做好使用初期运行情况记录，填写使用初期信息反馈记录表，送交设备部门，并由设备管理部门根据信息反馈和现场核查出设备使用初期技术状态使用表，按照设计、制造、选型、购置、安装调试等方面分别向有关部门反馈，以改进今后的工作。

11.2.2 设备管理规章制度

1. 设备管理规章制度的内容

设备管理规章制度是指导、检查有关设备管理工作的各种规定，是设备管理、使用、修理各项工作实施的依据与检查的标准。设备管理规章制度可以分为管理和技术两类。管理类包括管理制度和办法；技术类包括技术标准、工作规程和工作定额。规章制度的管理，是指规章制度的制定、修改与实行。

2. 设备管理规章制度的制定

1）制定规章制度的原则

（1）备政策性。规章制度的制定要执行国家有关设备管理的方针、政策，要符合《全民所有制工业交通企业设备管理条例》等法规的精神，并不得与国家、行业、地方的规章制度相抵触。

（2）有继承性。由于规章制度是经验管理的产物，是在反复实践中验证的，因此，企业制定规章制度要充分考虑企业过去的管理基础、成功的经验，运用先进的手段进行整合。

（3）有先进性。设备技术不断发展，现代化管理方法和手段的应用日益广泛，因此，制定规章制度时要充分吸收国内外及行业内外的先进经验，提高经营效益，并使制定的规章制度在未来时间具有先进性。

（4）有可行性。制定规章制度要符合实际情况，把经实践证明有效的管理方法和经验纳入规章制度。

（5）有协调性。制定的规章制度之间应协调一致，对一项工作的规定，在不同的制度中要一致，不要产生分歧。

（6）有规范性。规章制度中的词、术语、符号、代码应符合国家或行业标准的规定，无标准的应参照《设备工程名词术语》的表述。编写文字应简洁、准确。

2）规章制度的内容构成

（1）适用范围。按照各部门的业务范围，将设备一生进行科学分类处理。

（2）管理职能。确定有关部门，如设备、供应、财务等部门管理中的责任和权限。

（3）管理业务内容。一般按照设备物流、价值流的流动方向或管理工作程序，规定各职能部门的管理工作内容、方法，相应的凭证及凭证的传递路线，应具备相应的资料等，同时要制定相关部门之间业务上的衔接、协调和制约方式。

（4）检查考核。规定管理业务所应达到的标准、要求，对相关管理人员的考核内容、考核时间、考核方法及奖惩办法等。

3）制定规章制度的程序

（1）确定任务。根据管理工作需要，由设备管理部门提出制定制度的意见，经主管负责人同意确定起草部门。

（2）编写议稿。由起草人进行调查研究，收集资料，写出草稿，送交有关部门征求意见，然后进行修改，形成送审稿。

（3）会签审批。送审稿经有关部门会签，重要制度经会议审议，然后送设备主管负责人审批，由厂部以文件形式发布实施。

3. 设备管理规章制度的贯彻执行

规章制度只有在企业实践中认真贯彻执行才能发挥其应有的效能，同时，通过贯彻执行也是对规章制度的全面验证，其中不够科学或脱离实际的部分被发现，经组织修订后，使规章制度更加完美。

1）贯彻规章制度的程序

（1）制定贯彻规章制度的措施：① 制定贯彻落实计划；② 制定检查考核办法。

（2）组织宣讲和培训。要把设备管理制度贯彻到涉及设备资产管理的各部门的领导、业务成员和一线工人，组织好学习和讨论。

2）贯彻规章制度的要求

（1）做好协调工作。各项规章制度在贯彻执行中，会出现在制定时估计不到的一些问题，如得不到妥善解决，将影响规章制度的贯彻。因此，对出现的问题要采取措施，组织协调解决。解决办法是在试行期对暴露出的问题进行认真记录，主管部门要把问题产生的原因调查清楚，如确系规章制度本身的问题，可按规定进行修订。

（2）经费保证。贯彻规章制度的过程中要增加一些表格和文件等，贯彻规章制度的检查考核中要有奖励等，这均需要一些费用，因此，在贯彻规章制度的计划中要考虑这方面的费用，并列入企业的财务预算。

任务 11.3 设备资产管理

企业进行生产经营活动，首先必须拥有一定的资产，作为企业从事生产经营活动的物质基础，资产能为企业带来巨大的经济利益，因此，对于一个企业来说，资产管理是企业管理的重要工作，是企业发展必须解决的问题。近年来，随着企业的不断发展，其经营过程中资产管理方面的问题也越发突出。

资产管理是企业生产经营管理的重要组成部分，由于企业资产的多样性，管理工作会日趋艰巨，因此我们一定要提高管理意识，规范管理制度，同时加强内部控制，结合外部环境变化对管理工作进行动态调整，保证企业的资产管理工作顺利进行，对企业的经营效率和市场竞争能力实现有效提升。

11.3.1 设备资产分类

1. 按资产属性和行业特点分类

国家技术监督局 1994 年 1 月批准发布了《固定资产分类与代码》国家标准（GB/T 14885—94）。该标准按资产属性分类，并兼顾了行业管理的需要。包括了十个门类，其中七类为设备。目前各产业部门对行业设备都有不同的分类方法。

（1）机械工业将机械设备分为六大类，将动力设备分为四大类，共有十大类。其中包括金属切削机床、锻压设备、起重运输设备、木工铸造设备、专业生产用设备、其他机械设备、动能发生设备、电器设备、工业炉窑和其他动力设备等。

（2）化学工业设备可分为反应设备、塔、化工炉、交换器、贮罐、过滤设备、干燥设备、机械泵、破碎机械、起重设备和运输设备等二十类。

（3）纺织工业设备可分为棉纺织设备，棉印染设备，化纤设备，毛、麻、丝纺织设备，针织设备和纺织仪器，毛、丝、针织、纱线染整设备类等。

（4）冶金工业设备由于行业特点，按联动机组加以分类。主要分为高炉、炼钢炉、焦炉、轧钢及锻压设备、烧结机和动力设备六大类。

2. 按设备在企业中的用途分类

1）生产设备

生产设备是指在企业中直接参与生产活动的设备，以及在生产过程中直接为生产服务的辅助生产设备。

2）非生产设备

非生产设备是指企业中用于生活、医疗、行政、办公、文化、娱乐、基建等的设备。

通常情况下，企业设备管理部门主要对生产设备的运动情况进行控制和管理。

3. 按设备的技术特性分类

设备按本身的精度、价值和大型、重型、稀有等特点，可分为高精度、大型、重型稀有设备。所谓高精度设备是指具有极精密元件并能加工精密产品的设备；大型设备一般是指体积较大、较重的设备；重型稀有设备是指单一的、重型的和国内稀有的大重型设备及购置价值高的生产关键设备。

国家统计局颁发的《主要生产设备统计目录》，对高精度、大型、重型稀有设备的划分做出了规定，凡精、大、稀设备，都应按照国家统计局的规定进行划分。

4. 按设备在企业中的重要性分类

按照设备发生故障后或停机修理时，对企业的生产、质量、成本、安全、交货期等方面的影响程度与造成损失的大小，设备可划分为以下三类：

（1）重点设备（也称 A 类设备），是重点管理和维修的对象，应尽可能实施状态监测维修。

（2）主要设备（也称 B 类设备），应实施预防维修。

（3）一般设备（也称 C 类设备），为减少不必要的过剩修理，考虑到维修的经济性，可实施事后维修。

重点设备的划分，既考虑设备的固有因素又考虑设备在运行过程中的客观作用，两者结合起来，使设备管理工作更切合实际。

11.3.2　设备资产计价与评估

1. 设备资产计价

设备固定资产按货币单位进行计算，设备固定资产即为计价。在设备固定资产核算中，根据不同情况使用不同项目。

2. 设备资产评估

1）资产评估的含义

资产评估是指对资产价格的评定与估计，是通过对资产某一时点价值的估算，从而确定其价值（价格）的经济活动。具体来讲，是指由专门机构和专业人员依据国家有关规定和数据资料，按照特定的目的，遵循一定的计价标准、原则和程序，运用科学的方法，对资产价值进行评定估算的过程。

2）资产评估的工作原则

资产评估的工作原则是规范资产评估主体行为的准则，也是调节资产评估主体与委托人及资产业务有关权益各当事人在资产评估中的相互关系的准则。

（1）独立性原则。

独立性原则是指要求资产评估机构和评估人员公正无私地进行评估，评估过程自始至终不受外来或内在因素的影响和干扰。评估机构应是独立的社会公正性机构，不能为资产评估业务各方的任何一方所拥有，评估工作应始终坚持独立的第三者立场。评估人利益与评估结论相独立，评估收费只与实际工作量相关，不应与资产估价额挂钩，不能与评估结论运用的实际效果挂钩。评估人利益应与资产业务相独立，评估机构和评估人员与资产业务应没有任何利益上的联系；若有，应予回避。

（2）客观性原则。

客观性原则是指评估结果应有充分的事实依据，从实际出发，按照客观规律办事。一方面，评估机构在评估操作过程中，要以市场为参照，以现实为基础，预测、推算和逻辑运算等主观判断过程要建立在市场与现实的基础资料上，以求得资产价值的客观性的结论；另一方面，被评估单位对被评估的资产或债权债务等，必须提供真实的、客观的情况，不能夸大也不能隐瞒，使评估人员能取得评估所需要的确实可靠的资料、数据。

（3）科学性原则。

科学的估价标准和科学的评估方法，制定科学的评估方案，使资产评估结果准确可靠。科学性原则具体体现在：

① 在选用评估方法时，不仅要注意方法本身的科学性，而且更重要的是必须严格注意评估方法与评估标准相匹配。评估标准对评估方法具有约束性，不能以方法取代标准，不能以技术方法的多样性和可替代性模糊评估标准的唯一性，影响评估结果的科学性。

② 制定科学合理的评估方案。资产评估的具体业务不同，其评估程序亦有繁简的差别。因此，应根据国家的有关规定和评估本身的规律性，结合资产评估的实际情况，确定科学合理的评估方案。这样，既有利于节约评估的人财物力，降低评估成本，又有利于提高评估效率，保证评估工作顺利进行。

3. 资产评估方法

设备资产的评估方法是一个全新状态的被评估资产所需的全部成本，减去被评估资产已经发生的实体性陈旧贬值、功能性陈旧贬值和经济性陈旧贬值后，得到的差额作为被评估资产的评估值的一种资产评估方法。

1）重置成本法

重置成本法，是指在现时条件下重新购置或建造一个全新状态的被评估资产所需的全部成本，减去被评估资产已经发生的实体性陈旧贬值、功能性陈旧贬值和经济性陈旧贬值后，得到的差额作为被评估资产的评估值的一种资产评估方法。

重置成本法的基本思路是：一项资产的评估价格不应高于重新构建的、具有相同功能的资产成本，若前者高，投资者将会选后者，这就是替代原则指示的选择。因此，当被评估资产价值不能直接评估时，可按重新构建具有相同功能的资产的成本来近似计算。

2）现行市价法

现行市价法，是指在市场上选择近期内交易的若干相同或近似的资产作为参照物，针对各项价值影响因素，将被评估资产分别与参照物逐个进行价格差异的比较调整，然后综合分析各项调整结果，从而确定被评估资产评估价值的一种资产评估方法。

3）收益现值法

收益现值法是指通过估算被评估资产未来预期收益并折算成现值，进而确定被评估资产价值的一种资产评估方法。

采用收益现值法对资产进行评估，所确定的资产价值是指为获得该项资产以取得预期收益的权利所支付的货币总额。这里不难看出，资产的评估价值与资产的效用或有用程度密切相关。资产的效用越大，获利能力越强，它的价值也就越大。

收益现值法应用的前提是：① 资产必须继续使用，而且资产与经营收益之间存在稳定比例关系，并可以计算；② 未来的收益可以正确预测计量；③ 与预期收益相关的风险报酬也能估算计量。

任务11.4　备 件 管 理

11.4.1　管理目标及主要任务

备件管理（spare parts management）在维护和修理设备时，用来更换已磨损到不能使用或损坏零件的新制件和修复件称为配件。为了缩短设备修理停歇时间，应事先组织采购、制造和储备一定数量的配件作为备件。备件是设备修理的主要物质基础，及时供应备件，可以缩短修理时间、减少损失；供应质量优良的备件，可以保证修理质量和修理周期，提高设备的可靠性。因此，备件管理是设备维修资源管理的主要组成部分。

1. 管理目标

备件管理的目的是用最少的备件资金、合理的库存储备，保证设备维修的需要，不断提高设备的可靠性、维修性和经济性。备件管理应做到以下几点：

（1）把设备突发故障所造成的停工损失减少到最低限度。

（2）把设备计划修理的停歇时间和修理费用降低到最低限度。

（3）把备件库的储备资金压缩到合理供应的最低水平。

2. 主要任务

（1）及时有效地向维修人员提供合格的备件。为此必须建立相应的备件管理机构和必要的设施，并科学合理地确定备件的储备品种、储备形式和储备定额，做好备件保管供应工作。

（2）重点做好关键设备维修所需备件的供应工作。企业的关键设备对产品和质量影响很大，因此，备件管理工作的重点首先是满足关键设备对维修备件的需要，保证关键设备的正常运行，尽量减少停机损失。

（3）做好备件使用情况的信息收集和反馈工作。备件管理和维修人员要不断收集备件使用中的质量、经济信息，并及时反馈给备件技术人员，以便改进和提高备件的使用性能。

（4）在保证备件供应的前提下，尽可能减少备件的资金占用量。备件管理人员应努力做好备件的计划、生产、采购、供应、保管等工作，压缩备件储备资金，降低备件管理成本。

11.4.2 备件管理工作的内容

备件管理工作的内容按其性质可分为以下四项：

1）备件的技术管理

备件的技术管理是备件管理工作的基础，主要包括备件图纸的管理收集、测绘和备件图册的编制；各类备件统计卡片和储备定额等基础资料的设计、编制工作。

2）备件的计划管理

备件的计划管理是指从编制备件计划到备件入库这一阶段的工作，主要包括年月自制备件计划，外购件年度及分批计划，铸、锻毛坯件需要量申请、制造计划，备件零星采购和加工计划，备件修复计划的编制和组织实施工作。

3）备件的库房管理

备件的库房管理是指从备件入库到发出这一阶段的工作，主要包括备件入库检查、维护保养、登记上卡、上架存放，备件的收、发及库房的清洁与安全，订货点与库存量的控制，备件消耗量、资金占用额和周转率的统计分析和控制，备件质量信息的收集等。

4）备件的经济管理

备件的经济管理是指备件的经济核算与统计分析工作，主要包括备件库存资金的核定、出入库账目的管理、备件成本的审定、备件各项经济指标的统计分析等，经济管理应贯穿于备件管理的全过程，同时应根据各项经济指标的统计分析结果来衡量检查条件管理工作的质量和水平。

11.4.3 做好备品备件的管理

备件的储备量一般要求尽量少但是也要有一定的安全储备，可以根据设备状况，结合日常的设备备件消耗情况等数据来确定。制造或采购的备件，入库建账后应当按照程序和有关制度认真保存、精心维护，保证备件库存质量。通过对库存备件的发放、使用动态信息的统计、分析，可以摸清备品备件使用期间的消耗规律，逐步修正储备定额，合理储备备件。同时，在及时处理备件积压、加速资金周转方面，也有重要作用。

1. 备件入库要求

入库备件必须逐件进行核对与验收。

（1）入库备件必须符合申请计划和生产计划规定的数量、品种、规格；

（2）要查验入库零件的合格证明，并做适当的外观等质量抽验；

（3）备件入库必须由入库人填写入库单，并经保管员核查。

备件入库上架时要做好涂油、防锈保养工作。备件入库要及时登记，挂上标签（或卡片），并按用途（使用对象）分类存放。

2. 备件保管要求

（1）入库备件要由库管人员保存好、维护好，做到不丢失、不损坏、不变形变质、账目清楚、码放整齐（三清、两齐、三一致、四号定位、五五码放）。

（2）定期涂油、保管和检查。

（3）定期进行盘点，随时向有关人员反映备件动态。

3. 备件发放要求

（1）发放备件需凭领料票据。对不同的备件，厂内外要拟定相应的领用办法和审批手续。

（2）领出备件要办理相应的财务手续。

（3）备件发出后要及时登记和销账、建卡。

（4）有回收利用价值的备件，要以旧换新，并制定相应的管理办法。

4. 备件处理要求

（1）由于设备外调、改造、报废或其他客观原因所造成的本企业已不需要的备件，要及时按要求加以销售和处理。

（2）因图纸、工艺技术错误或保管不善而造成的备件废品，要查明原因，提出防范措施和处理意见，并报请主管领导审批。

（3）报废或调出备件必须按要求办理手续。

参考文献

[1] 巫世晶. 设备管理工程［M］. 北京：中国电力出版社，2005.

[2] 马光全. 机电设备装配安装与维修［M］. 北京：北京大学出版社，2008.

[3] 全国一级建造师执业资格考试用书编写委员会. 机电工程管理与实务［M］. 北京：建筑工业出版社，2014.

[4] 吴先文. 机电设备维修技术［M］. 北京：人民邮电出版社，2008.

[5] 张翠风. 机械设备润滑技术［M］. 广州：广东高等教育出版社，2001.

[6] 高来阳. 机械设备修理学［M］. 北京：中国铁道出版社，1996.

[7] 李葆文. 简明现代设备管理手册［M］. 北京：机械工业出版社，2004.

[8] 邵泽波. 机电设备管理技术［M］. 北京：化学工业出版社，2005.

[9] 贾继赏. 机械设备维修工艺［M］. 北京：机械工业出版社，2007.

[10] 李士军. 机械维护修理与安装［M］. 北京：化学工业出版社，2004.

[11] 何伟. 电气控制实训［M］. 北京：高等教育出版社，2002.

[12] 徐建俊. 电动机与电气控制［M］. 北京：清华大学出版社，2004.

[13] 张勇. 电动机拖动与控制［M］. 北京：机械工业出版社，2001.

[14] 梁玉国. 可编程控制器实训教程［M］. 北京：科学出版社，2009.

[15] 张万忠，孙远强，马常霞. PLC 应用及维修技术［M］. 北京：化学工业出版社，2006.

[16] 廖常初. FX 系列编程及应用［M］. 北京：机械工业出版社，2005

[17] 施振金. 电动机与电气控制［M］. 北京：人民邮电出版社，2007.

[18] 薛晓明. 变频器技术及应用［M］. 北京：北京理工大学出版社，2009.

[19] 阮友德. 电气控制与 PLC［M］. 北京：人民邮电出版社，2009.

[20] 张伟林. 电气控制与 PLC 综合应用技术［M］. 北京：人民邮电出版社，2010.